"十二五"普通高等教育本科国家级规划教材

女装纸样设计原理与应用

刘瑞璞　编著

U0216798

中国纺织出版社

内 容 提 要

本书从人体工学、测量技术和女装规格标准入手，全面系统地分析介绍了女装纸样设计的基本原理、变化规律、工艺特点和设计方法。通过女装典型款式设计对纸样类型和系列纸样设计做了深入的案例剖析与实践。本教材理论系统和实际应用结合紧密，在系列纸样设计技术上总结出基本型、亚基本型到类基本型的一整套应用方法，并推出《女装纸样设计原理与应用训练教程》实训教材，两者配合学习和实践，具有更强的启发性和广泛研究开发的空间。

本书为服装专业本科教材，同时也可作为服装考研者有关"女装纸样设计"专业的考试读本，亦适合作为女装设计、技术、工艺和产品开发人士学习的工具书和培训参考书。

图书在版编目（CIP）数据

女装纸样设计原理与应用 / 刘瑞璞编著 . -- 北京：中国纺织出版社，2017.3（2024.12重印）
"十二五"普通高等教育本科国家级规划教材
ISBN 978-7-5180-2633-3

Ⅰ.①女… Ⅱ.①刘… Ⅲ.①女服—纸样设计—高等学校—教材 Ⅳ.① TS941.717

中国版本图书馆 CIP 数据核字（2016）第 112534 号

责任编辑：张晓芳 责任校对：楼旭红
责任设计：何 建 责任印制：何 建

中国纺织出版社出版发行
地址：北京市朝阳区百子湾东里 A407 号楼 邮政编码：100124
销售电话：010—67004422 传真：010—87155801
http://www.c-textilep.com
中国纺织出版社天猫旗舰店
官方微博 http://weibo.com/2119887771
北京通天印刷有限责任公司 各地新华书店经销
2017 年 3 月第 1 版 2024 年 12 月第 9 次印刷
开本：889×1194 1/16 印张：25.5
字数：553 千字 定价：58.00 元（附网络教学资源）

出版者的话

全面推进素质教育，着力培养基础扎实、知识面宽、能力强、素质高的人才，已成为当今教育的主题。教材建设作为教学的重要组成部分，如何适应新形势下我国教学改革要求，与时俱进，编写出高质量的教材，在人才培养中发挥作用，成为院校和出版人共同努力的目标。2011年4月，教育部颁发了教高〔2011〕5号文件《教育部关于"十二五"普通高等教育本科教材建设的若干意见》（以下简称《意见》），明确指出"十二五"普通高等教育本科教材建设，要以服务人才培养为目标，以提高教材质量为核心，以创新教材建设的体制机制为突破口，以实施教材精品战略、加强教材分类指导、完善教材评价选用制度为着力点，坚持育人为本，充分发挥教材在提高人才培养质量中的基础性作用。《意见》同时指明了"十二五"普通高等教育本科教材建设的四项基本原则，即要以国家、省（区、市）、高等学校三级教材建设为基础，全面推进，提升教材整体质量，同时重点建设主干基础课程教材、专业核心课程教材，加强实验实践类教材建设，推进数字化教材建设；要实行教材编写主编负责制，出版发行单位出版社负责制，主编和其他编者所在单位及出版社上级主管部门承担监督检查责任，确保教材质量；要鼓励编写及时反映人才培养模式和教学改革最新趋势的教材，注重教材内容在传授知识的同时，传授获取知识和创造知识的方法；要根据各类普通高等学校需要，注重满足多样化人才培养需求，教材特色鲜明、品种丰富。避免相同品种且特色不突出的教材重复建设。

随着《意见》出台，教育部于2012年11月21日正式下发了《教育部关于印发第一批"十二五"普通高等教育本科国家级规划教材书目的通知》，确定了1102种规划教材书目。我社共有16种教材被纳入首批"十二五"普通高等教育本科国家级教材规划，其中包括了纺织工程教材7种、轻化工程教材2种、服装设计与工程教材7种。为在"十二五"期间切实做好教材出版工作，我社主动进行了教材创新型模式的深入策划，力求使教材出版与教学改革和课程建设发展相适应，充分体现教材的适用性、科学性、系统性和新颖性，使教材内容具有以下几个特点：

（1）坚持一个目标——服务人才培养。"十二五"普通高等教育本科教材建设，要坚持育人为本，充分发挥教材在提高人才培养质量中的基础性作用，充分体现我国改革开放30多年来经济、政治、文化、社会、科技等方面取得的成就，适应不同类型高等学校需要和不同教学对象需要，编写推介一大批符合教育规律和人才成长规律的具有科学性、先进性、适用性的优秀教材，进一步完善具有中国特色的普通高等教育本科教材体系。

（2）围绕一个核心——提高教材质量。根据教育规律和课程设置特点，从提高学生分析问题、解决问题的能力入手，教材附有课程设置指导，并于章首介绍本章知识点、重点、难点及专业技能，增加相关学科的最新研究理论、研究热点或历史背景，章后附形式多样的习题等，提高教材的可读性，增加学生学习兴趣和自学能力，提升学生科技素养和人文素养。

（3）突出一个环节——内容实践环节。教材出版突出应用性学科的特点，注重理论与生产实践的结合，有针对性地设置教材内容，增加实践、实验内容。

（4）实现一个立体——多元化教材建设。鼓励编写、出版适应不同类型高等学校教学需要的不同风格和特色教材；积极推进高等学校与行业合作编写实践教材；鼓励编写、出版不同载体和不同形式的教材，包括纸质教材和数字化教材，授课型教材和辅助型教材；鼓励开发中外文双语教材、汉语与少数民族语言双语教材；探索与国外或境外合作编写或改编优秀教材。

　　教材出版是教育发展中的重要组成部分，为出版高质量的教材，出版社严格甄选作者，组织专家评审，并对出版全过程进行过程跟踪，及时了解教材编写进度、编写质量，力求做到作者权威，编辑专业，审读严格，精品出版。我们愿与院校一起，共同探讨、完善教材出版，不断推出精品教材，以适应我国高等教育的发展要求。

中国纺织出版社

教材出版中心

序

　　这是本书的第五个序，为什么作为新书出版还要保留以前每次出版时的序？我想这种坚持应验了温故知新的道理。一部书的诞生，无论生命力多长，她的每次新生，都是一次华丽变身，它背后的艰辛，机缘巧合的故事，一步步化蛹为蝶的心路历程，只有跟随它的"序"才能知晓这些蛛丝马迹。因此，在我看来一部书的序是很有价值的，还有它的跋。这五篇序记录着这部书从1991年第一版到现在（2015年）24个春秋的成长密码，时间记录了这部书的生命信息。想要进入、了解这部书的世界，一个个不断的"序"便是这种生命基因的代码。本序正是记录了本书花信年华的重大时刻。第五次再版也可谓本教材的成年礼祭。重要的成果在于从"十一五"国家级规划教材到本次"十二五"国家级规划教材的出版，最终实现了理论教材、数字教材和实践教材三位一体的系统构建。这个系统构建经历了五年多的理论积累、教学实践和国内外行业、市场的检验，在服装理论与实践上取得了重大突破，基中标志性成果就是以独立系统的"实训教材"捆绑出版，弥补了"服装纸样设计原理与应用"体系化教材建设实践教材的空缺，奠定了服装高等教育教材建设的核心地位，成为高等教育服装专业学生和服装行业设计技术人员最系统、国际化且具操作性的教科书。

　　学术上的重大突破，是从教学和行业实践而来，并强调理论的科学性、国际化与专业性对实践的指导作用。在教材中进一步完善TPO知识系统与纸样设计理论体系建构和实践的同时，本"十二五"国家级规划教材成功地导入TPO知识系统编著了配套的实训教材，形成了TPO理论指导下的《男装纸样设计原理与应用》《男装纸样设计原理与应用训练教程》和《女装纸样设计原理与应用》《女装纸样设计原理与应用训练教程》教材架构。这种"理论与实践结合重实践"的教材体系，实现了服装学科专业的实践性、应用性的特点，首次以体系化的教材成套出版，理论教材和训练教程结合紧密，基中实训教材占了半壁江山。本套教材最大的成果是，将TPO知识系统和服装品牌规则（The Dress Code）在"女装纸样设计原理与应用训练教程"中成功地引入。这使得整套教材最终在"十二五"期间实现了在"十一五"期间渴望实现的，完整教材的国际化、专业化、系统化的整体建设。这种里程碑式的体系化教材建设，不仅在教学实践和市场运作中得到广泛和良好的回报，更重要的意义在于，在服装高等级专业教学实践和产品开发中建立了一整套科学规范、理性有效的理论体系与训练方法指引，特别在《男装纸样设计原理与应用训练教程》和《女装纸样设计原理与应用训练教程》中，系统地导入TPO知识系统和国际品牌设计方法流程，使我国长期以来服装设计的"外观与结构"脱节的问题得到了解决，深入系统地阐述了TPO知识系统与规划指导下"款式与纸样"的"一币双面"原理、设计方法和工作程序，建立了TPO原则指导下的服装语言系统及其"语言流动规则"，并通过王俊霞和张宁研究生的课题，总结出一款多板、一板多款和多板多款的系列款式和纸样设计方法，这在整个"训练教程"中，通过实务分析与拓展训练得到全方位的呈现。她们卓有成效的工作不仅得到学术上的训练，其成果在业界也得到高度认可和市场回报，以此套图书出版谨向她们表示致敬。看来"务实"才是本套教材迈向三十而立的根本。

2015.3 于北京服装学院

2008 年序

2004 年《服装纸样设计原理与技术 女装编》作为"北京市高等教育精品教材"建设项目立项，2005 年如期出版。2006 年被评为部委级科学技术进步二等奖。同年以《服装纸样设计原理与应用 女装编》申报国家"十一五"规划教材获得评荐。这样使本教材在"十一五"期间可以精雕细刻。经过一年多的时间即将出版之际，有必要将这一过程和修遗要义呈现出来，想必更有助于对本教材的使用和学习。

本教材名称从"技术"调整为"应用"关键词，目的是想提高本教材的"教学与自学"的功能。故在结构和内容上做了相应的调整。

第一，在每节后面增加了"知识点"的内容，试图对每节的核心知识进行归纳和提炼。可以作为每章后练习题和思考题的参考信息和答案，自学者如果对大块的正文摸不到头绪的时候，结合知识点内容的阅读，会大大提高学习的质量和效率。有专业基础的对象想用短时间了解本教材各章节的核心内容，通过阅读"知识点"是很好的办法。作为教师以知识点为中心向外扩散的备课、授课会表现出富有理性和逻辑的成效。

第二，"知识点"的增加，从正文到练习题、思考题之间架起了桥梁，整体结构形成正文、知识点、练习题和思考题四位一体的格局，它们相互关联又自成一体，读者可以根据自身的条件和习惯从任何"一体"中切入学习，使本教材的学习性更加突出，大大提高了自学功能。

第三，本教材增加了数字教材的课件部分。课件教材着力发挥视觉和技术过程表达的图示优势，对纸样设计步骤可视图的部分作了更细致的"分镜头"设计和技术处理。特别是作为教材中心内容的纸样原理、变化规律和设计步骤作了重点整理，使本教材的核心知识信息放大。课件文字部分主要对应教材的知识点、练习题和思考题，而产生以图为中心的关键词、语、句的提示性文字面貌，提供一种完全不同于纸质教材的教科书样式，然而它们各自独立，且优势互补，以全面提升本教材的教学性、学习性和自修性。

第四，在表述上力求精准、简洁，应该说行文更加讲究、严谨和实用了。在内容上第 12 章的应用部分增加了"旗袍"内容，这在基本型、亚基本型和类基本型现代纸样技术系统中填补了"华服"的应用空白，具有突破性的理论意义和应用价值，可以说是本教材在实践中取得的一个重要成果。可谓欲取姑予，直至永久。

《女装纸样设计原理与技巧》和《男装纸样设计原理与技巧》从 1991 年 12 月和 1993 年 9 月出版以来，共印刷 28 次，累计发行将近 23 万册，2000 年和 1999 年分别再版，2000 年双双被中国书刊发行行业协会评为全国优秀畅销书。1997 年《女装纸样设计原理与技巧》获部级科学技术进步三等奖，同年两部教材作为"纸样设计课程理论体系及其模块化教学研究"项目的主要成果，获国家级优秀教学成果二等奖，部级优秀教学成果一等奖。在科学研究和应用开发中，2003 年本教材为我主持的"PDS 智能化研究"课题提供了坚实可靠的专业化基础性成果，为纸样设计专家知识的总结提供了理论框架和实践依据，使纸样设计自动生成数字化系统研究有了突破性进展。

从这些数字和成果看，一方面说明本教材的理论和实践紧密结合所产生的强大生命力；另一方面说明它们始终坚持在不断地发展、完善和创新中壮大起来。在某种程度上具有了自主的知识产权，如纸样设计专家知识的系统化总结、纸样设计自动生成的智能化技术等都带有原创性，为此大大提升了服装高等教育纸样设计教材的学术层次。2004 年本教材整合为上、下两册，作为"北京市高等教育精品教材"建设项目立项，并通过了北京市教育委员会批准。经过一年多的紧张工作，在保持本教材总体面貌的前提下，作了重大的补充和完善。

1. 从书名到内容力求更加专业化、规范化。从《女装纸样设计原理与技巧》《男装纸样设计原理与技巧》改名为《服装纸样设计原理与技术》(女装编、男装编)。虽然是只字之差，却大大提升了它的学术层次和产业化的客观要求，在内容上也做了相应调整，特别对"系列纸样设计技术"作了系统的补充。在体例上根据本教材的综合性特点，采用社会科学和自然科学相结合的章节格式（第 1 章、§1-1、1、(1)、①格式）。在男装编中，第四章独立性和技术性强，造成篇幅较大，为了方便学生学习，特将思考题分列在本章的每节后边。在行文上更加严谨，专业化分析、论述更加实用和规范。

2. 增加了第三代标准基本纸样的最新研究成果。这是基于人体状况、生活方式和审美习惯发生明显改变的考虑。女装、男装第三代标准基本纸样从上装到下装，从整体到局部都有系统的理论分析和结论。在应用设计环节上特别强调了系列纸样设计的技术原理和开发的系统分析，且在男、女装上确立了公共平台，最大限度地发挥了纸样设计规律相通性的功能，纸样设计的个性发挥也有了一个坚实而广泛的基础，并通过个案进行实效分析。这可以说是作为精品教材的重要补充。

3. 本套教材的全部图例根据精品教材的要求和内容修改的需要作了全新的设计、规范和补充。在图例绘制上全部采用 Corel DRAW 高性能制图软件完成，使图例效果达到了目前国际先进水平。制图人员全部是纸样设计课题研究的研究生和高级专业人员，他（她）们是黎晶晶、魏莉、张金梅、刁杰、赵晓玲等。

4. 本教材在教学功能上更加完善。首先，在男、女装纸样设计规律的系统上搭建了公共平台，强调了人体（男、女人体）自然发生的一般结构规律的特质，在教学上打通了男、女装纸样设计理论的通道，在理解知识和效率上更加科学。其次，在每个章节后面增加了思考题和练习题的自学环节，内容和题型是以提炼重点和掌握基本知识与技术为要点，同时亦作为考核的基本范围。

　　总之，本教材经历了将近 15 年的磨砺及专业人士、学生、读者的厚爱才真正成熟起来，今天它成为精品教材的建设项目是我们共同努力的结果，然而这仅仅是个起点，使它步入经典教材还有很长的路要走，还有很艰苦的工作要做，我们只有不断地努力学习和工作。

刘瑞璞

2005 年 5 月于北京服装学院

1998 年序

本书自 1991 年 12 月出版以来，同姊妹篇《男装纸样设计原理与技巧》一样以每年平均印数 1 万册的速度增长，截至 1998 年已累计印刷了 7.5 万册，足见专业和非专业读者、朋友对此书的厚爱。而且本书已成为很多院校服装专业、学习班、研究班（包括研究生）的教材和企业技术人员、设计人员的专用书。本书有如此的生命力，主要有以下几个原因：首先，它具有国际通用的行业理论和技术，符合本行业特别是合资、独资和开发国际化成衣市场的技术要求；其次，理论和实践紧密结合，并给予系统的总结和论述；其三，注重原理的分析和对实践可靠性的指导作用；其四，保持独立思考、系统分析、图文结构自立成书的特色。本书在 1997 年全国高校教学成果评选中，作为"纸样设计理论体系及其模块化教学研究"的重要组成部分，被评为国家级教学成果二等奖（我国高校设立该专业以来所获的最高奖）。同年本书还荣获中国纺织总会科学技术进步三等奖。在这种情况下作为编著者感到不安，因为随着生产技术的发展，有些问题应及时告诉读者。书籍作为作者的作品，它是永远未完成的作品，作者应对它负责一生。本书也不例外，其一，本书刚出版，国家服装标准就发布了，当然未被收录（本书采用的是 20 世纪 80 年代还不具备国际惯例的国家标准）。其二，由于按照国际服装行业的技术标准编写服装纸样设计技术书在我国还是首次，时间仓促，工作量大，加之经验不足，还有些尚未成熟的理论和技术没有加以系统完善与总结，如国际市场制衣业急需的"成衣系列设计与纸样技术"（此技术以专著形式由中国纺织出版社出版）。另外，由于当时过多地考虑出版成本，第十章、第十一章和第十二章删减过多，读者反映内容不够充分和完整，有头重脚轻之感。其三，由于校验的疏漏，采寸数值有不相吻合之处。其四，限于当时的印刷水平，采用铅字版印刷，因而造成插图质量不高，版面不够美观。出版之初本想尽快着手修改再版，但由于社会需求量很大而一次次重印，这样愈迫使我们加快修改再版的进程，以尽量减少第一版的印数，在此向本书读者致歉。

此次再版的修改原则是，总体风格、知识结构和表述的技术方法不改变。所要修改和补充的内容以完善理论体系，加强应用部分的真实性、可靠性和可操作性为主。

第一，在总体理论上加强了前后知识系统的传承性和指导性。如原理之间的互通关系，特别对基本纸样的系统模块、技术要领、操作方法作了全面的调整，并在各原理介绍中强调在整体基本型系统中的地位和作用，提出了基本纸样、亚基本纸样、类基本纸样的模块理论和操作规程，收录了新一代标准女装基本纸样的修改过程，使其更科学、实用，符合当代人的审美习惯。同时更换了我国的女装标准尺寸表，补充了日本女装内衣标准规格和参考尺寸，为女装纸样设计提供了良好的基础数据。

第二，对原书较模糊的理论和实践作了系统的补充，并针对实物加以分析。特别是在第十章有关袖子原理与应用的内容中，对装袖和连身袖、袖子的内在结构和外在形式、袖裆的系统理论、袖子对整体结构的制约作用等关键技术作了全面的补充。另外，对第十二章第二节中的分类纸样放缩量设计原则和方法作了补充和完善，为后续实物应用设计的补充提供了良好的理论依据。

第三，加强了应用环节的实物介绍，这样就可以避免重原理轻应用的弊病，但在应用上强调模块化系统理论对实践的指导作用。其基本思路是，将基本纸样、亚基本纸样、类基本纸样的系统模块，直接应用到成衣的分类纸样设计中。技术上注重内在结构对外在结构的决定作用，功能对形式的限制作用，实用对美观的制约作用。例如，由基本纸样派生出的包括相似形、变形和收缩形的亚基本纸样；由亚基本纸样中的一款派生出的若干个类基本纸样。如相似形用于传统外套类，变形用于现代休闲装类，它们之间在原则上是不能互换的。这就是所谓内在结构的技术路线。在此基础上配合相应的款式设计，就是所谓的外在结构。没有内在结构的合理性，外在结构的款式就谈不上造型的好坏、板型的优劣。因此，补充了实物中针对内在结构设计系统的举例，使上衣原理有了很坚实的落脚点。

全书还在细节上作了一些技术处理，如在文章结构上更规整统一，每一章的信息量都有不同程度的增加，对不实用的内容，甚至不够科学的表述进行了删减。总之，本书的再版会使广大读者朋友呼吸到清新空气，接触到新的信息，有更多的新知识奉献给您。愿她的生命像您的事业一样青春永驻，成为您永久的助手和伙伴。

刘瑞璞

1998 年 10 月于天津师范大学国际女子学院

1991 年序

在"服装设计"这门学科中，服装的结构设计（亦称服装纸样设计）是从服装设计到服装加工的中间环节，是实现设计思想的根本，也是从立体到平面，再从平面到立体转变的关键，可称之为设计的再创造、再设计。它在服装设计中有着极其重要的地位，是服装设计师必须具备的业务素质之一。

在我国的服装行业中，多年来沿袭着传统的手工艺方法，以师徒继承、经验积累的方式来维持着程式化的服装生产。成衣的纸样设计也只能从经验到经验，这与现代服装工业生产所要求的系列化、标准化、规范化以及时装化、多样化、个性化的需求极不适应。因此，建立技术与艺术相结合的现代服装设计理论和方法是十分必要的。

作者经过对国内外有关教学单位和生产单位的学习与考察，通过对不同国家服装结构的分析与比较，总结多年服装结构设计的教学体会，吸收服装企业生产的实践经验，作了有深度的理论研究与实践探索。

作者以定量和定性的系统分析方法，阐述了服装构成的造型规律和纸样设计原理，根据服装工业纸样标准，推出适应我国服装结构设计的"标准纸样"和设计原理的应用方法。书中列举了经过作者实践验证过的设计成果，并深入浅出、详实地论述了服装结构的变化规律、设计技巧和绘制过程，有很强的理论性、系统性、实用性，在教学和各种学习班、研究班中讲授，均取得了满意的效果。

书中所建立的理论体系和实践方法来源于生产实际，符合现代服装生产和管理的要求，有助于读者迅速、科学地掌握原理，运用规律，举一反三。对服装设计和研究提供有价值的参考，对我国服装高等教育纸样设计体系的研究和形成起到了积极推动的作用。

天津纺织工学院院长

解如阜

1991 年 8 月

教学内容及课时安排

章/课时	课程性质/课时	节	课程内容
第1章　纸样的工业价值和设计意义/1	基础理论与训练/16（课下作业与训练/32）	1	纸样的产生与服装工业
		2	纸样设计的意义
		3	纸样设计的方法
第2章　服装构成的人体工学/3		1	人体区域的划分和连接点
		2	人体的基本构造
		3	人体的比例
		4	男、女体型差异及特征
		5	纸样设计的人体静态、动态参数及应用
第3章　女装人体测量和规格/4		1	制板工具
		2	纸样绘制符号
		3	女装人体测量
		4	女装规格及参考尺寸
第4章　女装基本纸样/4		1	女装基本纸样采得的两种方法
		2	英式女装基本纸样
		3	美式女装基本纸样
		4	标准女装基本纸样
		5	女装基本纸样综述
第5章　基本纸样的两种基本造型/4		1	制作基本造型的目的
		2	有腰线的基本造型
		3	无腰线的基本造型
		4	基本造型原理
第6章　基本纸样凸点射线的省移原理与方法/4	理论应用与实践/44（课下作业与训练/96）	1	凸点射线省的造型原理
		2	衣身基本纸样的凸点射线与省移方法
		3	肩峰和肘凸的省移方法
		4	裙子基本纸样的凸点射线与省移方法
第7章　裙子纸样设计原理及应用/6		1	裙子廓型变化的纸样设计规律
		2	裙子纸样分割原理及应用
		3	裙子纸样施褶原理及应用
		4	组合裙纸样设计

章/课时	课程性质/课时	节	课程内容
第8章 女裤纸样设计原理及应用/6	理论应用与实践/44（课下作业与训练/96）	1	裤子基本纸样
		2	裤子基本纸样结构原理的综合分析
		3	裤子廓型变化的纸样设计
		4	裙裤纸样设计
		5	裤子的腰位、打褶、育克和分割的应用设计
第9章 上衣纸样设计原理及应用/4		1	上衣基本纸样的分割与作褶
		2	领口与袖窿的纸样采形
第10章 袖子纸样原理及设计/8		1	袖山幅度与袖型
		2	合体袖与袖子分片
		3	宽松袖纸样设计
		4	连身袖纸样设计
第11章 领子纸样原理及设计/8		1	立领原理
		2	企领纸样设计
		3	扁领纸样设计
		4	翻领纸样设计
第12章 女装纸样的综合分析与设计/8		1	全省与撇胸
		2	分类纸样放缩量设计的原则和方法
		3	分类成衣纸样设计
		4	纸样的复核、确认与管理

目录

基础理论与训练——

纸样的工业价值和设计意义 /1 课时

课下作业与训练 /2 课时（推荐）

课程内容：纸样的产生与服装工业/纸样设计的意义/纸样设计的方法

训练目的：了解纸样设计的知识背景、行业特点和技术要求。

教学方法：面授与阅读文献结合。

教学要求：了解纸样相关的基本概念、现状和发展趋势。通过课堂讨论和问答方式掌握。

第1章 纸样的工业价值和设计意义

纸样设计是从款式设计到工艺设计的中间环节，具有承前启后的作用和地位，因此，它是成衣开发的关键技术。作为纸样设计师，除固有的知识以外，款式设计和工艺设计也是必备的专业能力，而这一切都与服装工业的特性有关。

§1-1 纸样的产生与服装工业

纸样（Pattern）是现代服装工业的专用语，含有"样板""板型"等意思，既是服装工业标准化的必要手段，更是服装设计进入实质性阶段的标志和工艺参数化的载体。同时，它也是达到服装设计者设计意图的积累和媒介，以及从设计思维、想象到服装造型的重要技术条件。然而，它的最终目的是为了高效而准确地进行服装的工业化生产。因此，纸样是服装工业化和商品化的必然产物。

1 纸样工业化前的状况

最初的纸样并不是为了服装的工业化生产而制作的。19世纪初叶，欧洲妇女们虽崇尚巴黎时装，但作为社会主流的中产阶级妇女因为时装价格昂贵可望而不可即。为了适应这一社会需求，一些时装店的经营者，就把时髦的服装制成像裁片一样的纸样出售，使许多不敢对价格昂贵时装问津的妇女，转而纷纷购买纸样，依此自己动手制作时髦的服装，由此纸样成了一种商品。英国的《时装世界》杂志早在1850年就开始刊登各种服装的剪裁图样。1862年，美国裁剪师伯特尔·理克创造了与服装规格一般大小的服装纸样进行多件加工，三年之后他在纽约开设了时装商店，并设计和出售纸样，家庭作坊式单件或多件的纸样加工是最初服装纸样的基本状态。但是，由于它并没有真正运用在服装工业化生产中且未有效地促进工业化进程，因此也没有得到根本的重视。纸样的工业化只有随着服装机械的进步和生产方式的革命才有可能实现。

2 纸样的工业价值

1830年，第一台缝纫机在美国诞生，1845年美国人伊莱亚斯·豪（Elias Howe）获得专利，后经数次改良和申请专利。19世纪中期的J.M.Singer厥功至伟，使后来的成衣工业快速成长，服装加工技术进入了划时代的时期，服装批量化生产成为可能。1897年，许多以手工操作的专用缝纫机械的相继问世，大大提高了服装产品的质量和产量。此后，专门分科的工业化生产方式应运而生，出现了专门的设计师、样板师、剪裁工、缝纫工、熨烫工，等等。这种生产方式的显著特点是批量大，另外由于分科加工形式，使缝纫工产生了不完整概念，他们只是遵循单科标准，这就要求设计上是全面、系统、准确、标准化的，纸样正是为了适应分科化生产方式的要求而设计制作的。纸样被称为样板、板型、纸型正是由此而来。总之，它是服装工业生产中所依据的工艺、造型和加工的标准，因此它也称为工业纸样（Pattern Maker）。由此可见，纸样的真正价值是随着近代服装工业的发展而确立的。

　　纸样是服装样板的统称，其中包括用于批量生产的工业纸样、用于定制服装的单件纸样、家庭使用的简易纸样以及有地域或不同人群区别的号型纸样。例如只在日本适用的日本号型纸样，只在英国、法国等欧洲国家适用的欧洲号型纸样，肥胖型、细长型特体纸样，等等。由此可见，服装工业化造就了纸样技术，纸样技术的发展和完善又促进了成衣社会化和标准化的进程，繁荣了时装市场，又刺激了服装设计和加工业的发展，使成衣产业成为最早的国际性产业之一。因此，纸样技术的产生被行业界和理论界视为服装产业的第一次技术革命。

§1-1　知识点

　　1．最初纸样并不是为了服装工业化生产而诞生的，而是为了迎合19世纪初欧洲妇女崇尚巴黎时装，但又因价格昂贵望而却步的一种新款服装裁片的替代品。

　　2．纸样的工业价值的产生必须有两个前提条件：一是机械化程度的提高；二是专门分科生产方式的运用。1830年第一台缝纫机在美国的诞生，促进了服装生产方式从单件生产到分科生产的转变，产品的规模化、标准化、规范化生产成为它的主要特征，纸样则是它们的集中体现，成为服装产业第一次技术革命的重要标志。

§1-2　纸样设计的意义

　　在服装设计过程中，纸样充当一个什么角色？在弄懂这个问题之前，必须搞清楚服装造型的整个过程。

1　纸样设计在服装造型中的作用

　　服装最后的成型是通过设计、制作和材料的有机组合完成的，它们三者的关系是互为作用的。然而，"设计"起着特殊的作用，即策划服装造型诸因素的合理组合，其结果是设计者预想造型的实现（图1-1）。把"预想"理解为构思，把"实现"理解为实施，这就是设计的全过程。具体来说就是选择材料和工艺技术，是根据预先制定的造型计划进行的，这种造型计划的中心首先要根据所服务的对象来确立服装造型的最终效果，其次是实施上述计划的技术设计。所谓技术设计，就是实现最终结果的手段，即纸样设计和工艺设计。可见纸样设计主要是使服装最终造型的结构组织合理化，它的前者是构思计划，后者是加工制作。

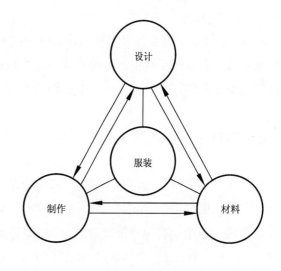

图 1-1　服装成型

因此，纸样是服装构思的具体化，又是加工生产的技术条件和依据。从造型学的意义说，纸样是构成服装最终造型的结构形态，是完成服装立体造型的平面展开。

2 纸样设计的特殊意义

纸样设计有它的特殊性，其设计方法和原理与工业造型的外观设计大不相同，如汽车、家电、日用品等造型的设计都是属于工业造型外观设计。纸样设计的直接依据是人体，而工业造型的外观设计作用于物体，是间接地和人发生关系。根据这一特殊属性，就不能把纸样设计视为纯粹物品的结构设计。首先，纸样设计必须以人体的生理结构、运动机能为物质的结构基础，这是与工业造型根本不同之处；其次，服装的社会文化属性又要求纸样设计不能像工业造型那样基于普遍而固定的使用功能的造型规律进行，而是最大限度地满足不同种族的文化习惯、性格表现、审美趣味的要求。总之，纸样设计不能被局限在一般的结构构成学知识里，而要寻找出它的特殊构成模型和结构规律，即自然人的固有特点和社会属性。

§1-2 知识点

> 1. 服装造型是由设计、材料和制作互为作用形成的，设计起着诸因素合理组合的特殊作用。
> 2. 纸样设计在服装造型中的作用，从生产的角度看，它是服装构思的具体化，是加工生产的技术条件和依据。从造型学上说，它是构成服装造型的结构形态，是完成服装主体造型的平面展开。
> 3. 纸样设计的特殊性，与工业造型设计相比，前者直接依据的是柔性的人体，后者则是刚性的物体。人本身的自然属性和社会属性决定了纸样设计不能局限在一般的结构学知识里而表现出它的复杂性、丰富性和深刻性。

§1-3 纸样设计的方法

纸样设计方法，是在基本纸样和设计纸样的关系中总结的，也就是说，要完成一套纸样设计必须首先确立其基本纸样在系统纸样中的基础地位和结构规律，实现从基本纸样、亚基本纸样、类基本纸样到一个具体纸样系列设计完成的从一般到个别的技术过程，这就是纸样设计的系统方法。

1 纸样设计系统方法

现代服装构成科学表明，服装基本模型的确立是服装造型科学化、标准化和现代设计美学的重要标志。那么，什么是服装构成的基本模型？为了说明这个问题，这里先举一个认识科学的例子。

在现代认识论中有一种很普遍的方法，即系统方法。什么是系统方法？举个例子，当科学家测试人的潜能时，不会以一个人或一个特殊的人作为测试对象，如一个年轻人、运动员或者一个病人，而要组织一定数量的常人，在这群人中再划分出性别组、年龄组，测量在一定距离中以最大努力的跑步所需的时间，然后把每组所需时间进行平均,所得到的平均值,就是各组人群潜量的一个重要指标,或称潜量某指标的临界值。过一定时间再进行相同方式的测试,得到新的潜量数值。通过对定期测定临界值的比较,可以大致判断出不同社会集团的食物结构、生活习惯、工作条件、环境关系的变化,以作为制订相关标准和决策的依据,这种方法就是系统方法。采用这种方法所获得的结果就是某事项的基本模型。它来源于实际,因此是科学的、可靠的;同时它通过系统分析组合,所以是标准的、理想的。通过这个例子来理解纸样构成的基本模型就不困难了。

　　服装最终要穿在人的身上,那么在制作服装的任何一个环节上,都要寻找出它们所依据的基本模型。这个模型不是通过某件服装制定的,因为,无论是哪种服装,都是一种特殊状态,它和模型所具备的性质是格格不入的,模型要具有普遍性,这种普遍性只有从穿服装的人身上去寻找,而寻找的方法和系统方法是完全相同的。

　　它是通过人体测量,得到不同类型人的净尺寸,加以平均,并通过专业化和理想化的技术处理取得不同类型的标准尺寸,制造出规格齐全的人体模型(立体人台和平面基本型)。这种模型是以人体测量的标准尺寸为依据,但它不是人体的复制,而是能美化人体的理想化实体。这个理想实体是通过实际的系统方法测算、总结,并符合成衣的制造要求而完成的。"理想实体"是集一般人体美的因素于一身,它的依据就是人体测量的平均值(标准尺寸);"实体"指不能脱离实际人体的模型,因此它能在一定范围内适应一般人的体型要求,故称为理想实体。另外,实体亦指一定数量的人,而并非是某个具体的人,也就是说实体是指"一群人"的抽象概念,如中年阶段体型、青年阶段体型等都是以某年龄段的共性而言,因此以这个实体为依据制成模型(人台)就具有普遍性。纸样的基本型是把理想实体变成平面的样板而已,基本型也可以根据标准尺寸通过计算和比例分配获得。不难理解,通过系统方法获得的标准尺寸、人台模型和基本纸样是服装结构基本模型系统的三种表现形式,即数字形式、立体形式和平面形式(图 1-2)。

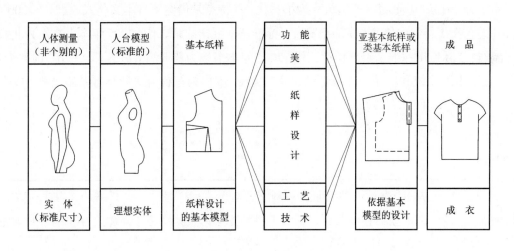

图 1-2　纸样设计基本模型系统的建立与应用

2　纸样设计基本型系统的建立与应用

　　由此可见,完整掌握纸样设计知识,建立和认识基本型系统成为关键。这里重点介绍基本模型系统的平面形式,即纸样的基本型。所谓纸样的基本型,就是指纸样设计中的基本数据(关系式)和基础,所以也称基本纸样(Sloper),日本服装界称为"原型"。基本纸样作为纸样设计的基础,在理论上被现代服装教育所接受,并成为纸样教学的标志性技术(包括平面裁剪和立体裁剪),在欧美、日本等服装工业发达的国家,都创立了符合他们各自体型特点的基本纸样。不仅如此，就系统方法而言，他们创立了完善的基本型体系，如日本分为女装原型、男装原型和童装原型等；美国的基本型不仅在性别上加以区分，而且还划分出了年龄差别，如妇女基本型、少女基本型等；英国的基本型划分得更细，如衬衣、套装、外套、针织服装等都有各自的基本纸样。这说明系统方法也渗透在纸样设计的各个独立的小环节中，称为小系统，它是包括在大系统之中的。例如身、袖、裙、裤等都有各自的基本纸样，因此也就构成了各自的小系统，把它们综合起来就是大系统。再如衬衣、套装、外套虽说都有各自的基本纸样，但也只是放松量的差别，而基本纸样的形状是相近的。这说明大系统中的基本纸样是具有普遍性的，小系统中的基本纸样是设计者灵活运用的结果，即亚基本纸样或类基本纸样。因此，从总体区别上看，纸样构成的基本型是有地域性的。地域性表现为一个地域的基本纸样不适合另一个地域使用，这主要取决于各自人体生理特征的差异。但是，尽管每个国家、地区甚至各服装设计师所使用的基本模型，在风格和理解上有所不同，但是他们都恪守对基本纸样的熟练把握这一原则。例如在日本服装界就有几种不同风格的原型，如文化式、登丽美式（田中式）、伊东式等。

由此可见，作为纸样设计规律而言，运用基本纸样不能当成"方法"去理解，而应理解为纸样设计的规律，应作为原理的基础去运用。裁剪的方法只有两种，即平面裁剪和立体裁剪。无论是哪种裁剪方法，熟练地把握服装结构的基本模型是其方法的指导和规律。平面纸样设计的基础就是基本纸样；立体裁剪设计的基础就是人体的模型，即专门用于立体裁剪的标准人台，立体裁剪的设计方法，也是从基本纸样到设计纸样的过程。因此，科学系统地学习纸样设计知识，建立和认识基本型系统是不可逾越的。

本书着重介绍代表欧美的英式和美式基本纸样。同时设计出适应我国人体特点的基本纸样，本书称其为"标准基本纸样"。其"标准"含义是以系统方法为原则，将基本纸样中出现的"定寸"，最大限度地变为"比例参数"，以达到服装造型的最佳适应状态。

"标准基本纸样"在1991年随本书出版称为第一代，其特点是借鉴了日本文化式原型。在2000年再版时将"标准基本纸样"作了科学的修改和完善，发表了标准基本纸样的第二代。2005年本书在作为北京高校服装高等教育精品教材之际推出标准基本纸样第三代，2008年本书作为普通高等教育"十一五"国家级规划教材，在完善纸样设计基本型系统和应用中作了新的探索、实践，推出第三代升级版标准基本纸样，成为相对定型的版本，本次"十二五"期间亦有微调。

§1-3　知识点

1. 纸样设计系统方法是通过人体测量，得到不同类型人的净尺寸，加以平均，并通过专业化和理想化的技术处理取得不同类型的标准尺寸，制造出规格齐全的人体模型（立体人台和平面基本型），以此总结出从一般到个别的服装纸样系统设计方法。

2. 纸样设计基本模型系统的三种表现形式：（标准尺寸的）数字形式、（人台的）立体形式和（基本纸样的）平面形式。

3. 纸样基本型指纸样设计中所依据的基本纸样（Sloper）。它有地域性，即服务于不同种族的人群、服务于不同体型的人群；它有系统性，即从基本纸样中派生出亚基本纸样、不同服装类型的基本纸样，如衬衣基本型、外套基本型等。

4. 运用基本纸样不是一种方法，而是设计规律。方法只有两类，即平面裁剪和立体裁剪可以任意选择，但规律只有一个，无论哪种方法都要遵循从"一般到个别"的基本规律。因此，从基本纸样到设计纸样是不能跨越的。

思考题

1. 为什么说纸样是服装工业化的产物?
2. 纸样设计在服装造型中的作用和地位?
3. 基本纸样在现代纸样设计系统中的意义和方法?

基础理论与训练——

服装构成的人体工学 /3 课时

课下作业与训练 /6 课时（推荐）

课程内容： 人体区域的划分和连接点/人体的基本构造/人体的比例/男、女体型差异及特征/纸样设计的人体静态、动态参数及应用

训练目的： 学习基于服装构成的人体知识，运用人体工学原理分析人体形态对纸样设计的影响。

教学方法： 面授与实务案例分析结合。

教学要求： 了解与服装结构有关的人体知识、人体工学原理，为人体测量和服装规格标准的学习打好基础。作业是结合人体模型或标本研习阅读相关参考书。

第2章　服装构成的人体工学

服装构成的依据不是某件衣服的裁剪数据和公式，而是人体。按照系统方法的要求，应该是具有标准特征的人体。纸样设计是依照纸样构成的基本模型即"基本纸样"而设计的。基本纸样是理想实体的平面展开，理想实体又是人的体型和基本机能的高度集中。归根结底，人体是纸样设计的唯一根据。服装构成的人体工学是研究人体外在特征、运动机能和运动范围对服装结构影响尺度的学问，它是服装造型结构和功能结构设计的理论基础。掌握了这一理论，可以从根本上理解纸样设计的原理和实质，并能迅速运用这些原理和规律指导设计者更准确、有效地实现设计构思。不过人体工学是服务于小到别针大到飞机的所有工业（产品）设计的工效学理论体系，本章仅概括地介绍与服装构成有关的部分。

§2-1　人体区域的划分和连接点

人体区域通常由人体中相对稳定的部分组成，形成大的体块。这些体块由关节或支撑点连接着，我们把连接体块的部分称为连接点。因此，人体体块部分在纸样设计上更注重结构上的感观效果，而连接点强调其结构的内在运动机制的功能性，前者倾向于表现形式美，后者倾向于表现机能美。

1　人体区域的划分及体块

如果对人体静态进行观察，可以清楚地划分出头部、躯干、上肢和下肢四大区域。在各区域中又可分出主要的组成体块，这些体块呈现固定状态，并由连接点连接，形成以人体构造和运动规律所制约的运动体（图2-1）。

①头部：头部在服装纸样设计中比较特殊，只在功能性很强的雨衣、羽绒服、防寒服、风衣和服装以外的帽子设计中考虑，所以头部的细部常被忽略，只考虑其形状和体积。头部的形状为蛋形，以此作为"理想实体"。因此，头部结构只在从平面到球体的设计过程中考虑。

②躯干：躯干由胸部和臀部两大体块组成，它是人体的主干区域，因此，纸样设计所要涉及的机会也最多，如三围的应用与设计。

胸部和臀部是以腰线划分的，胸部和臀部虽是固定的体块，但由于腰节的屈动，使躯干形成以腰节为连接点的运动体，因此作用于躯干的结构就不单是静态造型，还要考虑腰部的活动规律。不仅如此，由于胸部与上臂连接着，当上衣设有袖子时，亦要注意肩关节的活动规律。

③上肢：上肢是由上臂、前臂和手组成。上臂和前臂为固定体块，中间由肘关节连接，在形体上理解为两个柱状相连的运动体。手和头部相同，有其特殊性，应个别对待。

④下肢：下肢由大腿、小腿和足组成，中间分别由膝关节和踝关节连接。整个下肢成为上连臀部的倒锥形运动体。头、手和足统称为人体的三个特殊体块。

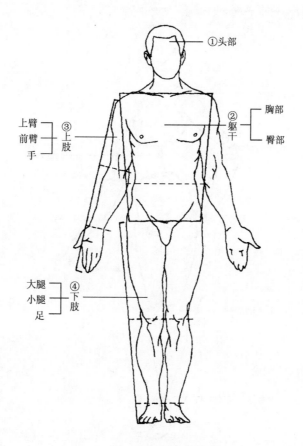

图 2-1　人体区域的划分

　　把以上人体各区域组成部分加以综合，依次为头部、胸部、臀部、上臂（对称）、前臂（对称）、手（对称）、大腿（对称）、小腿（对称）、足（对称）九个部分，这九个部分就是连接点所要连接的基本体块。这种人体区域的划分对纸样设计原理的理解是极其重要的，特别是对服装造型结构的功能设计更为突出。

2　体块的连接点

　　连接人体九个体块的八组连接点是人体运动的枢纽，并决定着它们各自的运动特点和范围（图 2-2）。
　　①颈部：颈部是头和胸部的连接点。它的活动范围较小，因此领型设计时更注重它的静态结构。
　　②腰部：腰部是胸部和臀部的连接点。它的活动范围较大，前后左右都有其一定的活动范围，特别是前屈的范围较大。因此，当服装设计中出现通过腰部部位时都应作动态结构处理，如上衣、高腰的裙子、裤子等。
　　③大转子：大转子是臀部和下肢的连接点。它的运动幅度最大，特别是前屈，同时由于运动的平衡关系，左右大转子的运动方向是相反的，造成腿部运动范围的加倍。因此，裤子的立裆越不合体（过深）或裙摆越小，其结构的运动功能就越差。
　　④膝关节：膝关节是大腿和小腿的连接点。它的运动方向与大转子相反，活动范围也小于大转子。膝关节对裤子的结构影响较大，紧身裙的后开衩设计与此有关。
　　⑤踝关节：踝关节是小腿和足的连接点，基本不对服装结构产生影响。
　　⑥肩关节：肩关节是胸部和上臂的连接点。肩关节的活动范围也很大，但主要是向上和向前运动，因此，

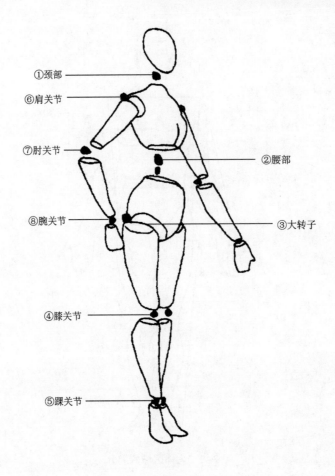

①颈部

⑥肩关节

⑦肘关节

②腰部

⑧腕关节

③大转子

④膝关节

⑤踝关节

图 2-2　人体各体块的连接点

作为袖山和袖窿的结构设计，要特别注意腋下和后身的余量，而前身由于活动余量较小和造型平整的考虑，尺寸设计保守且严谨。

　　⑦肘关节：肘关节是上臂和前臂的连接点。它的活动范围是向前运动，形成以肘为凸点的袖子结构，特别是贴身袖的设计，都是以肘点作为基点确定肘省和袖子的分片结构。

　　⑧腕关节：腕关节是前臂和手的连接点，基本不对服装结构产生影响。

　　由于人体的基本连接点都具有各自的运动特点和较复杂的运动机能，这就构成了对服装运动结构制约的关键因素，因此，在纸样设计中，遇到连接点的地方都要加倍小心，特别是那些活动幅度较大的连接点。在这些部位没有明显的标记，如腰节、臀围线、肩点、颈点等容易造成应用上的模糊，对于经验不足的设计者更要慎重。因此需要更进一步了解人体的基本构造，确定基本纸样结构的关键点。

§2-1　知识点

　　　人体分为头部、躯干、上肢和下肢四个区域，由头部、胸部、臀部、上臂、前臂、手、大腿、小腿、足部九个固定体块组成，由颈部、腰部、大转子、膝关节、踝关节、肩关节、肘关节、腕关节八个连接点将它们连接。九个体块表现为相对静态特征，设计注重形态美；八个连接点表现为相对动态特点，设计注重机能美。

§2-2　人体的基本构造

制约服装结构的基础是人体的基本构造，换言之，构成纸样原理的基础是人体基本构造所形成的外部形状和运动特征。

骨骼、肌肉和皮肤共同形成了人体的外部形体特征。骨骼是人体的支架，它决定着人体的基本形态，人体外形的体积和比例是由人的骨架制约着。由于单位骨骼是人体唯一固定的体素，人体的运动机能就必须由这些固定的骨与骨连接的关系而产生，这个连接枢纽就是关节，掌握它们的结构特点对于服装造型结构和运动结构的设计有着重要的指导意义。因此，探讨人体骨骼连接的构造对于纸样设计是十分重要的。

骨骼的外面主要是肌肉，它的作用是使各个具有不同功能的骨骼在关节的作用下做屈伸运动。同时，在人体的肌肉中，许多表层肌和皮肤连接，直接表现为人体外形，一些深层肌也直接或间接影响人体的外形特征。因此，研究肌肉连接系统的构成特征，对服装造型结构的理解和设计有直接的指导作用。基本纸样的分片、省缝和结构线的设计都是依此进行的。然而，作用于服装人体的肌肉研究比艺用人体和医用人体的肌肉研究要简单得多，这里主要说明肌肉的体积和表面状态，并且着重介绍和服装有关的表层肌。

皮肤作为保护层，一般不会造成人体表面形体的大起大落，但是皮下脂肪的增多或减少会影响人体正常的外部特征，这是需要注意的。

1　骨架

人体全部的骨骼总数为 220 余块，这些骨骼大多是成对生长的，只有少数是单独生长的。它们以人类自然生长的秩序组合成人体骨架，同时由于社会的发展和分工塑造成人类所特有的骨骼，因此人体骨骼构造极其复杂而独特。在此只对作用于服装结构产生影响的骨骼和骨系关系加以说明（图 2-3、图 2-4）。

（1）头骨

头骨与服装的关系不大，这里从略。

（2）脊柱

脊柱是人体躯干的主体骨骼，是由颈椎、胸椎、腰椎三部分组成，颈椎连接头骨，腰椎连接髋骨，其整体形成背部凸起腰部凹陷的 "S" 形。因为脊柱是由若干个骨节连接而成，因此脊柱整体都可屈动。对服装结构产生影响的主要有两处：一是颈椎，颈椎共有七块，第七颈椎（从上往下）尤为重要，它不仅是头部和胸部的连接点，也是这两部分的交界点，所以成为基本纸样后中线的顶点，即所谓后颈点；二是腰椎，腰椎共有五块，第三块为腰节，是胸部和臀部的交界点，因此，常常作为服装结构的腰线标准，也是测量腰围线的理论依据。

（3）胸部骨系

胸部骨系是构成胸廓骨架的骨骼系统，主要由锁骨、胸骨、肋骨、肩胛骨等组成。

①锁骨：位于颈和胸的交会处，共有一对，它的内端和胸锁乳突肌相接形成颈窝。在服装结构中，颈窝为服装前颈点的标准位置。锁骨的外端与肩胛骨、肱骨上端会合构成肩关节并形成肩峰，也就是服装结构中的肩点。

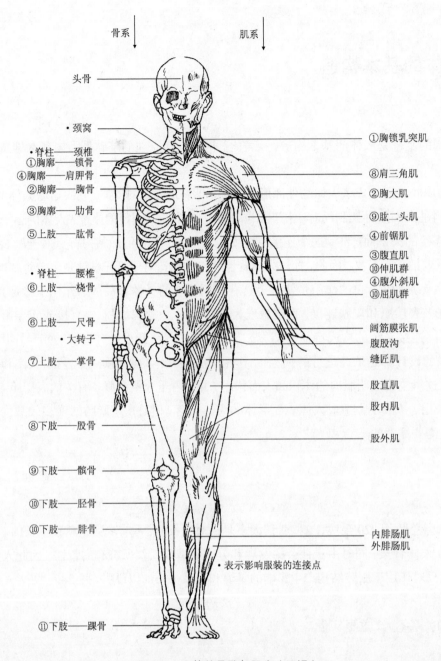

骨系 ↓   肌系 ↓

头骨

· 颈窝

· 脊柱——颈椎
①胸廓——锁骨
④胸廓——肩胛骨
②胸廓——胸骨
③胸廓——肋骨
⑤上肢——肱骨

· 脊柱——腰椎
⑥上肢——桡骨

⑥上肢——尺骨
· 大转子
⑦上肢——掌骨

⑧下肢——股骨

⑨下肢——髌骨

⑩下肢——胫骨

⑩下肢——腓骨

⑪下肢——踝骨

①胸锁乳突肌

⑧肩三角肌
②胸大肌
⑨肱二头肌
④前锯肌
③腹直肌
⑩伸肌群
④腹外斜肌
⑩屈肌群
阔筋膜张肌
腹股沟
缝匠肌
股直肌
股内肌

股外肌

内腓肠肌
外腓肠肌

· 表示影响服装的连接点

图 2-3 人体的骨骼与肌肉（正视）

②胸骨：为肋骨内端会合的中心区，位于两乳中间的狭长部位，人体中线从此处通过。胸骨部位在女性中呈现特殊状态，女性胸乳隆起而下坠，造成胸骨微伏的"浅滩"状态。

③肋骨：共有 12 对 24 根，后端全部与胸椎连接，前端与胸骨连接构成完整的胸廓，其形状呈竖起的蛋形，这一特点的认识对服装胸背部的造型是极为重要的。

④肩胛骨：共有一对两块，位于背部上缘，形状为倒三角形，其三角形的上部凸起，成为肩胛冈，构成肩与背部的转折点，在纸样设计中常作为后衣片肩省和过肩线设计的依据。

（4）上肢骨系

上肢骨系呈现左右对称状态，由肱骨、尺骨、桡骨和掌骨构成上肢的骨系。

⑤肱骨：为上臂骨骼。上端与锁骨、肩胛骨相接形成肩关节，并形成肩凸，这是上衣肩部（包括肩省、育

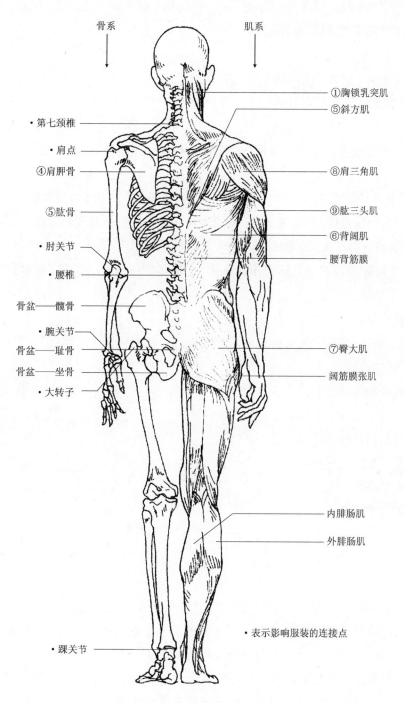

图 2-4　人体的骨骼与肌肉（后视）

克、肩袖等）造型的依据。下端与尺骨和桡骨相连。

　　⑥尺骨和桡骨：均为前臂的骨骼。当人体手掌向前自然直立时，两骨骼的位置为"内尺外桡"。它们的上端与肱骨前端相接形成肘关节，前端与掌骨连接构成腕关节。肘关节的凸点是尺骨头，关节只能前屈，故袖弯、袖省和袖子分片结构设计都以此为依据，腕关节的凸点为前尺骨头，主要作为基本袖长的标准位置。

　　⑦掌骨：因与服装的关系不大，这里从略。

　　（5）骨盆

　　骨盆是由两侧髋骨、耻骨、骶骨和坐骨构成。骶骨连接腰椎，故也称骨骶椎，它的下方两侧是髋骨与下肢股骨连接,称为大转子,它是测定臀围线的标准。由于骨盆介于躯干和下肢之间,因此,无论是上装还是下装的结构设计都应考虑由此而产生的运动功能性。

（6）下肢骨系

下肢骨系由股骨、髌骨、胫骨、腓骨和踝骨组成。

⑧股骨:为大腿的骨骼,上端与髋骨连接,下端与髌骨、胫骨、腓骨会合成膝关节。

⑨髌骨:通常所说的膝盖,形状似龟甲,正置于股骨、胫骨和腓骨会合处的中间,组成膝部关节。该关节只能后屈,同时在下装的结构变化中往往以此作为依据进行设计,例如以此作为衣长、裙长、裤摆等设计的标志点。

⑩胫骨和腓骨:均为小腿骨骼,胫骨位于内侧,腓骨位于外侧,故称"内胫外腓"。胫骨和腓骨的上端与髌骨、股骨会合,下端与踝骨相接,形成踝关节。腓骨与踝骨会合处的凸起点为腓骨头,是裤长的基准点。

⑪踝骨:因与服装的关系不大,这里从略。

综上所述,由于人体骨骼各部分之间的相互连接,构成了人体的基本骨架,基本骨架的运动特征构成了与纸样设计相关的基本结构点。即:

$$
躯干 \begin{cases} 前颈点（基本领口与前中线交点） \\ 后颈点（基本领口与后中线交点） \\ 腰节（腰线的标准） \end{cases}
$$

$$
下肢 \begin{cases} 大转子（臀围线的标准） \\ 膝关节（下装变化的基准线） \\ 腓骨头（裤长的标准） \end{cases}
$$

$$
上肢 \begin{cases} 肩点（衣身与袖的交界点） \\ 肘关节（袖的基准线） \\ 尺骨头（袖长的标准） \end{cases}
$$

2 肌肉

人体的肌肉总数为500余块,它们基本成对生长。人体的肌肉结构极为复杂,作为用于服装设计的人体肌肉组织和形态的研究,主要是对直接影响人体外形的表层肌和少数对服装造型有作用的深层肌进行说明和分析,以达到理解人体正常运动的作用和人体外部造型的目的。

如果说了解人体骨架是认识人体运动机能在纸样设计中的制约作用的话,那么,了解人体肌肉组织的构成形态则是理解纸样设计如何体现人体造型美的需要（参见图2-3、图2-4）。

（1）头部肌系

头部肌系与服装关系不大,这里从略。

（2）躯干及颈部肌系

躯干肌肉主要由胸大肌、腹直肌、腹外斜肌、前锯肌、斜方肌、背阔肌、臀大肌等肌肉组成,它们的结构关系构成躯体的基本状态。

①胸锁乳突肌:共有一对,上起头部颞骨乳突（耳根后部）,下至锁骨内端形成颈窝,同时与锁骨构成的夹角在肩的前面形成凹陷,因此在合体服装的技术处理时,把靠近颈侧点的前肩线三分之一处作"拔"的处理。由于与此对应的后肩有肩胛骨,就形成了这个部位前凹后凸的肩部造型,这是贴身服装纸样设计中肩线

后长前短的原因。在技术处理上使前肩线拔长，后肩线归短，以取得结构与体型上的吻合。

②胸大肌：位于胸骨两侧，呈对称状态，外侧与肩三角肌会合形成腋窝。胸大肌为胸廓最丰满的部位，女性被乳房覆盖显得更加突出，因此成为测定胸围线的依据。

③腹直肌：上与胸大肌相连，下与耻骨相连，腹直肌与耻骨连接呈鋬状，并与大腿的股直肌会合，故称腹股沟。腹直肌的中断是脐孔呈现腰凹（测量腰围的依据），脐孔到腹股沟中间为腹凸（测量腹围的依据）。腹股沟虽然对服装外形影响不大，但低腰裤的平插袋设计刚好利用这点空间作口袋容量。腹直肌所形成的腹凸和腰凹形体是纸样设计重要的结构点。

④腹外斜肌和前锯肌：分别位于腹直肌两侧和侧肋骨的表层。由于腹外斜肌靠下生长，前身上接前锯肌，后身上接背阔肌，它们的会合处正位于腰节线上，形成了躯干中最细的部位。所以一般测量腰围线时，以腰的最细部位为标准正好是这两块肌肉的结合处。

⑤斜方肌：为人体背部较发达的肌肉，男性更为突出。它上起头部枕骨，向下左右伸展至肩胛骨外端，其下部延伸至胸椎尾端，在后背中央构成硕大的菱形肌肉。由于斜方肌上连枕骨，左右与肩胛骨外端相接，其外缘形成自上而下的肩斜线，由此可见，斜方肌越发达肩斜度就越大，肩背隆起越明显。因此，斜方肌不仅男女有差别，也可影响肩部和背部的结构造型。同时，斜方肌与胸锁乳突肌的交叉结构形成了侧颈与肩的转折，把该转折点看作颈侧点，在纸样设计中被确定为标准的侧面领口轨迹，即前后领口在颈侧的会合点。

⑥背阔肌：位于斜方肌下端两侧，其侧体与前锯肌会合，形成背部隆起，男性更为突出。另外，左右背阔肌下方中间相夹的是腰背筋膜（也是斜方肌的末梢），因为腰背筋膜不是肌肉组织，而是一种很有韧性的纤维组织，位于腰部，因此背阔肌与腰部构成上凸下凹的体型特征，一般纸样背部收腰正是基于这种体型的考虑。

⑦臀大肌：位于腰背筋膜下方两侧，是臀部最丰满处，与它相对应的前身为耻骨联合的三角区，由于臀大肌的"巅峰"与大转子凸点在同一截面上，因此后身躯干呈明显的S形，特别是女性表现得尤为突出。

躯干肌肉的形体状态对服装结构的认识是十分重要的，把握的关键在于理解躯干肌肉构成所呈现的形态特征。通过上述分析可以看出，躯干由腰部将胸廓和臀部相连接，呈现为平衡的运动体，从静态观察其形体特征，胸廓前身最高点是胸乳点，而且此凸点相对靠近腰部；背部最高点是肩胛点并相对远离腰部。因此，侧面观察胸廓便形成向后倾斜的蛋形。为了与胸廓取得平衡，臀部是一个与胸廓相反的向前倾斜的蛋形，它们由腰部连接着形成人体躯干的节律（图2-5）。从人体躯干的节律中可以理解许多关于纸样设计和修正的原理，纸样中前、后省的确定，前身胸省短于后背省；前、后裙片的腰线不在同一水平线上（前高后低）；腹省短、臀省长等都是由人体躯干"斜蛋形"节律造成的。

（3）上肢肌系

上肢肌系对于非特殊功能的服装结构来说，一般不考虑肌肉外表形态的细部特征，只作为模糊状态下的圆柱体去认识，所以这里只对上肢外表肌肉的名称加以说明。

⑧肩三角肌：正置于肩端，与锁骨外端会合形成肩头，与胸大肌相接形成腋窝，下端前与肱二头肌、后与肱三头肌相连。

⑨肱二头肌和肱三头肌：肱二头肌位于上臂前侧与肩三角肌会合，肱三头肌位于上臂后侧与肩三角肌会合。

⑩前臂的伸肌群和屈肌群：为组成前臂的主要肌肉，起伸屈

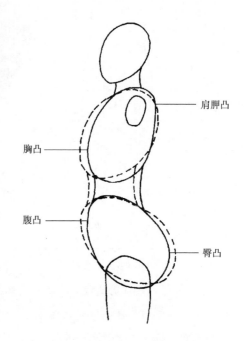

图 2-5　"斜蛋形"人体节律平衡

肩胛凸

胸凸

腹凸

臀凸

功能。

掌肌群与服装关系不大，这里从略。

（4）下肢肌系

下肢肌系较为明显的是以髌骨为界点的大腿和小腿的表层肌。

大腿肌系：大腿的前中部是股直肌，内侧细长状的是缝匠肌，其下内侧是股内肌，股直肌的外侧是股外肌，在大转子外层是阔筋膜张肌，这些是构成大腿前部隆起的关键肌肉。

由于臀大肌凸起，使大腿后部肌肉对下装结构影响不大。

小腿肌系：小腿的肌肉主要在后部，即由外腓肠肌和内腓肠肌组成，这两块肌肉就是俗称的小腿肚。

由此所产生的下肢体型特征为大腿前侧肌隆起和小腿后侧肌发达的"S"形柱体。

3 脂肪和皮肤

上述的肌肉系统是构成人体外形的直接条件，最后形成人体表面状态的还有两个因素，即皮下脂肪和皮肤。人体的皮肤是作为保护层生长的，组织密集而薄，因此不对人体外形构成影响。而皮下脂肪则根据人的生活习惯、地域、职业、性别和年龄的差异有所不同，使外部体型发生变化。例如胖人和瘦人、女性和男性等，都是由于脂肪的多少不同所呈现出不同的体型特征。女性比男性的皮下脂肪多，女体的表面平滑、柔软而富有曲线美；男体肌肉发达脂肪少，表面显得棱角分明。如果体内脂肪超出正常的应有量，就会出现肥胖，肥胖人的脂肪过多堆积的部位多是在肌肉会合的凹陷处，如腰部、关节等处，所以肥胖人和肌肉发达的人在体型特征上刚好相反。肥胖体型整体呈菱形，肌健体型整体呈"X"形（图2-6）。因此，脂肪的多少，能改变人体的正常状态，如肥胖人的三围呈现正常人的倒数，即腰围与胸围、臀围的差小于正常人，甚至腰围尺寸超过胸围和臀围。可见，人体外观的形态分类是纸样设计考虑的先决条件，这种分类，脂肪在起着重要作用。

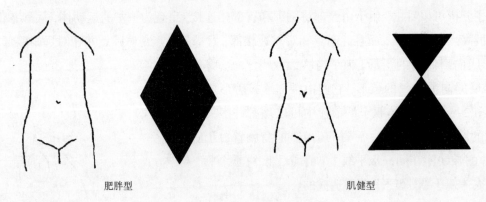

肥胖型　　　　　　　　　　　　肌健型

图2-6　肥胖型与肌健型体型特征的比较

§2-2　知识点

1. 人体构造的基本元素是骨骼、肌肉、皮下脂肪和皮肤。

2. 骨骼是人体的支架，决定着人体的体积、比例和运动方式，它们主要影响纸样设计的运动功能。肌肉、皮下脂肪和皮肤决定着人体的外形特征。肌肉发达程度和脂肪多少在人体规律中是相排斥的。肌肉发达意味着脂肪少，此为肌健体，体型为X形；脂肪多意味着肌肉不发达，此为肥胖体，体型趋于菱形。

§2-3 人体的比例

作为服装结构的人体比例研究，既不同于美术创作中按艺术表现的需要对人体进行夸张变形的创作手段，亦不同于人体测量科学所应用的实证方法去研究纸样设计中的人体比例问题，否则就会走向"随意性"和"记录性"的两个极端，这都不利于对服装结构设计规律的认识和学习。这里主要对标准化的人体比例加以分析研究。标准化人体集中了一定范围不同个体的优良因素，可以理解为理想化实体，因此标准的人体比例不等于具体某个人的比例，但它又适应于每个具体的人。

人体比例，一般以头高为单位计算。因种族、性别、年龄的不同而有所差异，通常划分为两大比例标准，即亚洲型七头高的成人人体比例和欧洲型八头高的成人人体比例。因为这是正常成人体型的标准比例，所以这两大比例关系应用最为广泛。

1 七头高人体比例关系

七头高比例关系是黄种人的最佳人体比例，根据地域、种族的不同稍有差异，如日本和我国南方沿海地区的人体比例标准不足七头，而我国东北地区的人体比例接近八头比例。因此在应用七头比例时不能绝对化，同时可以依此比例推出作用于纸样设计的比例关系和范围。

（1）七头高的人体比例

七头高人体比例的划分，从上至下依次为：头部的长度，颏底至两乳头连线，两乳头连线至脐孔，脐孔至臀股沟，臀股沟至髌骨，髌骨至小腿中段，小腿中段至足底（图 2-7）。

这种比例是指成年人的标准人体比例，成人意味着人体生长基本停止，因此它最有参考价值，应用范围最为广泛。如果对成年以前年龄阶段有所选择，则要了解不同年龄阶段的比例特点。图 2-8 是从学龄儿童开始至成人的男女人体的比例对照，掌握这些比例上的差异，有助于不同年龄段儿童服装的纸样设计。

（2）人体的比例关系

在七头高比例中，人体直立、两臂向两侧水平伸直时，两手指尖之间的距离约等于身高，也就是七头长。这种比例关系亦适用于欧洲型八头高的人体比例，即两臂水平伸直，两手指尖之间的距离等于八头长。因此，测量身高发生障碍和困难时可以用测量双手指尖之间的距离作为参考。

人体直立、两臂自然下垂时，肘点和尺骨前点大约分别与腰节和大转子相重合，故可以依照肘点、尺骨点与躯干重合

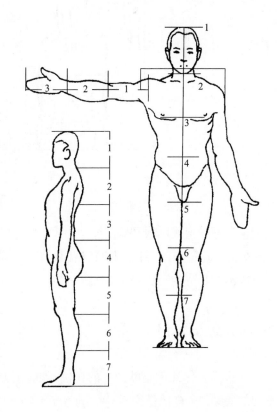

图 2-7 人体的七头高比例关系（成人）

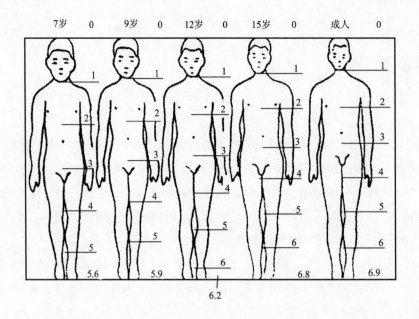

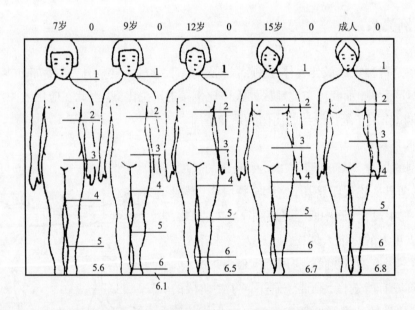

图 2-8　儿童至成人的男女人体比例对照

的位置参考确定腰围线和臀围线。

　　另外，肩宽为两头长，即两肩点间的距离等于两头长；从腋点（胸宽的界点）至中指尖约为三头长；下肢从臀股沟至足底为三头长（参见图 2-7）。

2　八头高人体比例关系

　　八头高人体比例是欧洲人的比例标准，是最理想的人体比例。这是因为八头高比例的人体和黄金比有着密切的关系。黄金比值为 0.618，约等于 5∶8 或 3∶5。然而这并非是纯美学上的夸张和虚构，而是艺术和科学的高度统一。因此，它在服装结构设计上很有实用价值，同时体现在造型上又具美学价值。

　　八头高人体比例的划分，从上至下依次为：头的长度，颏底至乳点连线，乳点连线至脐孔，脐孔至大转子连线，大转子连线至大腿中段，大腿中段至膝关节，膝关节至小腿中段，小腿中段至足底。

　　我们可以把七头高比例人体和八头高比例人体加以比较。八头高比例并不是在七头高比例人体的基础上平均追加比值的，而是在腰节以下范围内增加了一个头的长度，这意味着七头高比例和八头高比例的人体，脐孔以上部分都是三头长，这样上身和下身的比例以腰节为界，七头高人体是 3 ：4，八头高人体是 3 ：5，可见八头高比例的人体似乎更具有美学意义。八头高人体的比例关系，上身与下身之比是 3 ：5；下身与人体总高之比是 5 ：8，这两个比值和黄金比值刚好吻合，为此在八头高人体的正方形中就充满了黄金率（图2-9）。因此，在亚洲型体型中为了有效地美化人体，在外衣的结构设计中提高腰线是很有效果的，事实上这是在七头高比例的基础上作上身与下身接近黄金比的修正。

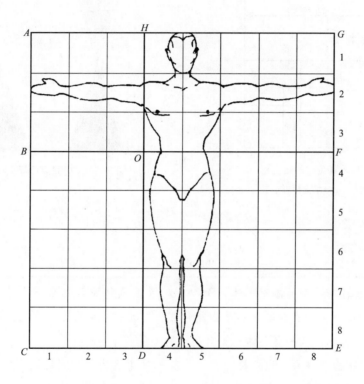

图 2-9　人体的八头高比例与黄金比

注：图中黄金比 $\begin{cases} AB:BC=3:5 \\ BC:AC=5:8 \\ AH:HG=3:5 \\ HG:AG=5:8 \end{cases}$　黄金矩形 $\begin{cases} \square BCEF \text{ 的宽长之比为}5:8 \\ \square HDEG \text{ 的长宽之比为}8:5 \\ \square HOFG \text{ 的宽长之比为}3:5 \\ \square BCDO \text{ 的长宽之比为}5:3 \end{cases}$

　　黄金率是古希腊"泛数论"的哲学家毕达哥拉斯创立的，他认为世界万物都是由"数"构成的，艺术使人产生美感是因为艺术构成的要素数量的比率协调。这种理论对当时的造型艺术具有极其深远的影响，如建筑、雕刻、绘画等，并成为古希腊人艺术生活的原则，即把表现人的艺术作为最高的艺术，把人体的美视为"美的最高法律"，成为崇尚人体艺术的欧洲文化传统。这种人本主义思想大概可以从人体充满黄金率的实验中去寻找答案了。如果八头高的人体两手伸直呈正方形的话，以 3：5 的比例去分割，可以得到两个黄金矩形和两个正方形，在两个正方形中再以 3：5 的比例去分割又会得到两个黄金矩形和两个正方形，这样就可以无休止地分割下去（图2-10）。由此可见，正方形是孕育黄金率的摇篮，而人体比例本身就是正方形。这一具有实验科学的造型艺术，为后来欧洲的文艺复兴提供了强有力的理论支持和思想武器，达·芬奇则是这一理论和思想的捍卫者。今天，欧洲的时装业如此繁荣发展，正说明时装最适宜这种人本思想的个性表现。然而作为亚洲人对于这种欧洲的传统美学标准则难以接受，因为，亚洲人种既没有八头高的条件，也没有这种人本思想传统（相反以集体表象见长），但全人类都可以接受"实验心理学"的科学结论，这就是利用"错视"来修正比例关系，即在两个高度相同的人体几何图形中，下身长于上身的人体总比上下身比例关系接近的人体显得修长。因此，八头高的 3 : 5 的比例比七头高的 3 : 4 的比例更容易实现这个理想（图 2-11）。

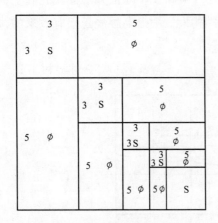

图 2-10　充满黄金率的正方形

S—正方形　φ—黄金矩形

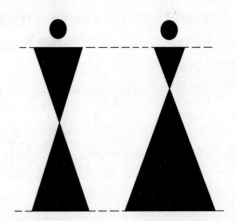

图 2-11　相同高度不同比例的错视

§2-3　知识点

1. 七头高人体比例关系为上体比下体是 3 : 4，八头高人体比例关系为上体比下体是 3 : 5 约等于 0.618 的黄金比值。人体两臂伸直约等于身高由此形成正方形，在正方形中若按 3 : 5 分割之后，就会产生黄金率的无限分割。因此，八头高人体比例有明显的实验美学意义。

2. 七头高人体比例为黄种人的比例标准，八头高人体比例为白种人的比例标准。但他们都以腰线为界划分上体和下体，而且上体长度都是三头长，不同的是下体比例，黄种人是四头长，白种人是五头长。因此，八头高的人体比例，无论是在美学，还是实验心理学（错视）方面都有实际应用价值。作为七头高人体比例的黄种人体型，在纸样设计中调高腰线以改善比例关系是十分有效的。

§2-4　男、女体型差异及特征

在服装行业里有"男活"和"女活"之分（主要是工艺手法的区别）。在服装设计中也有男装设计和女装设计的区别，这主要是考虑体型和功能上的原因。因此，男、女体型上的差异及特征的研究对服装结构设计的准确性、合理性的把握是十分重要的。

在服装纸样的技术要求上，则要研究男、女体型差异的物质因素，即骨骼、肌肉、脂肪和皮肤的生理差别与形态特征。这对认识男、女装纸样特点和设计规律至关重要。

1　男、女骨骼的差异

骨骼决定人的外部形态特征,由于生理上的原因,男、女的骨骼有明显的差异。

男性的骨骼粗壮而突出,女性则相反,由此呈现出男、女体型的外部特征:男性强悍,有棱角;女性平滑柔和。这似乎与性格的差异相一致,男性性格刚毅,女性则柔媚。

另外,男性上身骨骼较发达,女性则下身骨骼较发达,形成各自的体型特征:男性一般肩较宽,胸廓体积大;女性肩窄小,胸廓体积小。女性的骨盆宽而厚,男性的骨盆窄而薄。由此可见,男、女的体型特征恰好是相反的,即男性为倒梯形,女性则是正梯形。男、女躯体线条的起伏、落差也不同,男性显得平直,女性则显出明显的"S"形特征(图 2-12、图 2-13)。

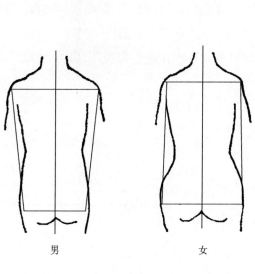

图 2-12　男、女后视体型的差异

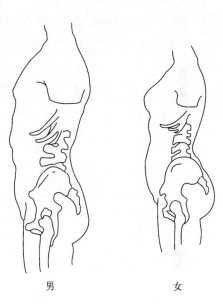

图 2-13　男、女侧视体型的差异

2　男、女肌肉及表层组织的差异

男、女服装的结构特征,除了受骨骼的影响外,其造型风格主要是由肌肉和表层组织构造的差别所决定的。身体健壮的男性,肌肉发达,肌腱多形成短而突起的块状(局部变化明显),因此,男性外形显得起伏不平,而整体特征显得平直,在服装中称为"筒型"。女性肌肉没有男性发达,皮下脂肪也比男性多,由于它是覆盖在肌肉上的,因而外形显得较光滑圆润,而整体特征起伏较大。由于生理上的原因,女性与男性肌肉和表层的差异点是:女性乳房隆起,背部稍向后倾斜,使颈部前伸,造成肩胛突出,由于骨盆宽厚使臀大肌高耸,促成后腰部凹陷,腹部前挺,故显出优美的"S"形曲线;而男性颈部竖直,胸部前倾,收腹,臀部收缩而体积小,故整体形成挺拔有力的造型(参见图 2-13)。

由于男、女肌肉与表层组织的差异,决定了女装纸样设计主要在于褶和省的变换运用,而男装的纸样设计主要在于运用材料的性能和分割程式化的技术处理上。这里指的材料性能和技术处理,首先是指织物的伸缩性和运用织物伸缩性的物理处理(归拔处理);其次是考虑与女装造型效果上的反差,更多的不是利用形式的纷繁变化,而是注重功能和工艺上的技术处理。这不仅符合男、女生理上的要求,而且也符合心理平衡的美学设计原则。在利用材料的设计中,材料的伸缩性是有限的,因此归拔更适合用在男装的纸样设计上,而不适应女体高落差的体型变化,即使是针织面料(除特种服装外),不经过褶、省的处理也达不到完全合体的目的。因此,可以说褶、省的变化是女装设计的灵魂。这样女装在设计上就有了大做文章的余地。例如外形设计大起大落,省、分割、打褶的设计范围广泛,内容与形式的结合活泼多变。这与男装简洁庄重的特征形成了强烈的对比。高明的设计师善于利用这种反差,而不是趋同。

3 女体横截面的特征分析

由于男、女体型的差别,使女装纸样设计变得既丰富又复杂。因此,对女体横截面的特点作进一步的分析,有助于对纸样设计原理的充分理解。

如果说骨架决定着人体冠状面(正面)的特征,那么肌肉就决定了人体的侧面特征。人体冠状面的最高点肩部和髋部,分别是由人体骨系的肩关节及大转子构成;侧面人体的最高点胸部和臀部,则是由人体肌系中的胸大肌和臀大肌决定的。人体横截面的分析是对人体的骨系和肌系所形成的外部特征进行综合的观察和研究,以得到人体的三维概念和方法。下面就服装结构中有代表性的女体横截面加以说明,用以确定服装结构线的客观依据(图2-14)。

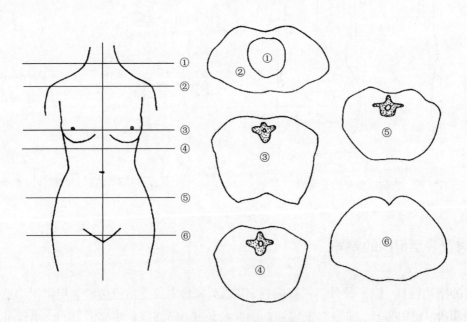

图 2-14　女体主要部位截面图

①颈部截面:以前、后、颈侧点为准的截面。其形状为桃形,桃尖部是喉结,领口形状与此很相似,只是作了规整处理。

②肩部截面:以肩端连线为准的截面。可以明显观察到肩胛骨和肩峰最为突出,也可以看出此截面是人体宽度和厚度反差最大的区域。

③胸部截面:以乳点连线为准的截面。此截面结合正侧体理解可以正确判断乳点的空间位置。如果以成熟女性正常发育的状况为准,乳点远离人体中线而接近人体两侧边缘。这一点单从正面观察,往往错认为乳点更靠近人体中线,这种认识和实际相悖。同时可以看出,此截面是女体前身最丰满的部位,故此胸部截面的

宽度和厚度趋于平衡,接近正方形,这是决定上装结构的关键。

④肋背截面:在肋骨和背阔肌对应的连线处,位于胸围线和腰围线之间。肋背截面柱形特点最强,同时可以判断出从腰部到胸部形体变化的走势,是确定上衣结构的主要条件。

⑤腹部截面:在腰部以下,位于腰围线和臀围线之间。此截面是腰部到臀部的过渡,可以判断出从腰部到臀部形体变化的走势。

⑥臀部截面:以大转子连线为准的截面。从此截面观察大转子点和臀大肌凸点最为明显,这就决定了大转子、臀大肌与腰部的差量大于腹部与腰部的差量,这是制作基本纸样时臀部余缺处理大于腹部余缺处理形成省量的人体依据。另外,还可看出臀凸点与胸凸点的位置相反,即臀凸点靠近后中线,由于大转子点向外伸展,因此形成该截面的金字塔形特征。

综上如图 2-14 所示,依据变化最大的肩部截面、胸部截面和臀部截面与变化最小的腹部截面(椭圆形),上身结构虽在腰部施行,但依据的是胸部和臀部凸点,如在腰部取省要根据胸凸、臀凸、大转子和腹凸的位置而定,换言之,决定服装结构线的部位在于具有明显凸点的人体截面。凸点越具有确定性,结构的设计范围就越窄,相反就越宽,因此胸凸、臀凸、大转子、肩峰和肩胛凸较为确定,结构线及省的指向就比较明确,这也是达到最佳造型的理论依据。腹部、背部相对不太确定,结构线和省的应用范围较模糊,如腹省的省尖可以在腹围线上平行排列、选择。总之,人体的截面可以很清楚地揭示出人体凸点的三维特征和位置,这对服装造型以准确、美观、合理的结构把握是至关重要的。

§2-4 知识点

1. 男、女体型差异主要表现在躯干。由于生理上的原因,正面观察,男性肩宽,胸廓体积大,骨盆窄而薄,整体呈上宽下窄的倒梯形;女性与此相反,肩窄,胸廓体积小,骨盆宽而厚,整体呈上窄下宽的正梯形。侧面观察,男性外形起伏不平,而整体平直呈"筒型";女性乳房隆起,颈部前伸,肩胛突出,骨盆宽厚使臀大肌高耸,腰部凹陷,腹部前挺,形成优美的"S"形曲线。

2. 由于男、女体型的差异,男装纸样设计善于利用材料的伸缩性,实施"归拔"的工艺设计,表现出"隐型"的结构特点;女装为适应高落差的体型变化,大量使用省、分割和打褶的设计手段表现出"显型"的结构特点。高明的设计师善于利用这些特点。

3. 女体比男体表现出明显的复杂性,从而构成女装结构设计的复杂和多变特点,因此了解女体横截面的特征,可以清楚地认识人体的三维空间关系,对服装造型的准确、美观、合理的结构把握至关重要。

§2-5 纸样设计的人体静态、动态参数及应用

要实现全方位的服装纸样设计,只了解人体的组织构造是远远不够的,还要研习人体在静态和动态下对服装造型、功能的制约因素和条件。

本节只将作用于纸样设计的人体静态、动态的尺度和应用加以说明,根据系统方法,这里所考查的数值

为成人正常体型的平均值。

1 人体静态尺度

人体静态，指人自然垂直站立的状态，这种状态所构成的固有体型数据标准就是人体静态尺度（图2-15）。

性别\名称	男	女	图　解
肩斜度	21°	20°	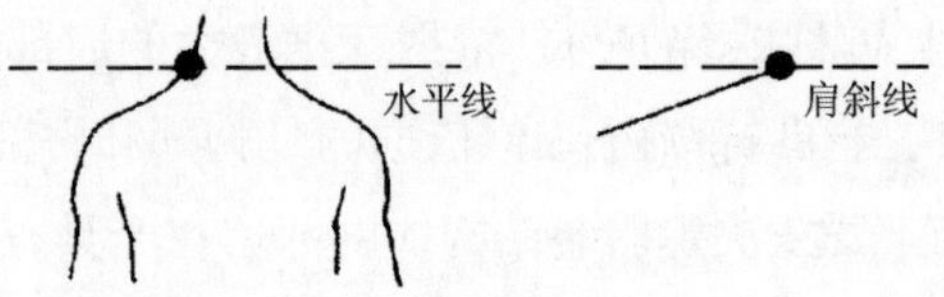 水平线　肩斜线
颈斜度	17°	19°	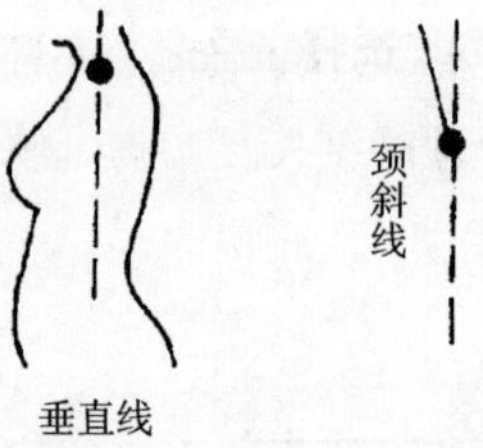 颈斜线　垂直线
手臂下垂时自然弯曲的平均值	6.8cm	6cm	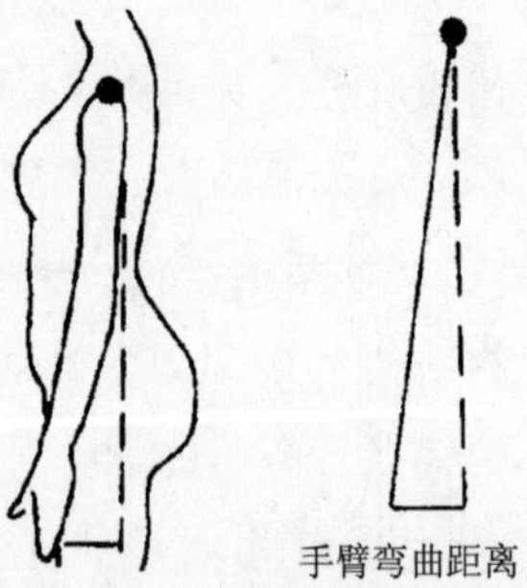 手臂弯曲距离

图2-15　人体静态尺度

（1）肩斜度

肩斜度，指肩端至颈根与水平线所形成的夹角，女性为20°，男性为21°。其肩斜度取决于斜方肌的发达程度，通常男性的斜方肌比女性发达，所以男性肩斜度大于女性。

（2）颈斜度

颈斜度，指人体的颈项与垂直线形成的夹角，女性为19°，男性为17°。颈部的倾斜度是由人体平衡关系决定的。女体起伏度较大，呈"S"形，颈项自然前伸；男体呈直筒形，颈项竖直。因此女性颈斜度大于男性，由此也决定了男、女纸样后身的区别，即女装后身通常加肩省，男装则不加。

（3）手臂下垂时自然弯曲的平均值

当人体自然直立时，手臂呈稍向前弯曲的状态，弯曲的程度男性约为6.8cm，女性约为6cm。男性手臂前倾大于女性是由男、女体型平衡关系的差异决定的。因此在设计男、女装的袖子时，手臂与肩的关系男、女要有区别，特别是贴身服装的设计，通常男装的松量要大于女装，以平衡这种手臂前摆的差量。

据此，男、女装标准基本纸样结构线的确立在很大程度上是根据人体的静态特征和参数推算而设定的。

2 人体动态尺度

纸样中宽松度和运动量的设计，主要是依据人体正常运动状态的尺度。当服装对人体正常运动产生抑制时，说明纸样设计违背了运动结构设计的基本规律。人体的正常运动是有规律的，这应作为纸样功能设计的参考。成功的服装设计应是功能和审美的完美结合，但是服装的实用性是第一位的，装饰性是第二位的。因此，了解人体运动的尺度，不仅是为了实用，也是实现理想造型的前提。

（1）腰脊关节的活动尺度

影响上下身连接的纸样设计，主要是腰脊关节的活动作用。腰脊活动尺度的测定是以人体的自然直立状态为准，腰脊前屈80°，后仰30°，左、右侧屈35°，旋转45°（图2-16）。由此可见，人体腰脊前屈时的幅度比较大，而且前屈活动的机会较多，所以在运动机能的结构设计上要多考虑后身增加运动量，而前身则要多考虑减量使其平整和美观。例如裤子后裆线的加长增加后翘，衬衣后身下摆长于前身等都是基于这个原因设计的。

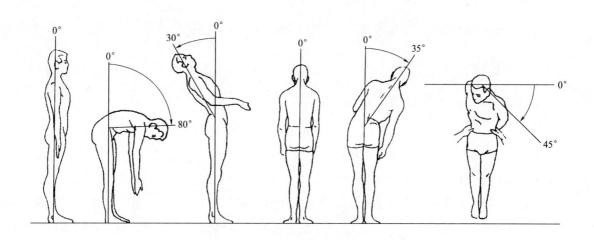

图2-16 腰脊关节的活动尺度

（2）髋关节和膝关节的活动尺度

髋关节的活动范围以大转子的活动尺度为准。人体直立时由于功能障碍，实际不能以0°为起点，而应以内收10°开始。为了计算方便，以两腿垂直地面设定0°为标准，髋关节前屈120°，后伸10°，外展45°，内收30°；膝关节后屈135°，前伸0°，外展45°，内收45°（图2-17）。

从髋关节和膝关节的活动范围分析，髋关节屈身向前的程度大，而膝关节则与之相反，这就决定了下肢活动的范围和特点，即髋关节主要是向前运动，它影响臀部尺寸的变化，也影响前下摆的变化。小腿的运动主要影响服装后下摆和膝盖部的变化，如裤脚口后贴边加贴脚条的处理、加膝盖绸的处理等。这样一来影响裙摆的因素，前后都很重要，而两侧被减弱，因此，裙摆的结构设计，在前后大做文章是很有道理的，特别是贴身设计的时候（开衩、做褶等）。

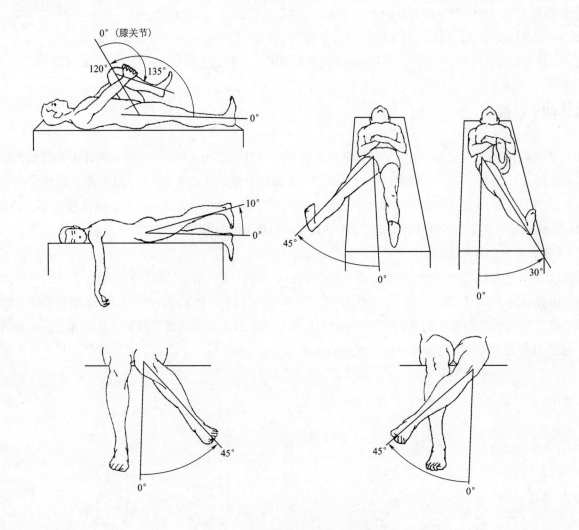

图 2-17　髋关节和膝关节的活动尺度

（3）肩关节和肘关节的活动尺度

以人体自然直立的手臂状态为 0° 开始，肩关节上举 180°，后伸 60°，外展 180°，内收 75°；肘关节前屈 150°，后伸 0°（图 2-18）。由此可见，人体的上肢主要是向前运动，因此，必须增加其运动时作用于服装结构中对应部位的适应条件。例如后背部的袖窿与对应袖子的纸样要适当增加手臂向前运动所需的用量，袖肘部的加强处理也是为肘部前屈需要所设计的。

另外，肩关节屈臂上举虽然可达 180°，但一般经常活动的范围在 90° 左右，以前臂和肘关节的活动角度看，上身胸袋的位置设在胸围线以下最为适宜。同样，根据手臂自然下垂和运动时的方位，下身衣袋的位置设在腰围线以下 10cm 左右与前腋点垂线相交的位置上，如上衣口袋和裤子口袋的定位都是以手臂最方便活动区域为依据而设计的（图 2-19）。

（4）颈部关节的活动尺度

颈部关节的屈伸及左右侧倾角都是 45°，其转动的幅度为 60°（图 2-20），这是设计连衣帽子时的必要参考数据。在静态的情况下，头部的各测量尺寸是固定的，但是当头部尺寸和肩部相连接时，则要考虑在动态下对头部尺寸的影响，如风衣帽子的设计就必须考虑头部动态的最大尺寸。另外，颈部关节的活动尺度对领型的设计也是很重要的，如领子的高度、领子与肩的角度、领口的深度等（表 2-1）。

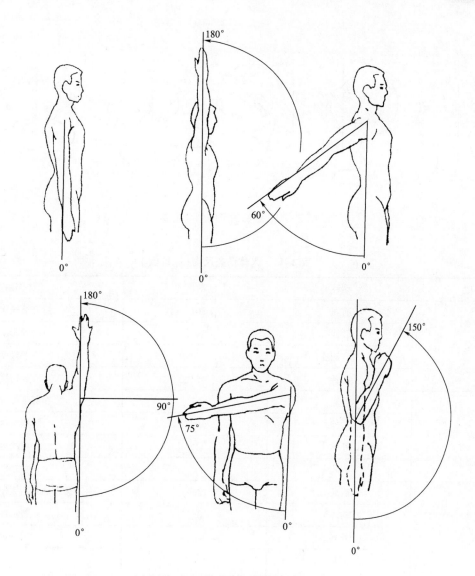

图 2-18　肩关节和肘关节的活动尺度

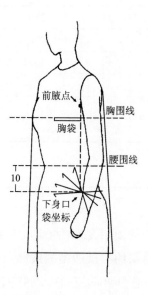

前腋点

胸围线

胸袋

腰围线

10

下身口
袋坐标

图 2-19　胸袋和下身口袋设计的人体依据

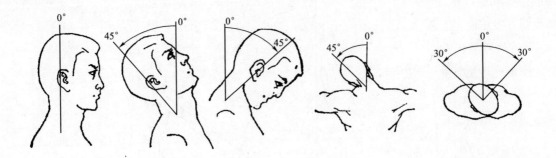

图 2-20 颈部关节的活动尺度

表 2-1 人体动态尺度（平均值）

活动部位	活动种类	活动尺度	纸样作用点
腰脊关节	前屈	80°	后身纸样加量
	后伸	30°	一般松度
	左右侧屈	35°	一般松度
	旋转	45°	一般松度
髋关节	前屈	135°	臀部纸样加量
	后伸	10°	一般松度
	外展	45°	一般松度
	内收	30°	一般松度
膝关节	后屈	120°	腰部和足后跟增加强度
	前伸	0°	一般松度
	外展	45°	一般松度
	内收	45°	一般松度
肩关节	由前上举	180°	后袖根加量
	后伸	60°	一般松度
	外展	180°	腋下袖根加量
	内收	75°	一般松度
肘关节	前屈	150°	肘部加强、确定胸袋位置
	后伸	0°	一般松度
颈部关节	前屈	45°	连衣帽及领型设计参考数据
	后伸	45°	
	左右侧屈	45°	
	旋转幅度	60°	

（5）正常行走尺度

正常行走包括步行和登高。通常走步的前后足距为 65cm 左右（前脚尖至后脚跟的距离），上述足距两膝之间的围度是 82 ~ 109cm，两膝围度是制约裙摆造型的条件。大步行走时足距为 73cm 左右，两膝围度是 90 ~ 112cm；上台阶时足至地面的距离一般为 20cm 左右，两膝围度是 98 ~ 114cm，当上升到两级台阶的高度时，足至地面的距离为 40cm 左右，两膝围度是 126 ~ 128cm。这说明在设计裙子的时候，裙摆幅度至少不能小于一般行走和登高的活动尺度，窄摆裙设开衩或活褶就是基于这种功能设计，开衩或活褶的长度和下肢的运动幅度呈正比，而裤子裆深与下肢运动幅度呈反比，即立裆越深对下肢的运动抑制越大，这就是立裆设计宁小勿大的原因。当然也可以根据特殊需要设计符合不同活动范围的服装，如礼服、运动装等。因此，不能把正常的活动尺度看成制约纸样设计的教条，应结合其他的人体参数和社会因素综合考虑（表 2-2）。

表2-2　正常行走尺度

单位：cm

动作	距离	两膝围度	纸样设计作用点
一般步行	65（足距）	82~109	
大步行走	73（足距）	90~112	外套和裙摆的长度、宽度、开衩等
一般登高	20（足至地面）	98~114	
两级台阶登高	40（足至地面）	126~128	

3　一般服装尺寸设定的人体依据

制约服装机能的因素，不仅是人体的静态和动态尺度，还要考虑服装本身与人体各生理因素的关系，如衣服的长短、松紧等都应有它一定的设计范围和审美习惯，这个范围和习惯是为了取得服装与人体结合的"合适度"，否则不仅对服装的机能产生影响，而且也不符合审美规律。

（1）有关服装围度的人体依据

任何形式的服装，其最小围度除它的实用和造型效果要求之外，不能小于人体各部位的实际围度（净围度）与基本松度、运动度之和。实际围度一般指净尺寸（以穿紧身内衣测量为准）；松度是考虑构成人体组织弹性及呼吸所需要的量而设计的；运动度是为有利于人体的正常活动而设计的。最有影响的是胸围、腰围、臀围（合称三围）和掌围、足围。

胸围加基本松度成为上衣基本纸样的标准值，它不涉及更多的运动度，因为胸廓是体块部分，而不是连接点。

在正常情况下腰围的松量要大于或等于胸围的松量。这种松量关系的设定有助于上下部分在腰间成为整体结构的功能设计，因此，当设计连衣裙、套装、外套等在腰部连通的服装时，一般腰部的松量要大于或等于胸部的松量，原则上不能小于它，否则不仅违反了腰部大于胸部的运动功能，在造型上也是非常不利的（图2-21）。当然腰围尺寸接近甚至大于胸围尺寸（肥胖体）时会出现相反的采寸规律，即腰围的松量小于或等于胸围的松量。裤子、半截裙的腰部设计只需考虑腰围（少量的松度），没有必要考虑运动度。

臀围加松度和运动度成为臀部尺寸的基本考虑，同时臀部需要平整的造型，在围度中增加臀部的运动度不符合造型美的规律，因为臀部的运动度往往增加在长度上，而围度仍保持臀围和基本松度的范围。从上述三围放松量的比较可以发现，常态下胸围和臀围的放松量由于造型的原因都小于腰围，换句话说，胸围和臀围放松量的设定强调其静态造型，腰围则注重动态功能。

掌围和足围是加上各自的基本松度为相关尺寸的设计依据。例如掌围加松度是袖口、袋口尺寸设计的参数，足围加松度是裤口尺寸设计的参数。

在具体应用时，应根据不同功能的设计要求，修正服装的有关围度尺寸。例如上衣胸袋在功能上不需要将整个手插入袋内，它的尺寸可依特定的功能而定，而不必根据手掌围度设计。不同材料的性能应使围度作适应性修正，如针织材料和机织材料在应用围度上是有区别的。针织材料的成衣围度可能比人体实际围度还小，这是因为针织材料伸缩性很强的缘故。服装的开放性纸样设计，在满足上述围度最小极限的要求下，可以依美学法则的个性要求和流行趋势去设计。

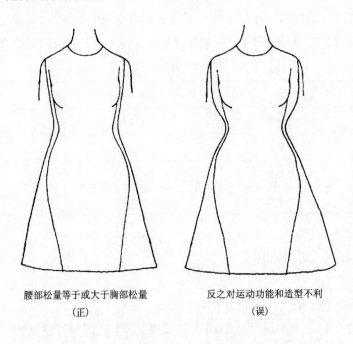

腰部松量等于或大于胸部松量　　　　　　　反之对运动功能和造型不利
（正）　　　　　　　　　　　　　　　　（误）

图 2-21　腰部和胸部松量关系的正误比较

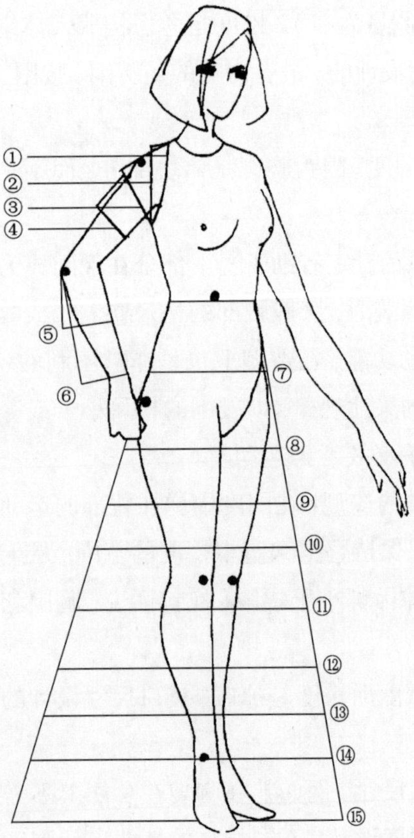

（2）有关服装长度的人体依据

服装长度的部位主要有衣长、袖长、裤长和裙长等。

服装长度的设计至少要考虑三个因素：一是服装的种类，即有一定目的要求的服装；二是流行因素；三是人体活动作用点的适应范围。其中第三个因素可以作为前两个因素的基本条件，因为它强调的是实用价值。

前面讲过人体的连接点是人体运动的枢纽，因此连接点与外界接触的机会最多，这是此部位考虑避免过多接触或加强设计的重要依据。例如膝部、肘部、肩部等，要求在临近这些运动点的结构中要设法减轻人体与服装的不良接触。因此，服装的长度设计，凡是临近运动点的地方都要设法避开，特别是运动幅度较大的连接点。所以无论是衣长的各种形式，还是袖长、裤长、裙长的各种式样的设计，其摆位都不适宜设在与运动点重合的部位，任何款式的服装都是如此，这一点设计者要有充分的把握。

服装长短的设计可以总结出一条基本规律，即服装的长短是以人体的运动点为界设定的，下面加以具体说明（图 2-22）。

①无肩上衣的开袖窿位置，应远离肩点而靠近侧颈点。

②无袖上衣的开袖窿位置，应远离侧颈点而靠近肩点，但不宜与肩点重合。

③肩袖上衣的袖口位置，在上臂靠近肩点处，而不宜与肩点

图 2-22　服装的长度与人体运动点的关系

重合。

④短袖上衣的袖口位置,在肩点与肘点之间,同时也可根据流行趋势而加长,但短袖最长不宜与肘点重合。

⑤三股袖(亦称七分袖)的袖口位置,在肘关节与腕关节之间浮动。

⑥一般长袖上衣的袖口位置,在前臂的腕关节上下浮动。

⑦短上衣的底边位置,在中腰上下,即腰围线和臀围线之间。

⑧一般上衣、男士西装的底边位置及运动短裤的裤口位置,均在臀围线以下。

⑨长上衣的底边位置,在臀围线与髌骨线之间。同时,此位置也是超短裙的底边位置和短裤的裤口位置。

⑩短外套的底边位置,同时也是短裙的底边位置,在膝盖以上。

⑪一般外套的底边位置及一般裙长的底边位置,在膝盖以下。

⑫长裙底边位置和三股裤的裤口位置,在髌骨和踝关节之间。

⑬超长裙、超长外套的底边位置,在踝关节以上。

⑭一般裤口的位置,在踝关节上下浮动。

⑮礼服裙的裙长及地,其底边位置超过了人体的足部。

§2-5　知识点

1. 依男、女静态尺度,肩斜度男性大于女性,颈斜度男性小于女性,手臂自然向前摆度男性大于女性。

2. 人体动态尺度,包括头、躯干、上肢、下肢总体上都是向前屈动大于向后伸展。因此,纸样设计后松前紧是常规的考虑,特别是套装类较为合体的纸样设计。

3. 人体下肢自然活动区域尺度表明,裙子摆度设计至少不能小于一般行走和登高的活动尺度,窄摆裙设开衩或活褶就是基于这种考虑。因此,开衩或活褶的大小和下肢运动幅度呈正比。而裤子裆深与下肢运动幅度呈反比,即立裆越深对下肢运动抑制越大,这就是立裆设计宁浅勿深的原因。

4. 三围中的腰围处在运动的节点,在松量控制上,一般腰围松量要大于或等于胸围和臀围松量,但腰围尺寸接近甚至大于胸围时(肥胖体)则会出现相反的采寸规律。

5. 服装纸样有关长度的设计,一般以人体的关节点为基准,如肩、肘、大转子、膝关节等,通常情况贴边、底边等长度位置要避开关节以减轻人体与服装的不良接触。

练习题

1. 人体主要体块和连接点的关系?

2. 人体骨架和肌肉影响人体外形有哪些特点?

3. 人体骨骼、肌肉和表层组织的差异造成怎样的男、女体形特征?

4. 影响纸样设计的人体静态、动态的关键尺寸是什么?

5. 指出影响纸样设计的8处人体关键数据。

思考题

1. 黄金分割率和错视的美学价值，在纸样设计中是如何修正、完善人体比例的？

2. 纸样设计为什么要同时考虑人体静态和动态尺度，哪类纸样设计偏重于静态尺度，哪类纸样设计偏重于动态尺度，为什么？

基础理论与训练——

女装人体测量和规格 /4 课时

课下作业与训练 /8 课时（推荐）

课程内容： 制板工具/纸样绘制符号/女装人体测量/女装规格及参考尺寸

训练目的： 掌握女装人体测量要领和方法，会识别和运用女装的标准规格和参考尺寸。

教学方法： 面授、案例分析和一对一的对象化训练结合。

教学要求： 本章为重点课程。运用女装人体测量要领和方法进行训练，并采集完成几组个体女装测量数据，并选取一组标准规格数据或以本人（女性）作为实验对象，为女装基本纸样学习、制作做准备。

第 3 章 女装人体测量和规格

纸样设计是一种技术性很强的创作工作，故而必须掌握服装规格及相关参考尺寸的基础数据，而对服装基础数据的理解和认识是通过人体测量的实践、学习实现的。因此，人体测量是进入纸样设计的第一步，也是不能超越的重要环节。在进入人体测量之前，首先让我们认识一下测量、制板工具和制图符号。

§3-1 制板工具

制板工具是服装行业的习惯叫法，它还包括测量工具，因为它们在应用中无法区分而笼统称为制板工具。

在纸样设计中，虽然对制板工具没有严格的要求，往往是依个人的经验和习惯制板，但是作为初学者，应该懂得要使用哪些专门的工具和如何熟练地掌握它们，作为一个合格的服装设计者这是至关重要的。况且在服装工业的生产中，必须严格按照工艺规格和品质标准进行生产，纸样标准化设计和制作是达到这个目的的重要保证，因此制板的专门工具就显得尤为重要。下面介绍的制板工具主要是为了达到这样的目的，而家庭和个人所使用的工具可以简化，也可以根据习惯自选自制。

1 工作台

工作台，指服装设计者专用的桌子，而不是车间用于裁剪的台子，通常是制板和裁剪单件服装时用的，即制样衣台面。桌面需平整，不能有缝隙，大小应以长 120 ~ 140cm、宽 90cm 为宜，高度应在使用者臀围线以下 4cm（一般为 75 ~ 80cm）。总之，工作台要有能充分容纳一张整开打板纸（或白板纸）的面积，以使用者能够运用自如为原则。而家庭使用可采用一般的桌子代替。

2 纸

纸样设计原则上指设计成服装裁片前的样板，换言之，它应是标准化和规范化的生产样板，因此，样板用纸应有一定的强度和厚度。强度是考虑减少反复使用的损耗，以保证产品的质量；样板有一定厚度，主要是考虑多次复描时的准确。目前在我国有一种专用的样板纸，多用于工业纸样设计。纸样设计的常用纸是卡片纸和牛皮纸。卡片纸呈白色，两面均光滑，画线自如，但价格较贵。另有可代替卡片纸的是白板纸，白板纸一面粗糙呈灰色，另一面光滑呈白色，它比卡片纸要廉价些，同时也可以利用它的两种颜色区别不同的功能样板。牛皮纸相对薄些，而且色泽暗，画上的线不易分辨，因此一般将它作为辅助用纸。

3　铅笔、蜡笔、划粉

铅笔主要用在绘图上，因此要使用专门的绘图铅笔，常用的型号有 2H、H、HB、B 和 2B。HB 型铅笔表示软硬适中，运用范围最广，H 型为硬型，B 型为软型，它们各自的号越大，其软硬程度越大，可根据需要选择使用。不建议使用自动铅笔，特别是成为专业板师、设计师，因为它无法训练和获得打板的手感。

蜡笔有多种颜色，笔芯是蜡质的。它主要用于特殊标记的复制，如将纸样中的袋位、省尖等复制到布料上，可以通过孔迹用与布料不同颜色的蜡笔复制。

划粉主要用于把纸样复制到布料上的专门划线工具。

4　尺

常用的尺有直尺、比例尺、三角尺和皮尺（软尺）等。用有机玻璃制成的直尺最佳，因为制图线可以不被遮挡。常用的直尺有 20cm、30cm、50cm 和 100cm 等长度，切忌用市尺。比例尺主要用在纸样设计缩图和练习上，它可节省时间和纸张，总览纸样设计的全貌，常用的有 1∶4、1∶5、1∶6 比例尺，三角板式的比例尺最佳。用有机玻璃制成的有 45° 角的三角板最为理想。皮尺必须带有厘米或与英寸对照的读数，通常长度是 150cm，主要用于量体和纸样中弧长的测量等。

另外，常用的尺还有云尺和曲线尺等，这些尺主要是帮助初学者有效地完成各种曲线的绘制，如袖窿线、领口曲线、底边线等。但是，这些对理解曲线的功能，特别是理解曲线的人性化造型并不是好办法，也不利于积累经验和训练。因此在 1∶1 的纸样绘制中不应依赖曲线尺，要训练用直尺依据设计者的理解及想象的造型完成曲线部分，这对初学者来说是很好的训练方法，也是服装设计者板师的专业基本功。

5　剪刀

剪刀应选择缝纫专用的剪刀，它是服装裁剪师必备的工具。剪刀有 24cm（约 9 英寸）、28cm（约 11 英寸）和 30cm（约 12 英寸）等几种规格。剪纸和剪布的剪刀要分开使用，特别是剪布料的剪刀要专用。

另外，纸样制成后需要确定缝份的对位记号，一般用剪刀剪出个三角缺口，称为剪口。在工业化生产中常采用对位器这种专用工具来完成，它的缺口为"凹"形，使剪口更加准确，易识别（图 3-1）。

6　其他

除上述工具以外还有圆规、锥子、打孔器、描线器、透明胶带、纤维带、大头针、人台等。这些用具对纸样制作虽不很重要，但也不能缺少，特别是工业纸样的绘制。

圆规，用于纸样较精确的设计和绘制，特别是在缩图的练习上。

锥子，用于纸样部位的定位，如袋位、省位、褶位等，还用于复制纸样。

打孔器，用于纸样分类的穿带管理，在工业制板中有专门的打孔器。个人常用文具打孔器代替。

描线器，亦称点线器、复描器、播盘，它是通过齿轮在线迹上滚动来复制纸样（参见图 3-1）。

透明胶带，用于修正纸样。

纤维带，用于纸样分类管理，其宽度为 0.5~1cm。

大头针，用于修正纸样。

人台，是人体的代用品。

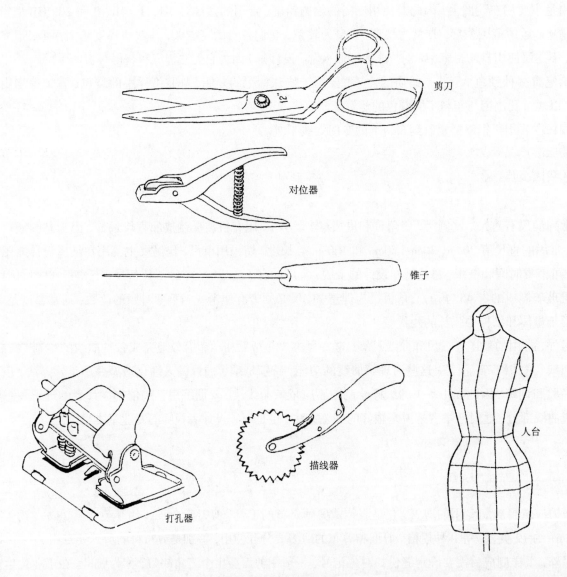

图 3-1　部分制板工具

§3-1　知识点

1. 纸样设计采用不同纸的功能达到制板的不同目的。样板纸主要用于工业纸样设计，白板纸或卡片纸作为通用制板纸，牛皮纸作为辅助用纸。

2. 要习惯使用绘图铅笔，且要会识别软硬度，避免使用自动铅笔。

3. 要使用带厘米读数或厘米与英寸对照的皮尺；要善于使用直尺画曲线，不要依赖曲线尺，这是制板师的基本功。

4. 剪纸和剪布的剪刀要分开使用，特别是裁布剪刀要专用。

§3-2　纸样绘制符号

纸样绘制符号由纸样设计符号和纸样工艺符号两部分组成，它们结合紧密，相互补充，主要用于服装的工业化生产。它不同于单件制作，而必须是在一定批量的要求下完成。因此，需要规范、通用的纸样绘制符号来指导生产、检验产品。另外，就纸样设计本身的方便和识图的需要也必须采用专用的符号表示。

按服装产品（成衣）的国际标准要求，需要从纸样符号上对工艺加以标准化、规范化。因此，本节不拘泥传统和我国服装行业的习惯，而强调与国际纸样绘制符号的一致。

1　纸样设计符号

在纸样设计中，若用文字说明，由于理解的差异容易造成误解，也缺乏准确性和规范性，不符合简化和迅速的要求。下面介绍纸样设计中常用的符号，这些符号多是服装行业中通用的制板符号（表 3-1）。

表3-1　纸样设计符号

名称	符号	备注	名称	符号	备注
制成线	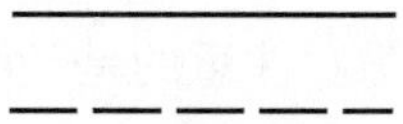	●	直角符号	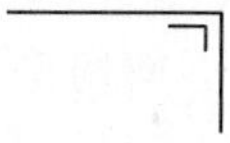	●
辅助线	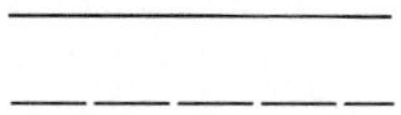	●	重叠符号		●
贴边线		●	拼合符号	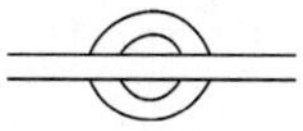	●
等分线	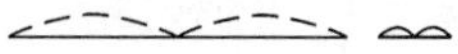	●	剪切符号		▲
等量符号	△ □ ○ ◎ ……	▲	强调符号		▲

注　●—通用；▲—本书用。

（1）制成线

制成线在本书所有纸样设计图例中是最粗的线，分为两种，一是实制成线，二是虚制成线。

实制成线，指服装纸样制成以后的实际边线，因此也称完成线。由于它不包括缝份，也就是通常所称的净纸样，依此线剪出的纸样称为净样板，这种样板适合用于定制或单件制作。加上缝份剪成的样板称为毛样板，这种样板多用在工业生产中。

虚制成线，专指纸样两边完全对称或不对称的折线，在图例中看到这种线意味着实际纸样是以此对称或不对称的整体纸样。

（2）辅助线

在图例中用比制成线细的实线或虚线表示辅助线，它只起制图的引导作用。

（3）贴边线

贴边起牢固作用，主要用在面布的内侧，如衣服的前门襟底摆一般都有贴边，绘图时用点划线表示。

（4）等分线和等量符号

等分线和等量符号在功能上是一样的。图例中凡出现两个以上同一种符号的部位，符号所表示的尺寸就是相同的，故也称尺寸相同符号。

（5）直角符号

图例中的直角符号与数学直角符号加以区别。

（6）重叠符号

双轨线一端所共处的部分为纸样重叠部分，在分离复制样板时要各归其主。

（7）拼合符号

当纸样设计需要变动原纸样的结构线时，如肩线、侧缝线、腰线等，必须在这些部位标出拼合符号，以示去掉原结构线，而变成完整的形状。当然，同时还要以新的结构线、新的方式取代原结构线。例如男装衬衫在使用上衣基本纸样设计时，原肩线要被过肩（育克）取代，因此原肩线部位需要用拼合符号表示，这意味着在实际纸样上此处是完整的形。

（8）剪切符号

纸样设计往往是根据事先的设想，修正基本纸样的过程，其中很多是从基本纸样的中间部位修正，因此需要剪切、扩充、补正。剪切符号箭头所指向的部位，就是剪切的部位。需要注意的是，剪切只是纸样设计修正的过程，而不能当成结果，因此要根据制成线识别最后成型纸样。

（9）强调符号

在纸样设计中，当对关键点提醒重视时使用。

2 纸样工艺符号

本书介绍的纸样工艺符号主要是国际服装业通用的，因此具有标准化生产的权威性。充分掌握这些纸样工艺符号的规定，有助于指导生产，提高产品档次和品质，同时也能提高设计者对服装结构造型、面料性能和生产关系的综合设计能力。例如对布丝可能有几种选择，这说明纸样结构虽然相同，采用不同的对丝方式，造型也会不一样，但其中有的是错误的，有一个是最佳设计，这要取决于设计者对这种符号的使用和对面料性能的理解程度（表3-2）。

（1）对布丝符号

纸样中所标的双箭头符号，要求操作者把纸样中的箭头方向对准布丝的经向排板。当纸样双箭头符号与布丝出现明显偏差时，会严重影响质量，或者使设计中所预想的造型不能圆满实现。因此，纸样设计者正确运用和掌握此符号是很重要的。

（2）顺毛向符号

当纸样中标出单箭头符号，要求生产者把纸样中的箭头方向与带有毛向布料（如皮毛、灯芯绒、立绒呢等）的毛向相一致，任何其他选择都会影响质量。

表3-2　纸样工艺符号

名称	符号	备注	名称	符号	备注
对布丝符号		●	拔开符号	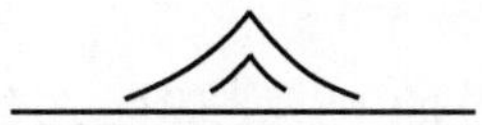	●
顺毛向符号		●	归拢符号		●
省	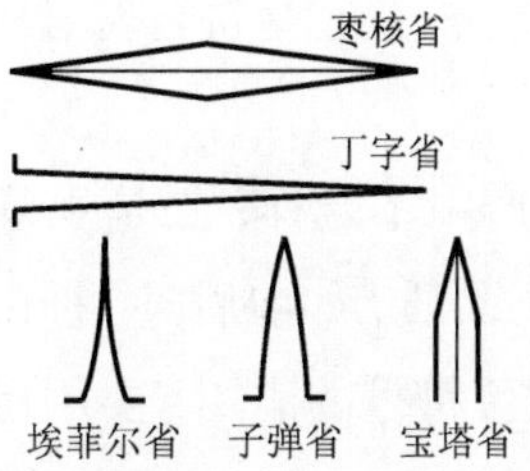 枣核省 丁字省 埃菲尔省　子弹省　宝塔省	●	对位符号	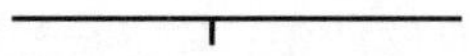	▲
活褶符号	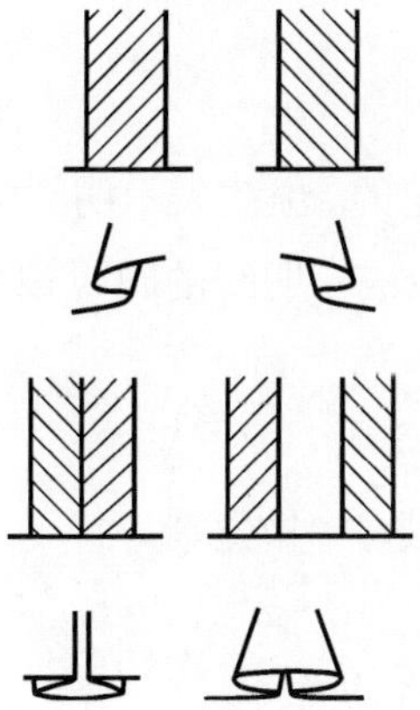	●	明线符号	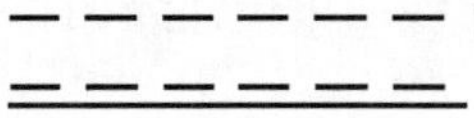	▲
缩褶符号	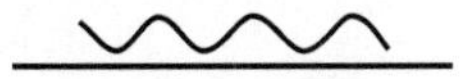	●	定位点	+	▲
袖窿弧长	AH（Arm hole）	●	腰围	W(Waist)	●
胸围	B（Bust）	●	臀围	H（Hip）	●

注　●—通用；▲—本书用。

（3）省

省的作用往往是一种合体的处理，省量、省长、省位是省造型的三属性，缺一不可。当人体某部位呈凸状时，与此相邻的部位必然呈凹状，省的余缺指向是和人体相一致的，即省尖指向人体凸点，省的缺口或最宽处为人体的凹处。省量和省长、省位的选择也说明设计者对人体和服装造型关系的理解，省本身虽起合体的作用，但它在使用省的三属性上的设计是造型美的问题。因此，省可依体型和造型的要求作各种各样的理解，省的形式也就多种多样，如枣核省、丁字省、埃菲尔省、子弹省、宝塔省等，最常见的是前两种。

（4）活褶符号

褶比省在功能和形式上更加灵活，因此褶更富有表现力和装饰性。活褶是褶的一种，它是按一定间距设计的，故也叫褶裥，一般分为左右单褶、明褶、暗褶四种。重要的是要会识别不同活褶的符号，一般看活褶符号的斜线方向，打褶的方向总是从斜线的上方倒向下方，斜线的范围表示褶的宽度。

（5）缩褶符号

缩褶是通过缩缝完成的，其特点是自然活泼，因此用波浪线表示，直线表示固定褶的接缝。

（6）拔开符号

在服装凹凸的工艺处理中，省的处理往往显得外露和生硬，利用布料本身的伸缩性加以处理则很有效果，不过它必须借助一定的温度和技术才能实现，且需要与旧拢技术配合使用，故称"归拔技术"。拔开符号表示使布伸长，符号张口的部位表示拔开的部位，直线表示布边。

（7）归拢符号

归拢符号与拔开符号的作用相反。两弧线的开口表示归拢的部位。注意它与拼合符号的区别。

（8）对位符号

在工业纸样设计中，对位符号起两个作用，一是确保设计在生产中不走样；二是规范加工技术，缩短生产时间。首先对位可以保证缝合线之间的部位最大限度的一致，提高品质，如前后身、袖山和袖窿、大袖和小袖、领子和领口等部位。对位越充分，品质系数越高，但也要避免对位符号的滥用，要用得恰到好处，一般在纸样边缘的凹凸位、转折位等处设置对位符号。其次是对应性，对位符号一定是成双成对的，否则对位的意义就不存在了。

（9）明线符号

明线符号表示的形式也是多种多样的，这是由它的装饰性所决定的。虚线表示明线的线迹，在某种情况下，还需标出明线的单位针数（针／cm）、明线与边缝的间距、双明线或三明线的间距等。实线表示边缝或倒缝线。

（10）定位点

拷贝纸样中间某部件设计的标记点要通过定位点完成，如省尖、袋位、扣位等。

（11）关键尺寸的英文缩写

AH 为袖窿弧长；B 为胸围；W 为腰围；H 为臀围。见表 3-2 最下面两行。

§3-2　知识点

纸样绘制符号由纸样设计符号和纸样工艺符号两部分组成。标准化、规模化、通用性、便于识别是其主要特点，在服装工业化生产和产品设计中发挥着重要作用。

§3-3　女装人体测量

女装纸样设计原理，更具有普遍性，覆盖面也更宽。从人体的生理特征看，女体外形曲线明显，使服装结构的变化更加充分；从审美心理和社会作用看，女装需要多姿多彩。因此，在纷繁的女装世界中有必要研究出一套女装纸样的设计规律，同时这一研究成果也完全适用于男装和童装纸样设计。其原因有二：一是男、女人体虽有区别，但基本特征是一致的，而女装的纸样设计原理更全面；二是女装变化的复杂程度远远超过男装和童装，因此掌握了女装纸样设计原理也就掌握了纸样设计的全部，但在应用时要了解不同性别和年龄的要求及特点,这是我们从女装纸样入手的根本原因。

本节人体测量的要领、方法及名称,对整个作用于纸样设计的人体测量具有指导作用。

1　测量要领和方法

工业纸样设计通常根据所需的服装标准来获得必要尺寸,它是理想化的,也就无须进行个别的人体测量。但是,作为服装设计人员,人体测量是必不可少的知识和技术,是认识服装标准中规格和参考尺寸来源的必要手段,同时测量的技术、要领和方法,对一个设计者认识人体—结构—服装的构成过程是十分重要的。因此,这里所指的测量是针对服装设计要求的人体测量,一方面这种测量标准是与国际服装测量标准一致;另一方面它必须符合纸样设计的基本要求,只是这种测量工作是由设计者本人完成并使用的。作为定做服装的纸样设计,就更显出它的必要性和优越性,但需要对被测者进行认真细致的观察和测量数据的综合分析,以获得与一般体型的共同点和特殊点,这是确定理想尺寸的重要根据,也是人体测量的一个基本原则。

（1）测量要领

净尺寸测量:净尺寸是确立人体基本模型的参数。为了使净尺寸测量准确,被测者要穿紧身的衣服。净尺寸的另一种解释叫内限尺寸,即各尺寸的最小极限或基本尺寸。例如胸围、腰围、臀围等围度测量都不加松量;袖长、裤长等长度原则上并非指实际成衣的长度,而是这些长度的人体基本尺寸,设计者可以依据内限尺寸进行设计(或加或减)。这种测量的规定,无疑给设计者提供了一个标准和创造空间。

定点测量:是为了保证各部位测量的尺寸尽量准确,避免凭借经验猜测。例如围度测量先确定测位的凸凹点,然后作水平测量;长度测量是有关各测点的总和,如袖长是肩点、肘点、尺骨点连线之和。

厘米制测量:测量者所采用的软尺,必须是厘米制(或厘米与英寸对照),以求得标准单位的规范和统一。切忌使用市制,国际上还有一种英寸单位被普遍使用,这要看客户的要求。

（2）测量方法

在测量围度时,左手持软尺的零起点一端紧贴测点,右手持软尺水平围绕测位一周,记下读数。其软尺在测位贴紧时,以其状态既不脱落,也不使被测者有明显扎紧的感觉为最佳。

长度测量一般随人体起伏,并通过中间定位的测点进行测量(图3-2)。

2　测量部位和名称

（1）围度测量及名称（图3-3）

①胸围(Bust):以乳点(Bust Point,在纸样设计中简称BP)为测点,用软尺水平围量一周。

②腰围(Waist):以腰部最凹处,参考肘关节与腰部重合点为测点,用软尺水平围量一周。

③臀围(Hip):以大转子点为测点,参考手腕尺骨头与大转子重合点为测点,用软尺水平围量一周。

④中腰围(Middle Hip):也称腹围,用软尺在腰围至臀围距离的二分之一处水平围量一周。

⑤颈根围:经前颈点(颈窝)、侧颈点、后颈点(第七颈椎),用软尺围量一周。

⑥头围:以前额丘和后枕骨为测点,用软尺围量一周。

⑦臂根围:经肩点、前后腋点,用软尺围量一周。

⑧臂围:在上臂最丰满处(肱二头肌)用软尺水平围量一周。

⑨腕围:在腕部以尺骨头为测点,用软尺水平围量一周。

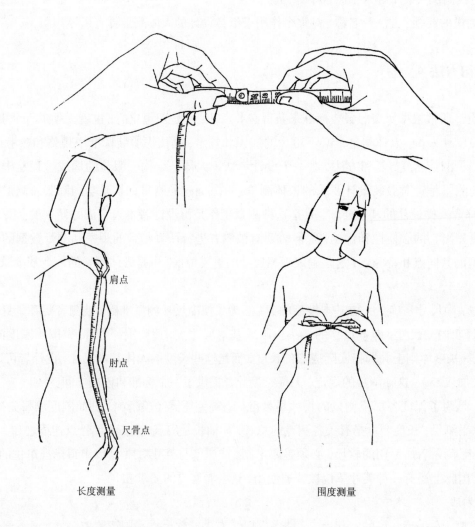

长度测量 围度测量

图 3-2　人体的测量方法

⑩掌围：将拇指并入掌心，用软尺绕掌部最丰满处围量一周。

（2）长度测量及名称（图3-4）

①背长：沿后中线从后颈点（第七颈椎）至腰线间的距离，随背形测量。

②腰长：腰围至臀围间的距离，随形体测量。

③袖长：测量自肩点经肘点至尺骨下端尺骨头。

④前身长：以乳点为基点向上延伸至肩线（约斜肩二分之一处），向下延伸至腰线。

⑤后身长：以肩胛点（肩胛骨凸点）为基点向上延伸至肩线（约斜肩二分之一处），向下延伸至腰线。

⑥全肩宽：自肩的一端经后颈点（第七颈椎）至肩的另一端。

⑦背宽：测量后腋点间的距离。后腋点指人体自然直立时，后背与上臂会合所形成夹缝的止点。

⑧胸宽：测量前腋点间的距离。前腋点指胸与上臂会合所形成夹缝的止点。

⑨乳下度：自侧颈点至乳点测量。乳下度的测量，对不同年龄段妇女的胸部造型的理解是很重要的。妇女随年龄的增长，肌肉松弛，乳房弹性减弱，乳下度渐渐增加。这就说明，对于不同年龄段的妇女，其纸样乳点位置的设计不能同等对待。

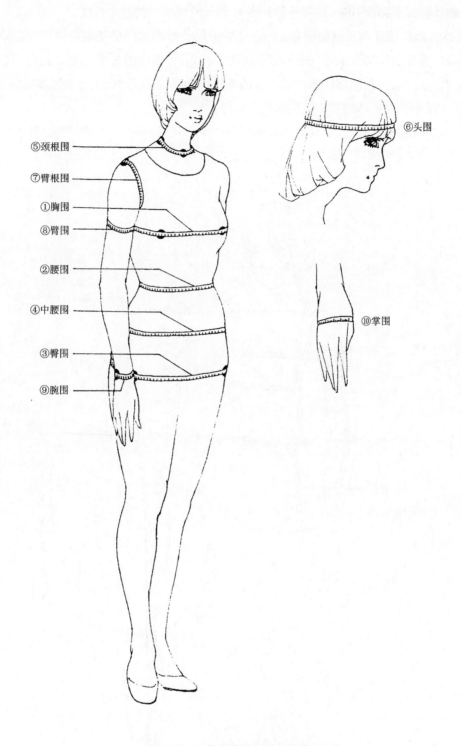

⑤颈根围
⑦臂根围
①胸围
⑧臂围
②腰围
④中腰围
③臀围
⑨腕围

⑥头围
⑩掌围

图 3-3　人体围度的测量及名称

⑩乳间距：测量两乳点之间的距离。乳间距和乳下度的测量，其意义是同等重要的。通常它们之间的关系是：乳下度越低，乳间距就越小。

⑪股上长：自腰线至臀股沟的距离，随臀部形体测量。此尺寸位于股直肌和股骨之上，故称股上长。由于在测量此尺寸时很不方便，通常习惯于请被测者坐在木凳上（凳高以落座后大腿与地面持平为最佳），然后自腰线至凳面随体测量，因此也被称为"坐高"。

⑫裤长：自侧体腰线至腓骨下端（踝部外侧凸点），此尺寸为裤子的基本长度。

通过上述人体各部位围度和长度的测量，可以总结出服装结构的两个基本规律。一是人体的基本测点，主要来源于人体的"连接点"和明显的"凹凸点"，如胸围、腰围、臀围的主要依据是乳点、腰节和大转子点；长度的测量也是如此。二是测量的部位构成了服装的基本结构线，这就形成了服装基本结构和人体的关系公式：人体的连接点、凸凹点→人体测量→服装的基本结构。

那么，服装的基本结构如何呈现？只要把人体测量的关键尺寸：胸围线、腰围线、臀围线、颈根围线、前

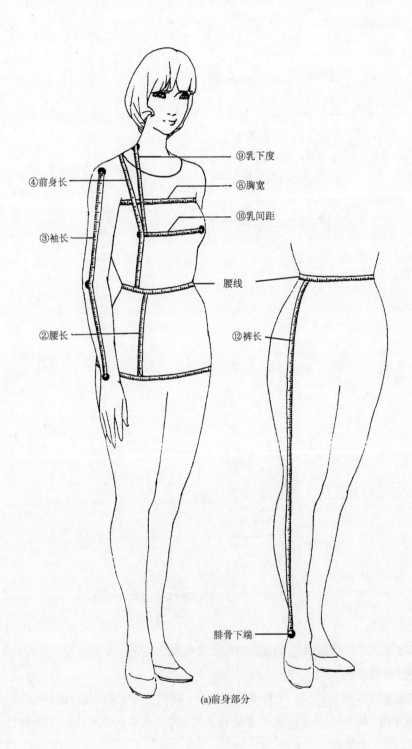

④前身长　　　　　　⑨乳下度
　　　　　　　　　　⑧胸宽
③袖长　　　　　　　⑩乳间距
　　　　　　　　　　腰线
②腰长　　　　　　　⑫裤长
腓骨下端

(a)前身部分

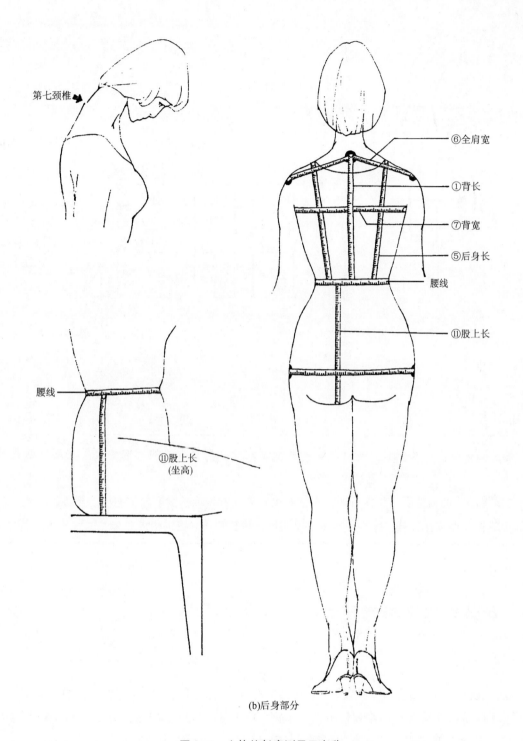

第七颈椎

⑥全肩宽

①背长

⑦背宽

⑤后身长

腰线

⑪股上长

腰线

⑪股上长
(坐高)

(b)后身部分

图 3-4　人体的长度测量及名称

身长延长线、后身长延长线、前后中线和左右侧体分界线在人体模型上呈现出来, 就一目了然了(图 3-5)。设计者熟练地掌握该基本结构线, 通过创造性地设计, 就可以大大丰富结构本身的表现力, 增强服装的艺术性。同时也可以得出服装纸样设计的构思过程(图 3-6)。

　　从构思过程中可以看出, 服装的人体测量不是目的, 它仅为纸样设计提供必要的功能性、合理性数据, 它的目的是为了实现理想、完美的板型设计, 为进行成衣制造, 以可靠的款式、工艺和技术的结构造型提供支持。

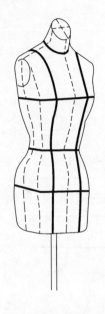

图3-5　服装的基本结构线

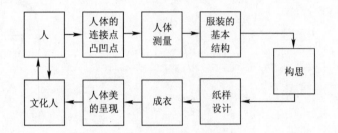

图3-6　服装纸样设计的构思过程

§3-3　知识点

1. 测量要领是净尺寸测量、定点测量和厘米制测量。测量方法的标准为软尺在测位贴紧时，其状态既不脱落，也不使被测者有明显的扎紧感。

2. 要掌握必要的测量要领和方法进行测量部位和名称的训练，围度包括胸围、腰围、臀围、颈根围、腕围、掌围等；长度包括背长、腰长、袖长、股上长、裤长等。它们是构成服装基本结构线的基础参数。

§3-4　女装规格及参考尺寸

在工业纸样设计中，获得服装规格和齐全的参考尺寸是至关重要的，它不仅对纸样设计是不可缺少的，而且对纸样推档（推出不同号型的系列样板）、品质检验和管理都是很重要的。作为女装规格和参考尺寸不同的国家和地区，其名称和使用方法都有所不同，但服装国际标准和规则的原则框架是一致的。我国服装规格和标准人体尺寸的研究滞后，规范化和科学化方面与国际标准差距较大。例如国际化服装标准，只提供宏观的指导性规格和参考尺寸，不对具体的服装制品制定标准，像衣长、松量等。而我国服装制品都有类型标准，如西装标准、衬衫标准等，而且成品的造型数值也被标准确立下来，如西装的松量为15cm等，这在很大程度上限制了设计师的手脚，影响了成衣的自主开发和生产，也不符合服装的"流行美学"特质。日本的服装标准模式很值得我们借鉴。日本标准机构每年都要修订一次工业规格（JIS），而且是采用最先进、最科学的测试手段和方法，因此，它在日本各行业中具有权威性，他们根据每年修订的工业标准，完善本行业的成衣规格和参考尺寸，甚至一个企业、设计师都有自己市场化的定位标准，因此工业规格（JIS）必须具有更大的可塑空间和时间。

我国同日本人体的形体特征十分相似，在我国测量手段和方法还不十分完备的情况下，以日本的工业规格和标准尺寸作为补充和参考是很有必要和实效的。本书书后的"附录"中有各国的女装规格及标准尺寸，以供设计者依据不同市场作参考。

1　我国女装规格及参考尺寸

我国最新女装号型标准（《中华人民共和国国家标准　服装号型　女子》2008-12-31 修订发布，2009-08-01 实施）基本上可以和国际标准接轨。首先，号型的定义表明，规格不对某个具体产品作出限定，而是任何服装在设计、生产和选购时的依据，并以国际通用的净尺寸表示。号指人体的身高，表示服装长度的参数；型指人体的胸围或腰围，表示服装围度的参数。为了操作和计算的方便，修订后新号型标准剔除了 5·3 系列，使其更加规整。在规格上，由四种体型分类代号表示体型的适应范围（表 3-3）。

表3-3　体型分类代号的适应范围　　　　　　　　　　　　　单位：cm

体型分类代号	Y	A	B	C
胸围与腰围之差	19~24	14~18	9~13	4~8

综合号、型和体型分类数据就会得到不同规格的全部信息。例如 160/84A 的规格，160 号表示适用于身高 158~162cm 的人；84 适用于胸围在 82~85cm 的人；A 表示适用于胸腰差在 14~18cm 的人。上装和下装规格以胸围和腰围的数值加以区别，如上装 84A 型表明该上装胸围和胸腰差的数值；下装 68A 型，说明腰围和胸腰差的数值。

规格以号型系列表示。号型系列各数值均以中间体型为中心向两边依次递增或递减。身高系列以 5cm 分档，共分七档，即 145cm、150cm、155cm、160cm、165cm、170cm、175cm。胸围和腰围分别是以 4cm 和 2cm 分档，组成型系列。身高与胸围、腰围搭配分别组成 5·4 和 5·2 基本号型系列，本标准推出四个系列规格。

表 3-4 是 $\frac{5·4}{5·2}$ Y 号型系列，其中 5 表示身高每档之差是 5cm；4 表示胸围每档之差是 4cm；2 表示腰围每档之差是 2cm。表 3-5~ 表 3-7 均按上述理解表述。

表3-4　$\frac{5·4}{5·2}$ Y号型系列　　　　　　　　　　　　　单位：cm

身高 腰围 胸围														

	145		150		155		160		165		170		175	
72	50	52	50	52	50	52	50	52						
76	54	56	54	56	54	56	54	56	54	56				
80	58	60	58	60	58	60	58	60	58	60	58	60		
84	62	64	62	64	62	64	62	64	62	64	62	64	62	64
88	66	68	66	68	66	68	66	68	66	68	66	68	66	68
92			70	72	70	72	70	72	70	72	70	72	70	72
96					74	76	74	76	74	76	74	76	74	76

表3-5　$\frac{5\cdot4}{5\cdot2}$　A号型系列　　　　单位：cm

A

胸围＼身高＼腰围	145			150			155			160			165			170			175		
72				54	56	58	54	56	58	54	56	58									
76	58	60	62	58	60	62	58	60	62	58	60	62	58	60	62						
80	62	64	66	62	64	66	62	64	66	62	64	66	62	64	66	62	64	66			
84	66	68	70	66	68	70	66	68	70	66	68	70	66	68	70	66	68	70	66	68	70
88	70	72	74	70	72	74	70	72	74	70	72	74	70	72	74	70	72	74	70	72	74
92				74	76	78	74	76	78	74	76	78	74	76	78	74	76	78	74	76	78
96							78	80	82	78	80	82	78	80	82	78	80	82	78	80	82

表3-6　$\frac{5\cdot4}{5\cdot2}$　B号型系列　　　　单位：cm

B

胸围＼身高＼腰围	145		150		155		160		165		170		175	
68			56	58	56	58	56	58						
72	60	62	60	62	60	62	60	62	60	62				
76	64	66	64	66	64	66	64	66	64	66				
80	68	70	68	70	68	70	68	70	68	70	68	70		
84	72	74	72	74	72	74	72	74	72	74	72	74	72	74
88	76	78	76	78	76	78	76	78	76	78	76	78	76	78
92	80	82	80	82	80	82	80	82	80	82	80	82	80	82
96			84	86	84	86	84	86	84	86	84	86	84	86
100					88	90	88	90	88	90	88	90	88	90
104							92	94	92	94	92	94	92	94

表3-7　$\frac{5\cdot4}{5\cdot2}$　C号型系列　　　　单位：cm

C

胸围＼身高＼腰围	145		150		155		160		165		170		175	
68	60	62	60	62	60	62								
72	64	66	64	66	64	66	64	66						
76	68	70	68	70	68	70	68	70						
80	72	74	72	74	72	74	72	74	72	74				
84	76	78	76	78	76	78	76	78	76	78	76	78		
88	80	82	80	82	80	82	80	82	80	82	80	82		
92	84	86	84	86	84	86	84	86	84	86	84	86	84	86
96			88	90	88	90	88	90	88	90	88	90	88	90
100			92	94	92	94	92	94	92	94	92	94	92	94
104					96	98	96	98	96	98	96	98	96	98
108							100	102	100	102	100	102	100	102

配合表 3–4 ~ 表 3–7 四个号型系列，制定出"女装号型各系列分档数值"，以此作为推板师进行推档（以中号为基础推出大、小号的系列样板）的基本参数。表中"采用数"一栏中的数值是推档使用的数据，"计算数"可作参考（表 3–8）。

表 3–8 女装号型各系列分档数值　　　　　　　　　　　　　单位：cm

体型	Y								A							
部位	中间体		5·4系列		5·2系列		身高①、胸围②、腰围③每增减1cm		中间体		5·4系列		5·2系列		身高①、胸围②、腰围③每增减1cm	
	计算数	采用数	计算数	采用数	计算数	采用数	计算数	采用数	计算数	采用数	计算数	采用数	计算数	采用数	计算数	采用数
身高	160	160	5	5	5	5	1	1	160	160	5	5	5	5	1	1
颈椎点高	136.2	136.0	4.46	4.00			0.89	0.80	136.0	136.0	4.53	4.00			0.91	0.80
坐姿颈椎点高	62.6	62.5	1.66	2.00			0.33	0.40	62.6	62.5	1.65	2.00			0.33	0.40
全臂长	50.4	50.5	1.66	1.50			0.33	0.30	50.4	50.5	1.70	1.50			0.34	0.30
腰围高	98.2	98.0	3.34	3.00	3.34	3.00	0.67	0.60	98.1	98.0	3.37	3.00	3.37	3.00	0.68	0.60
胸围	84	84	4	4			1	1	84	84	4	4			1	1
颈围	33.4	33.4	0.73	0.80			0.18	0.20	33.7	33.6	0.78	0.80			0.20	0.20
总肩宽	39.9	40.0	0.70	1.00			0.18	0.25	39.9	39.4	0.64	1.00			0.16	0.25
腰围	63.6	64.0	4	4	2	2	1	1	68.2	68	4	4	2	2	1	1
臀围	89.2	90.0	3.12	3.60	1.56	1.80	0.78	0.90	90.9	90.0	3.18	3.60	1.60	1.80	0.80	0.90
体型	B								C							
身高	160	160	5	5	5	5	1	1	160	160	5	5	5	5	1	1
颈椎点高	136.3	136.5	4.57	4.00			0.92	0.80	136.5	136.5	4.48	4.00			0.90	0.80
坐姿颈椎点高	63.2	63.0	1.81	2.00			0.36	0.40	62.7	62.5	1.80	2.00			0.35	0.40
全臂长	50.5	50.5	1.68	1.50			0.34	0.30	50.5	50.5	1.60	1.50			0.32	0.30
腰围高	98.0	98.0	3.34	3.00	3.30	3.00	0.67	0.60	98.2	98.0	3.27	3.00	3.27	3.00	0.65	0.60
胸围	88	88	4	4			1	1	88	88	4	4			1	1
颈围	34.7	34.6	0.81	0.80			0.20	0.20	34.9	34.8	0.75	0.80			0.19	0.20
总肩宽	40.3	39.8	0.69	1.00			0.17	0.25	40.5	39.2	0.69	1.00			0.17	0.25
腰围	76.6	78.0	4	4	2	2	1	1	81.9	82	4	4	2	2	1	1
臀围	94.8	96.0	3.27	3.20	1.64	1.60	0.82	0.80	96.0	96.0	3.33	3.20	1.66	1.60	0.83	0.80

①身高所对应的高度部位是颈椎点高、坐姿颈椎点高、全臂长、腰围高。
②胸围所对应的围度部位是颈围、总肩宽。
③腰围所对应的围度部位是臀围。

在日本和欧美的服装规格中，都配有详尽的标准参考尺寸，这是设计者进行标准化纸样设计不可缺少的数据，同时，也作为样板推档的参数，基本上是以综合规格、设计和推档参数三位一体的方式表述的。我国女装标准，是在四个系列号型中均配有"服装号型系列控制部位数值"，它是人体主要部位的标准尺寸，其功能和通用的国际标准参考尺寸相同。使用方法是：当设计者确定某规格时，可依此查出对应的"控制部位尺寸"作为纸样设计的参考（表 3–9 ~ 表 3–12）。

表3－9　$\frac{5\cdot4}{5\cdot2}$Y号型系列控制部位数值　　　　　　　　　　　单位:cm

Y

部　位	数　值												
身　高	145		150		155		160		165		170		175
颈椎点高	124.0		128.0		132.0		136.0		140.0		144.0		148.0
坐姿颈椎点高	56.5		58.5		60.5		62.5		64.5		66.5		68.5
全臂长	46.0		47.5		49.0		50.5		52.0		53.5		55.0
腰围高	89.0		92.0		95.0		98.0		101.0		104.0		107.0
胸　围	72		76		80		84		88		92		96
颈　围	31.0		31.8		32.6		33.4		34.2		35.0		35.8
总肩宽	37.0		38.0		39.0		40.0		41.0		42.0		43.0
腰　围	50	52	54	56	58	60	62	64	66	68	70	72	74	76
臀　围	77.4	79.2	81.0	82.8	84.6	86.4	88.2	90.0	91.8	93.6	95.4	97.2	99.0	100.8

表3－10　$\frac{5\cdot4}{5\cdot2}$A号型系列控制部位数值　　　　　　　　　　　单位:cm

A

部　位	数　值																				
身　高	145			150			155			160			165			170			175		
颈椎点高	124.0			128.0			132.0			136.0			140.0			144.0			148.0		
坐姿颈椎点高	56.5			58.5			60.5			62.5			64.5			66.5			68.5		
全臂长	46.0			47.5			49.0			50.5			52.0			53.5			55.0		
腰围高	89.0			92.0			95.0			98.0			101.0			104.0			107.0		
胸　围	72			76			80			84			88			92			96		
颈　围	31.2			32.0			32.8			33.6			34.4			35.2			36.0		
总肩宽	36.4			37.4			38.4			39.4			40.4			41.4			42.4		
腰　围	54	56	58	58	60	62	62	64	66	66	68	70	70	72	74	74	76	78	78	80	84
臀　围	77.4	79.2	81.0	81.0	82.8	84.6	84.6	86.4	88.2	88.2	90.0	91.8	91.8	93.6	95.4	95.4	97.2	99.0	99.0	100.8	102.6

表3－11　$\frac{5\cdot4}{5\cdot2}$B号型系列控制部位数值　　　　　　　　　　　单位:cm

B

部　位	数　值																			
身　高	145		150		155		160		165		170		175							
颈椎点高	124.5		128.5		132.5		136.5		140.5		144.5		148.5							
坐姿颈椎点高	57.0		59.0		61.0		63.0		65.0		67.0		69.0							
全臂长	46.0		47.5		49.0		50.5		52.0		53.5		55.0							
腰围高	89.0		92.0		95.0		98.0		101.0		104.0		107.0							
胸　围	68		72		76		80		84		88		92		96		100		104	
颈　围	30.6		31.4		32.2		33.0		33.8		34.6		35.4		36.2		37.0		37.8	
总肩宽	34.8		35.8		36.8		37.8		38.8		39.8		40.8		41.8		42.8		43.8	
腰　围	56	58	60	62	64	66	68	70	72	74	76	78	80	82	84	86	88	90	92	94
臀　围	78.4	80.0	81.6	83.2	84.8	86.4	88.0	89.6	91.2	92.8	94.4	96.0	97.6	99.2	100.8	102.4	104.0	105.6	107.2	108.8

表 3－12　$\frac{5 \cdot 4}{5 \cdot 2}$C 号型系列控制部位数值　　　　　　单位:cm

部　位	数　值																			
	C																			
身　高	145		150		155		160		165		170		175							
颈椎点高	124.5		128.5		132.5		136.5		140.5		144.5		148.5							
坐姿颈椎点高	56.5		58.5		60.5		62.5		64.5		66.5		68.5							
全臂长	46.0		47.5		49.0		50.5		52.0		53.5		55.0							
腰围高	89.0		92.0		95.0		98.0		101.0		104.0		107.0							
胸　围	68		72		76		80		84		88		92		96		100		104	108
颈　围	30.8		31.6		32.4		33.2		34.0		34.8		35.6		36.4		37.2		38.0	38.8
总肩宽	34.2		35.2		36.2		37.2		38.2		39.2		40.2		41.2		42.2		43.2	44.2
腰　围	60	62	64	66	68	70	72	74	76	78	80	82	84	86	88	90	92	94	96	98	100	102
臀　围	78.4	80.0	81.6	83.2	84.8	86.4	88.0	89.6	91.2	92.8	94.4	96.0	97.6	99.2	100.8	102.4	104.0	105.6	107.2	108.8	110.4	112.0

2　日本女装规格及参考尺寸

日本女装规格是参照日本工业规格(JIS)制定的,它的特点是以标准人体测量的净尺寸为基础,在女装规格中分普通、特殊和少女三种规格(表 3-13)。

表 3－13　日本女装规格表(JIS)　　　　　　单位:cm

部　位 ＼ 类别	普　通　规　格							
基本尺寸　胸　围	77	80	83	86	89	92	95	
腰　围	56	58	60	63	66	69	72	
臀　围	85	87	89	91	94	97	100	
连衣裙长	91～95	94～98	94～98	97～101	97～101	99～103	99～103	灵活范围
背　长	35～36	36～38	36～38	37～39	37～39	37～39	37～39	灵活范围
袖　长	49～51	50～52	51～53	52～54	52～54	52～54	52～54	灵活范围
裙　长	56～58	58～60	58～60	60～62	60～62	62～64	62～64	灵活范围

部　位 ＼ 类别	特　殊　规　格					少　女　规　格		
基本尺寸　胸　围	92	95	98	101	105	80	82	84
腰　围	74	76	78	80	83	61	63	65
连衣裙长	102	103	105	105	105	93	97	100

然而,在日本众多的服装企业和设计单位中,为了树立各自的"形象和风格",都不愿束缚于统一的规格。事实上,日本工业规格只是为他们提供了最基本的参考依据。为此,有权威的服装企业和个人,在此基础上创立了各具特色的女装标准尺寸系列,最典型的是文化式和登丽美式(田中式)(表 3-14、表 3-15)。文化式的规格以 S、M、ML、L、LL 表示小、中、中大、大、特大的系列号型,这种规格系统同国际成衣标准相吻合。登丽

美式规格只用小、中、大表示。另外一个特点从表3-15中可以发现，文化式的三围比例的差数小，而登丽美式的差数较大。这说明文化式适合于大众化的标准。首先是规格较全，其次是尺寸比例接近实体。而登丽美式发挥了个性表现的优势，规格尺寸的比例则更为理想化。可见利用规格本身也有个性发挥的余地，这对我国市场化企业和设计者来说，在尺寸设计上是很有启发性的。

表3-14　日本女装规格和参考尺寸（文化式）　　　　　　　　　　单位：cm

类别	规格\部位	S	M	ML	L	LL
围度	胸　围	76	82	88	94	100
	腰　围	58	62	66	72	80
	臀　围	84	88	94	98	102
	颈根围	36	37	39	39	41
	头　围	55	56	57	57	57
	上臂围	24	26	28	28	30
	腕　围	15	16	16	17	17
	掌　围	19	20	20	21	21
长度	背　长	36	37	38	39	40
	腰　长	17	18	18	20	20
	袖　长	50	52	53	54	55
	全肩宽	38	39	40	40	40
	背　宽	34	35	36	37	38
	胸　宽	32	34	35	37	38
	股上长	25	26	27	28	29
	裤　长	88	93	95	98	99
	身　长	150	155	158	160	162

表3-15　日本新女装规格和参考尺寸　　　　　　　　　　单位：cm

类别		文化式					登丽美式		
	规格\部位	S	M	ML	L	LL	小	中	大
围度	胸　围	78	82	88	94	100	80	82	86
	腰　围	62~64	66~68	70~72	76~78	80~82	58	60	64
	臀　围	88	90	94	98	102	88	90	94
	中腰围	84	86	90	96	100			
	颈根围						35	36.5	38
	头　围	54	56	57	58	58			
	上臂围						26	28	30
	腕　围	15	16	17	18	18	15	16	17
	掌　围						19	20	21

续表

类别		文化式					登丽美式		
	规格 部位	S	M	ML	L	LL	小	中	大
长度	背　长	37	38	39	40	41	36	37	38
	腰　长	18	20	21	21	21		20	
	袖　长	48	52	53	54	55	51	53	56
	全肩宽								
	背　宽						33	34	35
	胸　宽						32	33	34
	股上长	25	26	27	28	29	24	27	29
	裤　长	85	91	95	96	99			
	身　长	148	154	158	160	162			

3　英国女装规格及参考尺寸

英国女装规格是由英国标准研究所提供的，与日本的文化式女装规格相似。它的规格等级更全、更多，是用数字表示的。另外，规格号所对应的关键尺寸更灵活，以外套规格12号为例，胸围是86～90cm，说明这个规格适用于胸围86～90cm的任何一种人，显然它提高了被选购的机会（表3-16）。

表3-16　英国女外套规格①

单位：cm

	规格 部位	8	10	12	14	16	18	20	22	24	26	28	30	32
胸围	起	78	82	86	90	95	100	105	110	115	120	125	130	135
	止	82	86	90	94	99	104	109	114	119	124	129	134	139
臀围	起	83	87	91	95	100	105	110	115	120	125	130	135	140
	止	87	91	95	99	104	109	114	119	124	129	134	139	144

①外套规格并非指外套成品的尺寸，而是指的实际尺寸（净尺寸），一切活动量、设计尺寸都由设计者完成。腰围的尺寸在外套设计中意义很小，故不列入表中。

英国女装规格除了表示围度的等级和浮动范围外，它还对身高的等级作了概括的划分。一是身高不超过160cm的妇女，在规格号后面标出"S"；二是身高超过170cm的妇女，在规格号后面标出"T"；一般身高的妇女则不作任何标记。以外套规格为例，在英国常用的传统女装规格是12号、14号及16号三种。因此英国标准研究所建议，把这三个规格加以规范，即用16号作为适合服装厂生产的中等规格，其臀围是100~104cm，胸围是95~99cm，取其中尺寸的平均值，就得出这样一个中等规格：胸围=97cm，臀围=102cm，其身高在165cm左右。如果在规格16号的后面加上"S"，便使规格表中的身高降为160cm以下，因此，"16S"为小号规格。加上"T"身高就上升为170cm以上，"16T"就是大号规格。根据中等规格尺寸，上下分别推出等级系列，如14S、14T、18S、18T等，这样就完成了作为任何一种服装纸样设计的参考尺寸（表3-17）。这个女装系列规格表属英国标准尺寸亦符合欧洲标准，更确切地说它更适合体型发育成熟的英国和欧洲妇女。

表 3－17　英国女装参考尺寸　　　　　　　　　　　　　　　　　　　　单位：cm

规格 部位	8	10	12	14	16	18	20	22	24	26	28	30
胸　围	80	84	88	92	97	102	107	112	117	122	127	132
腰　围	60	64	68	72	77	82	87	92	97	102	107	112
臀　围	85	89	93	97	102	107	112	117	122	127	132	137
颈根围	35	36	37	38	39.2	40.4	41.6	42.8	44	45.2	46.4	47.6
颈　宽	6.75	7	7.25	7.5	7.8	8.1	8.4	8.7	9	9.3	9.6	9.9
上臂围	26	27.2	28.4	29.6	31	32.8	34.4	36	37.8	39.6	41.4	43.2
腕　围	15	15.5	16	16.5	17	17.5	18	18.5	19	19.5	20	20.5
背　长	39	39.5	40	40.5	41	41.5	42	42.5	43	43.2	43.4	43.6
前身长	39	39.5	40	40.5	41.3	42.1	42.9	43.7	44.5	45	45.5	46
袖窿深	20	20.5	21	21.5	22	22.5	23	23.5	24.2	24.9	25.6	26.3
背　宽	32.4	33.4	34.4	35.4	36.6	37.8	39	40.2	41.4	42.6	43.8	45
胸　宽	30	31.2	32.4	33.6	35	36.5	38	39.5	41	42.5	44	45.5
肩宽(半斜肩)	11.75	12	12.25	12.5	12.8	13.1	13.4	13.7	14	14.3	14.6	14.9
全省量(乳凸)	5.8	6.4	7	7.6	8.2	8.8	9.4	10	10.6	11.2	11.8	12.4
袖　长	57.2	57.8	58.4	59	59.5	60	60.5	61	61.2	61.4	61.6	61.8
股上长	26.6	27.3	28	28.7	29.4	30.1	30.8	31.5	32.5	33.5	34.5	35.5
腰　长	20	20.3	20.6	20.9	21.2	21.5	21.8	22.1	22.3	22.5	22.7	22.9
裙　长	57.5	58	58.5	59	59.5	60	60.5	61	61.25	61.5	61.75	62

4　美国女装规格及参考尺寸

美国的女装规格与英国的女装规格基本相同，所不同的是美国女装规格的系列化、规范化及标准化更强一些。它主要分为四种规格系列，一是女青年规格系列，它适合于年轻、苗条的体型，介于少女和发育成熟的妇女体型之间；二是成熟女青年规格，这个规格实际上属女青年中较丰满而身高较矮的体型；三是妇女规格，准确地说这种规格是中年妇女的体型标准，因此各部位的尺寸都比较大，三围比例较明显；四是少女规格，它与青年规格相比属小比例，适合于年轻、矮小、肩较窄但胸部较高、腰较细、发育良好的女性（表3-18）。

另外，美国女装规格表中的三围尺寸，包括基本放松量，故称"基本尺寸"，其中的放松量指保证身体活动量的最小值。因此，该尺寸可以理解为制作"基本纸样"的尺寸。胸围的基本尺寸为净胸围加6.4cm放松量；腰围的基本尺寸为净腰围加2.5cm放松量，胸腰的两个基本尺寸之差就是基本纸样胸乳省量。臀围的基本尺寸为净臀围加5.1cm放松量。根据这种尺寸特点，在制作基本纸样时，无须考虑三围的基本放松量。

总之，无论是日本、英国还是美国的女装规格和标准尺寸，不管采用什么形式和表述方法，其基本原则是一致的，即规格表不对单一成品作任何尺寸规定。国际成衣标准规格也正是依据这一基本要求制定的，因此，上述的规格表和参考尺寸对任何一种服装设计都适用。同时，与国际成衣不同市场标准规格配合使用，就可设计出国际范围流通的成衣制品（参见本书后"附录"中的各国女装规格标准）。重要的是要顺利和有效地进入纸样设计，必须正确运用上述尺寸表中的关键尺寸，制作出基本纸样。

表 3 – 18　美国女装规格及参考尺寸

单位:cm

规格\部位	女青年规格					成熟女青年规格					妇女规格					少女规格					备注
	12	14	16	18	20	14.5	16.5	18.5	20.5	22.5	36	38	40	42	44	9	11	13	15	17	
胸围	88.9	91.4	95.3	99.1	102.9	97.8	102.9	108	113	118.1	101.6	106.7	111.8	116.8	122	85.1	87.6	91.4	95.3	99.1	包括放松量 6.4cm
腰围	67.3	71.1	74.9	78.7	82.6	76.2	81.3	86.4	91.4	96.5	77.5	82.6	87.6	92.7	97.8	63.5	66	69.2	72.4	76.2	包括放松量 2.5cm
臀围	92.7	96.5	100.3	104.1	105.4	99	104.1	109.2	114.3	119.4	104.1	109.2	114.3	119.4	124.5	87.6	90.2	93.3	96.5	100.3	包括放松量 5.1cm
落肩度	7.6	7.6	7.6	7.6	7.6	7.6	7.6	7.6	7.6	7.6	7.6	7.6	7.6	7.6	7.6	7.6	7.6	7.6	7.6	7.6	定寸
背长	40.6	41.3	41.9	42.5	43.2	38.7	39.4	40	40.6	41.3	43.2	43.5	43.8	44.1	44.5	38.1	38.7	39.4	40	40.6	
袖窿长（AH）	41.9	43.2	45.1	47	48.9	46.4	48.9	51.4	54	56.5	48.3	50.8	53.3	55.9	58.4	40	41.3	43.2	45.1	47	$\frac{胸围}{2}$减去2.5cm
袖内缝长	41.9	42.5	43.2	43.8	44.5	41.3	41.9	42.5	43.2	43.2	44.5	44.5	44.5	44.5	44.5	39.4	40	40.6	41.9	42.5	腋下至手腕
腰长	18.1	18.4	19.1	19.7	20.3	19.1	19.4	19.7	20.3	21	20.6	21.5	21.9	22.2	22.2	17.1	17.5	17.5	18.1	18.4	
股上长	29.8	30.5	31.1	32.4	33						33	33.7	34.3	34.9	35.6	29.2	29.8	30.5	31.1	31.8	
裤长	104.1	104.8	105.4	106	106.7	100	100	100	100	100	106.7	106.7	106.7	106.7	106.7	96.5	97.8	99.1	100.3	102.2	
身高	165	165.7	166.3	167	167.6	157	157	157	157	157	169	169	169	169	169	152	155	157	160	164	

§3-4　知识点

1. 在我国服装标准还不够完善的情况下，借鉴日本服装规格及参考尺寸的理由是，它采用了世界上较先进和科学的测试手段和方法，有完备和权威的工业标准体系（JIS），且日本人体体型特征与我国相似。

2. 服装标准的表述，我国与国际标准不同。我国将规格（号型）、推档尺寸（分档数值）和参考尺寸（控制部位数值）分别表述，而日本、英国、美国等发达国家采用规格、推档尺寸和参考尺寸三位一体的表述方式，且关键尺寸规范统一（如背长、股上长等），表现出良好的标准性、规范性和可操作性，建议服装国家标准和国际标准结合使用，国内服装市场产品设计，特别要借鉴日本JIS标准系统派生出的优质企业标准如"文化式标准"。

练习题

1. 制板工具的基本配置是什么？

2. 在纸样绘制中纸样设计与工艺符号的基本功能、作用和识别。

3. 根据测量的要领和方法，测量（包括自己在内）5种女装人体尺寸，测量部位不低于10个，并记录它们的名称和数据（为制作1：1基本纸样做准备）。

4. 识别我国和日本女装规格及参考尺寸，并确定它们的中号系列数值［为制作1：4（或1：5）基本纸样做准备］。

思考题

1. 我国女装规格及参考尺寸与日本相比有哪些差距？

2. 服装设计与开发充分借鉴日本女装规格及参考尺寸的意义和价值是什么？

3. 我国女装规格及参考尺寸与国际标准的主要差距是什么？现阶段如何调整和借鉴？

4. 成衣国际标准为什么采用"确定"和"模糊"两种基本规格标识系统？

基础理论与训练——

女装基本纸样 /4 课时

课下作业与训练 /8 课时（推荐）

课程内容： 女装基本纸样采得的两种方法/英式女装基本纸样/美式女装基本纸样/标准女装基本纸样/女装基本
纸样综述

训练目的： 了解典型女装基本纸样相关知识，掌握标准女装基本纸样的绘制方法。

教学方法： 面授、案例分析和对象化训练结合。

教学要求： 本章为重点课程。运用一对一对象化采集的数据完成1:1女装基本纸样；运用标准规格数据完成
1:4或1:5女装基本纸样，为女装纸样设计原理的学习与应用做准备。

第4章 女装基本纸样

任何一种事物都遵循着它固有的规律存在着,服装亦是如此。纸样设计方法揭示出,服装无论怎样变化多端,关键要抓住"基本型",这是服装纸样设计的基础。虽然不同设计师获得基本纸样的方法不尽相同,但是,这一规律已被大量的实践证明是科学、实用且有效的。

本章着重介绍具有代表性的英国和美国的女装基本纸样,以便在设计欧洲类型服装纸样时使用。本书所采用的女装基本纸样看得出有日本文化原型的影子,但依据我国人体体型和服装产品的实际要求,从1991年首次出版开始经过24年的使用,到本次作为"十二五"国家级规划教材已经是第5次出版,不断修改、完善,"女装标准基本纸样"的第三代应用良好,在本教材再版中仍作为主要基本纸样使用,可以说在科学性和应用的操作性上进入了成熟阶段,可作为全新纸样设计原理及方法的基础。在介绍基本纸样之前,先要了解相关的一些基本理论。

§4-1 女装基本纸样采得的两种方法

如何获得基本纸样,不同的设计师有不同的方法和习惯,理解也不尽相同,方法也有差异,但是,作为服装设计的基础理论和技术,就应具有科学性和规范性。从这一点来说,基本纸样是纸样设计不能超越的环节,它以标准尺寸或特定人体的尺寸,绘制出具备人体基本生理和活动机能的标准纸样。基本纸样本身无任何具体款式的成品意义,但可以根据该纸样的变化原理,设计出各种服装板型。它是服装设计者把握和设计服装造型的基本途径和手段。从纸样设计规律的分析看,获得的手段不外乎是从立体到平面,或从平面到立体的过程。诚然,基本纸样采得的方法也不会脱离这个基本规律,只是如何选择的问题。

1 立体方法

立体方法是在立体裁剪专用的中号规格人台上,用立体裁剪技术获得的基本纸样。纸样设计虽然是在平面上进行的,但是,设计者却要以三度空间的思维去解释平面,这样才能使平面返回到立体的人身上,才能反映真实的效果。因此,基本纸样能从立体的人或代替人的模型上直接获得,当然是效果最好的,同时也避免了立体到平面、平面到立体过程中的误差。从品质要求看,这种方法可以使设计提高到最佳状态,很符合时装的高级定制业务。因此在服装业高度发达的国家,高级设计师几乎全部的设计过程都通过立体方法完成。

然而,立体方法也有它的局限性。首先,在技术上增加了难度,这主要表现在放松度难以估计,手法难以掌握上。解决这个问题的办法可以用大一号的人体模型获得,但解决不了不该增加的尺寸,如领口。因此,这种方法必须通过大量的实践过程获取经验。其次,设计的成本很高,立体方法采得基本纸样的人台模型必须是模拟真人(表皮)的专用人台,否则就毫无意义,而国内还没有达到这种要求的人台,进口人台又很贵,且还没有适合本国市场的立裁人台出现,基础研究滞后是因为市场需要偏低。另外,立体裁剪必须用一种代用布料进行操作，然后复制成纸样才能使用，用代用布会抵消它的价值。其三，立体的方法还没有形成一整套从人台到制板的规范技术，不适于成衣化生产。因此，一些厂家和设计公司的设计师常常采用折中的办法，即立体和平面兼用的方法，便于各自的优势互补。

2　立体与平面结合的方法

采得基本纸样用立体和平面相结合的方法，在一些服装工业发达的国家被广泛应用，而且不单是用在获得基本纸样上，通常在设计的整个过程中运用，它的优点是效果和效率兼顾。立体裁剪的人台模型，除了胸廓和臀部外（躯干部分），还需要自制、安装与真人相似的手臂，这对一般的设计者来说是很困难的，完成裤子的立体裁剪则更难实现，那么，立体和平面相结合的方法就解决了这个问题。即上身前后片和裙子前后片的基本纸样采用立体方法，袖子和裤子的基本纸样采用平面测量计算的方法绘制完成，同样可以达到立体裁剪的效果，但这仍然需要高品质的专用立裁人台。

然而，无论是立体方法还是立体和平面兼并的方法，按目前我国服装设计的条件和设计人员的水平看都是不适宜的。首先，我国的人台模型还不能达到立体裁剪的技术要求；其次，作为刚刚步入成衣化的我国服装工业，对新设计手法的运用还不适应。那么，即经济实用，又科学迅速的平面方法，在目前我国的服装设计中仍是最佳方法，而且在服装工业较发达的国家和地区也是以此方法作为纸样设计的主流。这就是本教材对平面方法着重介绍和学习的原因。

§4-1　知识点

1．获取女装基本纸样有立体、立体与平面结合的方法。客观上平面方法是这两种方法的基础，亦是当今纸样设计方法的主流。

2．立体方法直观、误差小、质量高、省时、针对性强，比较适合高级定制。它的局限是：技术难度大，特别是松量控制；成本高，包括没有合格的国产人台和代用布（立裁专用布）；没有形成我国从人台到制板的一整套规范技术。

3．立体与平面结合的方法，可以形成优势互补的效果而被广泛使用，包括定制和高级成衣。

4．平面的方法传统而成熟，技术已达到很完善的程度，且技术难度低、成本低。因此在国际服装行业中仍作为主流技术。

§4-2　英式女装基本纸样

无论是英国、美国、日本还是本书的女装标准基本纸样，都是由五个部分组成，即上身的前、后片，袖片和裙子的前、后片。由于人体呈左右对称状态，因此，基本纸样只需完成二分之一；当需要设计左右不对称或中间线不分开时，在实际生产中必须完成完整纸样，绝不能用估算和想象代替，这也是工业样板的基本要求。

英式女装基本纸样是按照服装种类划分的，大体分为适合套装（包括外套）设计的基本纸样、适合贴身服装设计的基本纸样和适合弹性面料设计的基本纸样。后两种基本纸样都是在套装基本纸样的基础上加以修正得到的，可见第一种纸样是完成其他纸样设计的关键。有关如何适应不同类型服装而设计的基本纸样，本书在以后的章节中专门介绍。

1 衣身基本纸样

按照女装习惯和女装成衣的一般要求，通常前搭门方式是右襟搭左襟（与男装习惯相反），为清楚地表示暴露在外面的结构，在绘制基本纸样时，前中线应在纸面的右侧，后中线在纸面的左侧，如此完成的基本纸样表示的是右半部分。不过也有采用相反方向的，但这并不妨碍女装习惯和产品要求，美国多采用这样的方法。

下面所要进行的是套装基本纸样的制作。

（1）衣身基本纸样制作的必要尺寸

在制作基本纸样之前，先获取英国女装参考尺寸（参见表 3–17，选出衣身基本纸样制作的必要尺寸）。选择规格 12，即胸围 88cm，背长 40cm，袖窿深 21cm，颈宽 7.25cm，肩宽 12.25cm，背宽 34.4cm，胸宽 32.4cm，乳凸量（全省量）7cm。以上所选尺寸充分，这说明英式基本纸样的制作，采用充分测量定位尺寸的平面绘制方法。

（2）衣身基本纸样制作的步骤

衣身基本纸样分两步完成，即基础线和完成线。

①完成长方形：长是 $\frac{胸围}{2}$ +5cm，定寸 5cm 为放松量，宽为背长 +1.5cm，定寸 1.5cm 为后领口深。特别要注意的是，在制图中长方形的四角均为直角。按照习惯，长方形的右边为前中线，左边为后中线，下边为腰线，上边为辅助线。

②作基本分割：在长方形中自上而下在袖窿深 +1.5cm 处作垂直于后中线的直线，定寸 1.5cm 为后领口深，此线为袖窿深线。背宽线由 $\frac{背宽}{2}$ +0.5cm 获得，0.5cm 为放松量。胸宽线由 $\frac{胸宽}{2}$ + $\frac{乳凸省量}{2}$ 获得，其中 $\frac{省量}{2}$ 中含有放松量。前、后片的分界线是通过胸宽线和背宽线左右分割出去部分的中点向下垂直引出直线并与腰线相接获得。至此完成基础线的绘制（图 4–1）。

③完成后领口：从后中线的顶点向下取 1.5cm，向前中线方向取颈宽（7.25cm），分别确定后领宽和后领深，同时获得后颈点和后侧颈点，然后如图用平滑的曲线连接两点完成后领口。

④完成后肩线：从后中线顶点向下取落肩度（5cm），以此作后中线的垂直射线。然后取肩宽 +1cm 的长度，并从侧颈点向落肩线肩侧连线，其相接点为后肩点，后肩线增加 1cm 的量为肩胛省量。

⑤完成肩胛省：在后肩线靠近侧颈点三分之一等分点处向下垂直引出 6cm 长的线段，把该线端点向后中线方向平移 1cm 为省尖，并连接原等分点为省的一条边线，然后以原等分点为基点向肩点方向取 1cm 的省量并连接省尖完成肩胛省。最后修正省的两条边线使其相等。

⑥完成前领口：以前中线顶点为基点，分别向下和向后中线方向取颈深和颈宽，由于英式前领口的深度和宽度相等均采用颈宽尺寸，同时确定了前颈点和前侧颈点，然后用平滑曲线连接两点完成前领口。

⑦完成胸省：从前侧颈点起，在辅助线上截取乳凸省量（7cm）。取胸宽（在纸样上显示的胸宽）中点后移 0.5cm，并向下引出垂直线交于腰线，在此线与袖窿深线的交点向下取 3cm 确定为省尖，亦称乳点。最后以此为基点，以乳凸省量为省宽完成胸省。

⑧完成前肩线：从后肩点垂直向下取 1.5cm，再水平引出线段与胸宽线相交，从此线到胸省宽端点之间取肩宽（12.25cm）完成前肩线。

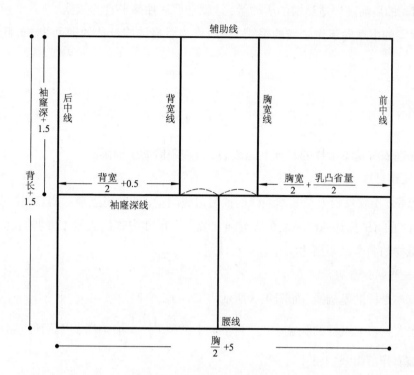

图 4-1　英式衣身基本纸样的基础线

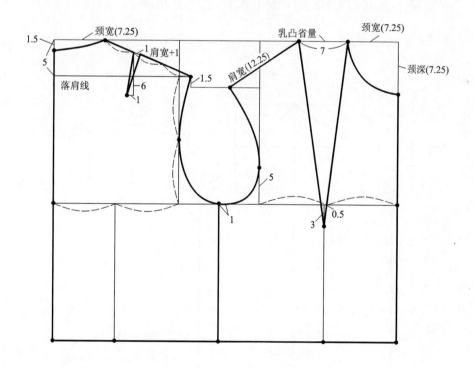

图 4-2　英式衣身基本纸样的完成线

⑨**完成袖窿曲线**：从后肩点到袖窿深线之间的背宽线上取中点、从胸宽线和袖窿深线交点向上取 5cm 作点，得出袖窿曲线的轨迹，即前后肩点、两个辅助点和前、后片的交界点，最后描绘出圆顺的曲线。需要注意的是，前片袖窿弯曲的弧度要大于后片，特别是靠近腋下的部位，这样在距前、后片交界点向前约 1cm 处前袖窿曲线就进入了最低点。原因是人体上肢活动的范围主要在前面，因此前袖窿弯曲明显，既不影响活动，又平

整美观，对应上肢活动的后袖窿要适当增加活动量，这就是后片袖窿平直的依据。

最后，取后片背宽的中点向下作腰线的垂线，该线作为后身结构设计的辅助线，至此完成衣身基本纸样（图4-2）。

2 袖子基本纸样

袖子基本纸样是在衣身基本纸样的基础上完成的，特别要借助于袖窿。

（1）袖子基本纸样制作的必要尺寸

首先测量袖窿弧长，用软尺沿上身基本纸样的袖窿边线测量，即前肩点至后肩点间的曲线长度，简称AH。测量的结果为规格12的AH长约40.5cm，并从英国女装参考尺寸中查出规格12的袖长为58.4cm，这样就得到了制作袖子基本纸样的两个必要尺寸。

（2）袖子基本纸样制作步骤

制作英式袖子基本纸样的基础线，如图4-3所示。

①求袖山高：在衣身基本纸样的胸宽线上，自下向上截取 $\frac{AH}{3}$ 为袖山高，以其顶点引出水平线为袖顶线，袖窿深线在袖片上被看作落山线。

②作前、后符合点：取袖山高中点作胸宽线的垂线与后袖窿线相交，交点为后身符合点。以袖山高下方四分之一等分点处为袖前符合点，并对应在前身袖窿上作出记号与此相符合（作为缝合时的对位点）。

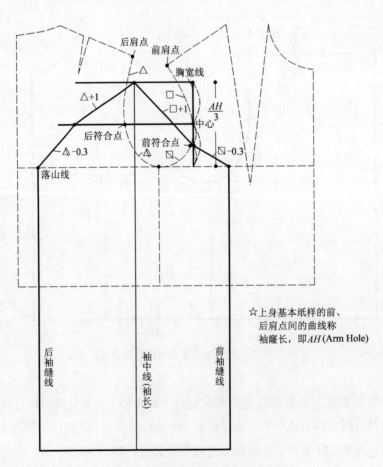

图4-3 英式袖子基本纸样的基础线

③作袖山辅助线：以袖前符合点为基点向上取前肩点至前身符合点的弧长（符号为□）加上1cm的长度，交于袖顶线，交点为袖肩点，向下取前身符合点至前后袖窿线交界点的弧长（符号为◇）减去0.3cm的长度交于落山线上，完成前袖山辅助线。对应前袖，从袖肩点向下取后身肩点至后身符合点弧长（符号为△）加1cm的长度交于袖山高平分线上，交点为袖后符合点，从此点向下取后身符合点至前后袖窿线交界点的弧长（符号为▲）减0.3cm的长度交于落山线上，然后用直线作三点连线，完成后袖山辅助线。

④完成其他辅助线：从袖肩点引出垂线取袖长，并在下端水平作袖口辅助线，最后从袖肥两端分别垂直作前、后袖缝线至袖口，完成袖子基本纸样的基础线。

作英式袖子基本纸样的完成线，如图4-4所示。

⑤完成袖山曲线：以袖前符合点为界，在小段辅助线中点凹进1cm，大段辅助线靠近袖肩点三分之一等分处凸起2cm，确定前袖山曲线轨迹；在袖肩点至袖后符合点中间凸起1.5cm，袖后符合点至后袖缝端点中间凹进0.7cm，确定后袖山曲线轨迹，然后，依各点轨迹描绘出平滑、圆顺的袖山曲线。最后用软尺复核袖山曲线，一般情况下它比袖窿线长出3cm左右作为袖山缩容量。需要注意的是，袖山与袖窿的对位点不能对反：前、后袖缝与前、后片侧线接缝要对位；袖肩点与衣身前、后肩缝对位；袖前符合点与袖窿前符合点对位；袖后符合点与袖窿后符合点对位。各符合点对位后，袖山多余的部分为缩容量。符合点的对位越精确，袖子的工艺就越简单也越规范。

⑥肘线和袖口线的绘制：衣身基本纸样（虚线）印在袖片上的腰线就是袖肘线。从前袖缝下端至袖中线下端连线的中间凹进1cm，从袖中线下端到后袖缝下端连线的中间凸起1cm，然后平滑地描绘出袖口S型曲线。至此完成整个袖子的制图。

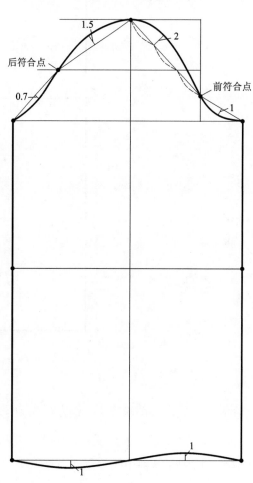

图4-4　英式袖子基本纸样的完成线

3　裙子基本纸样

英式裙子基本纸样是根据欧洲妇女体型设计的，其特点是裙后片大于前片，省量也比前片大，这主要是考虑欧洲妇女的臀部较丰满，因此与亚洲基本纸样有所差异（参见本书提供的标准裙子基本纸样）。另外，前、后裙片的方向在制图中要与上身一致。

（1）裙子基本纸样制作的必要尺寸

裙子基本纸样制作的必要尺寸要与上衣统一：规格为12，腰围68cm，臀围93cm，腰长20.6cm，裙长58.5cm。

表3-17中的裙长只是设定的长度，不作为成品的裙长，成品裙长是设计者根据流行和造型要求而设计的。

（2）裙子基本纸样制作步骤

英式裙子基本纸样的基础线，如图4-5所示。

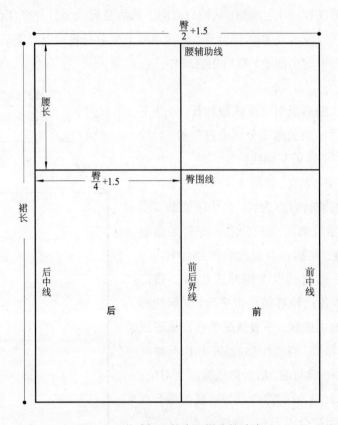

图 4-5　英式裙子基本纸样的基础线

①作前、后裙片的长方形：长方形高为裙长，宽是 $\frac{臀围}{2}$ +1.5cm，其中 1.5cm 为放松量，长方形的四角成 90°。四边名称分别为：右边线是前中线、左边线是后中线、上边线是腰辅助线、下边线是裙底边线。

②作分割线：从前中线顶点向下截取腰长，以此作前中线的垂线交于后中线，得到臀围线。从后中线与臀围线交点横向截取 $\frac{臀围}{4}$ +1.5cm，在此作腰辅助线的垂线，延伸至裙底边，该线为前、后裙片的交界线即侧缝辅助线。

英式裙子基本纸样的完成线，如图4-6所示。

③完成后裙片：在腰辅助线上，从后中线顶点起取 $\frac{腰围}{4}$ +4.25cm，其中 4cm 是后省量，0.25cm 是呼吸量，以此向下连接臀围线与侧缝线的交点，向上提高 1cm 为后腰线翘度。从翘点如图 4-6 所示分别用下弧线连接后中线顶点，用上弧线连接臀围线与侧缝线交点完成后裙片。

④完成后片裙省：把裙后片的腰线分成三等份，从两个等分点引出垂直于腰线的线段，靠近后中线的省长是 14cm，另一个省长为 12.5cm，两个省各取 2cm，完成后片裙省。

⑤完成前裙片：在腰辅助线上，从前中线顶点起取 $\frac{腰围}{4}$ +2.25cm，其中 2cm 为前省量，0.25cm 为呼吸量，以此向下连接臀围线与侧缝线的交点，向上提高 1cm 为前腰线翘度，然后参考后裙片画法完成前裙片。

⑥完成前片裙省：把裙前片的腰线分成三等份，在靠近侧缝线的等分点上作腰线的垂线，取省长 10cm、

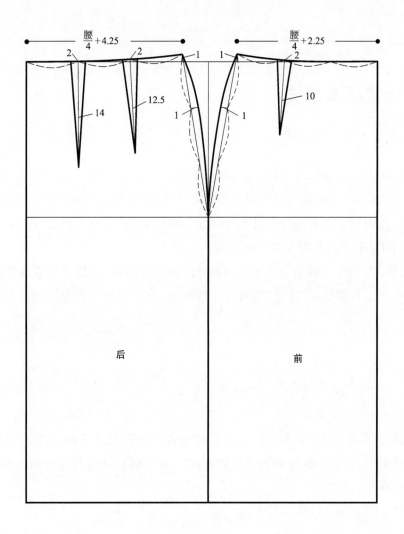

$$\frac{腰}{4}+4.25 \qquad \frac{腰}{4}+2.25$$

2 2 1 1 2

14 12.5 10

1 1 1 1

后 前

图 4-6　英式裙子基本纸样的完成线

省量 2cm，完成前片裙省。

　　至此完成全部英式女装基本纸样。需要说明的是，英式女装基本纸样和后面要介绍的两种有明显的差别，这会不会影响对基本纸样的使用？回答是否定的。任何一个国家、地区或设计师所使用的基本纸样都不会完全相同，不同的因素仅仅是某些局部和强调某些造型特点而已。从整体上看，它们都是基本纸样，故而其功能和应用规律完全相同。局部不同只是应用对象有差别或是风格的差异，例如，有的强调胸部和臀部曲线，有的更适合于应用中的变化，也有的是综合性的。因此，这只是如何选择的问题，如果条件成熟的话，设计者本人也完全可以借鉴各自的特点，创造出符合自己设计习惯和风格的基本纸样。本书介绍几种不同风格和对象的基本纸样亦是基于这个目的。

§4-2　知识点

　　英式女装基本纸样以服装种类划分，有套装（外套）类、贴身类和针织类基本纸样，其中套装类基本纸样是基础，亦被视为英式女装基本纸样。它的结构特点：乳凸省设在侧颈点上，上衣前片比例大于后片；袖子基本纸样制图借用上衣基本纸样和相关数据完成，肘线与腰线共用；裙子基本纸样的前片比例小于后片，与上衣相反，省量分布后片大于前片一倍，比较适合欧洲女装市场。

§4-3　美式女装基本纸样

　　美式女装基本纸样是按年龄阶段划分的，大体分为两种：一是青年型，主要用于发育较成熟的妇女；二是少女型，用于体型娇小的妇女。不过通过基本原理和方法的学习，特别是掌握了基本纸样修正的知识之后，完全可以采用一种较有代表性的基本纸样并应用到不同类型和不同年龄段成年妇女（18岁以上）的纸样设计中。因此，本节只介绍具有代表性的青年型女装基本纸样。

　　按照美国人的习惯，在制作女装基本纸样时和英式的制作习惯相反，即前中线在纸面的左侧，后中线在纸面的右侧，但在应用时，右襟搭左襟仍是女装设计的惯例，这一点设计者要特别注意，以免造成不必要的损失。

1　衣身基本纸样

　　（1）衣身基本纸样制作的必要尺寸

　　查阅美国女装规格及参考尺寸表（参见表3-18），以女青年规格12为标准，其必要尺寸为：胸围88.9cm，腰围67.3cm，袖窿长（AH）41.9cm，背长40.6cm，落肩度7.6cm。注意，上述尺寸包括基本放松量。

　　（2）衣身基本纸样制作步骤

　　美式衣身基本纸样的基础线，如图4-7所示。

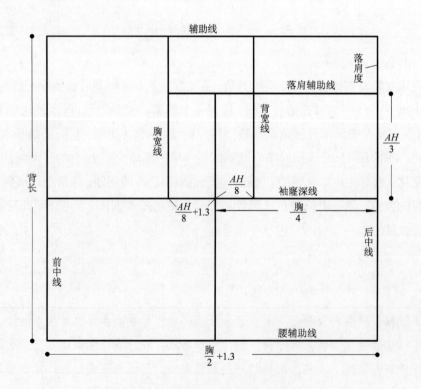

图4-7　美式衣身基本纸样的基础线

①作长方形：作长为 $\dfrac{胸围}{2}$ +1.3cm、宽为背长的长方形，1.3cm 是袖窿宽的放松量。长方形右边线是后中线，左边线是前中线，下边线是腰辅助线，上边线是辅助线。

②作基本分割线：从后中线顶点向下取落肩度，作后中线的垂线，该线为落肩辅助线。从落肩辅助线与后中线的交点向下取 $\dfrac{AH}{3}$，作后中线的垂线交于前中线，该线为袖窿深线。在袖窿深线上，从与后中线的交点起向前取 $\dfrac{胸围}{4}$ 并作垂线，上交于落肩辅助线，下交于腰辅助线，即为前、后片的交界线。以此线和袖窿深线交点为基点，向后中线方向取 $\dfrac{AH}{8}$、向前中线方向取 $\dfrac{AH}{8}$ +1.3cm，并都垂直于袖窿深线向上与辅助线相交，两线分别是背宽线和胸宽线。

美式衣身基本纸样的完成线，如图 4-8 所示。

③作后领口曲线：从后中线顶点向前中线方向取 $\dfrac{胸围}{16}$ +1.3cm 为后颈宽，以此垂直向上取定寸 1.9cm 确定后侧颈点，然后如图用平滑的曲线连接后中线顶点（后颈点）完成后领口曲线。

④作后肩线：连接后侧颈点和落肩辅助线与胸宽线的交点为后肩辅助线，在此线上从后侧颈点起取到此线与背宽线交点向外放出 2.5cm 处为后肩长（该线中含有 1.3cm 肩省量）。

⑤作肩胛省：在后肩线靠近侧颈点三分之一等分点处，与后中线平行取省长 8cm，并向后中线方向平移 1cm 定为省尖，再连至肩线三分之一等分点上，取 1.3cm 省量完成肩胛省。

⑥作后片腰省：从前、后片的交界线与腰辅助线的交点向后中线方向取 3.8cm（定寸），再连接交界线与袖窿深线的交点，该线即为侧缝线。在后片的袖窿深线上取背宽中点垂直向上取 1cm 为省尖，再向下延伸至腰

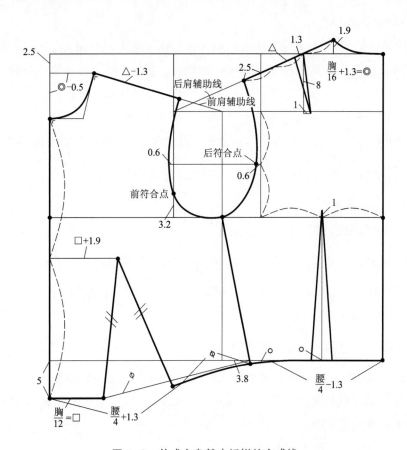

图 4-8 美式衣身基本纸样的完成线

线，省量是在后片的腰线上，除去 $\dfrac{\text{腰围}}{4}$ −1.3cm（1.3cm 是借给前片的量）所剩余的部分。把省量移至省缝中间连接省尖完成后身腰省。

⑦作前领口曲线：从前中线顶点向下取 2.5cm（定寸）作为基点，分别水平和垂直引出长度是后领口宽 −0.5cm 为前领口的宽和深，并确定前颈点和前侧颈点，然后用平滑、圆顺的凹曲线画出前领口。

⑧作前肩线：连接前侧颈点和落肩辅助线与前、后界线延长线的交点为前肩辅助线。在此线上，从前侧颈点起取后肩长减去肩胛省量（1.3cm）为前肩长。

⑨作袖窿曲线及符合点：在背宽线上取落肩辅助线和袖窿深线间的中点，并以此点向前中线方向作水平线交于胸宽线，并向内收进 0.6cm 作点，同时在该点对应的背宽线相同方向追加 0.6cm 并确定为后符合点。在胸宽线与袖窿深线的交点向上取 3.2cm 为前符合点。至此确定了袖窿曲线的基本轨迹，即前后肩点、前后符合点、交界点和前辅助点。最后用平滑、圆顺的曲线描绘。

⑩作前片胸部全省：在前中线下端延长 5cm 作水平线段，取 $\dfrac{\text{胸围}}{12}$ 为全省交界点。取前中线长度（包括延长部分）的中点，以此点水平引出 $\dfrac{\text{胸围}}{12}$ +1.9cm 定省尖位，并向下连接省交界点，以省交界点连接侧缝线与腰辅助线的交点为前身腰线。在前腰线上除去 $\dfrac{\text{腰围}}{4}$ +1.3cm（补后片差的 1.3cm）所剩余的部分为胸部全省量，并把全省从省交界点起向后截取。省的两条边线要保持相同并修顺前腰线。

2 袖子基本纸样

（1）袖子基本纸样制作的必要尺寸

美式规格 12 的袖子必要尺寸为：袖窿长（AH）41.9cm，袖内缝长 41.9cm。从美国女装规格及参考尺寸表所提供的必要尺寸来看，袖窿长不是从衣身基本纸样中测得，袖长尺寸也没有直接提供，而只给出了袖内缝长，这样在制图时便增加了难度。为了简便而又准确地绘制出袖子的基本纸样，袖窿长可以从完成的衣身基本纸样中测得；袖长可以从相当于美式规格 12 的人体上测得，在没有服务对象在场的情况下，可以根据已完成的上衣基本纸样的袖窿长（AH）和袖内缝长求出袖长。方法在于：袖长等于袖山高与袖内缝长之和，如果按照美式袖山高公式为 $\dfrac{AH}{3}$ 的话，袖长就等于 $\dfrac{AH}{3}$ 加上袖内缝长，这样得出的袖长尺寸约为 55.9cm。

（2）袖子基本纸样制作步骤

美式袖子基本纸样的基础线，如图 4-9 所示。

①作基本分割线：以袖长为长度，在纸面左侧作前袖缝线。在该线的顶端向下取 $\dfrac{AH}{3}$ 为袖山高，并在此处和袖山高的中点、袖内缝长的中点上移 2cm 处、前袖缝线的下端分别作水平线，各线自上而下为袖顶线、二分之一落山线、落山线、肘线、袖口辅助线。

②确定袖肥及后袖缝线：在落山线上，从前袖缝线起依次截取 $\dfrac{AH}{8}$ +1.3cm、$\dfrac{AH}{2}$、$\dfrac{AH}{8}$ +0.6cm 定点，它们的总和为袖肥。然后从右边的端点向下垂直交于肘线和袖口辅助线完成后袖缝线。

③作袖中线：在袖口辅助线的中点向前袖缝线方向移 1.3cm 定点，并垂直于袖口辅助线向上引出袖中线交于袖顶线，再上移 1cm 为袖肩点。

美式袖子基本纸样的完成线，如图 4-10 所示。

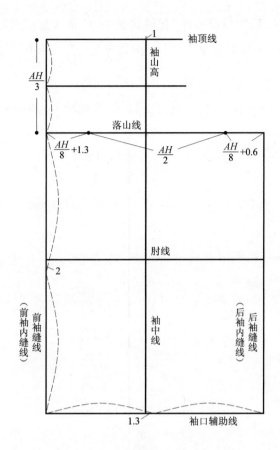

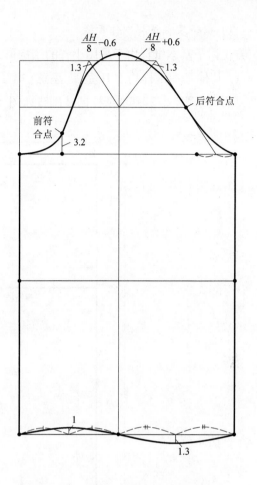

图 4-9　美式袖子基本纸样的基础线　　　　　　图 4-10　美式袖子基本纸样的完成线

④作袖山曲线：在袖顶线上，以袖肩点为基点，分别向前取 $\frac{AH}{8}$ -0.6cm，向后取 $\frac{AH}{8}$ +0.6cm 长的线段，并分别会合在二分之一落山线与袖中线的交点上，在两线段上从袖顶线向下各取 1.3cm 为袖山曲线轨迹。以落山线 $\frac{AH}{8}$ +1.3cm 作点垂直向上取 3.2cm 定位，为前符合点，并向上连接 $\frac{AH}{8}$ -0.6cm 的点。在落山线 $\frac{AH}{8}$ +0.6cm 线段的中点向上连接 $\frac{AH}{8}$ +0.6cm 点，此线与二分之一落山线的交点为后符合点。最后用平滑、圆顺的曲线连接后侧点、后符合点、后辅助点、肩点、前辅助点、前符合点和前侧点，完成袖山曲线。

⑤作袖口曲线：在袖中线两边的前、后袖口上各取其中点，在后袖口中点向下凸起 1.3cm，前袖口中点向上凹进 1cm，得到袖口线上的五点轨迹，最后平顺连接各点，完成袖口曲线。

⑥袖山和袖窿尺寸复核：最后要用软尺复核，袖山曲线长大于袖窿曲线长应在 3cm 左右，多出的部分为袖山容量。

3　裙子基本纸样

（1）裙子基本纸样制作的必要尺寸

美式规格 12 中裙子的必要尺寸为：腰围 67.3cm，臀围 92.7cm，腰长 18.1cm，裙长 70cm（经验值）。注意：上述腰围和臀围尺寸要减去各自的松量 2.5cm 和 5.1cm（表 3-18 查得），获腰围 64.8cm 和臀围 87.6cm。

（2）裙子基本纸样制作步骤

美式裙子基本纸样由于采用小省的结构形式，前片无省，后片只设一省，促使裙摆增加，故A型裙成为它的特点（其他基本纸样均为H型）。注意：裙子制图中的前、后位置与上衣相反。由此可见，美式基本纸样整体上灵活大于规范。其基本纸样的基础线如图4-11所示。

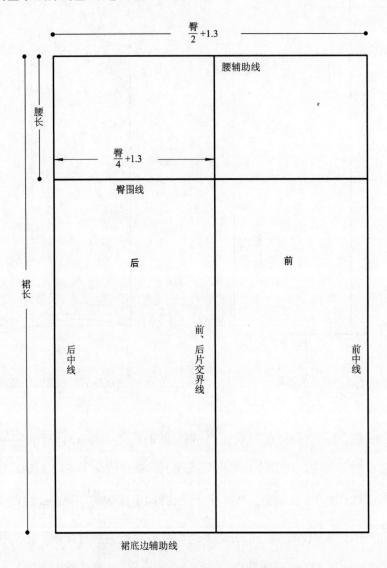

图 4-11　美式裙子基本纸样的基础线

①作长方形：作长为裙长、宽为$\frac{臀围}{2}$+1.3cm（放松量）的长方形。长方形右边线为前中线，左边线为后中线，下边线为裙底边辅助线，上边线为腰辅助线。

②作基本分割线：从后中线顶端向下取腰长作水平线交于前中线，该线为臀围线。在臀围线上取$\frac{臀围}{4}$+1.3cm为后裙片，并以此作垂线上交于腰辅助线，下交于裙底边辅助线，此线为前、后裙片的交界线。

美式裙子基本纸样的完成线，如图4-12所示。

③完成前裙片：在腰辅助线上，从前中线顶点起取$\frac{腰围}{4}$+1.3cm（1.3cm为定寸，要在后裙片腰辅助线中减掉），并在此起翘1.3cm为基点，与前底边翘量7.5cm连线，使前底边线翘起与前侧缝成直角并保持前侧缝长

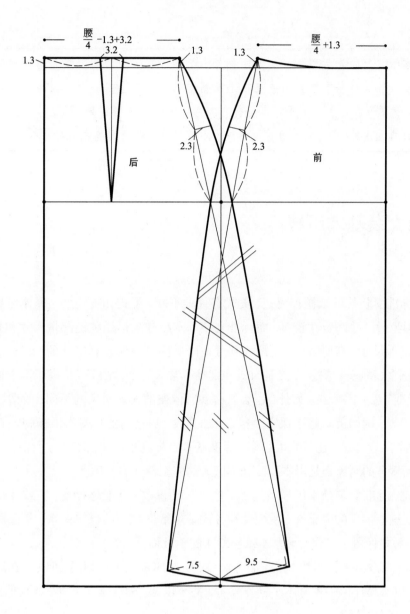

图 4-12　美式裙子基本纸样的完成线

度不变，前侧缝在腰长中点处凸起 2.3cm 完成前侧缝线。前腰线如图 4-12 所示作成凹曲线，即完成前裙片。

④完成后裙片：从后中线顶点向上提高 1.3cm 作腰辅助线的平行线，在该线上取 $\frac{腰围}{4}$ -1.3cm+3.2cm 为实际后裙片腰线，公式中减掉的 1.3cm 是前腰线所增加的部分，3.2cm 为后腰省量。后侧缝采用与前侧缝相同的绘图方法，即完成后裙片。

⑤作后裙片腰省：在后腰线中央向下作垂直线与臀围线相交为省长，然后把 3.2cm 的省量置于后裙片腰线的中间画出省缝。

§4-3　知识点

美式女装基本纸样分为青年型和少女型两种基本纸样，青年型为通用型。结构与制图特点和常规不同：它采用的必要尺寸含有基本松量（主要在上衣基本纸样）。上衣制图方位与行业习惯相反，采用左身制图（标准女装制图为右身）。裙子基本纸样与衣身不统一，采用右身制图，且通过去除腰围、臀围松量制成A型结构，而非通用的H型结构。这种灵活大于规范的特点在应用美式女装基本纸样时要特别注意。

§4-4　标准女装基本纸样

本节所介绍的标准女装基本纸样和英式、美式有很大不同。英式和美式女装基本纸样，从整体上看有个共同特点，就是运用测量尺寸和定寸较多，而标准女装基本纸样只运用关键测量尺寸和必要的定寸，采用比例推算的方法获取其他尺寸。其原因：一是最大限度地降低测量的误差和定寸的局限性（理论上定寸只适用特定规格，规格变化越大适应性越差）；二是有效地弥补了常人的个体缺陷，提高了基本纸样的可靠性和理想化程度，这就是"标准"意义的所在。另外，还有风格和所依据的人体对象的不同，所谓风格不同是指基本纸样所表现的侧重点各异，例如英式趋于保守，美式更加开放。从它们各自基本纸样胸乳省量的设定就说明了这一点。美式胸乳省的"设计量"比英式大得多，标准基本纸样则更注重综合性。所谓依据人体对象不同，这主要考虑基本纸样所服务的对象都是以本地区和本国人的体型特征为基础。

基于这样的原则，标准女装基本纸样经过了三次重大的修改，标准化程度、实效性和可操作性都有了进一步提高。为了保证这些信息的完整性、系统性和各代基本纸样之间的逻辑关系，考虑提供基本纸样研究和应用的可选择性，本教材保留了三代女装基本纸样制作的全过程。

总之，无论是哪种基本纸样，尽管风格、服务对象、研究的阶段各不相同，但是，在应用原理上都是一样的，因此，设计者可以选择任何一种基本纸样作参考，甚至依据"标准基本纸样"各代的修正经验，设计总结出设计师本人习惯的基本纸样。

1　衣身基本纸样

这里所介绍的衣身基本纸样，其方向性与英式相同。标准基本纸样由于制图是根据关键尺寸进行比例推算的方法，因此，只采用几个关键尺寸就能完成衣身基本纸样。

（1）衣身基本纸样制作的必要尺寸

标准衣身基本纸样的必要尺寸只需要胸围和背长。另外，此基本纸样主要适用于本国或亚洲地区，因此，尺寸必须来源于本国或亚洲其他国家的标准规格。由于日本在这方面先进于其他国家，也最符合国际标准，所以采用日本的规格为代表。如果在设计之前顾客能提供较详细的规格和参考尺寸，则不能作其他选择，但这种尺寸必须是内限尺寸（净尺寸）。目前，我国服装规格标准虽已和国际标准接轨，但仍有不完善之处，如背长普遍没有收录在标准中，故这里采用日本 M 规格的胸围 82cm 和背长 38cm，这相当于我国南方标准，北方标准可推荐 ML 规格胸围 88cm、背长 39cm（参见表 3-15）。

（2）衣身基本纸样制作步骤

标准衣身基本纸样的基础线，如图 4-13 所示。

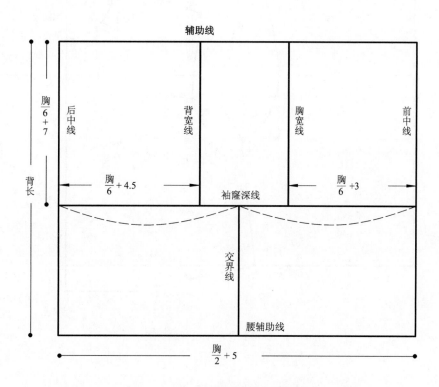

图 4-13　标准衣身基本纸样的基础线

①作长方形：作长为 $\dfrac{胸围}{2}$ +5cm（放松量）、宽为背长的长方形。长方形的右边线为前中线，左边线为后中线，上边线为辅助线，下边线为腰辅助线。

②作基本分割线：从后中线顶点向下取 $\dfrac{胸围}{6}$ +7cm，垂直后中线引出袖窿深线交于前中线。在袖窿深线上，分别从后中线、前中线起取 $\dfrac{胸围}{6}$ +4.5cm 和 $\dfrac{胸围}{6}$ +3cm 作垂线向上交于辅助线，两线分别为背宽线和胸宽线。在袖窿深线的中点向下作垂线交于腰辅助线，该线为前、后衣片的交界线。

标准衣身基本纸样的完成线，如图 4-14 所示。

③作后领口曲线：在辅助线上，从后中线顶点取 $\dfrac{胸围}{12}$ 为后领宽。在后领宽上取 $\dfrac{后领宽}{3}$ 为后领深，至此确定了后颈点和后侧颈点，最后用平滑的凹曲线连接两点，完成后领口。

④作后肩线：从背宽线和辅助线的交点向下取 $\dfrac{后领宽}{3}$ 作水平线段 2cm 定位，确定后肩点；然后，连接后侧颈点和后肩点，即完成后肩线。在该线中含有 1.5cm 的肩胛省。

⑤作前领口曲线：从前中线顶点分别横取后领宽 −0.2cm 为前领宽，竖取后领宽 +1cm 为前领深并作矩形。从前领宽线与辅助线的交点下移 0.5cm 为前侧颈点；矩形右下角为前颈点，在矩形左下角平分线上取线段为 $\dfrac{前领宽}{2}$ −0.3cm 作点，为前领口曲线上的一点。最后用圆顺的曲线连接前颈点、辅助点和前侧颈点，完成前领口曲线。

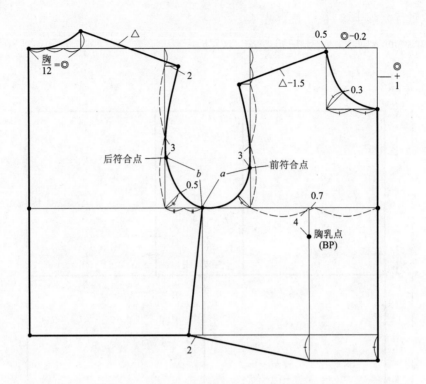

图 4-14　标准衣身基本纸样的完成线

⑥作前肩线：从胸宽线与辅助线的交点向下取 $\frac{2后领宽}{3}$ 水平引出射线，在射线与前侧颈点之间取后肩线长 -1.5cm 为前肩线，减掉的 1.5cm 为肩胛省。

⑦作袖窿曲线：在背宽线上取后肩点至袖窿深线的中点为后袖窿与背宽线切点；在胸宽线上取前肩点到袖窿深线的中点为前袖窿与胸宽线切点。分别在胸宽线、背宽线与袖窿深线的外夹角平分线上，取背宽线到前、后片交界线间距离的二分之一线段为前袖窿弯点；在此线段上增加 0.5cm 为后袖窿弯点。最后，参照前、后袖窿各点轨迹，用圆顺的线条描绘出袖窿曲线。

⑧作胸乳点、腰线和侧缝线：在前片袖窿深线上取胸宽的中点，向后身方向移 0.7cm 作垂线，其下 4cm 处为胸乳点（BP），向下交于腰辅助线，再延伸出 $\frac{前领宽}{2}$ 为乳凸量，同时，前中线也延长此量；然后，从腰辅助线与前、后片交界线的交点向后身方向移 2cm 设点，根据此点如图 4-14 所示分别作出侧缝线和腰线。

⑨确定前、后袖窿符合点：在背宽线上，肩点至袖窿深线的中点下移 3cm 处水平作对位记号，为后袖窿符合点；在胸宽线上，肩点至袖窿深线的中点下移 3cm 处水平作对位记号，为前袖窿符合点。至此完成衣身标准基本纸样。

2　袖子基本纸样

（1）袖子基本纸样制作的必要尺寸

袖子基本纸样制作的必要尺寸，只有袖长是从表 3-15 日本新女装规格和参考尺寸表中选择的，袖窿长（AH）则从已完成的衣身基本纸样中测得。其必要尺寸如下：规格 M，袖窿长（AH）42cm，袖长 52cm。

（2）袖子基本纸样制作步骤

标准袖子基本纸样的基础线，如图 4-15 所示。

①作十字线确定袖山高和袖肥：作袖中线为竖线和落山线为横线的十字交叉线，从交叉点向上取 $\dfrac{AH}{3}$ 为袖山高并确定顶点，袖中线从顶点向下取袖长。以袖中线顶点为基点向左取 $\dfrac{AH}{2}$ +1cm 交于后落山线上，向右取 $\dfrac{AH}{2}$ 交于前落山线上得到袖肥。

②完成其他基础线：从袖肥两端垂直向下至袖长同等长度为前、后袖缝线，作袖口辅助线。将袖中线的中点下移 2.5cm，作水平线为肘线。

标准袖子基本纸样的完成线，如图 4-16 所示。

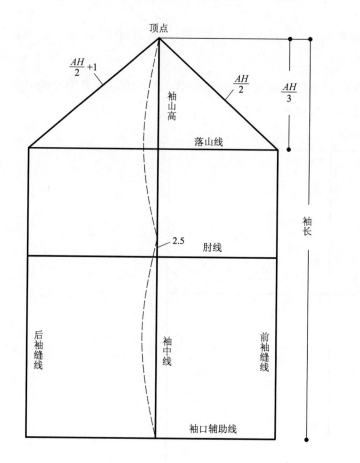

图 4-15　标准袖子基本纸样的基础线

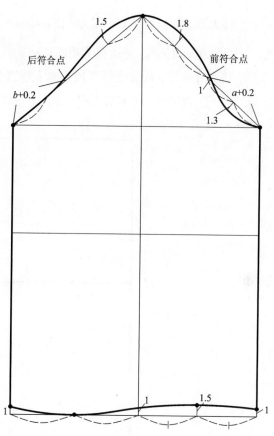

图 4-16　标准袖子基本纸样的完成线

③作袖山曲线：把前斜线（前袖部分斜线）分为四等份，靠近顶点的等分点垂直斜线向外凸起 1.8cm，靠近前袖缝线的等分点垂直斜线向内凹进 1.3cm，在斜线中点顺斜边下移 1cm 为前袖山 S 曲线的转折点。在后斜线上，靠近顶点处也取前斜线四分之一点凸起 1.5cm，靠近后袖缝线处取其同等长度作为切点。到此完成了 8 个袖山曲线的轨迹点，最后用圆顺的曲线把它们连接起来，即完成袖山曲线。

④作袖口曲线：分别把前袖口和后袖口辅助线分为二等份，在前袖口中点向上凹进 1.5cm，后袖口中点为切点，在袖口的两端，分别向上移 1cm，确定袖口曲线的四个轨迹点。注意袖中线与袖口辅助线的交点上移 1cm，也可以作为轨迹点，最后平滑地描绘袖口曲线。

⑤确定袖符合点：袖后符合点取衣身基本纸样后符合点至前、后交界点间弧长加上0.2cm；袖前符合点取衣身基本纸样前符合点至前、后交界点间弧长加上0.2cm。最后，复核袖山曲线比AH长2.5cm左右的容量为宜。

3 裙子基本纸样

（1）裙子基本纸样制作的必要尺寸

裙子基本纸样制作的必要尺寸是从日本新女装规格和参考尺寸表（参见表3-15）中获得，其规格为M，腰围68cm，臀围90cm，腰长20cm。裙长在应用设计时是可以随意改变的，这里裙长设定为60cm。

（2）裙子基本纸样制作步骤

标准裙子基本纸样的基础线，如图4-17所示。

①作长方形：作长为裙长、宽为 $\frac{臀围}{2}$ +2cm（放松量）的长方形。长方形的右边线为前中线，左边线为后中线，上边线为腰辅助线，下边线为裙底边辅助线。

②作基本分割线：从后中线的顶点向下取腰长作后中线的垂线，交于前中线为臀围线。取臀围线的中点垂直向上交于腰辅助线，向下交于裙底边线，该线为前、后裙片的交界线。

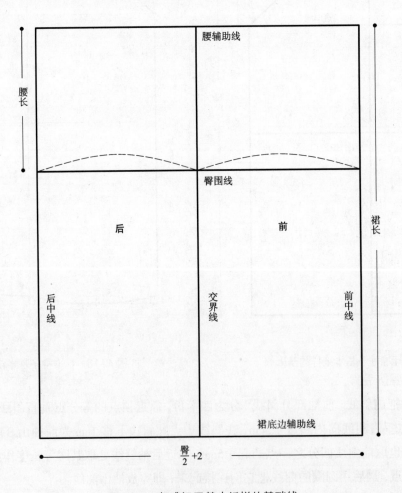

图4-17　标准裙子基本纸样的基础线

标准裙子基本纸样的完成线，如图4-18所示。

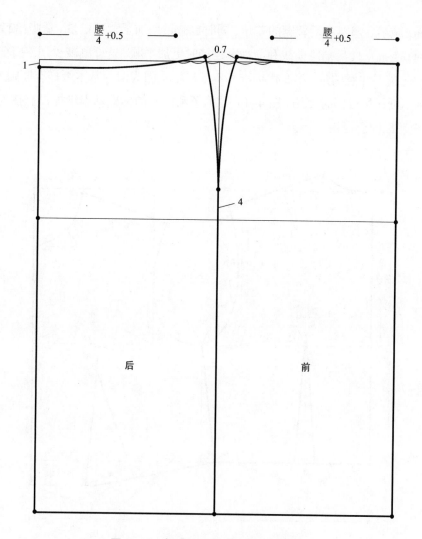

图 4-18　标准裙子基本纸样的完成线

③作裙侧缝线和腰曲线：从腰辅助线的两端，向中间均取 $\frac{腰围}{4}$ +0.5cm，其中 0.5cm 为腰松量，根据需要也可以去掉，把剩余部分各分为三等份。在前、后裙片的交界线与臀围线的交点上移 4cm，向上分别交于靠近腰辅助线中点的三分之一等分点之间画弧，并翘起 0.7cm 完成前、后裙片的侧缝线。从前翘点到腰辅助线上作下凹的曲线完成前裙片；在后中线顶点下移 1cm 为实际后裙长顶点，以此点过腰辅助线第一个等分点，并与后裙片的 0.7cm 翘点用凹曲线相接，完成后裙片。从实际完成的前、后裙片腰线中看，它们各包括两份的省量，也就是说腰与臀的全部差量在腰线中是按比例平衡分配的，这就使裙子臀部和变化的造型在设计中比实体更理想化，但在应用时要按后省大于前省去调整。

4　第二代女装标准基本纸样

第二代"女装标准基本纸样"是在第一代基本纸样的基础上作了必要的改进。改进的原则是根据现代人趋于休闲和追求良好的舒适性功能而进行的。根据这个原则，将原来上衣基本纸样的 $\frac{胸围}{2}$ +5cm 的公式变为 $\frac{胸围}{2}$ +6cm，相应 $\frac{胸围}{6}$ +7cm 的袖窿深公式改成 $\frac{胸围}{6}$ +7.5cm，这样使原来偏紧的胸围和袖窿有所改善。同时，将后背宽放出0.5cm,减小后肩宽和后背宽的差量,同时也微量增加了背宽松量。适当抬起后袖窿下边的转弯点(从0.5cm增加到0.7cm),使后袖窿曲线和前袖窿连接时更加平顺。这样既减少了手臂前屈的障碍,又能使后背的造型更加平服。需要注意的是,第二代标准基本纸样不是因为旧的基本纸样有原则上的错误而改进的,因此,新、旧标准基本纸样尽可同时使用(图4-19)。袖子和裙子的标准基本纸样没有任何变化,它们和第二代衣身基本纸样完全可以配合使用。

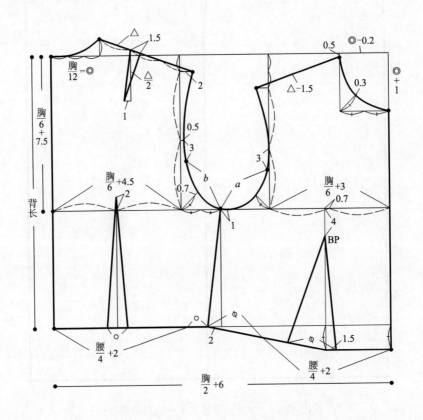

图4-19 第二代女装衣身标准基本纸样

5 第三代女装标准基本纸样

新一代女装标准基本纸样是在第二代基础上完成的,修改的目的是以实效性、合理性和更加便于操作为原则,且修改的范围和幅度也比上一代大得多,包括上衣、袖子和裙子(第二代只修改了上衣)。

第三代女装衣身基本纸样,前领宽公式采用$\frac{胸围}{12}$,比第二代($\frac{胸围}{12}-0.2cm$)增加了0.2cm。这样使一系列尺寸发生微妙的变化,整个领口尺寸有所增加,肩斜度加大。同时,后冲肩量从2cm改为1.5cm,这样,后袖窿与背宽线相切必须回到第一代的状态,但袖窿最低点作了适当的前移。这些尺寸的微调综合起来分析:领口变大肩宽变小,后袖窿曲率趋于平直,这无疑对颈部和手臂的活动有所改善,且提高服装和身体的"合适度"。新一代衣身基本纸样在胸省的处理上,改变了第二代全省集中设置使基本纸样外形线不规整的局面。修改的方法是将乳凸量视为全省的一部分设在前侧缝上,同时前、后片腰省均采用减去$\frac{腰围}{4}$+3cm的余量获得,使其全省用尽时,胸腰松量可以保持一致(6cm)。这样使基本纸样外形线更加合理整齐,这对基本纸样的理解和应用将会更加方便灵活(图4-20)。

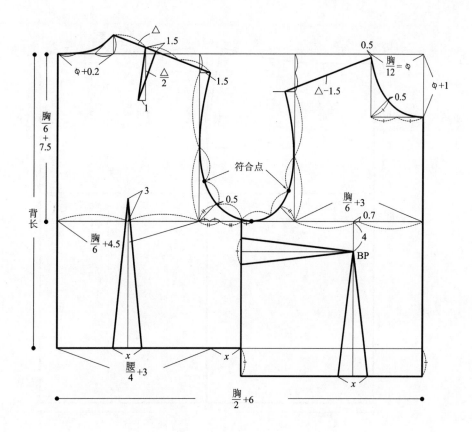

图 4-20　第三代衣身标准基本纸样

第三代袖子标准基本纸样，在前、后袖肥的确定和后袖窿曲线的微调上比第二代更加合理和精准。首先，前、后袖肥分别通过前、后 AH 获取，比第二代前、后袖肥通过 $\dfrac{AH}{2}$ 获得吻合度更好。其次，后袖山曲线在前袖山曲线参数不变的情况下，设后袖转折点及曲率适当加大，约取对应前转折点以下 1.3cm 凹进量的二分之一（0.7cm 左右）。这样当袖片前、后袖缝对合时，袖山曲线的接口更加自然圆顺（图 4-21）。

第三代裙子基本纸样，主要在腰线上将松量去掉，这很符合现代人对成衣精度和更换服装频繁的需要（图 4-22）。

鉴于第三代女装标准基本纸样的优势和特点，本教材所提供的纸样设计图例均采用新一代标准基本纸样完成。

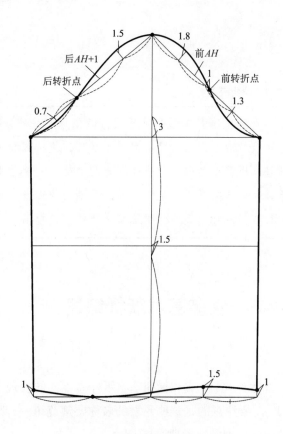

图 4-21　第三代袖子标准基本纸样

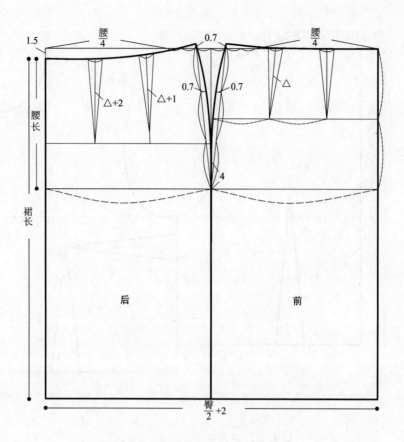

图 4-22　第三代裙子标准基本纸样

§4-4　知识点

　　女装标准基本纸样第三代修改的原则是准确性、合理性和更加便于操作。它的特点和优势：领口变大肩宽变小，后袖窿曲率趋于平直，使颈部和手臂活动有所改善，提高了整体板型的"合适度"。衣身基本纸样全省分成侧省和腰省两个部分，使基本纸样外形更加合理整齐，在理解和使用上更加方便灵活。新一代袖子基本纸样，前、后袖山曲线设计直接取自前、后AH作参数，后袖山线曲度加大，使接口更加自然顺畅。新一代裙子基本纸样去掉腰围松量更符合现代人强调直观美学和快节奏的生活习惯。

§4-5　女装基本纸样综述

　　虽然英式、美式和标准基本纸样有不同的表现形式，但本质上它们没有根本的区别，构成的元素也大体相同，需要注意的是这些元素的名称要规范统一，明确关键尺寸设定的理论依据，这有助于规范制板技术和纸样设计原理的准确把握与应用。

1　女装基本纸样各局部名称

女装基本纸样的各局部名称主要是依据它所对应的人体部位而命名的。

（1）衣身基本纸样局部名称

竖线有前中线、后中线、胸宽线、背宽线、前侧缝线、后侧缝线。横线有腰围线、袖窿深线、前肩线和后肩线。曲线有前领口曲线、后领口曲线、前袖窿曲线（前袖窿）、后袖窿曲线（后袖窿）和袖窿（AH）。对应点有前颈点、后颈点、前侧颈点、后侧颈点、前肩点、后肩点和胸乳点，即 BP 点（图 4-23）。

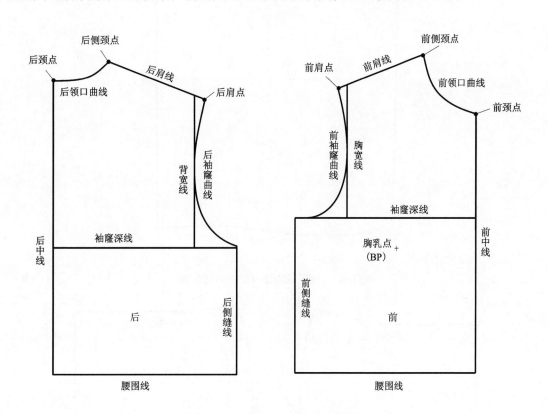

图 4-23　衣身基本纸样的各局部名称

（2）袖子基本纸样局部名称

竖线有袖中线、袖山高、前袖缝线和后袖缝线。横线有落山线和肘线。曲线有袖山曲线和袖口曲线。对应点有袖顶点，即肩点（图 4-24）。

（3）裙子基本纸样局部名称

竖线有前中线、后中线、前侧缝线、后侧缝线。横线有腰围线、臀围线和裙底边线（图 4-25）。

2　女装基本纸样关键尺寸的设定

（1）关于胸省和胸省使用量

从英式、美式和标准女装基本纸样中可以发现，为胸乳做的省量非常突出即全省，形成如此大的省量，这是客观和实际设计的需要，为设计者提供了胸部造型变化的最大可能。其中包括乳凸量、前身胸腰差量和限

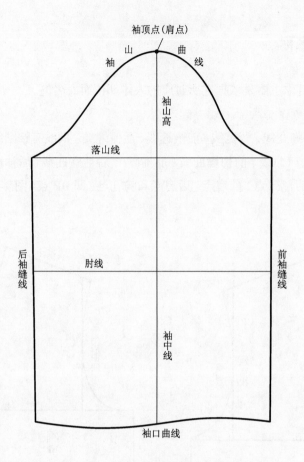

图 4-24　袖子基本纸样的各局部名称

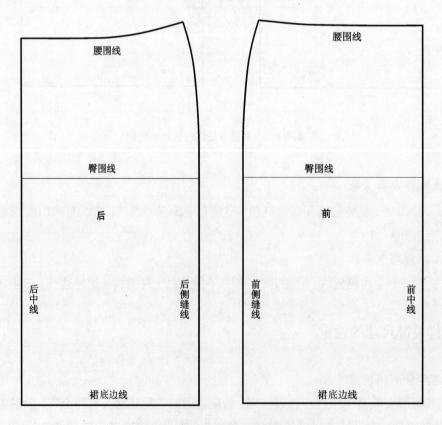

图 4-25　裙子基本纸样的各局部名称

定的设计量，因此在正常应用中通常使用它的部分省，只有当设计一种贴身的造型时才应用到全省，有时在特殊造型中还要额外增加设计量（如褶）。这也说明了在一般结构的变化中，无论如何，胸省的用量不得超过全省，否则设计就违背了"穿用方便、舒适"这一基本要求。

关于如何运用全省，在后面的章节里要专门讨论。这里需要说明的是，英式女装基本纸样所呈现的胸省量是乳凸量，不包括胸腰差量和设计量，在必要时应加以考虑。相反美式全省中的设计量多一些，这说明它的设计范围更宽一些。第三代标准基本纸样全省是分离的，乳凸量表现为侧省，胸腰差量表现为腰省。

总之，无论是哪一种基本纸样，都要设法寻找出省量使用的极限，特别是胸乳省，这样可以使设计者更准确而有效地把握合理的用省范围。

（2）关于袖山高

袖子基本纸样的袖山高呈现的是中性，这种性质表现出既符合基本纸样的合体要求，又能满足手臂活动的基本功能。它以$\frac{AH}{3}$为标准，这个基本公式在几种基本纸样中相同，通过实验证明这个公式刚好使袖与衣身构成45°的中性贴体度，在不同造型、功能、样式的要求下（主要指袖贴体度的改变时），袖山可以依此上下浮动，浮动的原则、条件和效果等问题，将在袖子设计的章节里专门探讨。

（3）关于裙后翘

在我们介绍的英式、美式和标准裙子基本纸样中，裙后翘都各不相同，这是什么原因？我们知道，裙子质量标准的一个重要方面，是看成品裙子穿在身上时裙底边是否呈现水平状态，而这种水平状态的一个根本原因不是裙底边本身，而是制约它的腰线和对布丝的正确使用，抛开对布丝的因素就是结构问题了。英式裙无后翘使得前、后裙长相等；美式裙后翘是1.3cm，这说明美式裙后中线比前中线长1.3cm；标准裙子基本纸样不仅无后翘，而且还要下降1~1.5cm，这说明它的裙后中线比前中线短1~1.5cm。通过比较可以看出不同地区人体特征的差异。本来根据人体的平衡关系（臀凸靠下，腹凸靠上），裙子穿在身上之后，裙腰线并不是水平状态，实际上是前高后低。这样裙后中线应短一些才能达到实际裙底边的水平效果，按亚洲妇女臀凸较小的体型特点，修短裙后中线正是基于这个道理。而欧洲和美国妇女臀部要比亚洲妇女高挺而丰满，这样使得本来不是水平的裙腰，必须修正成水平甚至还要高出一些，才能使得突起的臀部与水平状态的裙底边达到平衡，这是英式裙和美式裙设有后翘的原因。同时也说明裙后腰的起翘或降低是根据人体臀部挺度大小的变化而变化，并不是一成不变的。

§4-5　知识点

1. 女装基本纸样各局部名称主要是依据它所对应的人体部位而命名的。

2. 女装基本纸样的胸省（全省）是由乳凸量、胸腰差量和少量的设计量构成。英式基本纸样只有乳凸省，其他省量在必要时给予考虑；美式全省为三项合一；标准基本纸样为乳凸省和胸腰差省分别设在侧缝和腰线上。第三代标准基本纸样适用于我国和亚洲市场，并为本教材使用。英式和美式基本纸样适用于欧洲和拉美市场。

3. 袖子基本纸样采用$\frac{AH}{3}$作为袖山高，是基于袖与衣身刚好构成45°中性贴体度的考虑，为后续袖子贴体度的设计提供最佳结构环境。

4. 裙子基本纸样后翘的升降与臀部挺度大小有关，即非定寸。挺度越大后翘提升，相反降低后翘。英式为0（与腰线持平）、美式提升1.3cm、标准基本纸样（亚洲式）降1~1.5cm。

练习题

1. 英式、美式和标准女装基本纸样的各自特点是什么？

2. 第二代和第三代女装标准基本纸样的特点和修改的主要数据是什么？

3. 利用日本文化式规格中ML系列尺寸和个体的测量尺寸，制作1：5（或1：4）和1：1第三代女装标准基本纸样（包括上衣两片、袖子一片和裙子两片），为进入纸样设计原理的学习做准备。

思考题

1. 平面制板方法为什么成为当前国际成衣业的主流制板方法？

2. 利用基本纸样设计的技术为什么成为当前国际成衣业的主流制板技术？

3. 基本纸样制作参数的获取，一种情况是通过规格标准，一种情况是通过人体测量，它们的区别和目标是什么？两种参数结合的方法用于定制产品有更明显的优势，为什么？

基础理论与训练——

基本纸样的两种基本造型 /4 课时

课下作业与训练 /8 课时（推荐）

课程内容：制作基本造型的目的/有腰线的基本造型/无腰线的基本造型/基本造型原理

训练目的：通过对基本纸样制作两种基本造型的分析，了解女装结构线形成的机理。

教学方法：面授和案例分析结合。

教学要求：通过理论分析和实操相结合的方法了解女装基本纸样结构线构成原理。有条件的布置课外作业通过两种造型的实物制作加深认识。结合《女装纸样设计原理与应用训练教程》有针对性实操训练效果更好。有条件的布置学生在工艺教师指导下，通过初始纸样、假缝、试穿、修正纸样和成品缝制流程完成两种基本造型的成品制作。

第5章　基本纸样的两种基本造型

伊夫·圣洛朗在20世纪60年代最具代表性的作品之一，是利用蒙德里安几何图案设计的"基本型连衣裙"。所谓基本型连衣裙就是由基本纸样完成的，而且是基本纸样两种基本造型形式之一的"无腰线连衣裙"。对此，即使是在今天，我们也只是作为一种追求简约主义的判断，而并不清楚它在纸样设计理论和实践中有什么价值，这正是本章要深入探讨的问题。

§5-1　制作基本造型的目的

纸样设计的方法，必须先确立基本纸样，但是，纸样设计的意义并不在于它本身，而是必须估计、预测到它未来各部分组合成的立体效果。因此，纸样设计是一个从立体到平面，再从平面到立体的三维空间思维过程。那么，基本纸样所构成的立体造型，可以说是纸样设计变化了的造型形式的基础。可见，制作基本纸样的造型对理解服装结构设计的造型原理是至关重要的，具体地说它要达到四个目的。

1　初步确立平面纸样设计的立体概念

在完成基本纸样之后，如果不使其成为一个完整的立体形态，就不能脱离纸样的抽象概念，对其测量、放松量、各尺寸的意义就难以理解。因此，必须根据本节所提供的方法，把标准基本纸样制作成立体效果（成衣），并由适合尺寸的对象试穿，在观察中加深对平面纸样的立体理解，同时可以验证基本纸样的准确性、合适度和它与人体的造型关系，建立女装最基本的立体概念与形态，以便于以后进行拓展设计作为比较的标尺。

2　掌握纸样设计的基本放松量

基本纸样中的放松量，是满足人正常呼吸和活动的用量，而基本纸样在未成为基本造型状态之前，是没有任何意义的。制作基本造型，可以使设计者懂得基本造型的放松量处在一种中间状态的效果，即内衣和外套之间，因此，它使设计者得到一般服装纸样（从内衣到外套）松量所产生的造型效果与参数和经验之间的关系。

3　基本造型线的确立

人体是一个复杂的、运动着的立体，服装既是一种保护物，亦是一种传递情感、文化、审美信息的载体。因此，认识这个复杂的结构体，从基本纸样所构成的基本造型结构入手，因为是否能顺乎这个基本规律，基本造型的结构线和省是对人和服装结合的最合理显现，同时，也成为设计者在功能与审美设计中的最初结构依据。

4　认识基本结构原理

基本纸样的造型，可以说是一种合身设计的一般状态，由此可以懂得省的基本余缺处理方法、范围及穿着功能的设计规律，从而确立合理设计的基本原理。

总之，基本造型是指导设计者完善纸样设计的一种综合造型设计最初实验过程，可见造型设计并非空洞的想象，而是依据它的基本结构而演变的，这样可以得到由立体造型贯穿的纸样设计思维过程（图 5-1）。通过这个思维过程可以看出，服装设想的立体造型无论变化多大，但万变不离其宗，只要在头脑中通过基本造型的印证，其设想造型的纸样采寸就被确定，使平面纸样和立体造型相契合。这种思维方法使设想和现实在基本造型的作用下很容易转化，这就是制作基本造型的最终目的。

图 5-1　纸样设计的造型思维过程

§5-1　知识点

制作基本造型是指导设计者完成纸样设计的一种最初的造型综合训练。它的目的是初步确立平面纸样设计的立体概念，掌握纸样设计的基本放松量，了解基本造型线是如何确立的，认识以省为核心的基本结构原理。

§5-2　有腰线的基本造型

依照前面讲的思维方法（参见图5-1），设想有腰线的基本造型，并用"生产图"形式表现出来。本节所讲的制作基本造型本身，表现出基本纸样就是该造型的基本结构，所要设计的其实是两种基本造型之一，包括有腰线基本造型纸样的省量、省位和省长，即省的三属性以及各结构线的客观选择。省量要确定其最大限度的用量，省位是依据人体凸凹位置的最佳设计而定，省长是指省尖到省位之间的距离；各结构线要符合标准是保证各衣片之间的设计和工艺要求，通过缝制技术达到立体的吻合，最后形成与生产图相一致的造型实物。

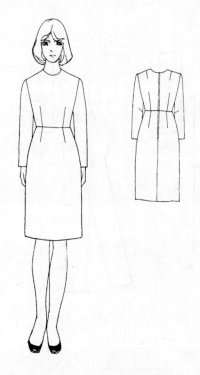

图5-2　有腰线基本造型的生产图

1　生产图

有腰线的基本造型已经说出了生产图的基本特征，根据这种描述画出的立体图形就是生产图。严格地讲，生产图要画得尽可能与制成的实物效果相一致，强调它的客观性是生产图的重要特征，但这并不是说让设计者用尺去量着画，因为这种图还不同于机械制图中的立体图，它在很大程度上带有艺术设计的味道。因此画这种图要带有很强的感观性，所以这种图也叫作外观图（主要指那种比较严格的服装外观结构图）。总之是要在平面（纸）上，真实地表现出立体效果，而且各局部的设计感觉是准确并合理的，然后才能依此设计纸样。

下面根据基本造型的贴身要求和带有腰线的特征画出生产图。前衣身有两个胸省，下装有两个腹凸省；后衣身有两个肩胛省、两个背省，下装有两个臀省；袖子做成有肘省的贴身一片袖。为穿着方便，在后中线上，从后颈点至臀围线以上2cm处绱后开拉链。这种生产图的描绘与说明，标志着设计者对该造型的理解和基本结构知识的掌握，这是纸样绘制的先决条件（图5-2）。

2　纸样绘制

在纸样绘制之前，利用第三代女装标准基本纸样先检验一下袖窿和领口曲线的圆顺程度（其他基本纸样也作同样处理）。检验方法：把衣身前、后片的肩线合并，当前、后肩点重合时，袖窿曲线以呈现自然、平顺状态为佳；当前、后侧颈点重合时，以领口曲线呈现类似半圆弧状为宜。检验之后，基本纸样方可使用（图5-3）。

根据生产图要求，分别完成前身、后身和一片袖的制图。

（1）前身制图

利用前身基本纸样作出前片的基本省量（图5-4）。

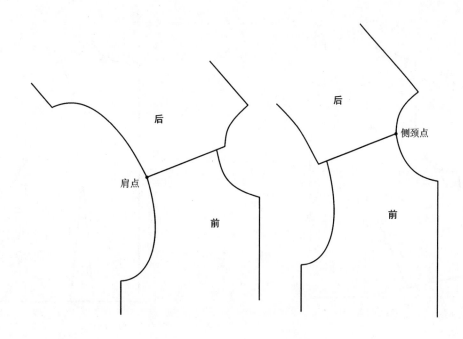

图 5-3　袖窿、领口曲线的检验

①作胸部全省：将衣身前片的侧省转移到腰部与腰省合并，去除 $\dfrac{腰围}{4}$ +2cm（基本松量）剩余部分就是所谓的胸部全省。一般情况是在较贴身纸样设计中，全省不集中使用，基本造型是一种特例，但为避免全省过于集中，应分离一部分（约 1cm）给侧缝。这就是今后在纸样设计中经常使用的"省分配平衡原则"。

胸部全省主要包含乳凸量和前胸腰差量，因此，全省中除乳凸量的部分外，可以分解使用或根据设计改变省位。这里使用的省量是上述两项的总和，这标志着在常规下用省的最大值。

②作腹凸省：为了达到衣身和下装接缝的吻合，衣身腰线除去全省后，所保留的部分（$\dfrac{腰围}{4}$ +2cm）必须和下装相同，因此，前裙片腰部所用的公式也是 $\dfrac{腰围}{4}$ +2cm（放松量与腰部相同），剩余部分为腹凸省量。根据生产图的要求，靠近前中线的省缝要和衣身的胸省缝对接。省长在 $\dfrac{腰长}{2}$ +1cm 处（□ +1）。至此，前身上、下缝合后与生产图相同。

（2）后身制图

利用基本纸样，参考前身制图方法作后身背省和臀省（图5-5）。

①作肩胛省：在后肩线靠近侧颈点的三分之一处向下作垂线，取 $\dfrac{后肩长}{2}$ 为省长，向后中线方向平移 1cm确定省尖，再回到原等分点为省的一条边线，省宽向肩点的方向取 1.5cm，连接省尖完成肩胛省。

②作背省：在后腰线上取 $\dfrac{腰围}{4}$ +2cm，余份为背省量。在袖窿深线上取背宽的中点，垂直上移 3cm 为省尖，下交于腰线，为背省的位置，最后把背省移至此位，根据平衡分配原则也分离出约 1cm 给后侧缝。背省量是背腰之差的总和，由于背凸点不确定，在其他造型设计中，背省可以分解使用，也可以改变省位。

③作裙片臀凸省：与前片腹凸省处理方法相同，只是省长多出 1cm。

④作前、后裙底边翘度：严格地讲，基本造型是确立在服装造型结构设计中的参照物和依据。但是，在整个服装造型中，基本造型又是它的一个基本形式，因此，设计者完全可以把基本造型形式当成一种成衣设计。

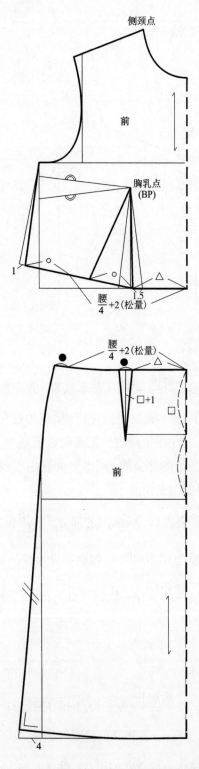

图 5-4　有腰线基本造型的前身纸样

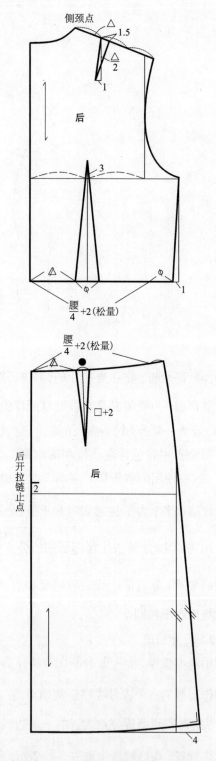

图 5-5　有腰线基本造型的后身纸样

基于这样一个实际目的，基本造型应增加为下肢正常运动的裙摆，其摆量是按正常的活动需要而设计的，故而增幅要适中。另外，裙摆从小到大的变化和腰省、腰围线的改变有很大关系（参阅第 7 章），因此，在基本腰省、腰围线不变的情况下，大幅度增加裙摆量是不符合结构规律的。在这种要求下，基本造型的摆量要掌握在前、后各增加 4cm 以内，即保持侧缝线在直线状态以内。

　　分别从裙底边线与前、后侧缝线交点处外移 4cm，和原侧缝弧线作切线为新的侧缝线，然后从裙底边翘起与新侧缝线成直角，翘度要使新侧缝线和原侧缝线长度相同。至此，完成了有腰线基本造型的衣身纸样绘制。

　　（3）一片袖制图

　　依据生产图所表明的贴身要求，做成有肘省的一片袖。这种袖子的结构成为贴身结构设计的基础（图 5-6）。

　　①修改袖中线，确定袖口肥：当袖子作贴身设计时，要考虑臂膀的自然前倾和弯曲，其结构处理使袖中线下端前移、后袖缝作肘省。根据这种造型要求，基本纸样的袖中线下端前移 2cm（此数值越大袖前摆越强，最大在 4cm 以内）作为贴身设计的袖中线。袖口肥采用袖肥和袖口肥比例关系的算法，一般用前、后袖肥各减 4cm 得到前、后袖口的算法。然后，以新袖中线下端和袖口线的交点为基点向前取前袖口宽，向后取后袖口宽，再分别从袖口两端至袖肥两端连线，为一片袖的前、后袖缝的辅助线。

　　②作前、后袖弯线：从前袖缝辅助线与肘线的交点内收 1cm，同时后袖缝辅助线在肘线上外移 1cm，重新连线完成前、后袖弯线。

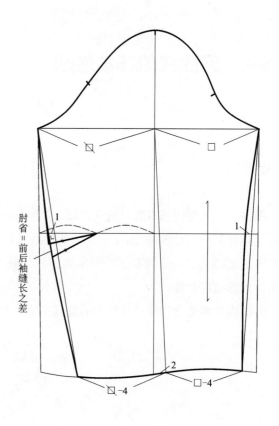

图 5-6　一片袖的纸样设计

　　③作肘省：确定后肘线中点为肘省尖，以此作后袖弯线的垂线为肘省的上边线，省宽为前、后袖弯线之差，作肘省的下边线，最后进行修正，使省两边线相等。凡适合贴身造型的一片袖，都可以利用这种方法设计，重要的是先要确定袖中线前摆量，摆量越大肘省量越大越合体。

§5-2　知识点

　　1. 利用基本纸样的基本结构制成的实物为基本造型，有腰线的基本造型和无腰线的基本造型是基本纸样表现的两种基本形式。

　　2. 省量、省位和省长是省的三属性。省量的大小决定合体度，它们呈正比，省量越大合体度越大，反之越小。在造型关系上，省量与省长呈正比，就省的效果而言，省量越大省越长，反之越短。省位决定省的款式。省的三属性缺一不可。

　　3. 生产图的表达要在与制成实物一致性、客观性和准确性的前提下强调艺术的感观性，故亦称外观图。

　　4. 有腰线的基本造型纸样绘制，衣身省和裙子省安在腰线对接；裙底边翘量在 4cm 以内。

§5-3 无腰线的基本造型

1 生产图

图 5-7 是无腰线基本造型的款式图,它与有腰线基本造型相比,省设定的使用量是相同的,因此它们的外形特征是相似的。所不同的是,它作了无腰线处理,腰省和裙省对接,其结构类似于我国旗袍。这意味着无腰线基本造型提供了一个与有腰线基本造型相互补充的造型基础,是进行全省的分解、位置设计从分体到连体应用规律的结构基础。

无腰线基本造型的袖子纸样和有腰线基本造型的相同。

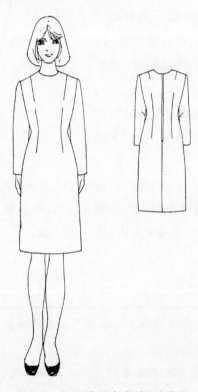

图 5-7　无腰线基本造型的生产图

2 纸样绘制

（1）无腰线基本造型衣身纸样处理

将所有腰省在虚拟的腰线处对接时必须上下相等,这时用省必然就小不就大,因此,前、后身均以腹凸省和臀凸省合并后的大小为准,其实就是利用衣身腰线除去 $\dfrac{腰围}{4}$ +3cm 剩余部分减 1cm 为腰省（x）。胸部全省直接使用基本纸样分解的形式,根据生产图的显示。全省在 BP 的作用下分解成腰省和肩省两个部分。处理方法,将基本纸样的侧省转移到肩线的二分之一处。侧缝收腰量根据平衡原则与前、后菱形腰省统筹考虑(图5-8)。

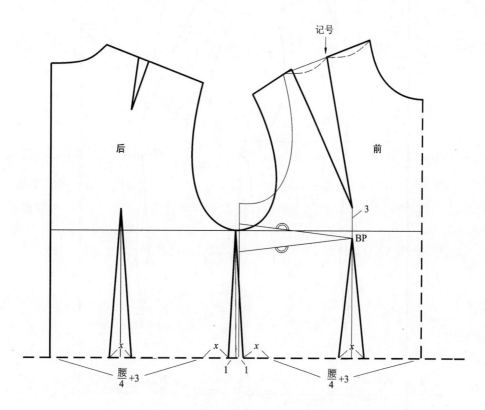

图 5-8　无腰线基本造型的衣身纸样处理

（2）无腰线基本造型裙子纸样处理

在上衣片确定之后直接延伸裙子部分完成设计。通过腰长尺寸确定臀围线,在臀围线上取 $\frac{臀围}{4}$ +2cm 确定其宽度,并向下垂直至裙底边。省再按前、后侧缝收省 $\frac{x}{3}$ +1cm,前、后菱形省 $\frac{2x}{3}$ 调整。裙底边两侧各增加3cm翘量与臀围线以上部分用凸曲线连接(图5-9)。注意初始纸样要通过假缝、试穿、修改纸样(主要对后中缝修正)确认。

袖子纸样和有腰线基本造型的一片袖纸样通用。

3　制成样板

作为成衣纸样设计,需考虑生产问题,因此绘制完纸样必须做成生产性样板。作为单件设计和带有研制性的基本型纸样更是如此,这是树立设计专业化和产品标准观念的基本训练。关于这方面的内容在最后的章节里要专门讨论,这里只对标准基本纸样作指导性说明,以利于两种基本造型纸样的实际操作。

（1）修正纸样

基本造型纸样绘制之后,凡是要作省的边线都要修正。修正的原则:缝制省后的接缝处应圆顺自然。例如有腰线基本造型的各省,用最初纸样缝合后,接缝处有明显的亏缺,因此在缝制之前就要预估出亏缺的程度,

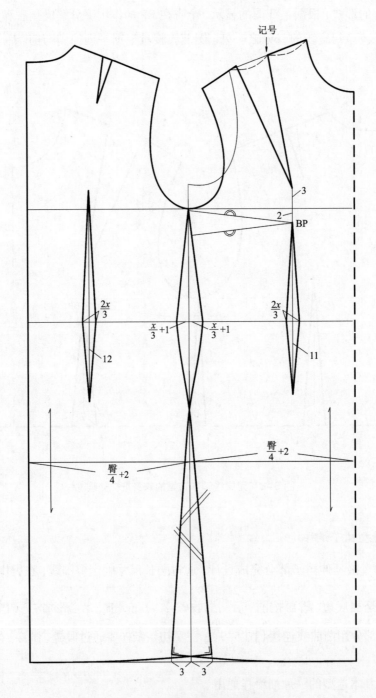

图 5-9　无腰线基本造型的纸样设计

然后加以补充，这是把握产品质量的重要技术之一。根据这种要求，需要修正的主要有肩胛省和有腰线基本造型纸样的各省。在以后的纸样设计中，凡遇到此类情况都要作此类纸样修正（图 5-10）。

（2）检验纸样

检验纸样也是确保产品质量的重要手段，检验的项目主要有三点。一是对位，包括符合点、缝线的对位。凡是两部分缝合的边线最终都应相等。为了造型的需要，有时接缝的一边要有容量的设计，但面料的伸缩性有限，要保证容量的有效范围，如袖山曲线和袖隆曲线的套装容量约为 3cm。二是符号，特别是为说明排板方向的双箭头符号。另外，所有的定位符号（扣位、袋位、省尖等）、打褶符号、工艺符号等都要很明确提供指

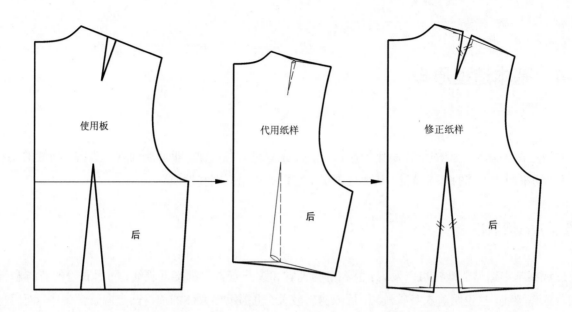

图 5-10　修正纸样

引。三是复核全部纸样。除复核面布纸样外，还有贴边纸样、里料纸样、辅料纸样（贴布、衬布、袋布等）等。

（3）缝份

现在完成的纸样都不带有缝份（做缝），这种样板称为净样板，它有益于对纸样的修正和准确认定成衣造型的结构线，但它绝不能作为生产样板，特别是工业化生产。因此制图之后，要进行分解纸样，作出纸样的缝份，并剪下作为生产样板，即毛板，表示带有缝份的纸样。缝份的标准往往是根据所使用布料的薄厚而定，也考虑其他因素，如产品档次、缝型、特殊工艺要求、单件缝制修改量等。按布料种类制定缝份的标准，主要用于成衣生产。厚呢、粗纺呢等厚型织物的缝份为 1.3~1.5cm；花呢、薄呢、精纺毛织物、中长纤维织物等中厚型织物的缝份约为 1cm；棉、麻、丝、化纤织物、针织面料等薄型织物的缝份是 0.8~1cm。基本造型的布料一般采用中厚型织物，毛样做缝约 1cm。不同厚度织物缝份的使用量参考表 5-1 所示。

表5-1　缝份的使用量表　　　　　　　　　　　　　　　　　　　　　　　单位：cm

材料 ＼ 缝份	使用量	材料种类	成品类别
厚型织物	1.3~1.5	厚呢、粗纺呢、海军呢等	外套类
中厚型织物	1	花呢、薄呢、中长纤维织物、精纺毛织物等	套装类
薄型织物	0.8~1	针棉织物，丝织物，薄型棉、麻、化纤织物等	夏装类、衬衫类

§5-3　知识点

1. 无腰线基本造型，腰省上下贯通，这时省量就小不就大，故全省要作分解处理，将侧省转移至肩线上。处理下装结构时，腰省和侧缝收省要作平衡处理。

2. 无论有腰线还是无腰线基本造型，作为成衣样板都要进行纸样修正、检验和追加缝份的毛板处理。缝份的大小依面料厚度、缝型、工艺等要求而定，通常厚型织物为1.3～1.5cm，中厚型织物为1cm左右，薄型织物为0.8～1cm。

§5-4 基本造型原理

我们通过两种基本造型的纸样制作，确定了服装造型的基本规律，即余缺处理的省缝、断缝的形状、指向、分量等均来源于人体的基本特征，从而也规定了它们的作用范围和性质。

1 省缝与人体特征

通过观察基本造型的纸样可以发现：前衣身胸乳省和腹凸省省尖都接近腰线，而后衣身的背省和臀凸省省尖相对远离腰线。这说明前衣身省较短，后衣身省较长，也揭示出人体的前身凸点向腰部集中，而后身凸点较伸展。最终使我们认识到服装造型的这样一个原则：以腰线为基准，前衣身省总是短于后衣身省。那么，当我们确定任何一边的省长时，就可以判断出对应一边的省长。越是作贴身设计，这种规律的特征越明显。

图 5-11　基本结构线的布局

2 基本结构线

在人台模型上确定基本结构线，是通过明显的凹凸点引出的。在基本造型的纸样中，基本结构线十分明确，即将省缝串联起来，使省尖归到一条线的区域里，这样就完成了基本结构线的布局（图5-11）。在未来各种各样的纸样设计中，都依赖于基本结构线的演变，如公主线、育克线等。

3 省的指向规律和作用范围

采用基本结构线作为服装分割线的设计，当然是一种最合理的选择，但是，只用有限的几条结构线作为分割线的设计是远远不够的。那么，能不能既符合基本结构的要求，又能使其丰富多彩？我们只要考察一下基本结构中省的指向规律和作用范围，就可以掌握一种灵活的结构设计。

省的指向是指省尖所指的位置。它指向何物，大家可能不约而同地回答"指向凸点"。如果简单地这样理解就没有结构设计可言，因为点的概念是凝聚的概念，结构线如果不通过凸点，就不能使服装与人体吻合，那么，我们所求"变"的可能性就很小。实际上，省尖不完全指向凸点，往往是起些余缺作用，换句话说，余缺不只是点的落差，还有区域的落差、点和区域的综合落差，等等。那么，省的指向就有两个基本作用范围：一是作用于凸点的指向范围；二是作用于凸起区域的指向范围。前者是一个点的指向范围，如胸乳点（BP）；后者是一个区域的指向范围，如腹凸、臀凸等。结构线也同样具有这些性质，因为它是由省发展而来的。这里作一个小实验，对理解结构线的合理运用是很有帮助的。

　　我们把人体的胸部、腰部和臀部理解成两个小圆口对接的台体，对接的部分为腰线，上下大圆口为胸围线和臀围线，乳凸在胸围线上，理解为附加在台体上的半球体，这样使较复杂的人体躯干归纳成一个较明确的几何体。如果抛开乳凸半球体，垂直于腰线作省或断缝，其余缺的指向就是区域性的，即横向排列可以选择任何一个位置设计。但是仅作胸乳点的省或断缝，越接近和通过此点就越合理，因为它的指向范围只有一点（图 5-12）。通过这个实验可以发现，基本造型结构线的应用范围是比较广泛的，只有胸乳省和肩胛省的指向比较确定。但是胸部全省中有一部分代表胸腰差，所以全省的一部分也可以脱离 BP 而广泛使用。由此可见，指向较确定的省和结构线，其设计范围是以点为基准作放射性选择；指向不太确定的省和结构线，其设计范围是以凸度区域为基础作多方位选择。故需要进一步了解省设计的基本原理。

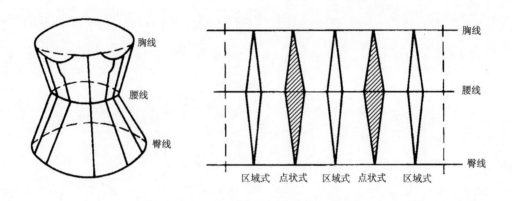

图 5-12　省的指向规律和作用范围

§5-4　知识点

　　1. 前衣身胸省和腹省短于后衣身的背省和臀省，是由人体前身凸点接近腰线，后身凸点远离腰线决定的。因此，在纸样设计中出现相反的情况，则可以判断为有可能是错误设计。

　　2. 人台模型中的基本结构线是通过人体明显的凹凸点引出的，也是结构设计的基础。基本造型无论是有腰线结构还是无腰线结构则是它的客观反映。

　　3. 省的指向规律和作用范围分为点状式和区域式，它们既可以结合也可以分离，表现出省在设计上的丰富性。但点状式省比区域式省更表现出强制性，当两种省表现对立时，后者要依从前者。

练习题

　　1. 利用基本纸样制作两种基本造型的主要目的是什么？

　　2. 根据有腰线纸样，利用坯布作有腰线基本造型训练。

　　3. 根据无腰线纸样，利用坯布作无腰线基本造型训练。

　　4. 根据基本造型实物标出服装的基本结构线（参考图5-11）。

　　5. 在《女装纸样设计原理与应用训练教程》中找出"基本造型连衣裙"系列设计训练部分。

思考题

1. 什么是省?

2. 省缝形态的人体依据和造型依据是什么?

3. 省的三大属性与指向规律、作用范围的关系?

理论应用与实践——

基本纸样凸点射线的省移原理与方法 /4 课时

课下作业与训练 /8 课时（推荐）

课程内容： 凸点射线省的造型原理/衣身基本纸样的凸点射线与省移方法/肩峰和肘凸的省移方法/裙子基本纸样的凸点射线与省移方法

训练目的： 掌握女装纸样的省移原理与方法，并运用到上衣和裙子有关省的结构设计中。

教学方法： 面授、典型案例分析、学生作业点评。

教学要求： 本章为重点课程。运用省移原理与方法，进行上衣和裙子典型省的训练。作业内容包括部分省、全省、省变断、省变褶设计，作业量不低于20款且省的类型齐全，为合体类纸样设计做准备。

第6章 基本纸样凸点射线的省移原理与方法

其实所有纸样设计就是对不同省的形态的处理过程，充满了不确定性，但它的主要设计手段就是"余缺处理"。省的目的有两个：一是依人体的形态而存在；二是依服装的造型而存在，当然，服装的造型是不能脱离人体的。因此，考察前者省的构成原理便成为掌握全部用省设计规律的基础。只是凸点射线是省最一般表现形式和变化规律的集中体现。

§6-1 凸点射线省的造型原理

"凸点射线"一词是本教材在服装纸样设计中首次使用。推出该词并不是试图在本行业中创造一个新名词、新概念，而是力求在本书中尽可能准确而概括地说明和揭示纸样设计的基本结构原理，特别是女装纸样设计。

在一般的立体构成中，凸点被理解成曲面，如果将平面设计成曲面，其凸点射线包含两层意思，即余量的分解使用和余量的一次性移位使用。前者的造型结果是放射性的，即所谓省三属性的"省量"分解使用是基于更好地表现人体；后者的设计过程是根据放射性而改变位置，即所谓省三属性的"省位"移位使用就是追求省的款式变化，可以说，它们是通过纸样设计实现服装造型的核心手段。

1 凸点射线——省的分解使用

在前面提出的省的使用，更多的是完成从平面到立体的省处理，当省量过大时，如全省，分解使用和集中使用，虽省量相同，但造型结果分解使用的效果要优于集中使用。这种情况表现出凸点射线结构的隐蔽性与变异性，也是纸样合体结构设计的复杂性所在。我们如果将余缺处理的过程与结果进行深入的剖析，就会发现，余缺处理只不过是将若干个被处理的平面汇集成曲面的结果，这些小曲面如果按设想的立体加以处理，分解的越多，组装起来也就越接近理想的那个立体。其中的道理很简单：如果我们想把一张平整的纸变成一个球体，就如同制作地球仪一样。如果处理成和球体面积相同但分解的次数很少的几片菱形，也只能做成多棱体。但是，当分解得次数很多时，组装起来就很接近球体（图6-1），而且从中可以发现，无论分解多少，好像都是为了一个凸点而作（如同做省），然而其结果却是个无固定凸点的球体，这说明分解的"线性"特征和实体吻合程度有关，曲线和球面有关，直线和平面有关。

把这些为了一个凸点而做的一个到多个省处理综合起来，就是从平面到立体不同合体度的余缺处理。为此，我们得到两个从平面到立体的构成原则：

一是余缺处理的最小单位是单省处理，适合于凸度较小或不够贴身的结构；

二是平面越接近立体造型，由于采用省的分解设计分片越多单位面积越小，越适用于合体的和造型性较强的立体结构，如两片袖、八开身衣片等。

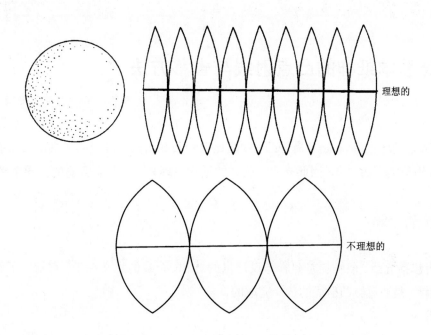

图 6-1　球体平面处理优劣结构的比较

2　凸点射线——省的移位使用

把一个球体的任何一处都可以看作为凸点，这就是球体无中心的道理，也就可以将任何一点作为凸点引出它的若干结构线，其结构形式呈放射性。同样，一个不规则的曲面体，如人体，实际是球体部分分离以后的曲面，再以新的方式组合而成，所以人体的凸点相对球体要确定的多，因为它们都是或高或低的凸面，如胸凸、臀凸、腹凸、肩胛凸、肩凸、肘凸等。根据凸点结构线的放射原理，可以作用于凸点，设想有无数条结构线可供选择。然而，人体的凸面大多数起伏较小，而且在成衣造型中选择完全贴身的设计并不很多，因此，多数不需要将平面（布料）多余量分解过多使用，只需一两次使用完全可以达到理想的效果，这就需要通过省的移位设计产生一种曲面的不同形式。如果说省的分解使用是凸点射线的造型法则的话，那么，省的移位设计就是凸点射线的形式法则。这两种法则特别在女装纸样设计中表现得既紧密又相对独立。

§6-1　知识点

1. 凸点射线是作用于凸点余量的分解使用和余量的一次性移位使用。

2. 当省量过大时，分省设计比合省设计造型效果更好，由此得到从平面到立体的构成原则：一是余缺处理的最小单位是单省处理，适合于凸度较小或不够贴身的结构；二是平面越接近立体造型省量偏大时，尽量采用分省设计（如全省分解使用），这时分片越多，单位面积越小，适用于合体和造型性较强的立体结构。

3. 省的移位使用就是作用于凸点变换省的位置，由于可以变换无数次，凸点射线就是省的无数次变化，也就有无数次设计，单省和两省以上分解使用的情况都是如此。

§6-2 衣身基本纸样的凸点射线与省移方法

衣身基本纸样的明显凸点是胸凸和肩胛凸。胸凸比肩胛凸突出凸点确定而省量偏大，因此在应用设计中，胸凸要比肩胛凸应用范围广而复杂。因此弄清楚胸省的结构原理和方法具有普遍的指导意义。

1 胸凸全省与全省分解

胸凸全省是指包括乳凸、前胸腰差和胸部设计量的总和。全省的意义在于，它指出了胸部余缺处理的最大极限。胸省的设计，是通过胸凸射线的选择完成的。

（1）胸凸射线

传统胸省的选择，不外乎有五种，即腰省、侧缝省、袖窿省、肩省和领口省，这些省无论怎样改变位置，省的指向都是 BP 点（图 6-2）。如果按照凸点结构线的作用范围，只要省尖的指向固定，就可以引出无数条结构线，换言之，对准 BP 点可以在任何一个位置做省，这样胸省的选择就不是五种了。准确地说，胸省的设计可以选择无数次，它既可以是分解设计，也可以是位移设计，这就是所谓的胸省射线（图 6-3）。

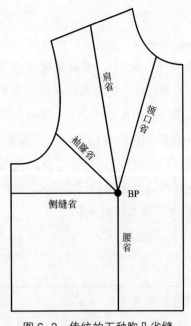

图 6-2 传统的五种胸凸省缝

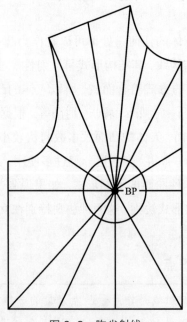

图 6-3 胸省射线

（2）全省的分解与转移方法

胸部余缺处理的极限就是把全省用尽，我们把这种设计称为贴身设计。然而服装造型并不都是贴身的，服装结构应适应人们的生活环境、活动范围和审美习惯等多方面的要求。就胸省而言，也应满足人们的这些多元需要。所以在胸省的用量中往往只用全省的一部分，尽管采用全省的贴身设计，也习惯于分解使用，这样能使造型更加丰满自然。因此，就出现了全省的部分转移和全省的分解转移的设计方法。

①全省的部分转移：使全省的部分省量转移至全省位置以外的任何位置，剩余的部分包含在腰围线中成为放松量。这意味着转移出去的省量越接近全省量，也就越接近贴身设计，相反也就越宽松。可见设计者所选择的省量，实际是对服装造型合身程度的理解。这里为了方便设计者掌握明确的部分省范围，以前片侧缝省量的使用为准。

下面用两个部分省转移的设计实例加以说明：

例 1：侧颈省设计。图 6-4 中的生产图表明，从侧颈点至 BP 点设一省，在结构上理解为部分省，因为根据球面的用省原理，采用全省设计不会集中使用，因此只有一个省时一般可以判断为部分省。

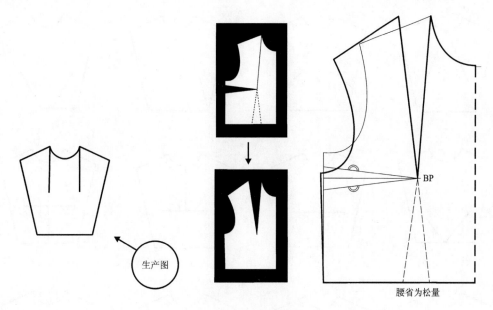

图 6-4　侧颈省设计

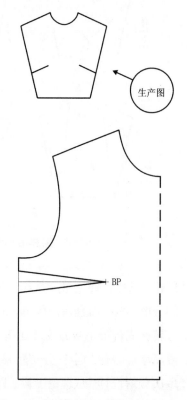

在纸样设计中，使前身的胸乳点和侧颈点连线为省缝。利用前衣身基本纸样，在侧颈点处做记号并以此为界，复描前半部分到侧缝省开口的下端，固定 BP 点，向后转动纸样使侧缝省关闭，使侧颈省打开。转移完后以侧颈点为界把另外部分复描下来，最后把侧颈点张开的省量与胸乳点连接，即完成了侧颈省的纸样设计。从图 6-4 中侧颈省转移的过程看，全省在腰线的部分保留，成为腰部的放松量，这和英式衣身基本纸样没有什么区别（参见图 4-2）。可见基本纸样技术体系是科学完备的。

用剪纸切展的方法使这种关系显得更简单、更易理解。把前衣身基本纸样复制到薄纸上剪下，将侧缝省量剪掉，然后，从侧颈点对准胸乳点切开（胸点稍连），合并侧缝省，使侧颈省打开即可。任何一种部分省转移都可以用此方法去实现。

例 2：侧缝省设计。衣身基本纸样本身就是侧缝省结构，可直接使用不需移省。注意全省的腰省部分含在腰部为松量（图 6-5）。

根据上述两个部分省移位设计的经验，可以展开更多、更有创意的部分省设计（图 6-6）。

②全省的分解转移：当我们选择贴身设计的时候，需要完成全省的余缺处理，但是根据理想的立体造型原则，如果将全省的处理都集中至

图 6-5　侧缝省设计（直接使用基本纸样）

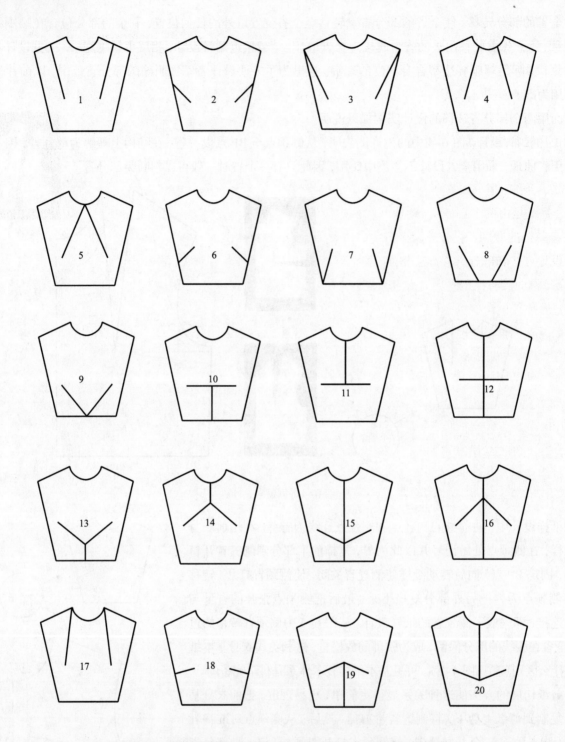

图 6-6 提供系列部分省设计的生产图（课外作业完成纸样部分）

一个部位，虽然在使用量上是相同的，但造型效果生硬死板，使穿着者和观者都有不舒服的感觉。因此，需要全省的分解转移，而且在作用胸乳点的基础上，分解作省的次数越多，其造型和实体越接近，这种设计往往利用全省转移成若干小褶的效果处理（详见第9章相关内容）。

最简单而普遍的全省分解转移，是把全省分解成两个省，并通过转移进行全省的纸样设计。全省也可以选择多次分解设计，从理论上讲，只要单位省的总和不超过全省，都是合理的结构。由此可见，全省的分解转移有很大的灵活性和应用范围。不过，最常用的全省分解只有两部分，这里以最简单的全省分解转移方法举例，读者可依此举一反三，灵活应用。

例 1：公主线设计。公主线设计往往是通过胸乳点上下连接而成，如图 6-7 所示。如何判断是部分省还是全省？按照常规，凡是作贴身设计使用全省的，大多要分解使用，以达到造型的丰满、自然。因此，全省的使用通常是作用于 BP 点引出两条结构线或省缝，部分省只有一条省缝。公主线从完成的生产图看似乎只是一条线，但只要观察一下它的纸样结构就会发现，公主线是由两个省的组合，这也说明公主线纸样是贴身结构的专利，它不适用于宽松的服装造型。其纸样设计方法和部分省移方法相同，即把侧缝省转移至肩部，同时腰省保留并与肩省贯通完成设计。

不过公主线的全省分解，腰省部分恰好与基本纸样固有的腰省位置相同，故此不用转移。

例 2：肩胸省设计。将全省的侧缝省和腰省分别转移至肩部和前中线上，完成后的纸样腰线呈下弧状。方法是将侧缝省和腰省分两次转移，首先将腰省转移到前中线上；其次是在第一次移动后的纸样基础上，把侧缝省合并，使其转移到设定的肩线上（图 6-8）。

根据上述两例全省分解转移设计的经验，与部分省设计相比有更大的设计空间和更丰富的表现力（图 6-9）。

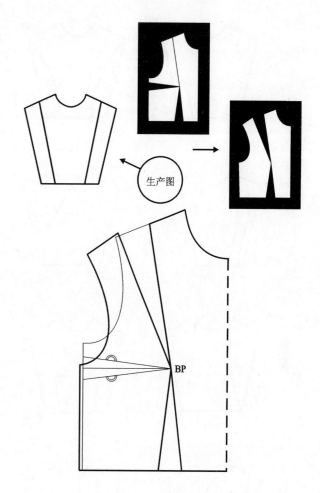

图 6-7　公主线纸样设计

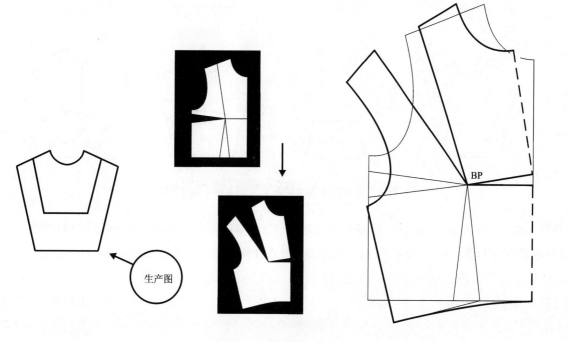

图 6-8　肩胸省纸样设计

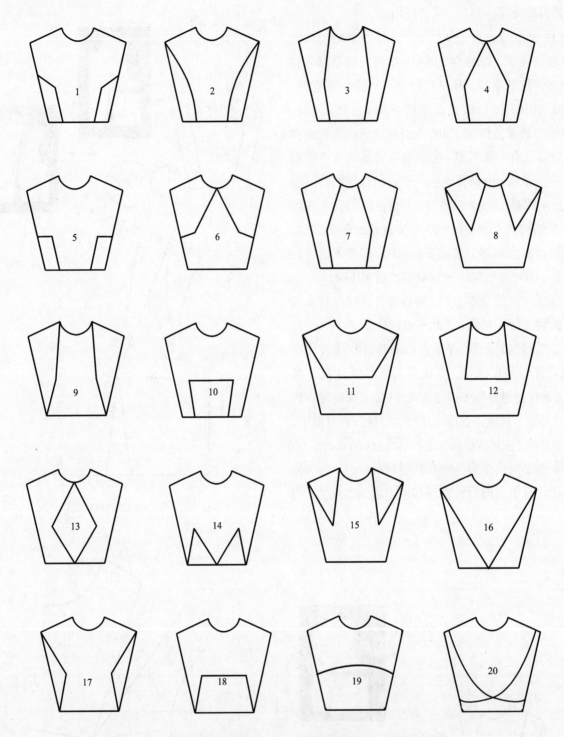

图 6-9　提供系列全省分解设计的生产图（课外作业完成纸样部分）

　　总之，不论是选择部分省转移，还是全省分解转移，其作用点都不能脱离 BP 点（只用全省的一部分有脱离 BP 点的机会和可能，即凸点的区域设计），因为 BP 点在所有的凸点中最为确定。

2　肩胛凸射线与省移

　　掌握了胸凸射线与省移原理，凡纸样设计中的用省设计，都可利用射线选择省位和省移的方法。

肩胛凸相对胸凸在外形上是比较模糊的, 但同臀凸和腹凸相比还是比较确定, 因此省的指向和结构线的作用范围仍很明确(图 6–10)。在方法上与胸凸省移有所不同, 这是因为肩胛省的使用量本身很少(1.5cm), 不存在全省和部分省的分解, 省量的选择往往也是一次性的。不过有时在一些高端制品的严格造型中, 只用肩胛省的大部分, 剩余的部分采用归拔的方法处理, 使造型更加细腻内涵丰富。

例 1: 领胛省设计。作为肩胛凸射线的任何一条线都可以视为肩胛省的设计, 领胛省就是其中的一款。设计方法, 使用后衣身基本纸样, 在后领口上按生产图所示确定省位, 连接肩胛点, 然后固定肩胛点, 移动纸样使原来的肩胛省合并, 转移到领口, 最后修顺肩线, 完成领胛省(图 6–11)。采用同样方法可以完成不同形式的肩胛省设计。

在设计肩背较理想的造型中, 实际转移肩胛省的时候, 并不是把后肩线与前肩线的差量(1.5cm)全部转移出去, 而是转移它的三分之二(1cm), 剩余的前、后肩之差(0.5cm), 再通过归拔技术处理掉, 使其吻合。从这种意义上说, 该处理方法也是省的分解使用, 因为归拔处理实际上也是余缺处理的一种物理方法(利用布料的伸缩性), 但在表面不易发现。这种省的细微工艺设计更多地用于高档的毛织物成衣板型中。

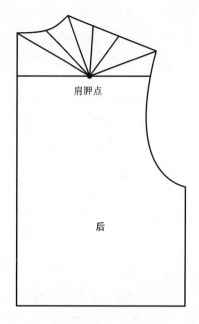

图 6–10　肩胛凸射线

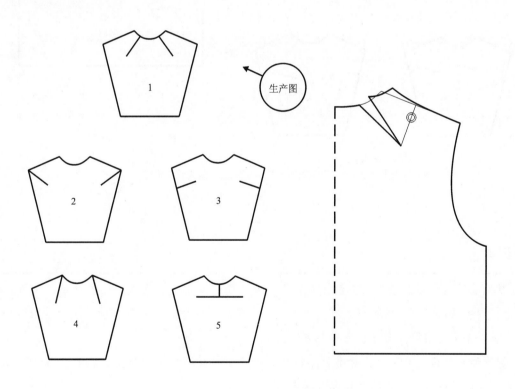

图 6–11　领胛省设计（2~5 款生产图为课外作业）

例 2: 肩育克线设计。我们看到有许多设计者, 无论设计哪种服装, 在肩背部都习惯随便画出一条线。其实肩育克线的设计是有一定功能要求的, 贴身和宽松对肩育克线的选择大不相同。一般贴身的肩育克线设计, 都与肩胛骨有关, 因此, 肩育克线通常基于肩胛凸射线引出两条线展开设计, 故可以理解为肩胛凸的全省设计。方法在肩胛省尖附近作水平分割线，将肩胛点转移到分割线上固定，移动纸样，使省量转移到分割线上，然后分别修顺肩线和育克线，使其成为断缝结构。肩胛省的用量也可以分解成断缝用三分之二、肩线归拔量保留三分之一的高端工艺设计。采用同样方法可以完成不同形式的肩育克线设计（图6-12）。

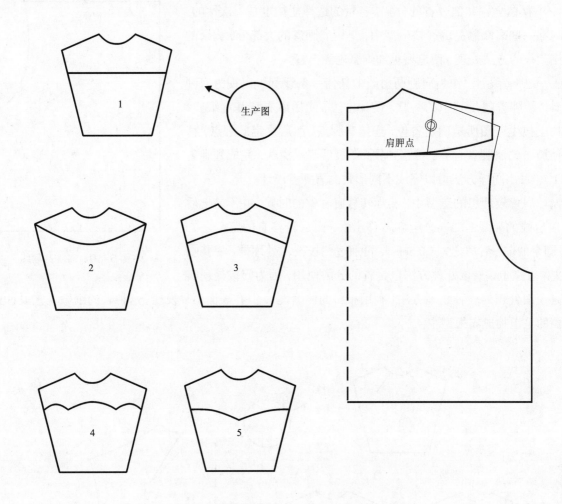

图6-12　肩育克线设计（2~5款生产图为课外作业）

§6-2　知识点

1. 通常胸省才有全省和全省的分解设计，因为胸省量自身偏大，且集合了乳凸量、胸腰差量和设计量，因此，胸省从功能、技术到形式有很大的设计空间和表现力。其他省单独使用，是因为自身小，没有全省和全省分解的问题。部分省的省移方法简单。

2. 全省的部分转移，利用衣身标准基本纸样将侧缝省转移到设定的位置，腰省部分含在腰围中为松量。因此，部分省构成半合体的纸样设计状态。

3. 全省的分解转移，利用衣身标准基本纸样将侧缝省和腰省转移（或保留）到设定的位置。由此构成合体的纸样设计状态。

4. 肩胛省设计也可以利用射线选择省位的方法。运用后身标准基本纸样，将原来的省位转移到设计的位置，省移方法与胸省相同。表现形式有省缝也有断缝（育克），断缝可以理解肩胛省的分解设计。

§6-3　肩峰和肘凸的省移方法

肩峰、肘凸和胸凸、肩胛凸的结构有所不同。胸凸和肩胛凸是反映人体局部的静态特征，因为这些部位不直接反映活动的关节，因此，用省或断缝塑形无须考虑活动问题。而肩峰和肘凸正处在关节部位，因此用省时，除了考虑静态造型外，还要顾及运动的因素。关于运动结构处理将在第 10 章中作专题讨论，这里重点介绍肩峰和肘凸的省移原理。

1　肩峰与省移

人体自然站立时，无论如何肩头都呈明显的凸度，因此同样可以引出无数条射线，不过由于人体臂部的运动要求，使其应用范围集中到两条线上：一是袖窿线；二是袖中线与肩线的连线。我们可以把衣身前、后片纸样的肩线对准肩点合并，再把袖肩点与衣身纸样肩点重合，使肩线和袖中线成为一条直线，袖子和衣身的接缝实际在为肩峰作省的处理，构成作用于肩峰的三省断缝结构（图 6-13）。当我们设计连身袖纸样（插肩袖）时，原构成有省作用的袖窿线和袖山线相似部分重合并去掉，在袖中线与前、后肩线的会合处（肩峰）出现了一个张角，这说明原来袖窿线和袖山线形成的省量转移到了肩线和袖中线上，这实际上就是肩峰凸点的

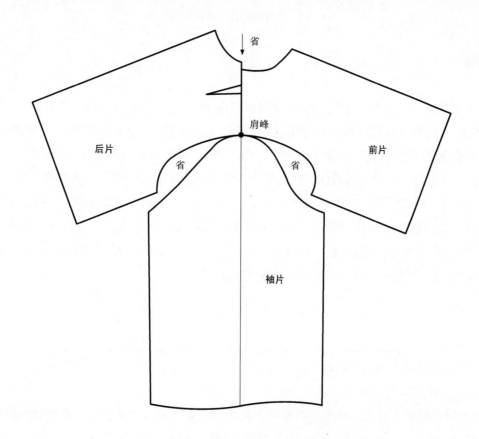

图 6-13　装袖肩峰凸点的省缝结构

省移（图 6-14）。这个原理对所有肩部结构的处理具有指导性，是肩部纸样设计的基础，掌握这个原理在复杂的连身袖（插肩袖）结构设计中变得简单易操作（参阅第 10 章内容）。

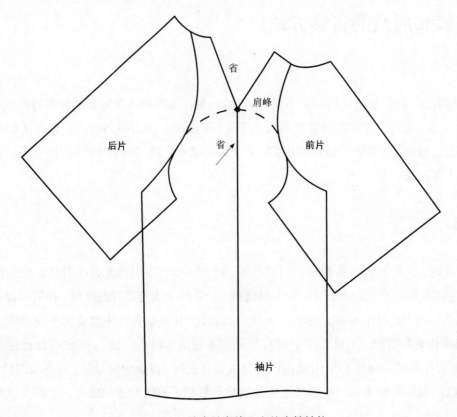

图 6-14　连身袖肩峰凸点的省缝结构

2　肘凸与省移

在设计贴身袖纸样时，都是以肘线为基础，因为确定臂膀的自然弯曲是以肘关节分界的。肘线的基础又是肘点，因此要解决袖的贴身造型和省的结构关系，就要从肘点开始，由此获得肘省－片袖纸样（见图 10-6）。根据凸点造型原理，同样可以引出许多作用于肘凸的射线，但是由于袖子具有运动和造型的双重要求，其结构线作用范围小而隐蔽，一般以不暴露缝线为原则。其变化规律是以肘省一片袖省移为基础，在完成肘省一片袖纸样的基础上，利用省移原理设计肘省。以肘点为基点向后袖部分引出射线，在理论上可以理解为肘省的无数次选择，但在应用设计时要考虑审美习惯的问题，如图 6-15 中的袖口省和袖山省设计是可以被接受的。重要的是应在这种方法中，寻找它的普遍规律。如利用通过肘点的断缝结构，就可设计出各种各样的贴身两片袖、三片袖结构。可见肘省转移是一切贴身袖的结构基础。

§6-3　知识点

1. 肩峰和肘凸不同于胸凸和肩胛凸，在用省时除了考虑静态造型外，还要顾及运动的因素，体现了涉及肩峰和肘凸纸样设计的复杂性，如连身袖、两片袖等。

2. 肩峰和肘凸仍适合凸点射线与省移原理。从装袖到连身袖（插肩袖）的系列结构转换，作用于肘凸的肘省设计、从肘省一片袖到两片袖的结构转换等都是基于这个原理和方法。

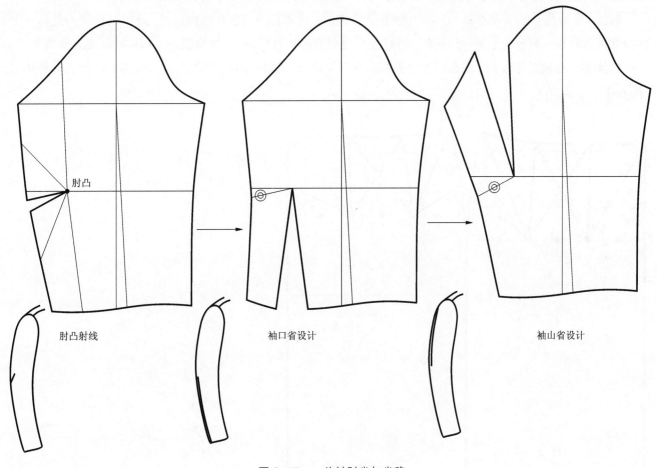

图 6-15　一片袖肘省与省移

§6-4　裙子基本纸样的凸点射线与省移方法

与前述衣身基本纸样的胸凸、肩胛凸、肩峰、肘凸相比，裙子基本纸样所涉及的腹凸和臀凸显得模糊而不确定，因此在应用上也就灵活得多、自由得多。同时它又处于与裤子基本纸样相同的区域和结构特征，因此，裙子基本纸样的凸点射线与省移方法具有包括裤子、裙裤等下装纸样设计的普遍指导意义。

1　下身的凸点特征与分布

当裙子作贴身结构设计时（窄摆裙），裙子纸样的侧缝线在臀部形成明显的抛物线，这说明存在着腰臀之差。由于人体臀部的生理特征，其凸点分布比较均匀，大体分布在前身腹部、侧身大转子和后身的臀大肌上。不过髋部的凸点特征与上身凸点在程度上有所不同，髋部凸点虽然明显，但相对上身模糊。它的凸点分布可以用一条线串联起来，即分布在中腰线（腹围）和臀围线之间的连线上。换言之，下身凸点可以在一条横线区域里任意选择，而胸凸、肩胛凸、肩峰和肘凸则不能。因此下装无论是省的设计，还是结构线的设计与上衣相比都较灵活，当上衣与下装结构线发生关联时，应以上身凸点为准，这是上身凸点较为确定所致。

那么，下身凸点是否存在结构射线？回答是肯定的，只要有凸点就有结构射线，就如同球体的任何一个曲面都可作凸点一样，只是下身凸点在一线区域内处处存在（图 6-16）。如果说一个球体的凸点是全方位的，一个锥体的凸点就是定位的，那么一个台体的凸点则是以线的区域定位。臀部凸点与台体的凸点分布很相似（图 6-17）。

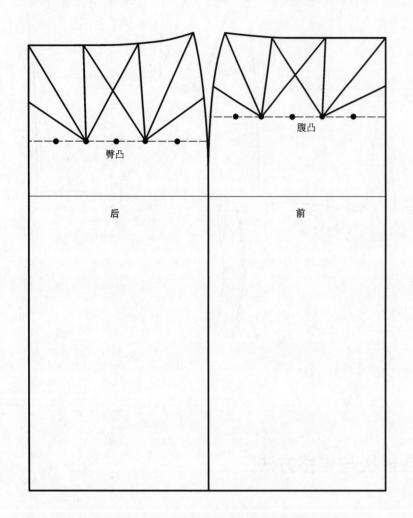

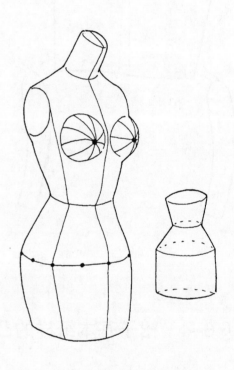

图 6-16 腹凸、臀凸点在一线区域内处处存在　　　　　图 6-17 臀部台体凸点的特征

然而，由于审美局限和传统习惯的作用，设计者总不愿改变已成为习惯的东西。譬如，裙子设计总习惯于保留侧缝结构，实际上裙侧缝完全可以和腹省、臀省一样用省的结构取代。因此，下面要谈到的腹凸和臀凸的省移，并不意味着否定大转子凸点的存在，它们的省移原理都是一样的，重要的是设计者要善于把现象和规律联系起来。

2 腹凸与省移

标准裙子基本纸样有两个腹省，省尖分布在臀围线以上，因此，省位可以沿中腰线（腹围线）排列（参见图 6-16）。换句话说，作用于腹凸的省或结构线，可以沿中腰线选择，同时选择的每一个省又可以作省移，可见腹凸的省设计范围极为广泛。最常用的是把省变成横向断缝结构。这就是腰腹育克的设计。图 6-18 中的生

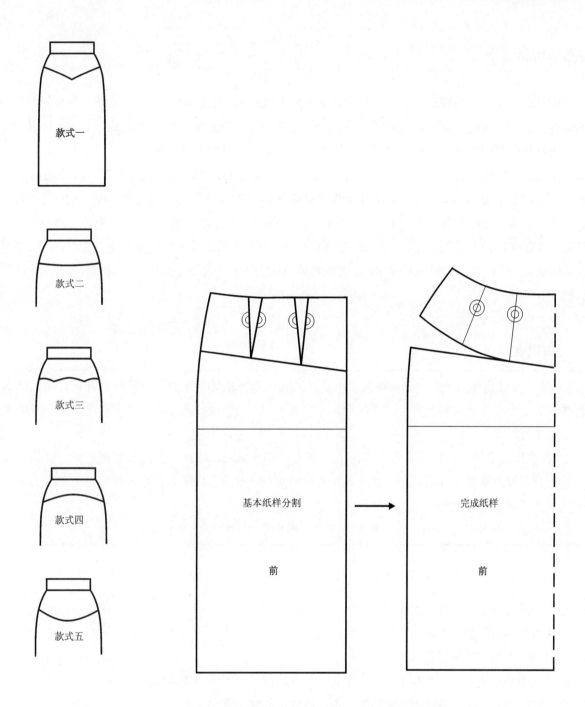

图 6-18　腰腹育克设计（2~5 款生产图为课外作业）

产图表明，育克线设在腹省尖附近最佳，这样设计的内在作用是使腰腹之差的两个竖省，可以通过转移并入作用于腹凸的断缝里。表面上看像是装饰线，实际它起到了合体的施省作用。

要注意的是，在设计育克线时，要通过省尖或接近省尖的位置是明智的，即使在设计时没有严格与省尖重合（可允许范围），在省移之前也要把省尖并入断缝中，这样可以保证省移之后，改变一条断缝线形状时长度不变。可见育克线位置的设定依据是凸点。

腹凸的省移方法和衣身相同，但腹省有两个，所以要分别移省。图 6-18 这个例子是从两省转移成育克的简单设计，如果利用凸点一线分布选择凸点射线，那么，这个部位的造型结构的变化将是无穷无尽的。

3 臀凸与省移

臀凸省移的应用范围和腹凸相似，因为它们的基本条件相同，都是两个省，省量相同，凸点分布相似，所不同的是臀部的凸点要比腹部的凸点略低，从而决定了臀省略长于腹省。因此，在同时设计前、后育克时，腹部育克线比臀部育克线略高，若前、后育克线对接时，应呈前高后低的斜线断缝结构。

综上所述，基本纸样的凸点射线与省移原理，在纸样设计中的运用非常广泛。本章所涉及的仅仅是适合人体形态特征的施省规律，即在合体的服装纸样设计时所运用的省移和结构线变化的基本规律。然而，对于服装造型本身，凡是要使平面变成立体结构的处理，同样适用这个原理。可以断言，在服装造型中，没有省就没有结构；没有省移，就没有结构设计。无论是贴身造型，还是宽松造型；无论是带有功能性的褶、断缝，还是表现装饰性的分割、披挂，都或多或少、直接或间接地应用着这一原理。无怪乎服装设计师们把"省"誉为"女装设计的灵魂"。

§6–4 知识点

> 1. 腹凸和臀凸相对于上衣凸点模糊而不确定，腹凸分布在腹围线以下，臀凸分布在臀围线以上。这就要求当上衣与下装结构线发生关联时（如公主线），应以上身凸点为准，这是因为上身凸点确定、下装凸点模糊所致。
>
> 2. 根据腹凸和臀凸一线区域的分布，前者偏高、后者偏低的特点，无论省或育克线的设计，运用凸点射线与省移原理更加灵活多变。方法上育克线的走势不要离凸点太远，在省移之前先要把省尖并入育克线中再移省，这样育克在接缝的吻合度更好。
>
> 3. 裙子基本纸样的凸点射线与省移方法具有包括裤子、裙裤等下装纸样设计的普遍指导意义。

练习题

1. 凸点射线表现出省的哪三大属性？

2. 省量为什么有时要分解使用？什么时候分解使用？

3. 省缝和断缝有何结构区别和造型特点？

4. 设计20款胸凸部分省（图6–6的课外作业），并指出其中两款不能成立的设计。

5. 设计20款胸凸全省（图6–9的课外作业），并变化成20款断缝结构。

6. 设计肩胛凸省缝和断缝纸样各3款。

7. 设计肘凸省缝和断缝纸样各3款。

8. 设计腹凸（或臀凸）省缝和断缝纸样各5款。

思考题

1. 从装袖到插肩袖是在改变省的形态吗？

2. 为什么说服装设计的过程就是运用省的过程？

3. 为什么说省是"女装设计的灵魂"？

理论应用与实践——

裙子纸样设计原理及应用 /6 课时

课下作业与训练 /12 课时(推荐)

课程内容： 裙子廓型变化的纸样设计规律/裙子纸样分割原理及应用/裙子纸样施褶原理及应用/组合裙纸样
设计

训练目的： 学习省与廓型、分割、施褶的结构关系，掌握裙子纸样设计的基本规律，结合切展、平衡等方法
达到举一反三的学习效果。

教学方法： 面授、典型案例分析、成品纸样设计实践。

教学要求： 本章为重点课程。运用裙子纸样设计原理和方法，对各种典型裙子纸样设计均有训练。作业内容
要结合《女装纸样设计原理与应用训练教程》覆盖要全，保持一定的作业量和自行的延伸设计训
练。鼓励作业训练参与企业裙子的产品开发。

第7章 裙子纸样设计原理及应用

在服装的所有类型中，裙子的造型范围广泛，表现丰富而结构简单易理解。所以，开始学习和了解一个单品的纸样，相关设计知识从裙装入手是个有效的途径。

任何服装类型都遵循它固有的规律而发展变化，裙子的造型亦是如此。从表面上看裙子的造型沿着三个基本结构规律变化，即廓型、分割和打褶，而且这三个变化的基本规律，在整个服装造型中具有普遍性，只是从形式上看裙子显得更为突出。在这三个基本规律中起决定作用的是廓型，而廓型与腰部结构的关系紧密。这是本章首先要解决的问题。

§7-1 裙子廓型变化的纸样设计规律

对廓型的认识可以说是对服装造型的整体把握和凝练。服装基本廓型形式有六种，即 O 型、S 型、H 型、Y 型、A 型和 X 型。具体到裙子的廓型，通常以裙摆的阔度划分裙子廓型的分类，表现在从紧身裙（H 型），通过半紧身裙（A 型）到整圆裙的不同阶段，即紧身裙、半紧身裙、斜裙、半圆裙和整圆裙（图 7-1）。从表面上看，影响裙子外形的是裙摆阔度，从结构上看，其实制约裙摆的关键在于裙腰线的构成方式。这一规律可以从紧身裙到整圆裙结构的演化中得以证明。

图 7-1 紧身裙、半紧身裙、斜裙、半圆裙和整圆裙

1 紧身裙

紧身裙在众多的裙子造型当中是一种特殊状态，因为它正好处在贴身的极限，如西装套裙、一步裙、窄摆裙等均属此类。由此可见，紧身裙的纸样特征和基本纸样几乎相同。在我们还没有研究裙子的变化之前，接触的都是裙子的基本造型纸样，因而并没有细致的观察分析它，这是因为在本章以前还没有第二种裙子，也就不可能作出比较。现在需要对裙子的基本结构重新认识，这对裙子廓型的理解和变化原理的掌握是很有帮

助的。

　　紧身裙纸样如果可以用基本纸样代替的话，还需要对腰省进行微调和增加一些功能性的设计。即在后中线的上端设计足够量的开口并装拉链，以达到穿脱方便；在下端设计开衩以便于行走。这就要求裙后中线为断缝，而这种断缝结构并非是通常理解的施省结构，而是一种实用结构。前身有四个腹省，后身有四个臀省，它们在基本纸样中省量是相同的，而变成紧身裙纸样时，根据人体腹凸小于臀凸的实际，将靠近前中线的省量去掉 0.6cm，补在靠近后中线的省量中，两个前、后侧省量保持不变。这样可以画出紧身裙的生产图，并设计出纸样。

　　利用裙子的基本纸样设计腰头是很重要的。一般裙腰线的长度是根据腰头的尺寸而修正的，腰头长度取腰围的实际尺寸加上后搭门量，那么，裙腰的全部省处理之后保留部分应等于净腰围，腰头宽为 4cm。由于裙子的后开门和后开衩都集中在后中线上，这是后中线出断缝的必然（如果省量过大时，它还可以消耗一部分，约 1~2cm），由此形成贴身的三片裙纸样（图 7-2）。

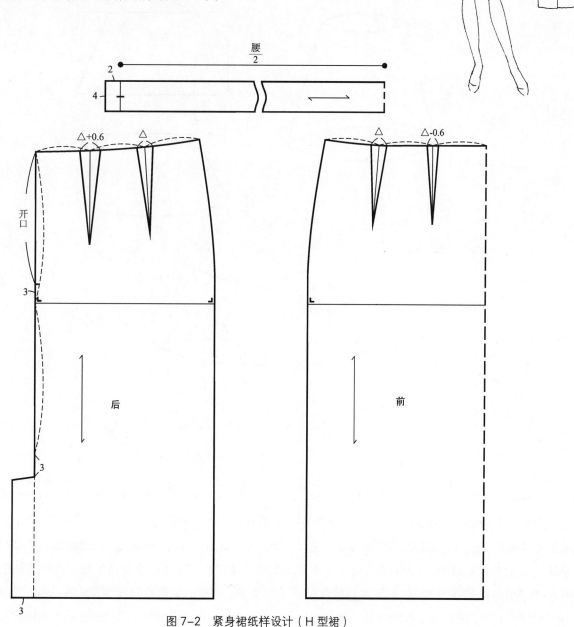

图 7-2　紧身裙纸样设计（H 型裙）

通过对上述紧身裙的纸样分析,说明几乎所有的结构曲线和施省都是为了合体的目的,后开衩的设计成为紧身裙的专利。如果是不以合体为目的的造型,上述的腰曲线和省会发生什么变化?

2 半紧身裙

裙子的紧身与宽松程度取决于裙摆的阔度。半紧身裙就是在紧身裙的基础上增加其裙摆阔度而完成的。增加的原则、方法及标准先搁置一边,这里着重分析下面这种变化的原理。

我们知道要想将一个矩形平面做成一个台体,其矩形底边的长度无论增加多少,如何增加,最终只能是两维的梯形平面。只有保证矩形四角相对不变,将矩形的上边线变成均匀的弧线,并导致底边线亦处处均匀地增加所完成的扇形平面,才能构成台体。这个道理和裙子的造型规律完全相同(图7-3)。

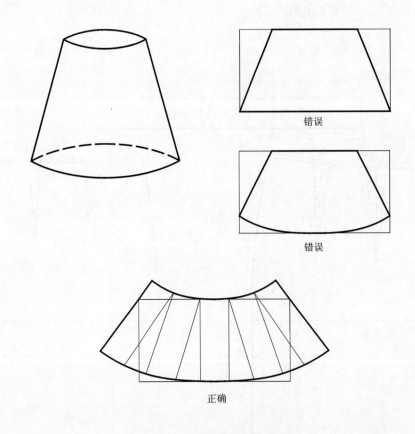

图7-3 台体平面处理的正误比较

紧身裙以臀围线为界,上半部分是合体的,类似台体的一部分,下半部分为筒形。在结构上,显示为在矩形中臀围线以上的部分作腰臀的差,并使其差量平均分配在腰线上。裙摆越大,矩形结构向扇形结构的变化越大。从裙子侧缝的凸度变化看,裙摆增加的幅度越大,凸度越小而趋向直线。换言之,随着裙摆的增加,其腰臀之差余缺处理的意义就越小。由此可见,裙摆受裙省的制约关系很大,最终导致的是腰线曲度制约裙摆的关系(图7-4)。如果想使裙摆增加,并不需要直接在裙摆上做文章,只要把偏直的腰线变得弯曲即可。作为半紧身裙,只是裙摆的阔度增幅较小,其廓型呈 A 型。按上述分析的方法,利用裙的基本纸样,把一个省通过省移,使其成为裙摆量。从理论上讲，这种处理方法没有任何错误，但在实际应用上，用简单的腰省转移成裙摆效果并不理想，因为省尖在臀围以上，这样移省后增加裙摆的同时也增加了臀围量，半紧身裙不需要增加臀围量，因为此造型仍要保持臀部的严整性。比较有效的方法是将所要移省的省尖下降到臀围线上，再采用上述的方法，问题就可以得到解决。另一个省根据生产图显示确定位置。与此同时为了使增摆去省能平均分配，如图 7-5 所示，再追加一半的侧摆量，以降低侧缝线的凸度，也使摆量分配均匀。裙摆增幅多少才是半紧身裙？这对一个初学者来说是很难把握的，然而这种裙摆与省的制约关系和处理方法对 A 型裙理想造型的把握是非常简单而有效的。

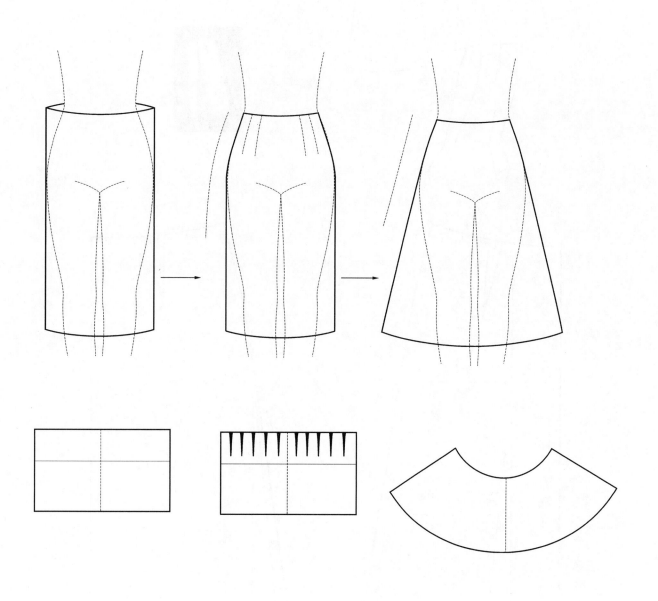

图 7-4 裙省、腰线、裙摆的制约关系

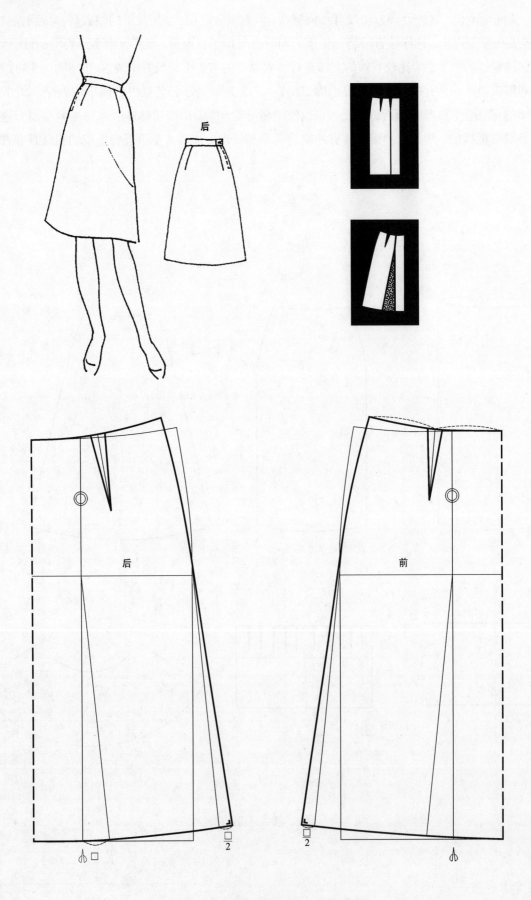

图 7-5　半紧身裙纸样设计（A 型裙）

3　斜裙

　　斜裙是在半紧身裙的基础上继续增加裙摆完成的。根据半紧身裙的设计经验，斜裙的结构趋势是腰臀差量（省）失去了意义，只是在侧缝线上还保留着一小部分。根据这种造型标准，斜裙的纸样设计，是将前、后基本纸样的全部省量移成裙摆量，注意第一次移省时要将省尖降到臀围线上再移，如果保持臀部的严整造型，第二次移省也要如此处理。侧缝线的翘度比 A 型裙多增加一倍，使侧缝几乎接近直线结构（图 7-6）。

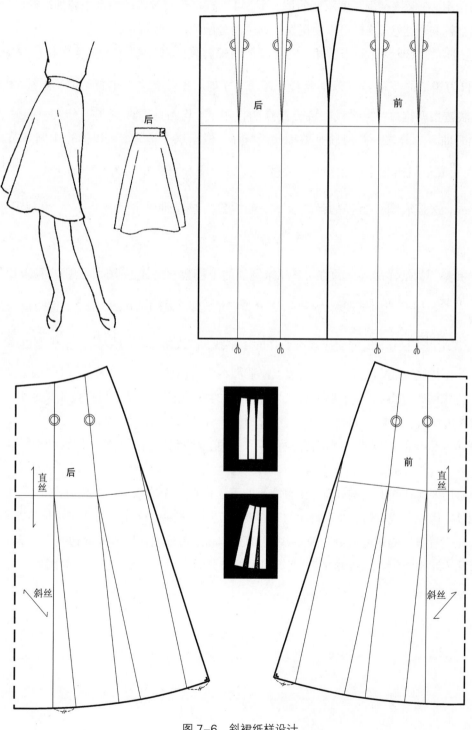

图 7-6　斜裙纸样设计

从半紧身裙到斜裙的两次省移，使腰线也发生了两次变化，即半紧身的一次省移，使其腰线曲度大于紧身裙，斜裙的两次省移，使其腰线曲度大于半紧身裙，这充分证明了裙摆阔度变化的制约因素在于腰线的曲度。裙摆的进一步增大仍然是这个规律。

4 半圆裙和整圆裙

半圆裙指裙摆阔度正好是整圆的二分之一，整圆裙则是裙摆最大化的表现。半圆裙和整圆裙的纸样处理，完全抛开了省的作用，在保持腰围长度不变的情况下，可以直接改变腰线的曲度来增加裙摆。重要的是，腰线曲度要大于斜裙且越圆顺越好，这样可以使裙摆波形褶的分配均匀，效果更佳。

图 7-7 是应用切展原理设计的半圆裙，它可以帮助理解腰线和裙摆在大幅度变化过程中的制约关系。把宽为 $\frac{腰围}{2}$ 和长为裙长的矩形竖直分割成若干等份，分割的单位越多，在变化中所形成的腰曲线就越圆顺、越精确，裙摆造型就越好。当腰线在各分割点的作用下，均匀地弯曲到了四分之一圆时就完成了半圆裙纸样，而继续弯曲至二分之一圆时就是整圆裙纸样了。根据这个道理，可以简化中间环节，如图 7-8 所示的那样可直接完成整圆裙和半圆裙纸样，关键是要保证扇形内四角均为 90°，求出 $\frac{腰弧长}{4}$，其半径公式为 $\frac{腰围}{8}$ +2.5cm，这是求圆弧半径的经验公式，最后要复核腰曲线是否为 $\frac{腰围}{4}$，出现误差时要调整成 $\frac{腰围}{4}$。

设计半圆裙和整圆裙纸样最科学的方法是用求圆弧的半径数学公式，即确定腰围半径求裙腰线的弧长和弧度。圆半径 = $\frac{周长}{2\pi}$，如果把周长理解为腰围，2π 为定量，即 $2 \times 3.14 = 6.28$，那么，整圆裙腰弧长的半径就是 $\frac{腰围}{6.28}$。以此公式所得半径作圆，并交于以圆心作的十字线，该线所分割的 $\frac{圆弧}{4}$ 就是整圆的 $\frac{腰线}{4}$。然后确定裙长、前后中线并作裙底边线。注意，后中线顶点作亚洲型设计时要降低 1~1.5cm，以取得裙摆成型后的水平状态。根据这个公式同时也得到了半圆裙纸样，即整圆裙的直径正好是求半圆裙腰弧长的半径，然后完成半圆裙的裙长、裙底边和前、后中线。

从运用数学方法绘出的整圆裙和半圆裙纸样来看，最能说明制约裙摆的决定因素在于腰线曲度这一原理（图 7-9）。

另外，整圆裙还要作特殊的结构处理。在整圆裙的下摆排料中无论如何都要接触到直丝、横丝和斜丝。由于斜丝的伸缩性大，因此在成型时，处于斜丝的布料要比实际伸长些，这样就会造成裙长参差不齐，为了避免出现这种后果，在正置斜丝的裙底边处减掉一些，一般约 4cm，再逐渐还原到原底边线上，设计者还要根据下摆阔度、分生情况、布料的弹性、织物的疏密度等因素综合灵活掌握（见图 7-9 中的附图）。

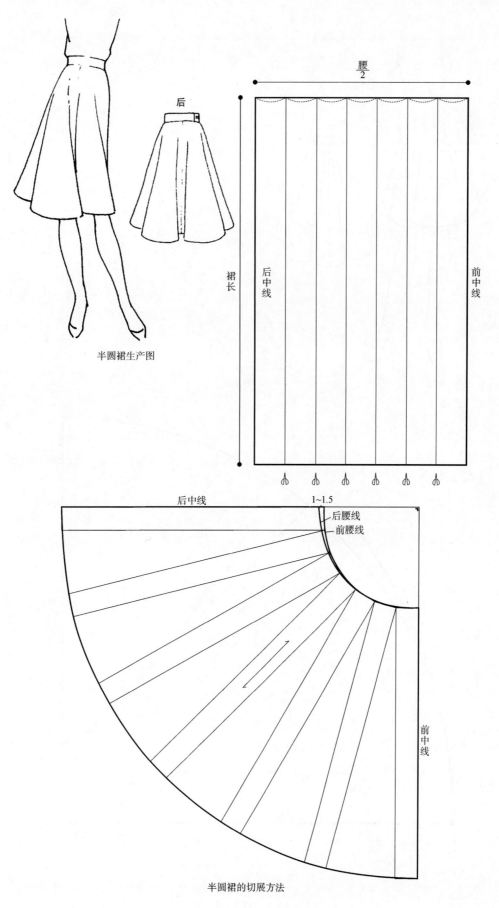

半圆裙生产图

半圆裙的切展方法

图 7-7　半圆裙纸样设计

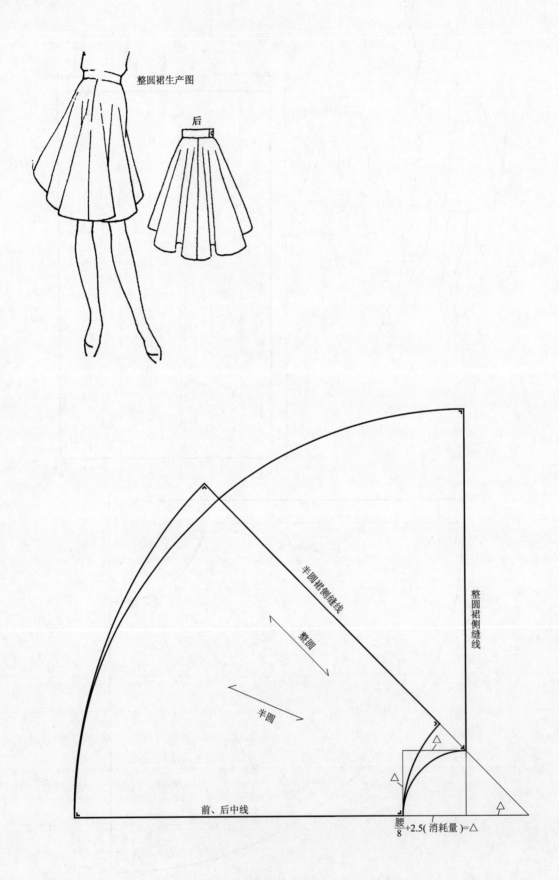

整圆裙生产图

后

半圆裙侧缝线

整圆

整圆裙侧缝线

半圆

前、后中线

$\dfrac{\text{腰}}{8}$+2.5(消耗量)=△

图 7-8 用经验公式完成半圆裙、整圆裙纸样设计

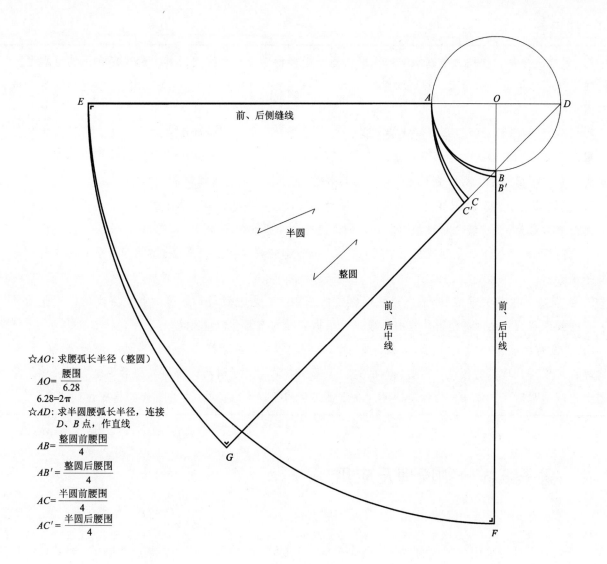

☆*AO*: 求腰弧长半径（整圆）

$$AO=\frac{腰围}{6.28}$$

6.28=2π

☆*AD*: 求半圆腰弧长半径，连接 *D*、*B* 点，作直线

$$AB=\frac{整圆前腰围}{4}$$

$$AB'=\frac{整圆后腰围}{4}$$

$$AC=\frac{半圆前腰围}{4}$$

$$AC'=\frac{半圆后腰围}{4}$$

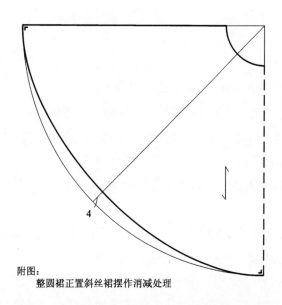

附图：
整圆裙正置斜丝裙摆作消减处理

图 7-9　运用数学方法进行半圆裙、整圆裙纸样设计

§7-1 知识点

1. 廓型、分割和打褶三个基本结构规律在裙子纸样设计中更加突出，其中起决定作用的是廓型，制约廓型的关键是腰线的曲度。廓型的变化范围是从紧身裙（H型）、半紧身裙（A型）、斜裙、半圆裙到整圆裙的不同阶段。

2. 紧身裙的纸样与裙基本纸样大致相同，只是需要对四个相同量的腰省进行微调。根据人体腹凸小于臀凸的实际，将靠近前中线的省量适当减少（约0.6cm），追加在靠近后中线的省量中。两个前、后侧省不变。腰臀差量（总省量）过大时，可取1~20cm设在后中缝作收腰量。

3. 根据腰线曲度制约裙摆量的原理，半紧身裙（A型）是通过裙基本纸样转移1个省为裙摆完成的。侧摆追加量为1个省转化裙摆量的二分之一，使整个裙摆均匀增加。

4. 斜裙纸样裙摆增加是利用裙基本纸样，将2个省都转移成裙摆，侧摆追加量为1个省转移的摆量使其平衡。

5. 半圆裙和整圆裙是在2个省都转移成摆量的基础上，再通过增加腰线的曲度实现的，因此从斜裙、半圆裙到整圆裙之间并没有严格的界限，可根据实际的布幅、造型而定。

6. 半圆裙到整圆裙的纸样设计方法，重要的是合理控制腰线曲度，采用经验法、经验公式、数学公式等都可以得到理想的板型。需要注意的是，大裙摆整圆裙处于斜丝的布料成型后要比实际长些，为了避免出现这种后果，依面料的性能情况，在正置斜丝的裙摆处减掉4cm左右再修顺裙底边线。

§7-2 裙子纸样分割原理及应用

在裙子纸样设计中采用分割线的主要目的是合体、改变裙摆、分解裙片（皮装）、造型等，当然这些目的往往是相互结合体现的，而合体是分割线设计的基础。

1 分割造型的原则

有人认为裙子的分割线纯属是装饰性的，这种理解是片面的。

服装最终是穿着在人体上，因此，服装的分割线与人体的形体特征有着密切的关系。

首先，分割线设计要以结构的基本功能为前提，结构的基本功能是使服装穿着舒适、方便，造型美观。因此，分割线的设计是非随意性的。

其次，竖线分割是使分割线与人体凹凸点不发生明显偏差的基础上，尽量保持平衡，以使余缺处理和造型在分割线中达到结构的统一。

其三，横线分割，特别是在臀部、腹部的分割线，要以凸凹点为确定位置的依据。在其他部位可以根据合体、运动和形式美的综合造型原则去设计。

作为裙子的分割造型原则，上一节谈到制约裙子廓型的因素是腰线曲度，分割裙设计也不能离开这一前提。重要的是把握分割裙的造型特点，分割裙设计要尽可能使造型表面平整，这样才能充分表现出分割线的视觉效果。因此，一般分割裙多保持A型裙（半紧身裙）的廓型特征。在纸样设计中以A型裙的合身程度处理省，以半紧身裙摆幅度为根据，均匀地设计各分片中的摆量。当然，有些裙子的分割线并不是为了表现分割的造型，而是为了达到其实用的目的，这时，裙子的廓型无须保持A型特征。例如，因布幅宽不足以完成整圆裙而出现的分割线，就是基于布料的限制而作的分割；还有皮张的尺寸限制也是造成分割增多的原因。

上述的三个分割造型原则是带有共性的，适用于各种类型服装的纸样设计。设计分割裙除了要遵循上述原则外，还要考虑自身的特殊性。

2 竖线分割裙的设计

现在根据竖线分割裙的实际设计，体会一下分割的原则。

竖线分割裙就是我们通常所称的多片裙。如四片裙、六片裙、八片裙、十片裙等，也可采用单数分割，如三片裙、五片裙、七片裙等。无论是几片分割，根据造型原则作均衡分割的同时，要将腰臀差量（省）也均匀分配在分割线中。

另外，在正式纸样设计之前，在操作方法上，特别是对纸样设计尚不十分熟练的初学者，要掌握这样一个步骤：首先，无论在生产图上反映的结构多么复杂，只要在基本纸样上，依生产图所显示的表面结构线复制到基本纸样中作分割，就会初步确定答案；然后，作分割线中的余缺、打褶等结构处理；最后，把根据基本纸样所设计完成的纸样分离出来制成样板。这就是纸样设计的三步图：基本分割图、纸样处理图和纸样分离图。

例1：四片分割裙设计。图7-10中的生产图表示的为四片分割裙。按照平衡分割的原则，分割线应在前、后中线和两个侧缝上，因此可直接利用基本纸样的前、后中线和侧缝线作分割线。这种分割处理显然使裙摆更平衡，腰臀差量分配均匀。制图方法：将前、后片中各一省的省尖下降到臀围线上，然后转移成裙摆量，并将移省后的前、后腰线修顺为A型裙结构。前、后片另一个省的二分之一分配到前、后中线的分割线中，剩余的省量分别分配到两个侧缝里，使全部省量并入分割线中。侧缝线外翘量采用转省增摆量的二分之一与收半省的侧缝顺接，要注意的是前、后中线分割线只并入省量，不增加裙摆，这是因为A型裙的前、后摆不宜翘起。裙摆加量的总和要掌握在A型裙和斜裙之间。最后设计净腰围的腰头，在后中线上端设开口搭门。A型裙因转省增摆量而产生腿部活动空间，因此不需要设计开衩。

例2：六片分割裙设计。六片裙是以两侧缝为界前、后各分三片。按照平衡的造型要求，前、后片的两条分割线，应在各片靠中线的三分之一等分点上，因此前、后中线处无分割线，用虚线表示。这种只考虑分割平衡的造型同合体原则并不矛盾。因为人体臀、腰的凸点排列在一线区域，因此分割线只要通过该区域就可以作余缺处理，当然根据造型需要也可以作不平衡分割。两省的分配应为：一个半省并入分割线，并在分割线上增加裙摆，摆量为侧缝增摆量的二分之一；另外半省并入侧缝，增加侧摆4cm并修顺侧缝线（图7-11）。

分割裙中侧缝和前、后所设分割线中，追加的裙摆量之间有什么关系？其前提是，各增加了裙摆量之后，应呈现A型裙和斜裙之间的廓型特征，如果按人体髋部特征衡量，其正面宽、侧面窄、截面呈椭圆形。半紧身裙的造型并不是追求正圆台体，而是椭圆台体。椭圆台体较平缓的部位是前、后身，越靠近侧体隆起越明显。从这个意义上说，越靠近前、后中线的分割线所增加的裙摆量越小，相反靠近侧缝的分割线，增加的摆量就越大。六片裙和八片裙都是根据这种平衡原则设计的，作为半合体的竖线分割裙，无论设计几条分割线，均适用此原则。同时它对应的腰线特征也是如此，即靠近前、后中线的腰线曲度小，两侧腰线曲度大。当然，这种结构处理更适合较合身的裙子造型。

例3：八片分割裙设计。八片裙的分割以侧缝线为界，前、后各分四片。分配省时，将一个省并入四分之一

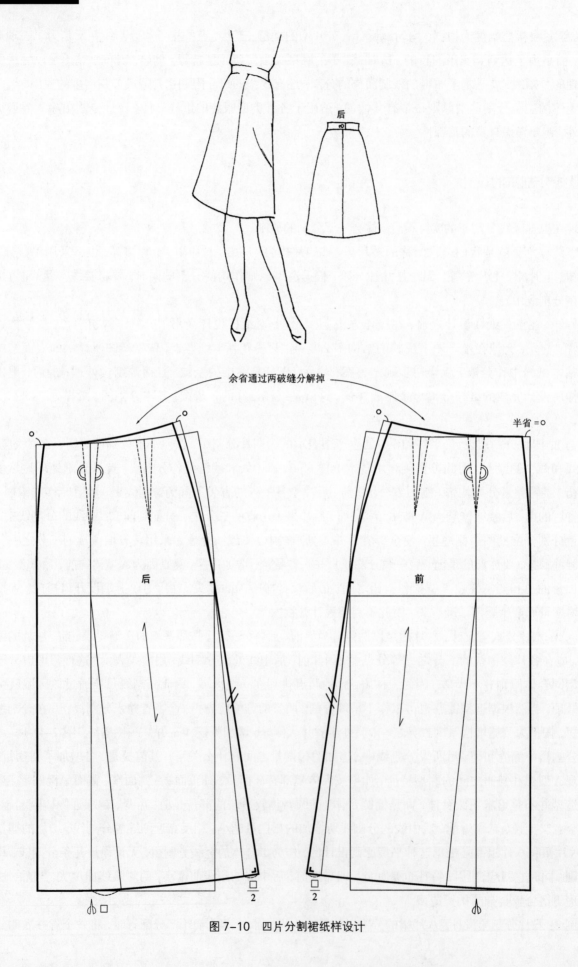

图7-10　四片分割裙纸样设计

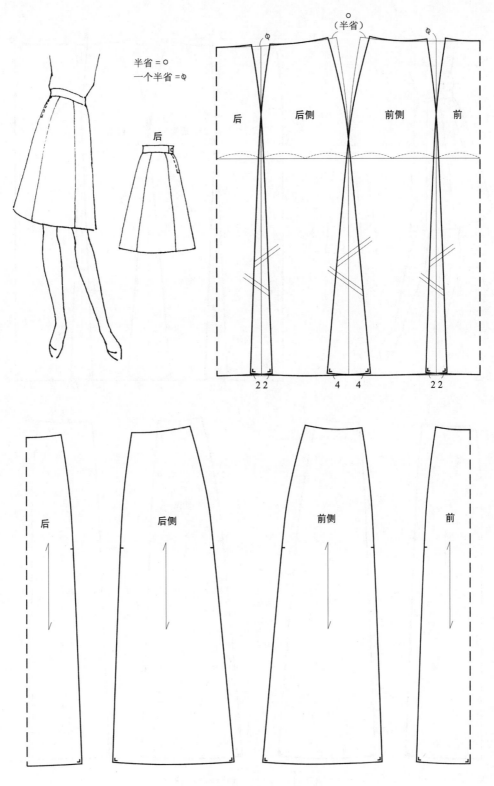

图 7-11　六片分割裙纸样设计

分割线中，另一个省的二分之一并入前、后中线的分割线，另外二分之一的省作为修正侧缝线的省量。各分割线中的裙摆翘度分配应以侧缝增幅最大，四分之一分割线次之，前、后中线为零（图 7-12）。

从理论上讲，裙子的竖线分割可以无限地分割下去，而且分割的单位越多造型越好。但是对于实际生产、材料特性和结构本身都没有必要，关键是设计者要恰当地理解材料的性能和分割线的最佳结合与表现，掌握

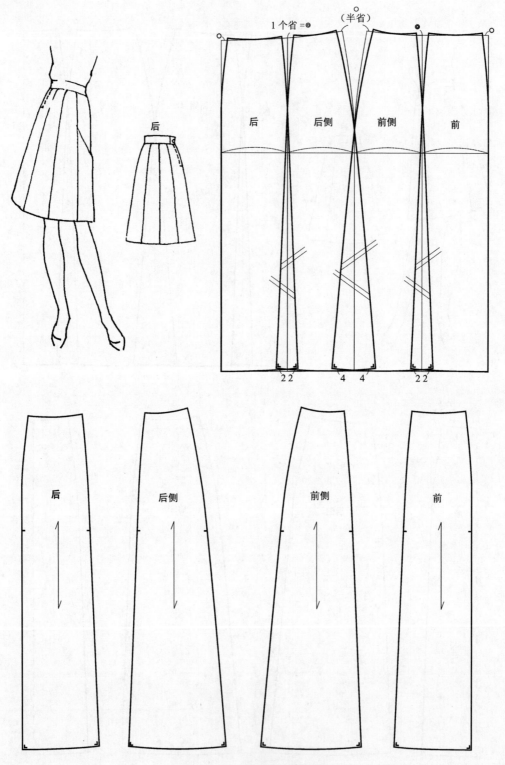

图 7-12　八片分割裙纸样设计

省和裙摆量合理分配的规律。分割线与面料性能结合的恰到好处才是结构设计的终极目标。

3　裙子的育克与交叉分割

裙子的育克指在腰臀部作断缝结构所形成的中介部分。育克的设计往往以保持造型与人体的吻合为目的，表现出特有的性格。特别是在腰臀部位，更显出其魅力，因为腰臀的曲线最能展现女性的特点。同时，在纸样设计中与竖线分割的结合会极大地丰富它的表现力。

例1：裙子一般育克与竖线分割的设计。从图7-13中的两款裙来看，前者为典型的育克设计，后者的育克线和竖分割线都具有省的作用。这种设计强调了功能性与装饰性的统一。

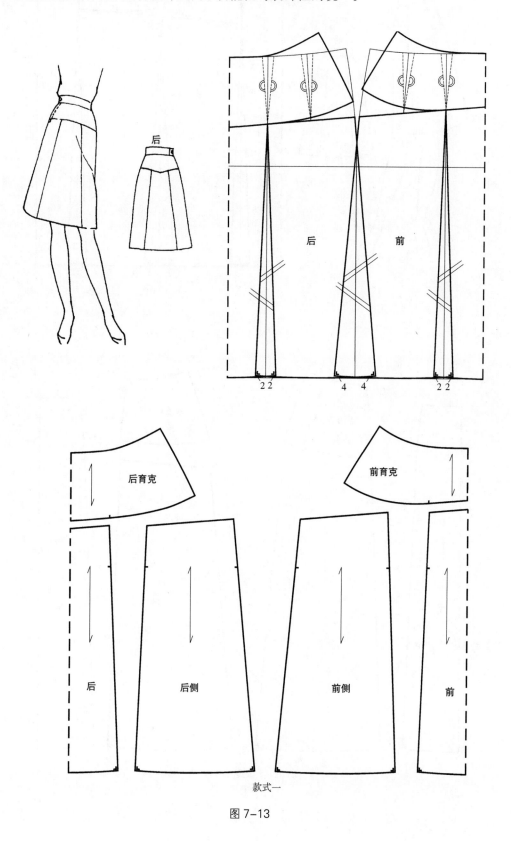

款式一

图 7-13

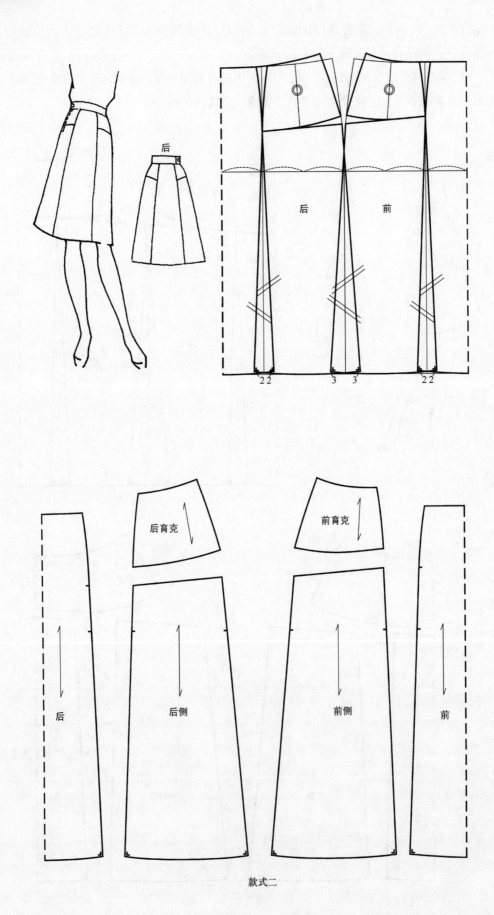

后

后　　前

2 2　　　3 3　　　2 2

后育克　　　前育克

后　　后侧　　　前侧　　　前

款式二

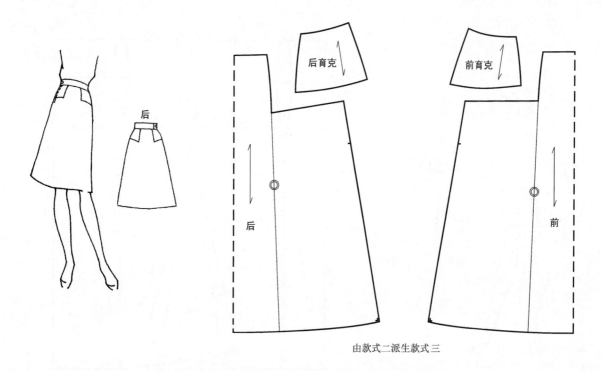

由款式二派生款式三

图 7-13 裙育克与竖线分割纸样设计及优化系列纸样处理

图 7-13 系列款式设计中的款式一裙育克线是通过前、后四个省尖的位置作横线分割,通过两次移省后修顺腰线和育克线。育克以下部分作六片裙竖线分割,然后增加侧缝翘度 4cm、分割线翘度 2cm,开口设在右侧。如果改变一下育克的分割形式就能得到款式二。

款式二的育克线和竖分割线的形式与款式一相反。其两条竖线直通至腰线,育克被分割在两侧。显然,两条竖线分割正是六片裙的设计,把其中一个省并入竖分割线中,并增加裙摆 2cm。另外一个省转移到育克线中,修顺育克线和腰线。最后增加侧摆 3cm,完成全部纸样。

从这两款裙的结构分离图来看,横竖线分割的基本作用点是要达到合体和分配的统一,这种分割线在服装纸样设计中意义很大,因为纸样中的线条设计,总是要塑造和改变原有立体的形式。按照这种思路,我们对某些分割线进行评估会发现并没有太大意义,如款式一的两条竖分割线完全可以整合,款式二也有这种可能,因此由款式二纸样通过整合优化派生出款式三。这是一种很有效的优化系列纸样设计方法。

例 2:过腰裙设计。过腰裙设计是一个高腰的育克结构。由于过腰正置于腰部的一定区域内,其合身性则决定了分割线必须具有塑形的作用。因此,这时的横竖分割线不是可有可无,而是必要的。

图 7-14 系列款式设计中,过腰中竖分割线是为作收腰设计的,下边育克线离臀省尖 4.5cm,高腰线设定后(6cm),以下边育克的位置对应设计确定过腰侧边的收腰状态。过腰的竖分割线中用一个半省收腰,处理成菱形结构,剩余的半个省可以在侧腰缝中去掉,也可以含在过腰中为松量。也就是说,过腰结构可以保留一小部分松量,这是它的实用功能所决定的,而且过腰的范围越大,越要考虑腰部的松量问题。过腰与下半部分的连线作成稍有弧度并与侧缝线构成直角。育克线以下部分的剩余省移成裙摆,或直接加大弯线余省在侧缝修掉使上、下断缝线长度相同。最后增加侧摆 3cm 并修顺侧缝线,修正过腰上边线并与侧腰线为直角。

过腰裙设计可以说在裙子的横竖分割中是最有意义的,如果运用相同结构线可以合并的方法仍有很大的优化空间。不过它更多的是与各种打褶结合使用,这样可使裙子的变化更加多姿多彩。

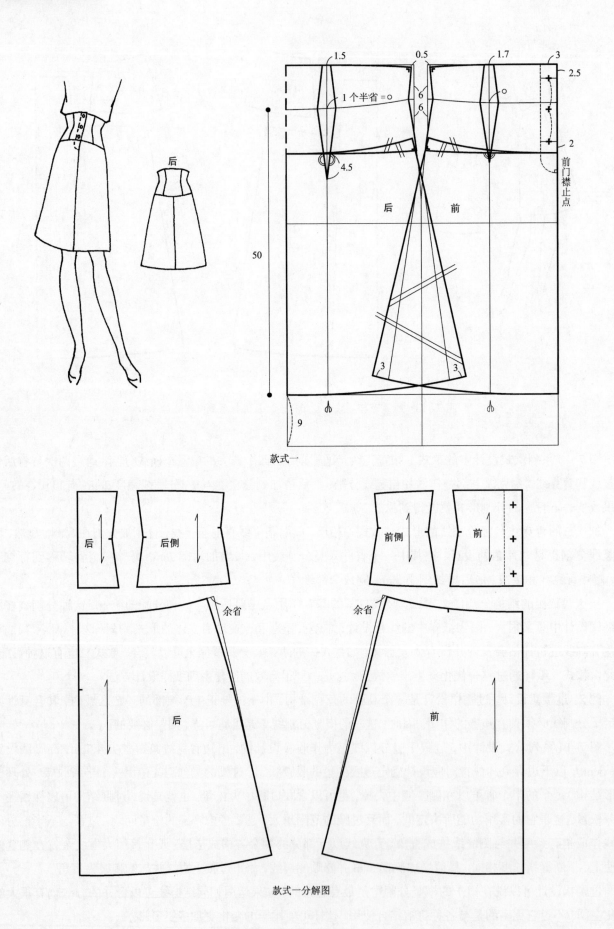

款式一

款式一分解图

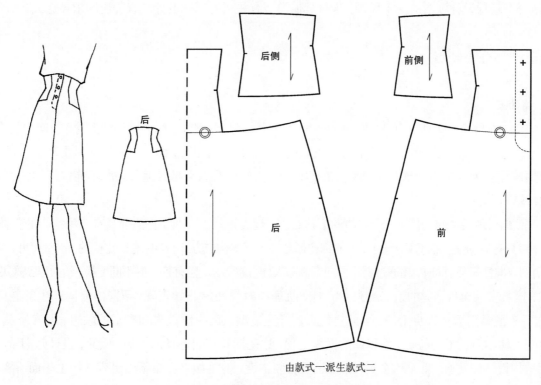

由款式一派生款式二

图 7-14 育克与过腰裙系列纸样设计

§7-2 知识点

1. 分割造型的三原则：第一要以穿着舒适、方便和造型美观为前提，避免分割线设计的随意性；第二竖线分割在与人体凹凸点不发生明显偏差的基础上，尽量保持平衡分布；第三横线分割以人体凸凹点为确定位置依据，结合其他原则综合运用。

2. 成品纸样设计的三步图：基本分割图、纸样处理图和纸样分离图。

3. 在分割裙中追加各分割线裙摆量之间的比例，首先分割裙最适合在半合体的A型裙中表现，A型裙比较合体，人体髋部特征呈椭圆台体，为了与此相匹配，越靠近前、后中线的分割线所增加的裙摆量越小，相反靠近侧缝的分割线增摆量越大，这样使裙摆截面呈椭圆形，如果平均分配摆量而接近正圆。

4. 在分割裙设计中，分割本身不是目的，发挥分割的作用（功能）才是目的，如解决材料不足、塑型、简化工艺等。因此，当分割线出现两片缝线状态完全相同的时候就可以拼合起来整合优化结构。可见作分割是一种功能与美学结合很紧密的造型手段，而削减无意义的分割是高明的设计，这在系列纸样设计技术中尤为重要。

§7-3 裙子纸样施褶原理及应用

褶在女装设计中应用广泛，且更加系统，表现力更强还是在裙子中。因此，本节利用裙子纸样设计的机会，系统地分析纸样设计施褶的基本原理，这对其他类型有关褶的纸样设计具有普遍的指导意义。

1 褶的造型与分类特点

（1）褶的造型

我们知道，省和分割线都具有两种性质：一是合身性；二是造型性。从结构功能上看，打褶也具有这两种性质。换句话说，省和分割线可以用打褶的形式取代，它们的作用相同，而呈现出来的风格却不一样。这就是说褶的作用同样是为了余缺处理和塑形而存在的，然而褶的造型意义是其他形式所不能取代的，这就是褶所具有的独特魅力。

首先，褶具有多层性的立体效果。施褶的方法很多，但无论是哪一种，它们都具有三维空间的立体感。

其次，褶具有运动性。在打褶方式上，它们都遵循着一个基本构成方式，即保有固定褶的一方，而另一方自然打开。因此褶的方向性很强，同时，褶通过特定方向牵制随人体自然运动，富有秩序的不断变换，给人以飘逸灵动之感。

第三，褶具有装饰性。褶的造型会产生立体、肌理和时间性的奇妙表现（不同的时间产生的装饰效果不同），而这些表现是附着在人身上的，因此会使人们产生造型上的视觉效果和丰富的联想。也就是说，褶的造型容易改变人体本身的形态特征，而以新的面貌呈现，这是褶具有装饰性的根源。因此，设计师们常常采用丰富的施褶结构设计晚礼服，就是这个道理。褶虽具有装饰性，但是如果运用不当也容易产生华而不实的感觉。总之，施褶设计虽出效果，但要因时、因地、因人来综合考虑，这就需要理解褶的种类特性。

（2）褶的分类特点

褶的分类大体上有两种：一是自然褶；二是规律褶。自然褶具有随意性、多变性、丰富性和活泼性的特点；规律褶则表现出有秩序的动感特征。前者是外向性的、华丽的；后者是内向性的、庄重。由此可见，设计者对褶的性格认识和使用应有所选择。

①自然褶：本身又分为两种，即波形褶和缩褶。所谓波形褶是指通过结构处理使其成形后产生自然、均匀的波浪造型，如整圆裙摆（图7-15）。缩褶是指把接缝的一边有目的的加长，其余部分在缝制时缩成碎褶，成形后呈现有肌理的褶纹（图7-16）。

图7-15　波形褶裙

图7-16　缩褶裙

②规律褶：也分为两种，即普力特褶和塔克褶。普力特褶（Plait）在确定褶的分量时是相等的，并用熨斗固定。塔克褶（Tuck）与普力特褶所不同的是，它只需要固定褶的根部，剩余的部分自然展开，像有秩序地制作活褶一样（图 7-17）。

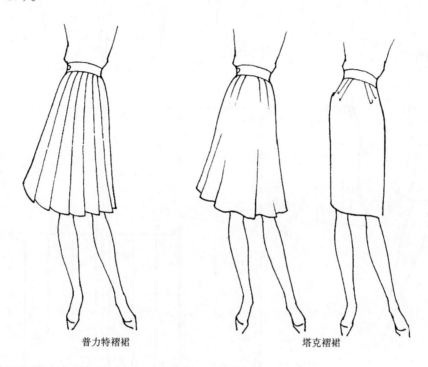

普力特褶裙　　　　　　　塔克褶裙

图 7-17　规律褶裙

另外，从褶的工艺要求来看，无论是自然褶还是规律褶，一般与分割线结合设计，这是因为必须将褶固定，才能保持住它的形态，分割线便具有这种功能。

由于褶的这些特点，最适合运用在裙子的设计中，因此，褶在裙子的纸样设计中运用得最广，而且有它独特的表现方法。

2　自然褶裙的设计

（1）波形褶裙

波形褶裙无论是功能性的，还是装饰性的，其原理都出自增加裙摆的变化原理，即影响裙子外形的是裙摆，制约裙摆的关键在于腰线曲度。如果将其应用到单位分割的局部波形褶结构中也适用这个规律。

例 1：利于行走的波形褶裙。从图 7-18 的生产图中可以看出，波形褶裙的整个设计还是属于紧身裙，不过为了改变以往一般紧身裙的形式，采用下摆两侧直线分割的波形褶设计，使其达到功能性和装饰性的统一。在纸样设计中，除去波形褶的部分，仍和紧身裙的处理方法相同。关键是被分割的波形褶部分，要正确判断褶量再修正它。应用切展的方法，褶量增加得越多，其对应分割线的曲度越大；对应线分割的形式越复杂，其变形也就越大，但总长必须保持不变。本书图 7-19 的拓展系列出现的切展方法均按此法处理。

例 2：弧形线分割的波形褶裙。图 7-19 中所示的波形褶的对应线，用弧形线分割，这样在纸样设计上同例1就大不相同了。如果用曲线和直线结合的形式分割，通过切展增褶处理，该线的变形更为复杂。因此，设计者熟练地掌握切展方法是非常重要的（见图 7-19 中系列设计）。

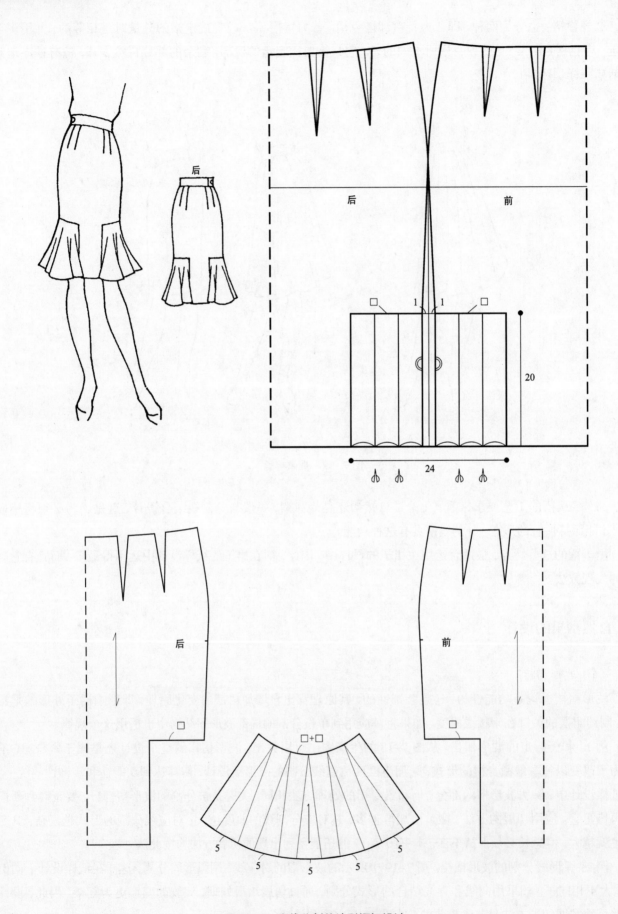

图 7-18　直线分割的波形褶裙设计

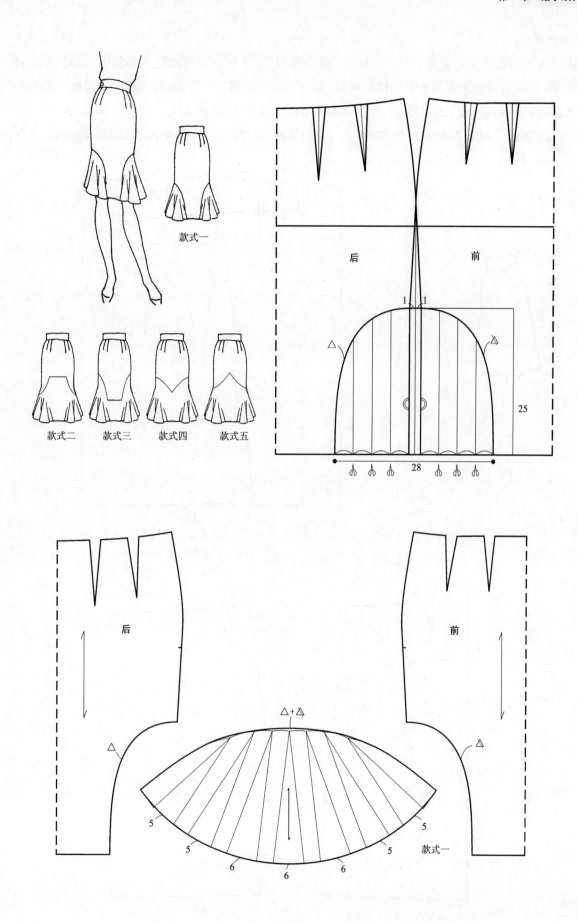

款式一

款式二　款式三　款式四　款式五

后　前

后　前

款式一

图 7-19　弧形线分割的波形褶裙及系列设计（款式二 ~ 款式五生产图为课外作业）

（2）缩褶裙

缩褶裙比波形褶裙的变化更为丰富，因为它的使用范围较广，如它可以取代省的作用，也可以结合波形褶的表现效果。在设计原理上它与波形褶结构相反，即裙摆的对应线，正是要增加褶的线，因此，该线的变形与波形褶裙摆对应线曲度相反，长度增加，而且缩褶量增加得越多，其反差越大。

例1：育克缩褶裙。如图7-20中的生产图所示，育克缩褶裙的廓型与 A 型裙相似。腰部设较窄的育克，育

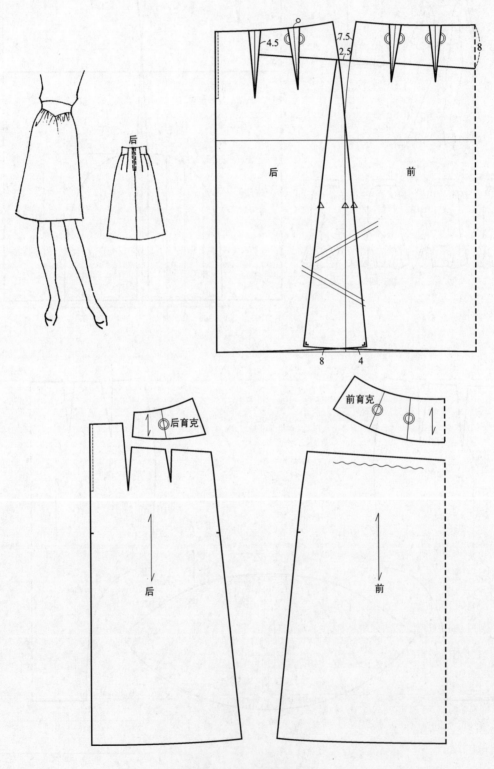

图 7-20　育克缩褶裙设计

克相接的前身断缝是缩褶部位。后身作部分育克和余省保留的处理。前身缩褶的纸样处理是在余省的基础上追加设计量确定的。对缩褶造型的理解主要在设计量的选择上，重要的是当随意设计缩褶量时，必须考虑变形后的纸样边线和角度应能够还原到最初的分割形式上，自然放褶量不宜太多。如本例的增褶量是 2.5cm，加上余省构成全部缩褶量。当设计完之后，它所影响的夹角、侧缝长度等与原分割时相同。

例 2：有省作用的缩褶裙。图 7-21 是一个将腹省变成缩褶的紧身裙设计。

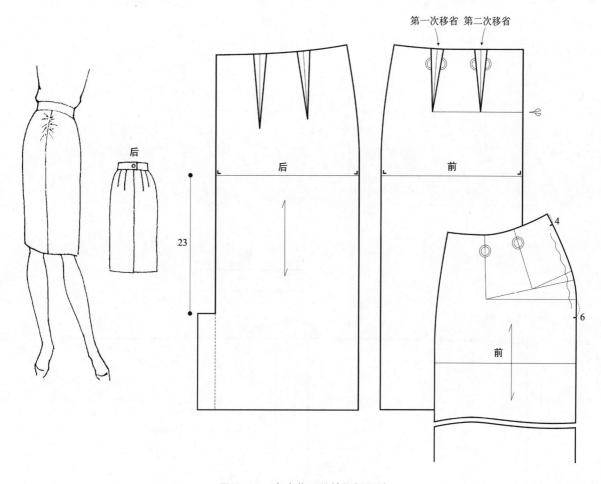

图 7-21　有省作用的缩褶裙设计

我们在学习省移原理时，往往只选择省的一种形式的不同位置。实际上省移原理具有普遍性，只要不失其作用，任何形式都可以采用，也就是说，省移原理具有不同位置的多种形式选择。缩褶就是省线形式转化最常见的形式。

本例生产图中的缩褶部位在腹部，显然，前身全部省量转移到了前中线。重要的是，缩褶应是自然均匀而确定的，因此移过去的全部省量，要用对位符号根据腹凸的对应部位标出缩褶区域，并用圆顺的曲线绘出。后片的结构和紧身裙相同。

例 3：波形缩褶裙。如图 7-22 所示，缩褶的波形裙在造型上兼有两种褶的特点，在纸样处理中应兼顾设计。由于结构简单，不需要借用基本纸样。根据生产图显示，裙子的腰部在增加缩褶量的同时，还要增加裙摆量（波形褶）。在加工时，要使腰部的缩褶量均匀地固定在腰头上，使裙摆自然形成波浪。不过，腰部缩褶量和裙摆波形褶量的设计，完全取决于造型要求。但是当裙摆褶量增幅更大时，则要采用内角均为 90° 的扇形结构（更多信息参阅《女装纸样设计原理与应用训练教程》相关内容）。

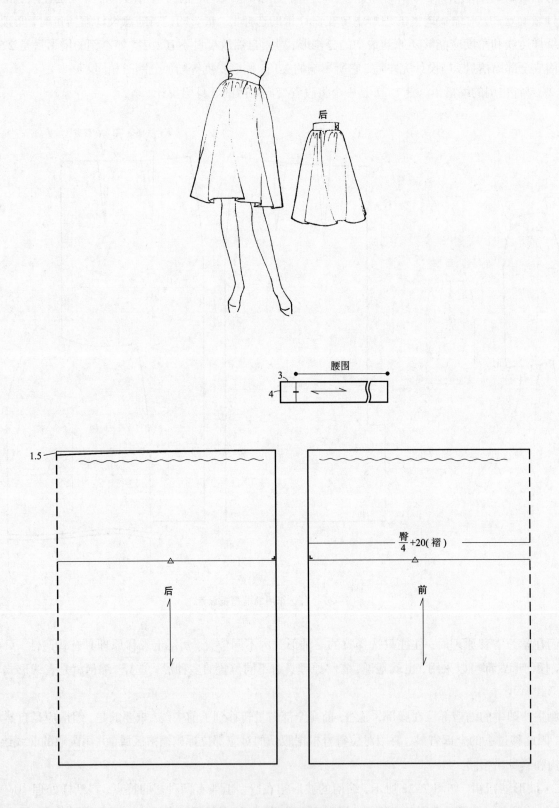

图 7-22 波形缩褶裙设计

3　规律褶裙的设计

（1）普力特褶裙

当设计普力特褶裙时，须注意以下几个问题：

第一，在设计臀腹部的普力特褶时，要考虑省量在各褶中的均匀处理（参见图 7-23）。

第二，各褶量从上至下，一般要平行追加，这主要是使布丝方向总是和任何一个褶保持一致，有条格的布料更应如此，因此，这种结构所形成的纸样呈长方形，可以使用料很多的活裥结构拼接自如，从而大面积节省布料。另外，暗褶量最大不能超过明褶两倍，否则会出现双重叠现象（这是要尽量避免的）。

第三，所有的褶裥都需要熨烫定型，因此，布料应选择有一定化纤成分的混纺织物。

例 1：普力特褶裙。图 7-23 是一个典型的普力特褶裙的设计。其特点是，褶的方向都倒向左手一边，而且整个裙子充满了褶，臀腰部的褶比较服帖，褶摆自然打开排列。为此，在纸样处理上，臀腰之差不仅要平均分配到各褶中，而且要将腰至臀线上约 12cm 段褶缝采用缂暗线固定，这样可使臀部显得平整而丰满。以下活褶熨烫定型，由于布料的张力，没有被缂线固定的褶，从上至下自然打开。因此，活褶虽然是平行追加的，但这种特殊工艺使其成形后仍显出富有空间感的 A 型裙特征。

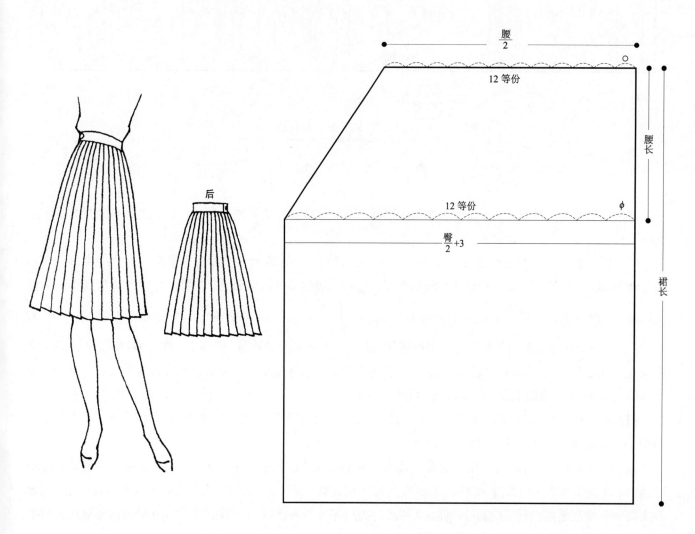

图 7-23

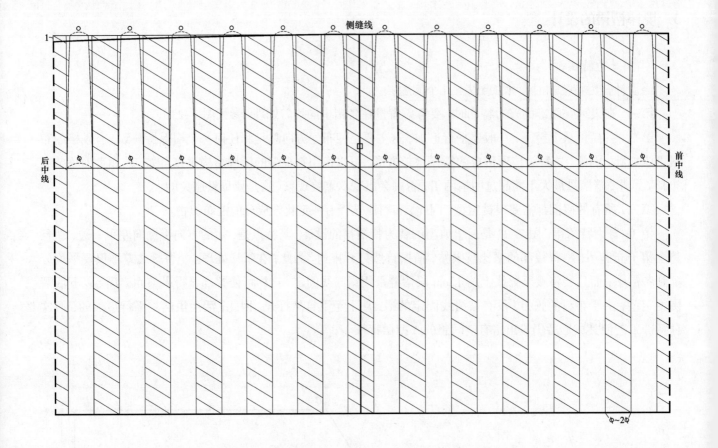

图 7-23　普力特褶裙设计

普力特褶裙的纸样设计，不需要利用基本纸样，因为直接设计更简便容易，但裙子的基本造型要始终记在脑子里。

生产图上所示的褶裥总数是 24 个，如果用半身纸样设计，就是 12 个褶。首先求出二分之一臀部加 3cm 松量和腰部的差，只求出腰部和臀部实际的用量，它们之间的差也就得到了。在腰长尺寸上端垂直作一半腰围线段，在臀围线上作 $\frac{臀围}{2}$ +3cm（放松量）的线段，然后引出裙长作成斜梯形。把腰臀两条线长度各作 12 等份，它们每对出现的差量就是腰臀总差量所平均的部分。把各折叠的褶量（暗褶）夹进每个明褶之间，同时把差量也并入暗褶，注意折叠的褶量不能大于明褶宽的两倍，以避免褶的双重叠。最后从后中线顶点下降 1cm 重新修正后腰线，在侧缝设开口，完成前、后两片纸样。

褶裥数量的选择，可以随意而定，但无论设多少，腰臀差量都要设法均匀地追加到每个暗褶里。当然，不做用于合身的褶裥设计也就没有必要做这种处理。

例 2：局部普力特褶裙。图 7-24 是普力特褶与分割相结合应用于裙子的局部设计，该普力特褶是起运动功能的。其造型基本采用紧身裙结构，只是在腰部采用连腰（无腰头）设计。普力特褶不具备合身作用，因此只需要平行增褶便能达到其应有的功能。这种风格的局部普力特褶裙，也可以在图 7-19 局部波形褶裙系列中通过普力特褶处理来实现一组普力特褶裙系列。

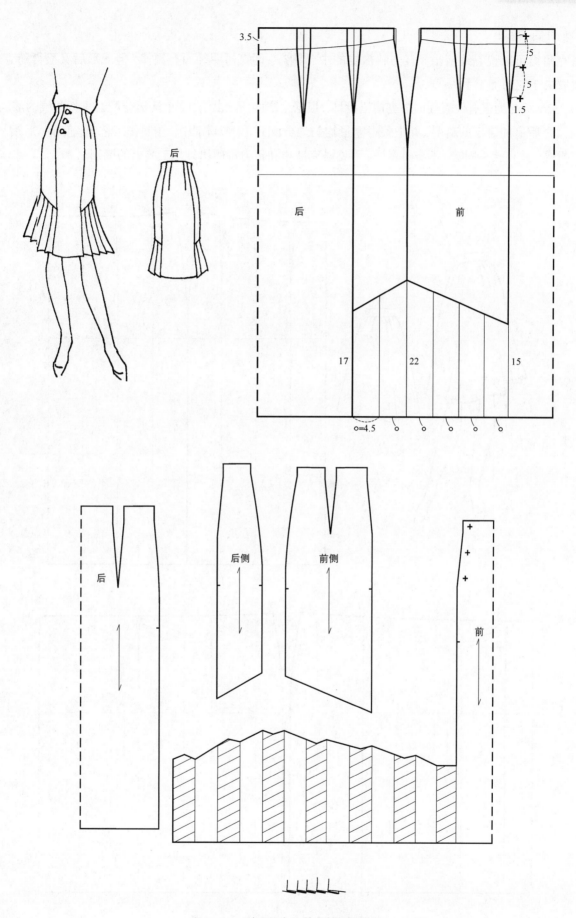

图 7-24　利于行走的普力特褶裙设计

（2）塔克褶裙

塔克褶裙可以说是缩褶裙和普力特褶裙的中介状态。即打褶明确而有规律，但成形后又显得随意自然，这主要取决于它的加工手法。

图 7-25 所示为很有代表性的塔克褶裙设计。根据生产图所示共有 12 个活褶分配在靠近两侧的前、后身。确定褶位之后追加设定的暗褶，并把腰臀差量均匀地分配到 12 个暗褶中。在制作工艺上，使前、后褶从中间向两侧折叠，并在腰头固定，不需要熨烫。可见塔克褶裙和普力特褶裙只是工艺上的区别。

图 7-25　塔克褶裙设计

综上所述，裙褶的应用是极为广泛的，打褶的手法也多种多样。如果我们回顾一下褶裙的纸样设计过程和变化规律，不难发现，褶裙结构往往不是孤立存在的，不仅褶的本身可以互相转化、组合，而且它更大范围地伴随着分割线设计。这就是裙子纸样的综合表现特征，合理地利用这种综合手段，可以使裙子设计进入一个新的造型世界。

§7-3　知识点

1. 褶造型的三种特性：多层性的立体感；随人体自然活动的运动感；富有肌理和时间性的装饰感。因此，褶常用在华丽风格的服装（如晚礼服等）设计中。

2. 褶分自然褶和规律褶两类。自然褶分波形褶和缩褶两种，表现为随意性、多变性、丰富性和活泼性的特点，风格华丽；规律褶分普力特褶（风琴褶）和塔克褶（活褶）两种，表现为有秩序的动感特征，风格庄重。由于这些特点，褶最适合运用在裙子设计中，且有独特的表现方法。

3. 波形褶裙主要结合增加裙摆的设计，纸样设计多结合分割线采用切展方法。

4. 缩褶裙与波形褶裙的纸样处理相反，主要结合腰省的设计。缩褶的依赖性很强，它与分割线、波形褶常常相伴相生。

5. 普力特褶裙纸样设计要注意的问题：一、褶在臀、腹部有分布时，要进行省量在各褶中的均匀处理；二、各褶量从上至下要平行追加，这样才能保证每个褶处于直丝状态，且暗褶量不得超过明褶两倍；三、所有褶裥都要熨烫定型，故布料应选择有一定化纤成分的混纺织物。

6. 塔克褶裙纸样处在缩褶裙和普力特褶裙的中介状态，有时板型在外观上与它们完全相同，只是工艺上有所区别，即工艺符号的表达不同。

§7-4　组合裙纸样设计

组合裙表现为结构上各元素有机结合的综合特征，而不是简单的拼凑。通常是由分割线和褶的方式组合，即分割线与自然褶、分割线与规律褶、自然褶和规律褶与分割线的共同组合等。在组合过程中，不同的造型应选择不同的结构原理，虽然有的结构分类不太明显，但是如果细致、认真地分析，它们不过是某种结构的变体或中介。这种学习的过程，可以积累丰富的经验，往往也能极大地启发设计者的思路和想象力，这就是本节的目的。

1　分割线与自然褶的组合裙

由于分割线与褶的造型效果个性分明，在确定分割线与褶组合设计之前，必须做以下分析：首先要确定设计的主题或主次关系，也就是说这两种形式的组合应确定一个主要造型结构；其次是对具体结合方式的结构进行分析并作出选择。基本方式有三种：一是以表现分割线为主，在结构上需作余缺处理，并要充分表现分割线的特征，褶则起烘托分割线的作用；二是以表现褶为主，分割线只是为打褶所作的必要手段；三是分割线和褶并重的选择，当这两种形式并重时，在结构处理上应造成浑然一体的效果。鱼美人裙设计就是这种结合的成功之作。

例1：波形褶与分割线的组合裙。如图7-26所示，从生产图中可以判断，设计主要表现的是波形褶，而分割线则成为表现自然褶的手段，并使其上部分合体。在纸样设计中，分割线以上用贴身结构，使一个省并入侧缝，侧腰线翘起画顺，保留另外一个省。分割线以下波形褶裙摆量较大，用波形褶结构切展原理完成。由于前、后波形褶结构相同只需完成一片即可。

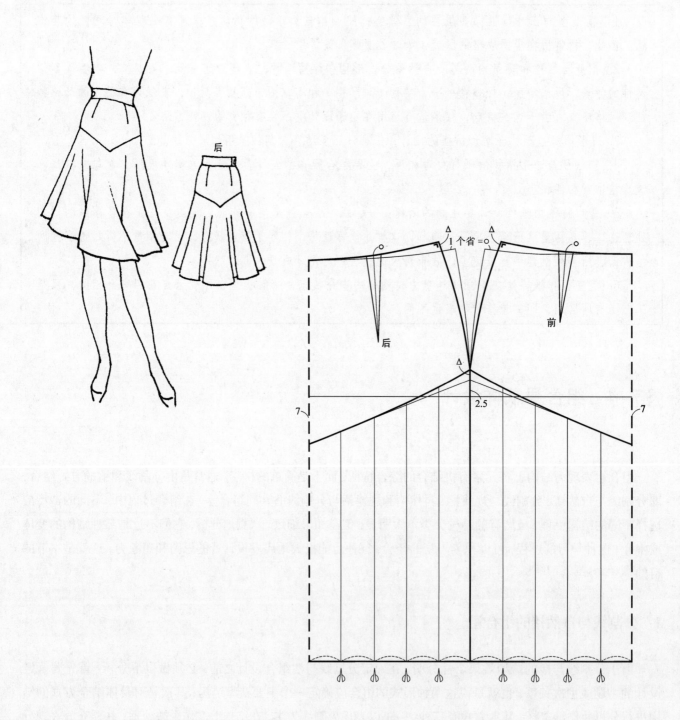

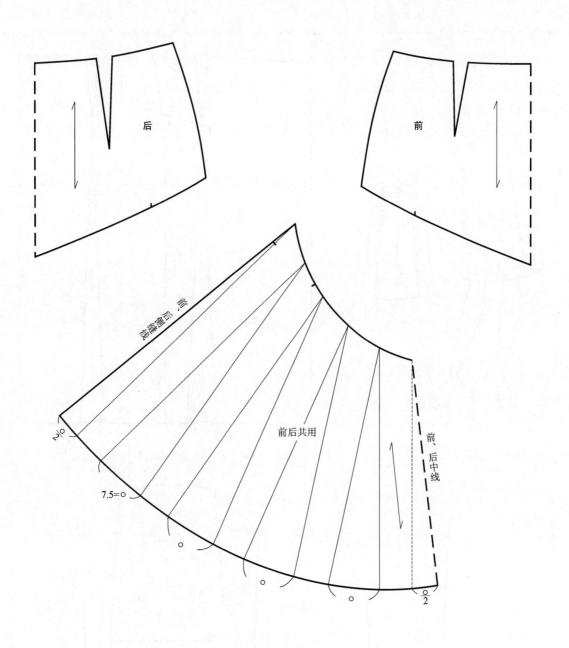

图 7-26　波形褶与分割线的组合裙设计

例 2：分割线与缩褶的组合裙。图 7-27 中的生产图显示，该设计以分割线为主，形式为不平衡分割，成为前身一片、后身两片、侧身各一片的五片结构。缩褶的部分在侧腰，将前、后两省和侧缝省合为缩褶量，使分割出的侧裙袋增加立体感和实用性。在两侧分割线中并入另一个省，并增加裙摆成为 A 型裙廓型，开口设在后腰中线上。

例 3：自然褶与分割线的组合裙。图 7-28 所示生产图中虽表现出三线分割，但这种分割结构纯粹是为了自然褶的加工而设计的，所以两种元素结合的天衣无缝自然褶是缩褶和波形褶的综合形式，因此在纸样处理上也是兼并的。由于该结构的宽松程度较大，可利用直接采寸的方法设计。这种有节奏的多褶设计，集华丽、飘逸、自然于一身，因此，多用在礼服和半正式裙装的设计中。

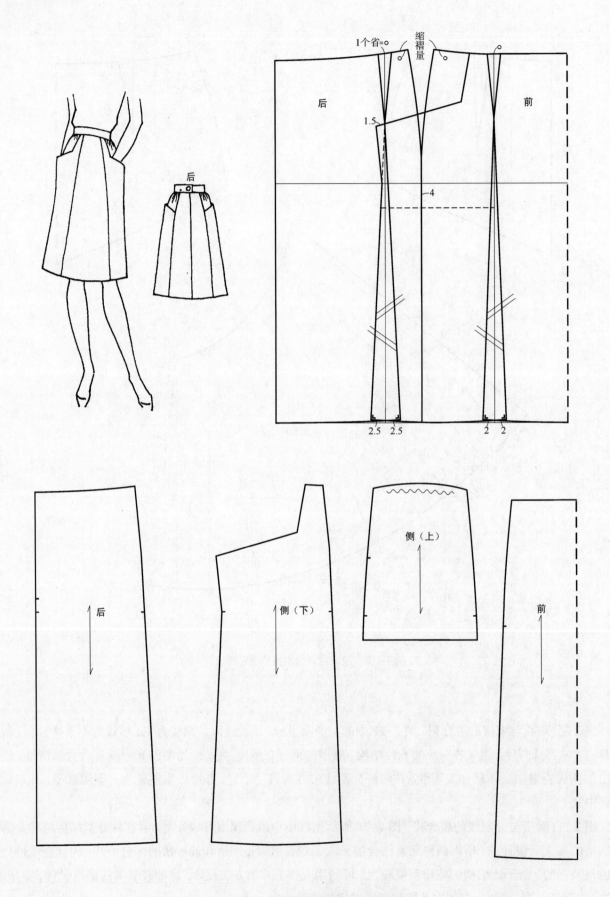

图 7-27　分割线与缩褶的组合裙设计

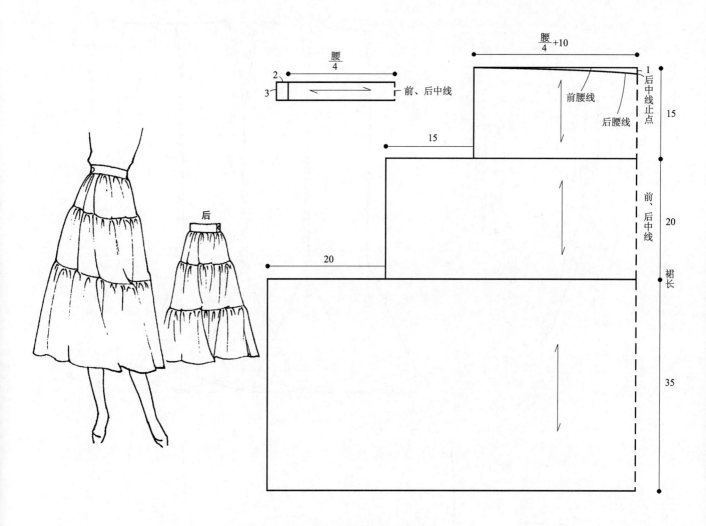

图 7-28 自然褶与分割线的组合裙设计

例 4：鱼美人裙设计。如图 7-29 中的生产图所示，这种裙因颇似鱼的造型而得名。其设计表现为分割线和波形褶并重结构。为了强调臀部的流线型和裙摆的飘动感，要采用多片分割和逐渐均匀增摆的处理方法。在纸样设计上以八片分割裙为基础进行。首先把腰部省量均匀地分配到分割线中，并将各分割线在膝关节的位置（髌骨线）收缩 0.5cm，使臀部曲线自然流畅、造型丰满。分割的每片下摆向两边对称起翘 10cm，其功能是便于行走和增加动感。从整体造型上看，上部显得安静而流畅，下部则灵动而飘逸，给人以亭亭玉立之感。在材料选择上要用悬垂性较强、含天然纤维较多的中厚织物。

2 分割线与规律褶的组合裙

分割线与规律褶，由于各自的性格相近，因此它们的组合容易达到统一。可以这样理解，分割线是规律褶的平面形式，规律褶则是分割线的立体表现。由此可见，强调平整洁净和有秩序的立体造型是这种组合的初衷，同时又可促进两种因素的对比，从而表现出更鲜明的个性。

例 1：分割线与褶裥的组合裙。图 7-30 是一个育克和褶裥组合的设计。生产图中的横线为育克线，通过两个省的转移完成育克结构。剩余在分割线以下的省并入暗褶中。育克以下前、后身共设 8 个对褶，从断缝到臀

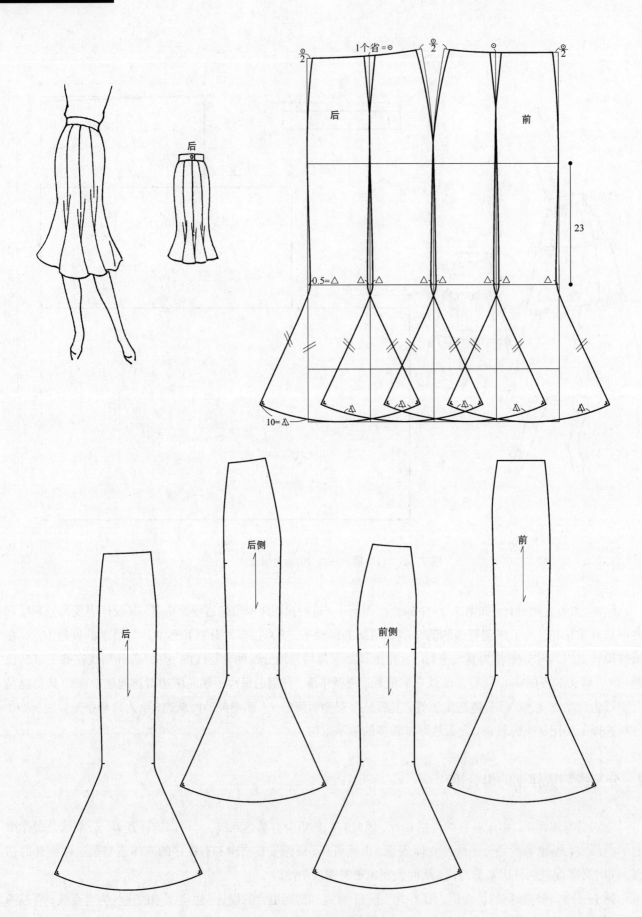

图 7-29　鱼美人裙设计

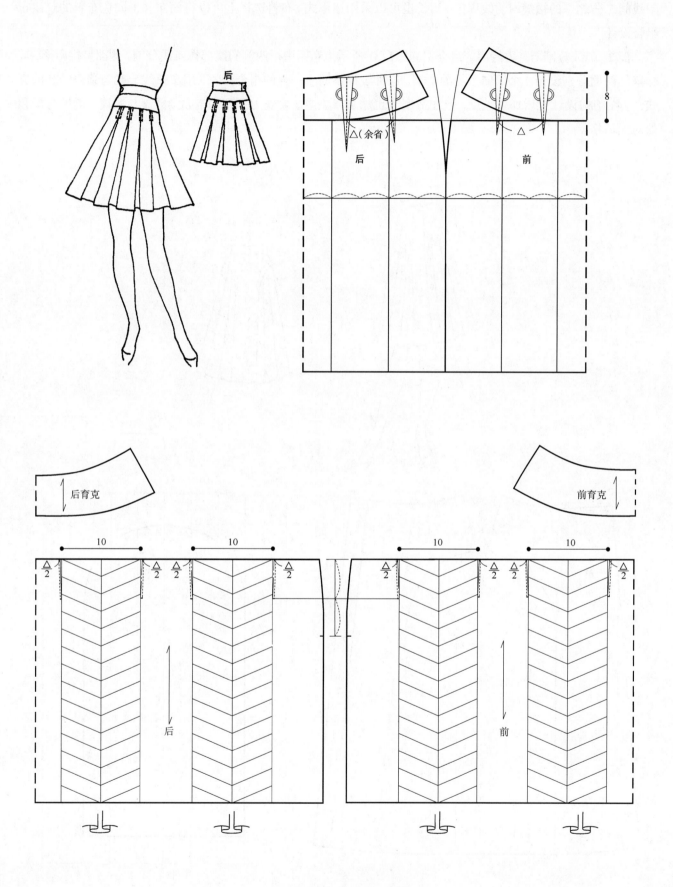

图 7-30　分割线与褶裥的组合裙设计

围线间二分之一的褶缝缉明线固定,裙长也可以采用迷你式。布料选择上可以将面布和不同色布料的暗褶布组合设计。

例2:弧线分割与普力特褶的组合裙。图7-31所示生产图中裙两侧的髋部作弧线分割,侧面呈拱门形,被分割的两侧分别设计7个倒向后身的褶裥。这种设计不同于一般的组合,它采用了弧线分割与褶裥结合的方式,这在结构设计上增加了难度,但在造型上也增加了新意,表现为平整与起伏、舒展与紧凑、挺拔与柔和的对比风格。

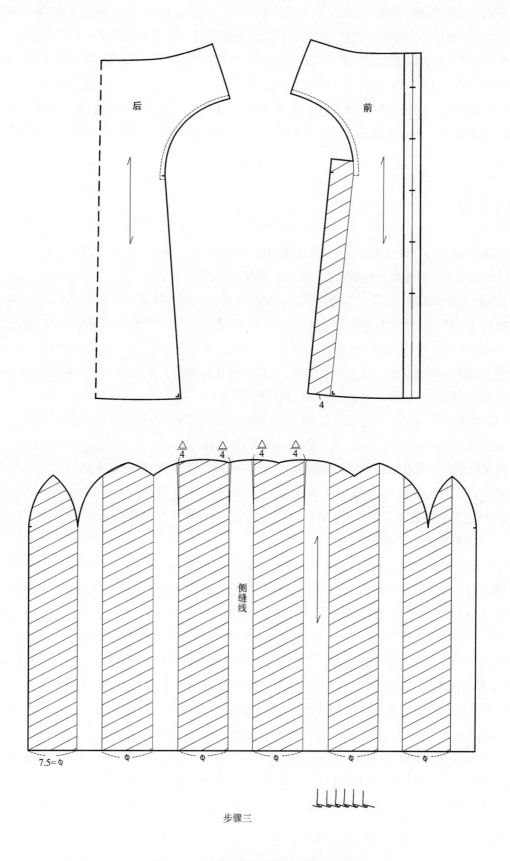

步骤三

图 7-31 弧线分割与褶裥的组合裙设计

在纸样设计中，由于结构复杂，可以采用三个步骤完成。首先把基本纸样的侧缝合并，在腰臀之间作弧线分割成拱形，将前、后身各一省移为裙摆，另一省移入分割的弧线中并修顺该线和腰线。两侧被分割作褶裥的部分，整体平行增褶，其中残留的侧缝省并入中间的两个暗褶里。拱形分割线增褶后非常难以把控，加工时必须具备还原特性。达到这种要求最精确有效的方法是采用步骤二：先把被分割作褶的部分复制下来，并确定褶的位置；然后用薄纸，按设定的暗褶尺寸折叠成型与复制的部分符合并剪掉打开。步骤三的分解图所呈现的是准确的纸样，其还原性是准确无误的（图 7-31）。凡较复杂的分割线与褶裥结合的纸样处理都可采用此法。

3　变体的组合裙

为了达到裙子的某些特殊效果，设计师们创造出一些很有个性的裙子造型，实际上无论如何变换其造型形式，但在结构原理上不会善出上述的范围。下面列举两个有代表性的例子。

例1：分割线与加衩褶裙。这是一个分割线和裙摆加衩的自然褶变体裙，如图 7-32 所示。从生产图的效果看，除去加衩的褶量部分，很像六片裙的设计。为了达到上紧下松的造型效果，把六片裙处理成连腰紧身型，腰部前、后各设两省，余省并入分割线并作高腰处理。然后，在每条分割线下摆的一定位置，夹入衩的褶量。衩褶的结构是整圆的一部分，弧度越大衩褶越多，衩褶长度要与夹缝长度相等，使裙底边呈水平状态。这种设计也可以抛弃竖分割线，单独作"夹缝"与衩褶组合更显干净。

例2：塔克褶袋鼠裙（变体裙）。如图 7-33 所示，从生产图中很难判断出属哪种结构，实际上它是塔克褶的变体。两侧形成袋鼠褶，不加熨烫定型，利用活褶结构使其自然成形，下摆收紧整体呈 Y 廓型。因此为配合这种结构，需选择挺括而柔软且较厚重的毛呢织物最佳。在纸样处理上，似乎很难想象它的平面结构，但只要细致观察分析，问题则不难解决。当设计者遇到这种费解的造型时，首先要有立体和空间的思维意识，甚至可用小一些的布料运用立体裁剪的方法动手试一试，以帮助这种思维方法的完善。然后，从立体观察入手，多角度分析生产图与纸样造型的转化机理。

从正面看，两个袋鼠褶是在紧身裙的基础上增加的；从侧面看，两褶跨越前、后身悬垂在侧体，而且没有接缝，只在两褶以上贴身的部分有侧缝；从深度看，两褶是通过两次翻叠而成的。这说明袋鼠褶既有宽度、厚度，又有深度，这种分析还要通过实际的纸样设计加以完善。

首先把基本纸样的前、后侧缝线对齐，在侧缝线的两侧，根据生产图所示确定袋鼠褶的弧线位置，这种跨越前、后片的虚构线是对两褶距离的理解。然后，固定侧缝线的下端点，分别将前、后基本纸样向两侧倒伏，中间形成的锥形缺口就是对袋鼠褶厚度的理解，可见锥形缺口的张角越大，褶的厚度也越大。剩余的是褶的深度，把前、后片所分割虚构的两个曲面转移，使靠外边两个曲面的侧缝线移成一条水平线，并确定该线中点，再把第二个曲面移至外侧曲面和主体裙片之间，各曲面与主体裙片形成的张角构成袋鼠褶的深度。这个过程要注意增加活褶量，并把前、后各省量并入其中。最后修顺裙底边、腰线，确定后开口、后开衩，前、后中线断缝呈左右两片结构。注意左右裙片采用斜丝裁剪会更好地强化它的造型效果。

缝制时以水平线的中点为准对折缝合，使腰线还原，固定活褶，塔克褶袋鼠裙方可呈现。

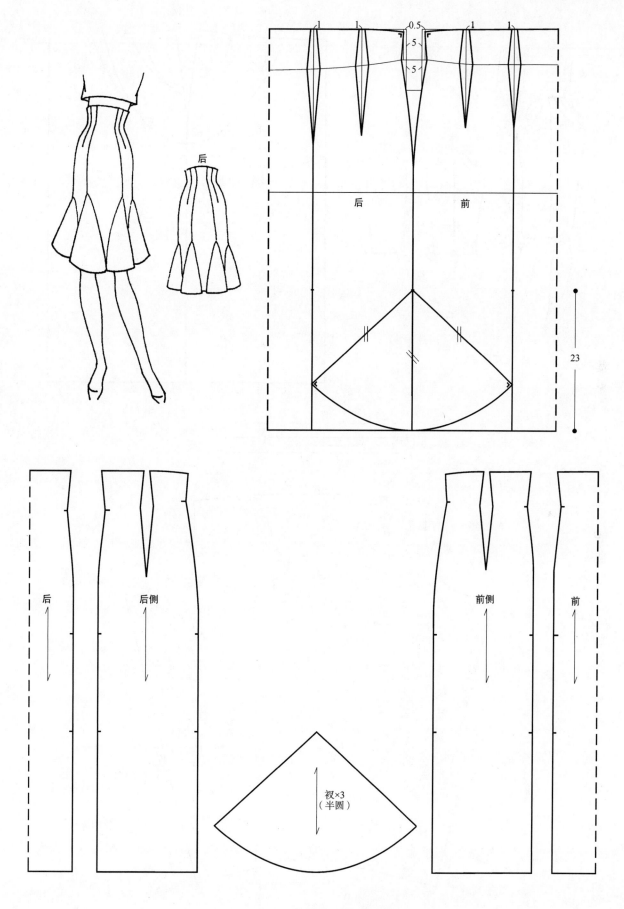

图 7-32　分割线与加衩褶裙设计

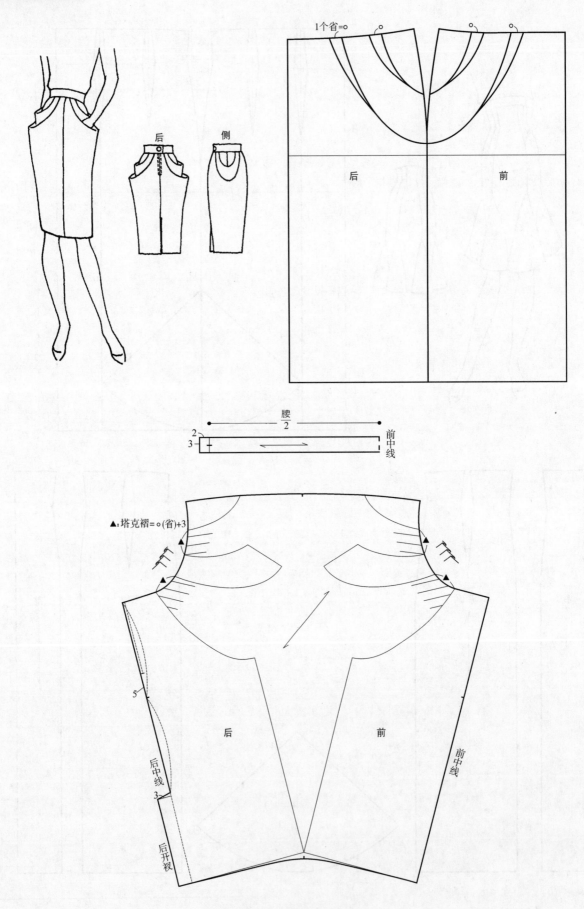

图 7-33 塔克褶袋鼠裙设计

§7-4　知识点

> 组合裙设计表现为结构上各元素有机结合的综合特征，而不是简单的拼凑。设计前必须做以下分析：首先要确定设计的主题或主次关系；其次是对具体结合方式的结构进行分析并作出选择。基本方式有三种：一是以表现分割线为主，褶起烘托分割线的作用；二是以表现褶为主，分割线是为打褶所作的必要手段；三是分割线和褶并重，在结构处理上应造成浑然一体的效果，如鱼美人裙和塔克褶袋鼠裙（图7-29和图7-33）都是成功之作。

练习题

1. 利用裙子基本纸样设计半紧身裙、斜裙、半圆裙和整圆裙纸样。
2. 用3款设计说明竖线分割裙下摆增量的配比原则。
3. 用3款设计说明育克与交叉分割功能在裙子造型中的实现。
4. 自然褶裙和规律褶裙的纸样设计训练各2款。
5. 更深入全面的训练，结合《女装纸样设计原理与应用训练教程》"裙子款式与纸样系列设计训练部分"，参与企业裙子的产品设计。

思考题

1. 布丝方向为什么成为裙子纸样设计的关键技术？
2. 分割裙为什么更适合在 A 型裙（半紧身裙）中实现？
3. 普力特褶裙为什么必须使最终纸样外形成为长方形？
4. 裙开衩在什么情况下使用，什么情况下不使用？在纸样中哪种设计方法更科学？
5. 进入服装类型纸样设计学习、训练为什么从裙子入手？

理论应用与实践——

女裤纸样设计原理及应用 /6 课时

课下作业与训练 /12 课时（推荐）

课程内容：裤子基本纸样/裤子基本纸样结构原理的综合分析/裤子廓型变化的纸样设计/裙裤纸样设计/裤子的腰位、打褶、育克和分割的应用设计

训练目的：掌握裤子基本纸样的制作方法、特点和结构原理，通过裤子廓型和细节设计的应用训练，认识裤子纸样设计的复杂性。

教学方法：面授、典型案例分析、成品纸样设计实践。

教学要求：本章为难点课程。运用裤子纸样设计原理和方法，掌握H型、Y型、A型裤纸样设计和在此基础上的细节延伸设计。了解裙裤与裙子的结构关系及纸样处理方法。作业内容覆盖要全，保持一定作业量和拓展设计，结合《女装纸样设计原理与应用训练教程》裤子款式与纸样系列设计内容可以得到有效的实训效果。

第8章　女裤纸样设计原理及应用

女裤在结构上和男裤很相似，所不同的是，女裤为了与裙子多变的特点相协调，也采用了裙子的某些设计手法。例如裤子的省、分割线及打褶的设计，与裙子的纸样原理完全相同。就裤子本身的结构而言，关键要正确把握大小裆弯、后翘和后中线倾斜度等参数的比例关系，这是裤子纸样设计的核心技术所在。在设计规律上和其他服装类型相同，也必须确立裤子的基本纸样。

§8-1　裤子基本纸样

为了取得裤子纸样设计的广泛适应性，本节分别介绍英式、美式和标准裤子基本纸样，可供设计者在设计中应用，根据不同的国家和地区的具体情况选择、参考。另外，裤子基本纸样与第4章所介绍的女装基本纸样，在理解上有所不同。裤子基本纸样也可以作为裤子标准款式直接使用（即类基本纸样）。可见，女装基本纸样不包括裤子，这和女装传统的穿着习惯有关（传统女装中不包括裤子，是近代借鉴男装而来增加的新品种），亦是裤子基本纸样可以独立存在的原因。

1　英式女裤基本纸样

英式女裤基本纸样的获得，采用比例分配的制图方法。这种方法主要是受男装结构的影响，同时由于裤子纸样的变化相对稳定，容易达到标准化、规范化的要求，因此各种裤子基本纸样的制作方法大体相同。

（1）裤子基本纸样制作的必要尺寸

制作英式女裤的基本纸样，必须从英国女装参考尺寸（参见表3-17）中选出裤子基本纸样的必要尺寸。规格为12的裤子，其腰围68cm，臀围93cm，腰长20.6cm，股上长28cm，裤长104cm（经验值），裤口宽22cm（经验值）。

裤长和裤口宽在英国参考尺寸表中没有提供，这里是参考美国规格确定的经验值。裤口宽不是指裤口的围度，而是指裤口围度的二分之一，因此根据裤口宽尺寸可以推算出裤口的围度为44cm。如何确定裤口尺寸？在人体测量中并无涉及，裤口设计一般根据两个参数，一是流行；二是足围。这里主要介绍根据足围设定的基本裤口尺寸。该尺寸的造型特点是，裤筒大小呈中性，即直筒型裤，钟型和锥型裤可依此结构变化。足围是以踝部跟骨（足后跟）为测点，用软尺测量一周所得到的尺寸（图8-1）。基本裤口尺寸等于足围加上10cm，

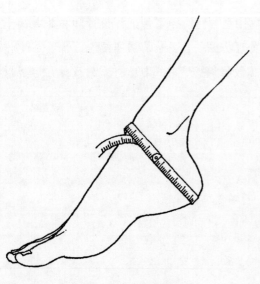

图8-1　足围的测量

164

这个尺寸可以理解为裤口的周长，裤口宽就是裤口周长的二分之一。如果足围等于 32cm 的话，裤口宽则等于 $\dfrac{32+10}{2}$ =21cm。

（2）英式女裤基本纸样制作步骤

英式女裤基本纸样的基础线，如图 8-2 所示。

①作长方形：作宽为 $\dfrac{臀围}{4}$ +0.5cm、高为股上长的长方形。此长方形作为前、后片的基础。左边线是前、后中线的辅助线，右边线是侧缝线的辅助线，上边线为腰辅助线，下边线为横裆线。

②作挺缝线和臀围线：从横裆线和左边线的交点向内截取 $\dfrac{臀围}{12}$ +1.5cm 作垂直线，上交于腰辅助线，下至裤口，全长为裤长，此线为前、后挺缝线。在长方形中腰长的位置水平作臀围线，该线与左边线的交点是裤前片裆弯的起点。

③确定前、后裆弯的宽度：在横裆线的左延长线上取 $\dfrac{臀围}{16}$ +0.5cm 为前裆弯宽，在此点基础上增加前裆弯宽的二分之一，其总宽度为后裆弯宽。

④确定后裆弯起点：靠近左边线，在挺缝线和左边线距离四分之一等分点处做垂直线，上交于臀围线，在此交点上取股上长和腰长之差作点，此点为后裆弯起点。

⑤作髋骨线：在横裆线至裤口线的中点上移 5cm 水平作髋骨线。至此完成前、后裤片的基础线。

英式女裤基本纸样前、后片的完成线，如图 8-3 所示。

⑥作前中线和前裆弯线：在腰辅助线和前中辅助线交点向右取 1cm 为收腰量，过此点用稍凸的曲线连接前裆弯起点，再顺延用平滑的凹曲线画出前裆弯。

⑦作前腰线：在腰辅助线上，从收腰点起截取 $\dfrac{腰围}{4}$ +2.25cm 为前腰线。定寸 2.25cm 中的 2cm 为省量，0.25cm 为腰部四分之一的呼吸量。

⑧作前裤口线、内缝线、侧缝线和前省：从挺缝线与裤口线的交点左、右各取 $\dfrac{裤口宽}{2}$ −0.5cm 确定前裤口；从髋骨线和挺缝线的交点左、右各取 $\dfrac{前裤口宽}{2}$ +1.3cm 作点；然后，用自然平滑的曲线连接内缝线三点轨迹；再连接侧缝线的四点轨迹，完成裤子前片。前裤片省位设在挺缝线顶端，省量为 2cm，省长为 8cm。

⑨作后中线和后裆弯线：从后裆弯起点辅助线与腰线的交点向挺缝线方向移 2cm，与后裆弯起点连接，并增加后翘 2cm。将后裆宽止点下移 0.5cm，用自然圆顺的凹曲线与后中线顺接，即完成后裆弯线和后中线。

⑩作后腰线和后省：从后翘点起取 $\dfrac{腰围}{4}$ +4.25cm 为后腰线，交于腰辅助线的延长线上。公式中的 4.25cm 为定寸，其中 4cm 为后裤片臀凸两省的省量，0.25cm 为呼吸量。省位设在后腰线两个三分之一等分点上，作腰线的垂线，靠近后中线的省长为 12cm，另一个省长为 10cm，省量各取 2cm。

⑪作后裤口线、内缝线和侧缝线：在前裤口宽的基础上，两边各追加 1cm（前裤口减掉的量，以保持裤口围度不变），然后作比前裤口凸起 0.5cm 的后裤口线。在前裤片髋骨线宽的基础上两边各追加 1cm 为后裤片髋骨线宽。在臀围线上，从后裆弯起点辅助线与臀围线的交点向侧缝方向取 $\dfrac{臀围}{4}$ +1.5cm 为后裤片臀部的肥度，至此确定了后裤片的内缝线和侧缝线的轨迹，最后用平顺的曲线连接完成后裤片基本纸样。

从英式女裤基本纸样的制作步骤分析，特别是在前、后裆弯的设计中可以看出它的造型特点：前裆弯宽明显，后裆弯宽相对收缩，使后中线斜度适中，后翘较小，后裤片内缝线比前裤片内缝线只降低了 0.5cm 也是

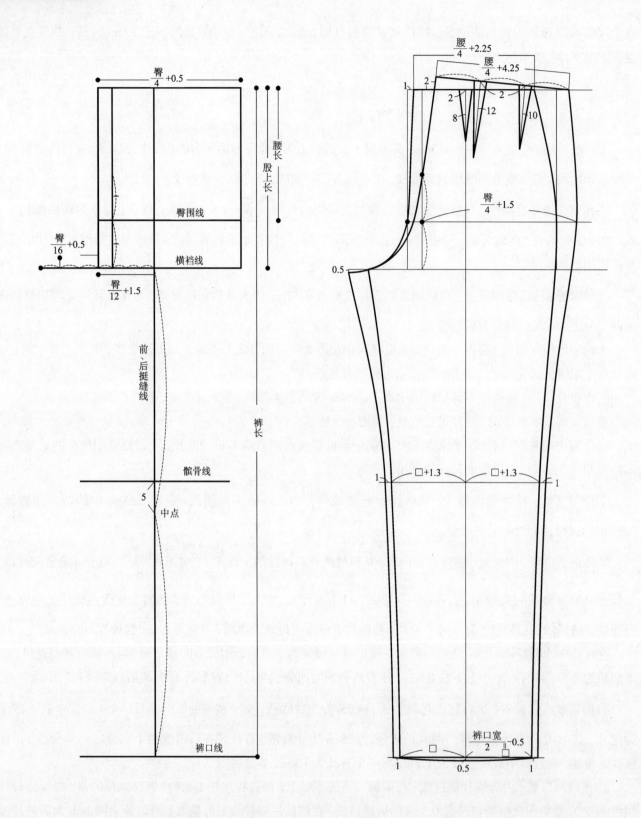

图 8-2　英式女裤基本纸样的基础线　　　　　图 8-3　英式女裤基本纸样前、后片的完成线

这种关系所致。这样的结构处理使前、后裤片纸样外形趋同，在成型过程中不易变形，臀部造型平整，但运动机能相对不足，它是通过增加前、后裤片臀围放松量的比例来弥补的（前为 1cm，后为 3cm）。这样就趋向造型和功能的统一，很值得在裤子的应用设计中借鉴。

2　美式女裤基本纸样

（1）裤子基本纸样制作的必要尺寸

在选择尺寸时参考表 3–18 中规格为 12 的尺寸系列。选择的尺寸为：腰围 67.3cm，臀围 92.7cm，股上长 29.8cm，裤长 104.1cm，裤口宽 22cm（经验值）。

（2）美式女裤基本纸样的制作步骤

美式女裤基本纸样的基础线，如图 8–4 所示。

①作长方形：作宽为 $\frac{臀围}{4}$ +1cm、高为股上长的长方形。下边线是横裆线，上边线是腰辅助线，左边线是前、后中线的辅助线，右边线是侧缝的辅助线。

②确定前、后裆弯宽度：在横裆线的左边延长线上，从左边线和横裆线的交点截取 $\frac{臀围}{16}$ 为前裆弯宽，后裆弯宽是在此基础上增加 $\frac{臀围}{16}$ –1.3cm 的宽度，并分别作点为前、后裆弯止点。

③作挺缝线和臀围线：在前裆弯止点至右边线的中点作垂直线，上至腰辅助线，下到裤口线为裤长，此线即为挺缝线。从横裆线上取两倍的前裆弯宽作水平线为臀围线。

④作髋骨线：在横裆线至裤口线的中点上移 5cm 作水平线为髋骨线。

美式女裤前、后片基本纸样的完成线，如图 8–5 所示。

⑤作前中线和前裆弯线：从腰辅助线与左边线的交点下移 1.3cm，再向内平移 1.3cm 为前腰点。从前腰点用稍凸的曲线与左边线顺接为前中线，并顺此线用凹曲线与前裆弯止点连接，画出前裆弯。

⑥作前腰线和前省：从前腰点起，以 $\frac{腰围}{4}$ +2cm 的长度交于腰辅助线上，并用稍凹的曲线画出前腰线。公式中的 2cm 为腹省量，省位并入挺缝线，省长为 10cm。

⑦确定前裤口宽：从挺缝线和裤口线的交点向两边各取 $\frac{裤口宽}{2}$ –0.6cm 为前裤口宽。

⑧完成前内缝线和侧缝线：从前裆弯止点向挺缝线方向移 1.3cm，与前裤口宽点连成直线，以该线和髋骨线的交点到前裆弯止点画顺，完成前内缝线，然后确定两边相等的髋骨线以确定前侧缝线轨迹。在臀围线至横裆线的右边线段确定中点为前侧缝线的切点，最后按图示从腰线侧端点至前裤口平滑地描绘出前侧缝线。

在前裤片制图的基础上完成后裤片制图。

⑨作后中线和后裆弯线：从挺缝线与腰辅助线的交点上移 3.5cm，再向左平移 3.5cm 为后腰点。从后腰点用直线向下与前内缝辅助线上端对接，此线与前、后中线辅助线交点为后裆弯起点，用凹曲线与后裆弯止点下移 0.6cm 连接完成后裆弯及后中线。

⑩作后腰线和后省：从后腰点起，以 $\frac{腰围}{4}$ +4cm 的长度交于腰辅助线的延长线上为后腰线。4cm 中的 3.5cm 为臀省量，0.5cm 是放松量。省位在腰线中点作腰线的垂线，并确定 12cm 的省长。

⑪完成后裤片内缝线和侧缝线：后裤片的裤口宽是在前裤口宽的基础上两边各加 1.2cm，后髋骨线两边同样增加 1.2cm，确定后裤片内缝线轨迹，然后画成圆顺的曲线。在臀围线上，取 $\frac{臀围}{4}$ +3cm 的宽度确定后裤片臀部侧缝线的最大凸度，其中 3cm 为放松量，最后用曲线连接后侧缝的四点轨迹，完成后裤片。

从美式女裤基本纸样的制作过程和采寸特点看，它和英式不尽相同。美式纸样很讲求实用性，从该纸样

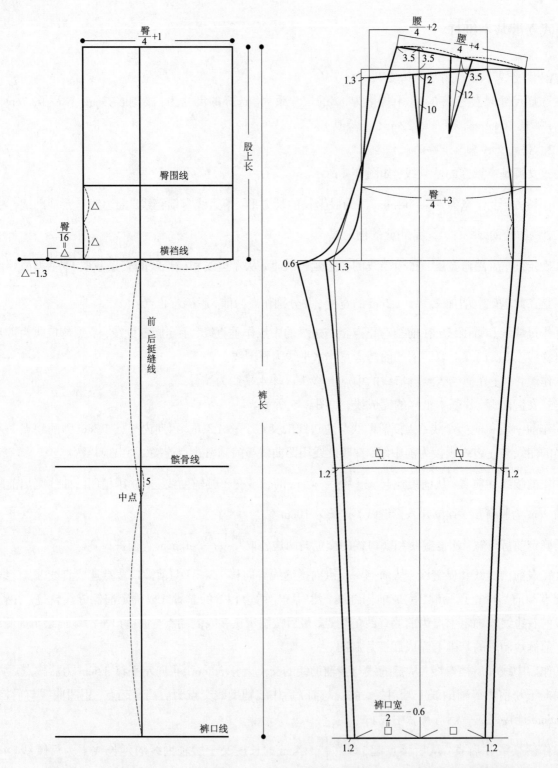

图 8-4　美式女裤基本纸样的基础线　　图 8-5　美式女裤前、后片基本纸样的完成线

的放松度、后翘、后中斜度、裆弯的比例等都说明了这一点，表现出牛仔裤的纸样特点。同时，也反映出美国妇女的体型起伏较大，前、后中线斜度反差明显。由此可见，裤子基本纸样的选择是比较严格的，地域性、对象性很强，这主要是因为裤子结构对合体的要求很高，同时这种适体度是由不同对象制约的，因此，裤子纸样内在尺寸的变化很微妙。

3　标准女裤基本纸样

标准女裤基本纸样可以说完成了第三代的修订工作（为保持连续性延用第二代，第三代收录在《女装纸样设计原理与应用训练教程》），与英式、美式的区别在于：首先它更适合中国和亚洲人的体型特征。其次它的制作过程从制图方向性看，与英、美式女裤基本纸样相反，目的是与自身上衣基本纸样的方向性一致。在尺寸的设定上标准基本纸样多采用比例分配的方法，使裤子基本造型更趋向理想化，产品质量更加规范而适应工业化生产。第三是内部尺寸的设定小，如腰部无松量，臀部放松量提高到 4cm，在采寸上第三代变定寸化为更加比例化，如裤口尺寸根据比例公式获得，标准化程度提高。因此，"标准"纸样更适合做裤子纸样设计的基本型。

（1）裤子基本纸样制作的必要尺寸

"标准"纸样必要尺寸的选择，原则上讲，如果为某个国家设计服装，就要索取该国的参考尺寸。在我国成衣规格尚不完善的情况下，这里以日本妇女服装规格为参考，它是按国际服装标准制定的，具有权威性、广泛性和科学程度高的特点。

在表 3-15 中选择规格 M（中号）的必要尺寸作为我国偏南方妇女的参考尺寸。所选择的尺寸是：腰围 68cm，臀围 90cm，股上长 26cm，裤长 91cm，裤口宽 20cm（经验值）或采用比例关系获得。

（2）标准裤子基本纸样的制作步骤

标准裤子基本纸样的基础线，如图 8-6 所示。

①作长方形：作宽为 $\dfrac{臀围}{4}$ +1cm、高为股上长的长方形，1cm 是臀部的四分之一松量。长方形的上边线是腰辅助线，下边线是横裆线，右边线是前、后中线的辅助线，左边线是侧缝辅助线。

②作臀围线和挺缝线：从横裆线向上取股上长的三分之一等分点作水平线为臀围线。把长方形中的横裆线分为四等份，每等份用"△"表示。将中点靠右的一份再分为三等份，在靠近中点的三分之一等分点上引出垂线，上交腰辅助线，下至裤口线，总长为裤长，该线是前、后裤片的挺缝线。

③确定前、后裆弯宽度：在横裆线右边的延长线上取 $\dfrac{横裆宽}{4}$ -1cm（△ -1cm）为前裆弯宽。在此基础上追加 $\dfrac{2△}{3}$ 为后裆弯宽。分别作为前、后裆弯的止点。

④确定髌骨线：在横裆线至裤口线的中点上移 4cm 作水平线为髌骨线。

标准裤子基本纸样前、后片的完成线，如图 8-7 所示。

⑤作前中线和前裆弯线：在臀围线与右边线的交点至前裆弯止点连线，将垂直于该线到裆弯夹角的线段分为三等份，靠外侧的一等份点作为前裆弯中间轨迹，然后用凹曲线画出前裆弯。沿此线向上与腰辅助线收腰 1cm 的前中线连接。

⑥作前腰线和前省：在腰辅助线上，从前腰点起取 $\dfrac{腰围}{4}$ +3cm，上翘 0.7cm 为侧腰点，从该点到腰辅助线用微凹曲线绘出腰线。前腰线上的 3cm 为收省量，省位并入挺缝线，省长在腰长二分之一处下降 1.5cm。

⑦完成前内缝线和侧缝线：前裤口宽取前臀宽 -4cm（或臀宽的五分之四加一），并在裤口线与挺缝线的交点左右对等分布定点。前髌骨线是在前裤口宽的基础上两边各加 1cm 得到并定点。臀围线与左边线交点为前侧缝线切点。至此确定了前内缝线和侧缝线的轨迹，然后用曲线连接，完成前裤片。

标准裤子基本纸样后片的完成线，在前裤片完成线的基础上绘制。

⑧作后中线和后裆弯线：从横裆线与右边线的交点向内移 1cm，以此点向上交于腰线的右边线与挺缝线

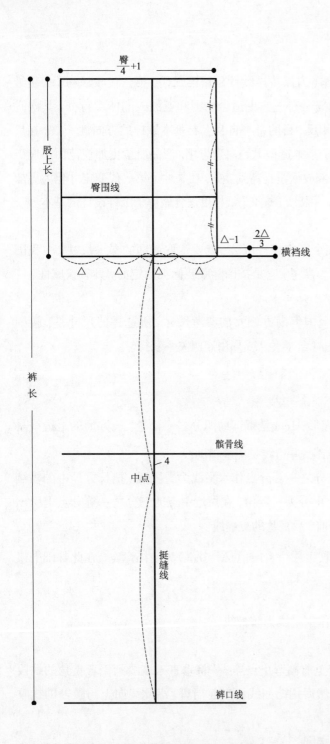

图 8-6　标准裤子基本纸样的基础线

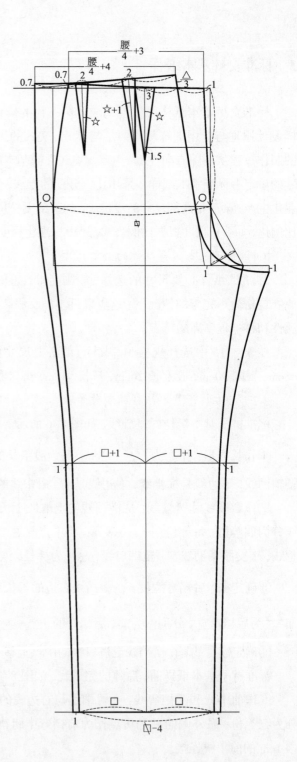

图 8-7　标准裤子基本纸样的完成线

之间的中点并上翘，翘量为 $\frac{\triangle}{3}$ 得到后腰点。此线与臀围线的交点是后裆弯起点，此点至后腰点为后中线，后裆弯轨迹靠近裆弯夹角的三分之一等分点和后裆弯止点下移 1cm 的位置，用凹曲线连接完成后裆弯。

⑨作后腰线和后省：从后腰点至腰辅助线的延长线之间取 $\frac{腰围}{4}$ +4cm，并与前片腰侧点一样翘起 0.7cm 并修顺后腰线。后腰线中增加的 4cm 为臀凸的两个省量，省位垂直后腰线的两个三分之一等分点处，省长靠侧

缝的与前省相同，另一省在前省长的基础上加 1cm。

⑩完成后内缝线和侧缝线：为了取得前片和后片臀部肥度的一致，后裆弯起点和前裆弯起点间的距离，在后片臀围线上补齐，并以此作为后裤片侧缝线的臀部轨迹。后裤片侧缝线所通过的髌骨线宽和裤口宽分别比前片增加 1cm。后裤片内缝线在髌骨线和裤口处的增加量与后裤片侧缝线相同。最后用曲线连接各自的轨迹，完成后裤片。

§8-1　知识点

1. 裤子基本纸样，无论是英式、美式还是标准纸样，它既可以作为基本型也可以作为标准款式样板直接使用。

2. 标准裤口尺寸有三种获取方法：一是参考尺寸表提供（客供）；二是根据服务对象或尺寸表中足围推导，推导方法是裤口围度等于足围加上 10cm，裤口宽是裤口围度的二分之一；三是比例推导也是作为设计最理想的方法，即前裤口=前臀宽（指裤子基本纸样）-4cm。标准基本纸样用第三种方法获取，4cm 可以微调 ±1cm。第三代标准裤基本纸样有系统调整，请参阅《女装纸样设计原理与应用训练教程》。

3. 裤子基本纸样合体度高，对象性强，选择比较严格，因此不同的地域和市场选择裤子基本纸样要准确对路。

§8-2　裤子基本纸样结构原理的综合分析

上节完成了三种类型的裤子基本纸样，我们可能会提出很多问题：为什么同是裤子基本纸样而采寸不同？前裆弯和后裆弯的比例为什么各有差别？在一种纸样中是否可以变动？它是依据什么改变的？前、后裤片的省量分配如何设定？后翘为什么各不相同，能否变动，变动的根据是什么？后中线的斜度为什么各不相同，如何确定，它与后翘的关系怎样？为什么裤子有后翘而裙子不仅没有而且还要比原腰线下降等。这些问题的提出和解决，对于我们理解裤子的结构特点和设计原理是有很大帮助的，而且解决这些问题的本身，就是对裤子结构原理的很好学习。在对这些问题剖析之前，先要了解裤子基本纸样各线的名称和作用。

1　裤子基本纸样结构线的名称和作用

虽然裤子结构线的名称很不统一，但是所命名的依据都没有超出各线所处的人体位置和作用。下面就图 8-8 所示加以说明。

（1）前腰线和后腰线

裤子的前、后腰线也是根据其所处的人体部位而命名的，但它与其他腰线的作用不同。如裙腰线、衣身腰线多趋于平直，且前、后腰线结构相同，而裤子的前、后腰线结构不同，后腰线由于后翘的作用呈斜线状，这主要取决于裤子横裆的牵制而增加活动量的考虑，因此后翘大小取决于活动量的大小和与后中线斜度有关，它的增减也是以此为依据的。

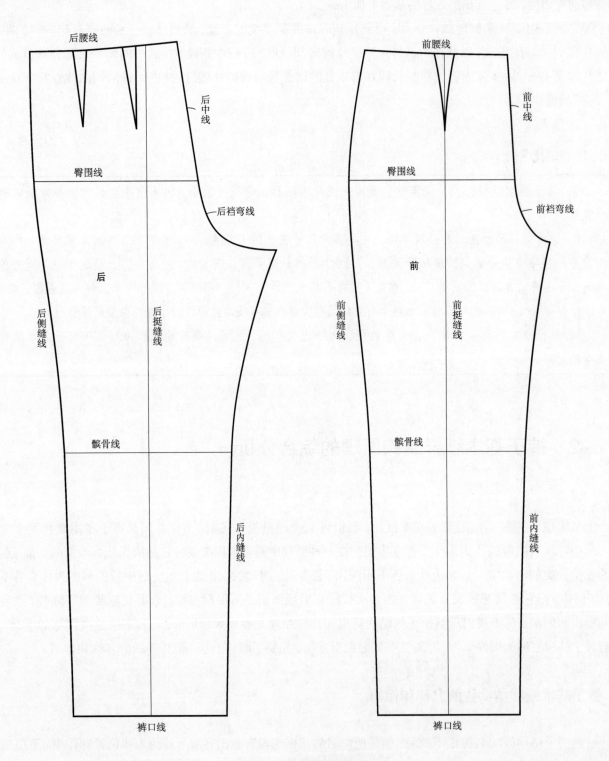

图 8-8　裤子结构线的名称

（2）前中线和后中线

　　裤子的前、后中线和裙子的前、后中线名称相同，而结构形式和作用有所区别。裙子的前、后中线通常保持垂线状态，而裤子的前、后中线由于横裆的作用都有所变形。因此，传统的裁剪中将此线称为"立裆"或"上裆""直裆"，主要是为了与横裆统一，并构成封闭的裆圈，这使得裤子结构变得复杂。

（3）前裆弯线和后裆弯线

前裆弯线指通过腹部转向臀部的前转弯线，由于腹凸靠上且窄而不明显，所以弯度小而平缓，因此亦称此为"小裆"。后裆弯线指通过臀部转向腹部的后转弯线，由于臀凸靠下而挺起，所以弯度较急而深，亦称"大裆"。

（4）前内缝线和后内缝线

前、后内缝线指作用在下肢内侧所设计的结构线。由于裤子的前、后内缝线是为下肢内侧设计的接缝，这两条线的曲度各有不同，后内缝线变化大而略短是为了拔裆的考虑，这样才能实现裤筒在臀部的立体效果。

（5）前侧缝线和后侧缝线

前、后侧缝线是作用髋部和下肢外侧所设计的结构线。由于臀部挺度的影响，前、后侧缝的曲度并不相同但长度相等。

（6）前裤口线和后裤口线

前、后裤口线指前、后裤口宽线。由于臀部比腹部的容量大，因此，一般后裤口比前裤口要宽，以取得与臀部比例的平衡。

（7）前挺缝线和后挺缝线

挺缝线是确定和判断裤子造型及产品质量的重要依据。它的品质标准是：髋骨线以下的前、后挺缝线两边的面积相等。前、后挺缝线必须与布料的经向（直丝）一致。可见，挺缝线虽然在结构上不起什么作用，但它对裤子造型的整体品质控制是很关键的。

（8）臀围线

裤子的臀围线不同于一般结构的臀围线。因为一般臀围线的作用只能用来判定纸样臀部的位置，而裤子的臀围线除此之外还制约着裆弯的深度。也就是说，一旦确定了臀围线的位置，裆弯深度就被固定下来，即使臀围线以上部分变化很大，这段距离也不能改变，甚至裆弯的宽度有所变化，此时它也是比较稳定的。另外，当臀部形体起伏较大时，后臀围线还会改变其水平状态与之配合。

（9）髋骨线

髋骨线是以髋骨（膝关节）的位置确定的。它是为裤筒造型设计提供的基准线，由于裤子的设计很少采用裤筒极为贴身的造型，因此它不起结构作用，只在外形上作为变化的参照坐标，可见髋骨线可根据造型的需要上下移动。但值得注意的是，前、后髋骨线的变化应是同步的，所以前、后髋骨线的两端也是前、后内缝线和侧缝线的对位点。当裤筒的贴身程度较大时，髋骨线位置不宜变动。

2　裤子基本纸样关键尺寸的设定

上述裤子基本纸样结构线名称和作用已经初步回答了本节提出的问题，现在需要进一步分析和认识它的原理。

（1）裤子基本纸样不同采寸的原因

同是裤子的基本纸样而采寸各不相同，其主要原因是：

第一，裤子基本纸样所应用的对象各不相同，采寸也因人而异。其主要依据是体型的差异。例如美式女裤后中线斜度和后翘突出是为了适应美国妇女臀部较丰满和臀凸较高的特点，由此形成裤子前、后片结构反差较大，其造型特征比较暴露；而标准型和英式女裤则显得较含蓄、保守。这也说明个别体型的差异也会使采寸发生改变。

第二，根据不同的审美习惯选择不同的采寸风格。美式女裤的放松量较大，说明美国妇女讲求实用性以及无拘无束的性格；而英式女裤则表现出在很大程度上受到传统文化和习俗的束缚。

标准裤子基本纸样的采寸强调中庸而理想的实体，以利于广泛应用而不失其造型美，因此采寸较少使用定寸。可以说标准型是缺乏"个性"的，但是有助于设计者在应用时广泛发挥个性和创造尺寸风格。

第三，是对人体和基本纸样结构关系理解的角度不同，采寸也就不同。例如美式女裤的裆弯深度比英式女裤偏大，而且裆弯起点和侧缝凸度位置均靠上，这说明不同地区、不同设计者有不同的理解，当然这也与不同地区的体型特征和审美习惯有一定的关系。

标准裤子基本纸样裆弯深度的设定是用比例的方法确定的，而且前、后裆弯起点和侧缝臀部的凸点都在臀围线的两端。很显然，这是为了取得造型的标准化和提供更广泛的应用空间而设计的。

（2）前、后裤片省量设定的原则

前、后裤片的省量设定与裙子省量分配不同，这是因为裤子省量的设定不带有更多的拓展造型因素，而是要尽可能地接近实体，因此它有一定的局限性。然而，从英式、美式和标准裤子基本纸样的省量设定看也不相同，但是无论如何它们都遵循着一个共同的原则，就是前身的施省量都小于后身，而不能相反。这是由于臀部的凸度大于腹部所决定的，在这种原则基础上再进行省量的平衡，其结构都是合理的（图8-9）。

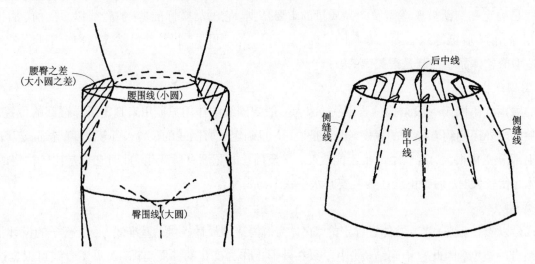

图8-9　臀部台体的分省处理——后省大于前省

从人体腰臀的局部特征分析，臀大肌的凸度和后腰差量最大；大转子凸度和侧腰差量次之；最小的差量是腹部凸度和前腰。裤子基本纸样省量设定的依据就在于此，同时，为了使臀部造型丰满美观，将过于集中的省量进行平衡分配。这就是后裤片设两省，前裤片设一省的造型依据（图8-10）。

（3）前、后裆弯结构形成的依据

我们从裤子的基本纸样中发现，前裆弯都小于后裆弯，这是由人体的构造所决定的。

裤子基本纸样裆弯的形成是与人体臀部和下肢连接处所形成的结构特征分不开的。如果观察人体的侧面，臀部就像一个前倾的椭圆形。以耻骨联合作垂线，把前倾的椭圆分为前、后两个部分，前一半的凸点靠上为腹凸，靠下为较平缓的部分正是前裆弯；后一半的凸点靠下为臀凸，构成后裆弯。从臀部前、后形体的比较来看，在裤子的结构处理上，后裆弯要大于前裆弯，这是形成前、后裆弯结构的重要依据（图8-11）。另外，从人体臀部屈大于伸的活动规律看，后裆的宽度要增加必要的活动量，这是后裆弯大于前裆弯的另一个重要原因。由此看来，裆弯宽度的改变有利于臀部和大腿的运动，但不宜增加其深度，这就说明了立裆是可减不能加的道理。

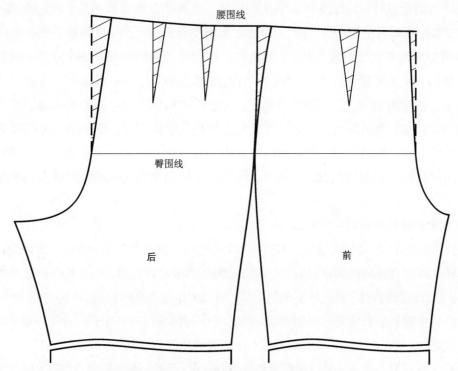

☆省量平衡分配原则,凹凸差量大小对应省量分配大小的原则

图 8-10 前、后裤片省量从小到大的分布

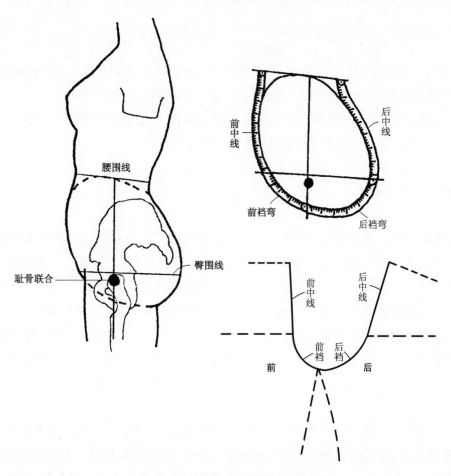

图 8-11 裤子横裆结构构成的人体依据

裤子基本纸样的裆弯设计，可以说是最小化的设计，是满足合体和运动最一般的要求，因此，当我们缩小裆弯的时候，其作用就可能出现"负值"，这就需要增加材料的弹性，以取得平衡。用针织物和牛仔布设计的裤子其横裆变小就是这个道理。相反，当我们要增加横裆量的时候，要注意三个问题：一是无论横裆量增加的幅度如何，其深度都不改变。因为裆弯宽度的增加是为了改善臀部和下肢的活动环境，深度的增加不仅不能使下肢活动范围增大，而是恰恰相反，这个原理和袖子与袖窿的关系是一样的。因此裆弯的设计只有宽度增加的可能，而不能增加深度。二是无论横裆量增幅多少，都应保持前裆弯宽小于后裆弯宽的比例关系。三是增加横裆量的同时，也要相应增加臀部的放松量，使造型比例趋于平衡。例如裙裤的横裆很大，同时臀部的放松量也有所增加。实际上，从裙裤的结构来看，横裆量的增大，还会使一系列的结构发生变化。

（4）后翘、后中线斜度与后裆弯的关系

裤子基本纸样中的后翘度、后中线斜度和后裆弯所采用的比例关系被看成为标准的配伍或是中性设计。标准裤子基本纸样是按照合理的比例设定的，当我们应用标准纸样设计时，必须要根据造型的要求和对象的不同作出选择、修正，而这种选择、修正并不是随意的，而是依据它内在结构的制约关系进行的。

后翘实际是使后中线和后裆弯的总长增加，显然这是为臀部前屈时，裤子后身用量增大设计的。后中线的斜度取决于臀大肌的造型。它们的关系是呈正比的，即臀大肌的挺度越大，其结构的后中线斜度越明显（后中线与腰线夹角不变），后翘就越大，使后裆弯自然加宽。因此，无论后翘、后中线斜度和后裆弯如何变化，最终影响它们的是臀凸，确切地说就是后中线斜度的大小意味着臀大肌挺起的程度。其斜度越大，裆弯的宽度也随之增大，同时臀部前屈活动所造成的后身的用量就多，后翘也就越大。斜度越小，各项用量就会自然缩小。由此可见，无论是后翘、后中线斜度还是后裆弯宽，其中任何一个部位发生变化，其他部位都应随之改变（图8–12）。

在此进一步分析，当横裆需要主观增加时意味着后中线斜度和后翘就要弱化处理以取得平衡，当增幅到一定量时（如后中线呈垂直），后中线斜度和后翘的意义就不复存在了。裙裤结构的后中线呈垂直状且无后翘，正是这种结构关系的反映。裙子结构中没有横裆，这种牵制作用也就完全消失了，裙腰线就可以按照人体的实际腰线特征设定，因此裙后腰线不仅无须设后翘，还要适当下降。

3　裤子的保形与口袋布设计

裤子造型的好坏有两个重要指标：一是裤挺缝线是否顺直，实现这个指标的重要手段是保持样板的裤挺缝线与布料直丝方向的一致性；二是裤子臀腹部保形是否良好。所谓保形指在臀腹部位，裤子的结构和身体的严整性不因款式的变化而变化。这是衡量裤子造型及其板型、工艺技术的重要指标。那么，保形性差的裤子有哪些弊病？其一，裤子口袋的垫布向外翻，使白色的口袋布在袋口处时隐时现，不管在前腰部有褶还是无褶（牛仔裤）都是如此；其二，当裤子在前腰设褶时（一褶、两褶甚至三褶），由于保形问题没有解决，当实际穿着时（不穿时不易发现）由于反复运动，往往使褶打开后不能还原，导致前幅变宽，侧缝及口袋后移，这样无形中造成了裤子的臀部臃肿，前褶变小或消失，侧袋后移使用不便。

解决上述两个问题，作为消费者是无能为力的，问题出在设计师和样板师上，因为保形问题不是高档裤有、低档裤没有这么简单的问题，这是成衣生产必须要考虑的质量问题，而目前我国多数设计师还没有把它作为裤子样板技术的普遍认识。通常情况下，外贸的客供样板提供了这种技术和工艺，但因没有真正去研究

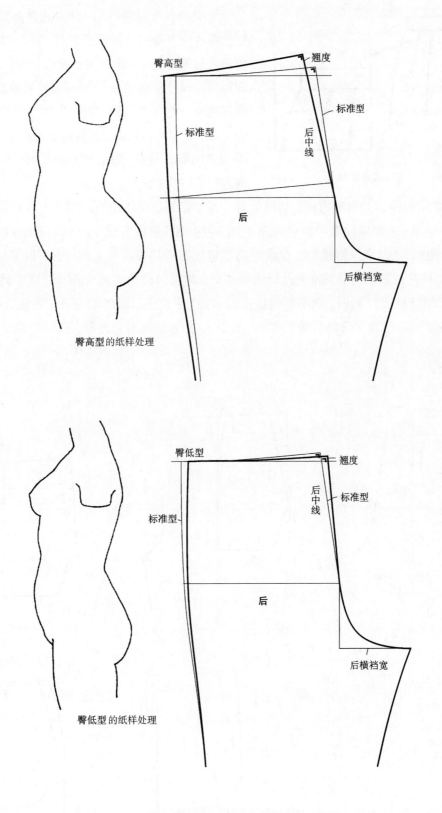

臀高型

标准型

翘度

标准型

后中线

后

后横裆宽

臀高型的纸样处理

臀低型

翘度

标准型

后中线

标准型

后

后横裆宽

臀低型的纸样处理

图 8-12　后中线斜度、后翘和裆弯宽的制约关系

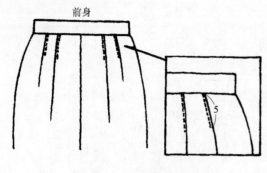

前身

图 8-13　通过缉褶保形

它的作用和价值, 这里有必要专门介绍。

解决的办法有两种。一种方法是如果前腰打褶可以在褶上缉 4 ~ 5cm 的明线使褶固定 (图 8-13)。另一种方法是将裤片打褶后, 内层用口袋布设法与前门襟贴边连成整体, 即口袋布尺寸前端部分 (约 8cm) 延长或增加另布至可以与前门襟贴边相连接, 使口袋布将前褶固定, 同时也牵制了口袋垫布, 使其不易翻出。无褶裤子也可采用这种方法, 只是不用考虑褶的因素。第二种方法是可以同时解决上述两个问题的最有效方法。

例如, 设计单褶裤保形的口袋布时, 利用前裤片基本纸样, 在侧腰处放出 1.5cm 修顺侧缝, 将追加的量和前省合成一个单褶 (如果设多个褶也可采用图 8-19 中的取褶方法)。口袋布尺寸确定之后, 口袋布与前门襟贴边的距离 (△) 减掉褶量 (△), 余下的量追加在口袋布前端上部, 也可以采用连裁的方法 (图 8-14)。加工时, 裤片打褶后与口袋布 (包括追加部分) 和前门襟贴边之和相等。这样就可以使前褶保形良好, 臀部造型严整而稳定, 同时, 也不影响该褶的功能 (手伸进口袋时褶打开, 手抽出口袋后还原)。由于口袋布与前门襟贴边相连又与口袋垫布相连, 这样口袋垫布也不会外翻, 从而形成了完整的臀腹理想造型。

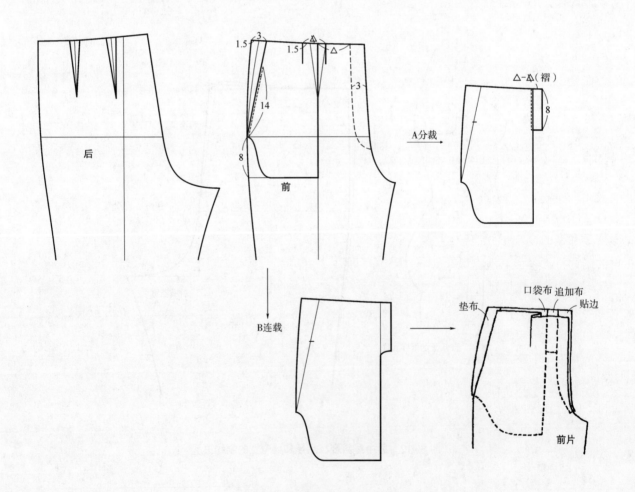

图 8-14　裤子保形的口袋布设计

§8-2 知识点

1. 裤子基本纸样名称相同采寸不同的三个主要原因：一是应用的对象不同，采寸也因地域而异；二是不同的审美习惯选择不同的采寸风格；三是对人体和基本纸样结构关系理解的角度不同，采寸不同。

2. 前、后裤片省量设定的原则：总体上讲裤子在臀腰部的合体度高而稳定，省量的设定更忠实于实体，各种裤子基本型省量设定都不尽相同，但它们都遵循一个共同原则，即前身施省量小于后身而不能相反。

3. 前、后裆弯结构形成依据：前裆弯小而平缓，后裆弯大而陡急，这除了与人体腹臀构造吻合外，还与考虑人体臀部前屈大于后伸的活动规律有关，宽厚的后裆有利于臀部的运动。因此，增加横裆量时应注意三个问题：一是改善活动量时，增加横裆宽度不宜增加深度，深度增加使立裆加长而远离身体会影响腿部运动；二是无论横裆增幅多少，要始终保持前裆宽小于后裆宽的比例关系；三是增加横裆量的同时，也要相应增加臀部松量，使造型比例保持平衡。

4. 后中线斜度、后翘与后裆弯的关系呈正比，即后中线斜度越明显（后中线与腰线夹角保持不变），后翘越大，后裆弯自然变宽，相反它们的各关系值越小。它们的设计依据取决于臀部的挺度和臀部前屈活动量的大小，臀部挺度和前屈量越大，后中线斜度、后翘量和后裆宽度越大，相反就越小。

5. 裤子的保形设计指无论裤子臀部在造型和松量上发生什么变化，挺缝线都要顺直，臀腹形态丰满自然。解决的办法有两种：一是若在前腰打褶时，在褶上缉4～5cm明线固定，但无褶裤仍无法解决；二是利用内部口袋布与前门襟贴边（约8cm）形成对接的结构，使其固定前褶和牵制口袋垫布，这是最有效和讲究的裤子保形方法。

§8-3 裤子廓型变化的纸样设计

裤子廓型的基本形式有四种：即 H 型（筒型裤）、Y 型（锥型裤）、A 型（喇叭型裤）和菱型（马裤）。它们各自的结构特点是由其造型所决定的，影响裤子造型的结构因素有臀部的收紧和强调、裤口宽度和裤口的升降，而且这些因素在造型上是互为协调的。当强调臀部时，相应要收紧裤口并提高裤口位置，在廓型上形成上大下小的锥型裤，在结构上往往采用腰部打褶及高腰等处理方法；当收紧臀部造型时，相应要加宽裤口同时使裤口下降，呈现上小下大的喇叭型裤，在结构上多采用臀部无褶和低腰设计；筒型裤属中性，在裤筒结构不变的情况下，臀部的结构处理很灵活；菱型马裤结构是一种特殊的传统造型结构，故此要特殊处理（图8-15）。这四种裤子廓型的结构组合构成了裤子造型变化的内在规律，因此这种影响裤子廓型的结构关系对整个裤子的纸样设计具有指导性。

1 筒型裤

筒型裤以裤子的一般造型作为标准，它的结构表达形式就是裤子基本纸样，它有两种造型习惯：一是用

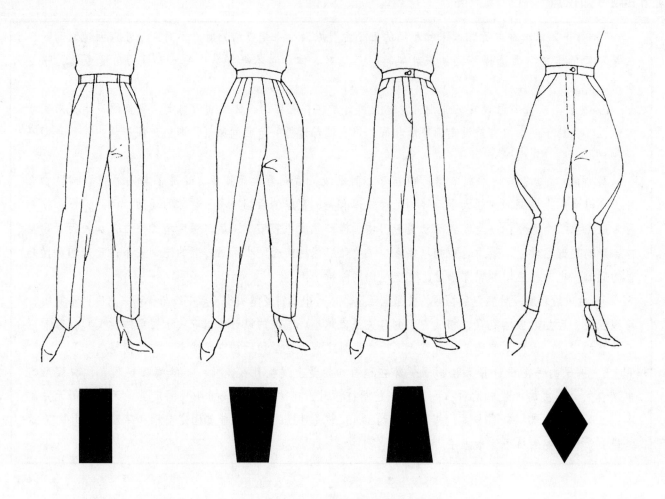

图 8-15　裤子廓型的基本形式

省的筒型裤；二是用褶的筒型裤。前者是直接采用基本纸样的省量作臀部合身的处理；后者使腰臀之差在侧缝增加 1cm，使原省量增加适合活褶制作，增强实用功能（图 8-16、图 8-17）。

　　无论是哪一种筒型裤，在结构的采寸上，裤口宽都应比髌骨线两边的宽度要窄 1cm 左右，这意味着纸样（平面）显示的是下窄上宽的非直筒状结构，不过这种纸样的成型不会有锥型裤的感觉，只是一种错视效应。裤子成型后穿到人身上，往往给人以裤口松而肥的感觉，这是因为裤筒上半部分较合身，向下逐渐宽松所造成的上窄下宽的错觉。因此，在选择筒型裤的采寸时，应有意识地将裤筒设计成上宽下窄的微锥形，以弥补这种错觉。如果把裤筒结构设计成上下相同的尺寸，成型后便会产生小喇叭形的错觉。

　　裤腰设计一般采用净腰围尺寸。为了使腰头正置于腰线中央，应在裤前、后片的腰部平行去掉腰头宽的二分之一，这意味着裤片基本纸样中包含着腰头的一半。确定了腰头的结构之后，要与裤片腰线加以复核并修正纸样。这种处理方法对任何情况的腰头设计都适用。

　　筒型裤的标准长度为基本裤长（腰线至足部腓骨凸点），裤口取直线，门襟设在右侧。另外，打褶筒型裤的褶向可以向前倒也可以向后倒，重要的是挺缝线要和倒向的褶边成一条直线，并且布丝方向必须与倒向的挺缝线一致（参见图 8-17）。

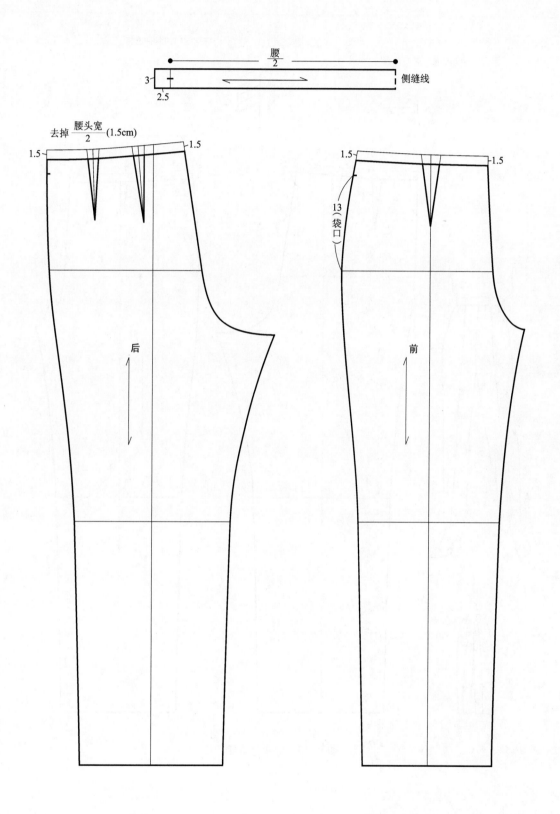

图 8-16　做省筒型裤

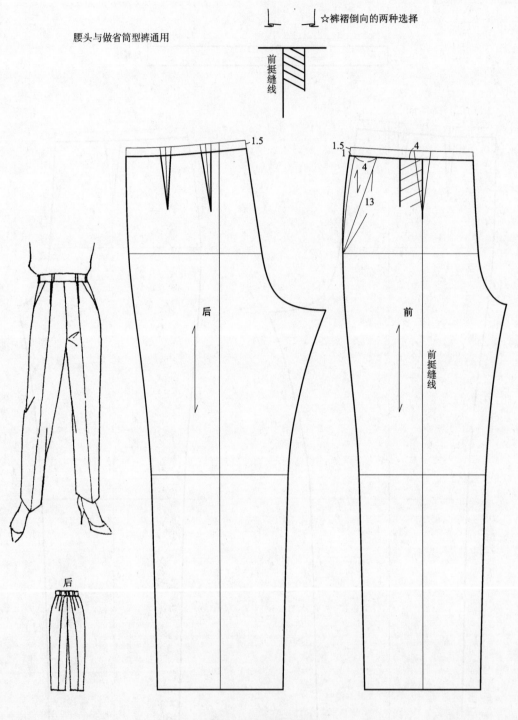

图 8–17　做褶筒型裤

2　锥型裤

　　我们获得了筒型裤的经验之后，就不难理解锥型裤的结构了。锥型裤和筒型裤的造型区别在于，筒型裤如果以长方廓型理解的话，锥型裤的廓型就是倒梯形。由此看来，锥型裤是有意造成宽臀和收裤口的反差。生产图中显示腰部的两到三个活褶和收紧裤口的造型就是基于这种廓型特征的设计。

在纸样设计上，锥型裤由于强调高腰，腰位无须减掉腰头宽的二分之一，而是直接添加腰头。前身三个活褶量的增加可用切展的方法完成。通常切展的部位是根据锥型裤的不同造型加以选择。如图 8-18 所示，褶量是从腰部起消失到髋骨线，这要从髋骨线以上的挺缝线作切展增加褶量。从纸样的处理方式看属于侧增褶，当然也可以对称增褶，成型后有微妙的差异。收小裤口后修顺内缝线和侧缝线。图 8-19 所示的褶量直到裤口才消失，因此切展从裤口线开始使腰部增加褶量。由此可见，锥型裤的腰部褶量和切展量成正比，从而形成锥型裤的系列造型。

锥型裤的裤长不宜超过足部腓骨凸点。裤口在基本裤口的基础上减至造型要求的尺寸，不过当裤口减少到小于足围尺寸时，裤口应开衩，而髋骨线的修正，则根据裤口减量的二分之一进行，后裤片只作收裤口处理并与前裤片收裤口量一致（图 8-18、图 8-19）。由于通过切展后增褶使原挺缝线不能适应，因而需要重新确定挺缝线位置。方法是：在完成后的锥型裤纸样上重新确定髋骨线的中点，并与裤口中点连线引至腰线而成。然后，根据挺缝线在腰线的位置与其中一褶合并，另外两褶在挺缝线和侧口袋之间平衡分布。在造型上如果强调膨胀的外形，还可以将侧缝和内缝线作直线甚至外弧线的调整，注意前、后挺缝线也要重新修正。裤子后片也作同样处理，但臀部结构要保持稳定（图 8-20）。

3　喇叭型裤

如果说锥型裤的廓型是倒梯形的话，喇叭型裤的廓型就是梯形。因此，喇叭型裤纸样的处理方法和锥型裤相反。臀部选择紧身、低腰、无褶的结构，腰头可以从前、后裤片上截取，合并省使腰头在臀部的造型平整而贴身（图 8-21）。裤口宽度增加的同时加长裤长至脚面。由于前裤口落在脚面上，应使前裤口线作稍凹状、后裤口线作稍凸状的处理。喇叭裤口的矝起点是髋骨线与裤侧缝线的交点至裤口翘点的连线，整个裤片呈喇叭状（见图 8-21）。由于喇叭型裤口作为实用的因素较少，而主要起造型的作用，故此喇叭型裤口的矝起点可以在髋骨线上下浮动，那么髋骨线对喇叭型裤来说就是一条作用于造型选择的基准线（图 8-22）。然而，这种选择是有一定限度的，如喇叭口矝起点升至横裆线时，就不具备喇叭型裤的特点了，而变成了裙裤的外形，这是一种从量变到质变的结构转化过程，由此使裤子的一些结构功能随之改变，而成为一种新的结构造型。

4　马裤

马裤是一种古老的造型结构即特殊又复杂，它的外形轮廓呈菱形。它源于古代欧洲骑士穿用的服装，后在军队中广泛应用，由于它有良好的功能和专业性，今天仍是马术运动的专用服装。由此看来，女士马裤的造型是从男装借鉴而来。马裤结构严谨，风格独特，具有良好的运动机能，现在主要用于马术运动上。

从马裤的造型结构看，其腰部收紧，两侧逐渐向下隆起，使腰臀差缩小，故只在后片去一省。两侧隆起至膝关节突然收紧，小腿呈贴体造型。在纸样处理上，为了达到立体效果，可使贴身的小腿结构作后身借前身和使膝关节前余后缺的处理。这种结构在膝关节部位产生合力，支撑两侧隆起的部分，从而形成良好的运动功能和独特的立体造型。

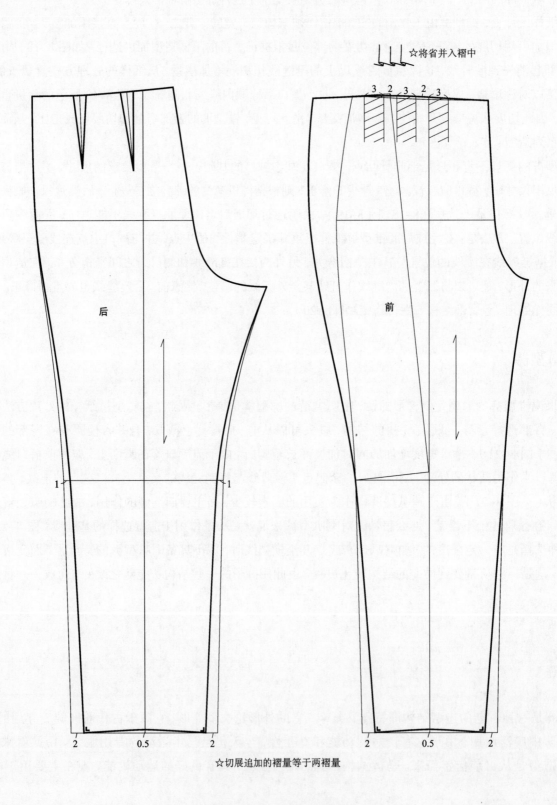

☆将省并入褶中

☆切展追加的褶量等于两褶量

图 8-18　在髋骨线切展的锥型裤

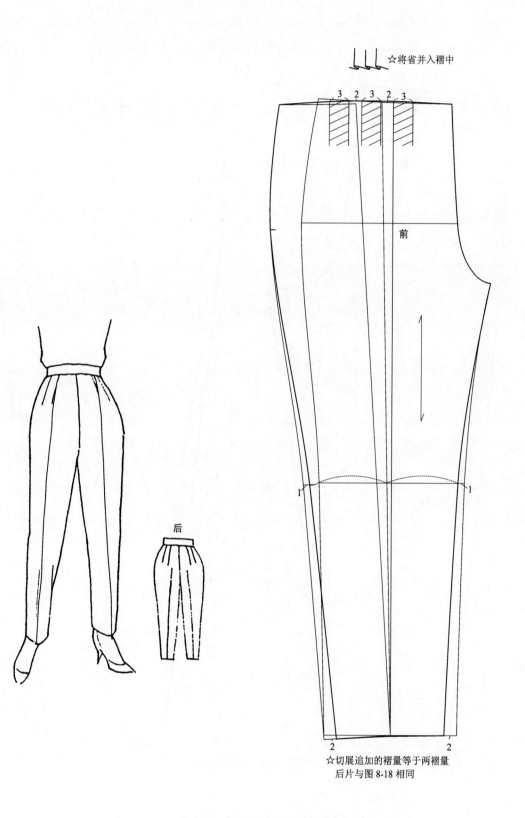

☆将省并入褶中

3　2　3　2　3

前

☆切展追加的褶量等于两褶量
后片与图 8-18 相同

图 8-19　通过挺缝线切展的锥型裤

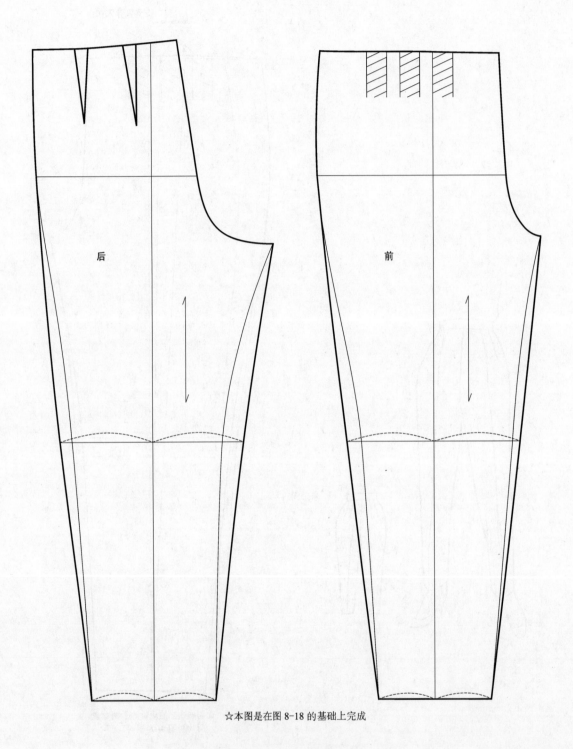

☆本图是在图 8-18 的基础上完成

图 8-20　膨胀型锥型裤作内缝线和侧缝直线并重新确定挺缝线的方法

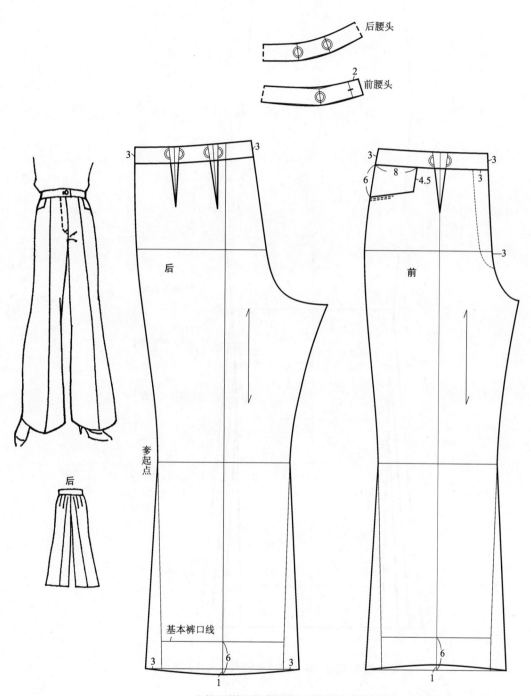

后腰头

前腰头

后

前

后

麥起点

基本裤口线

☆喇叭型裤因常采用低腰，所以腰头直接从裤前、后片获得

图 8-21　喇叭型裤

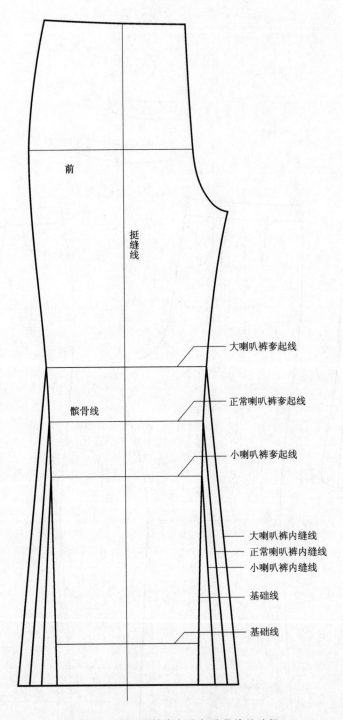

前

挺缝线

大喇叭裤夵起线

正常喇叭裤夵起线

髋骨线

小喇叭裤夵起线

大喇叭裤内缝线
正常喇叭裤内缝线
小喇叭裤内缝线
基础线

基础线

图 8-22　喇叭型裤夵起点与髋骨线的选择

以下就图 8-23 所示作具体说明。

（1）马裤前片纸样

①追加髋骨凸量：使用前裤片基本纸样，以切展的办法固定前内缝线与髋骨线交点，将原髋骨点下移 1cm，这意味着原挺缝线长度增加了 1cm，实际增加的部分为髋骨凸量。当然增加的幅度可大可小，这要取决于设计者对马裤运动量大小的选择，但增幅不宜过大，这样容易因变形过大而影响裤子的整体造型。由于变形作用而产生了新的髋骨线、挺缝线、裤口线和内缝线，在此基础上进行马裤的纸样设计。

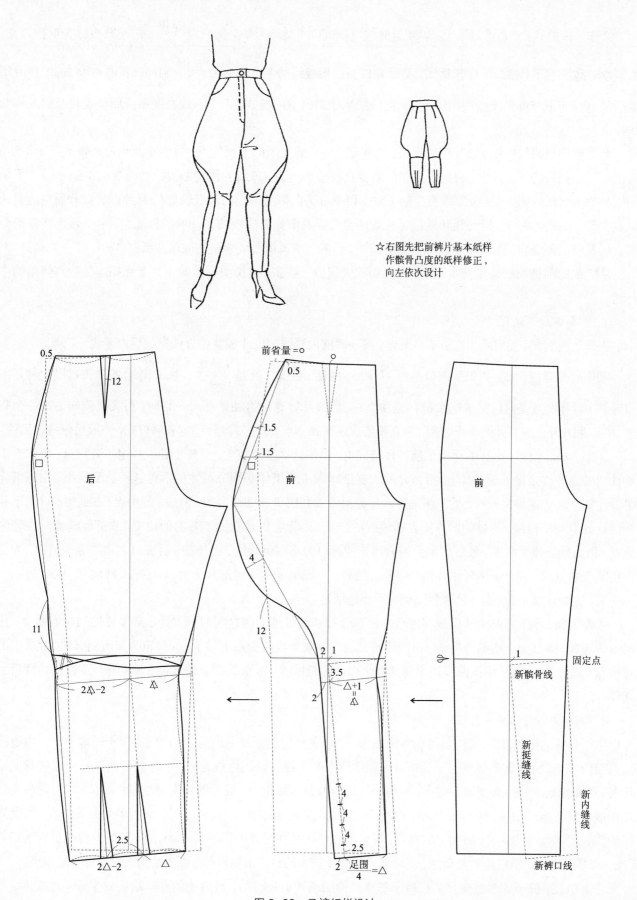

☆右图先把前裤片基本纸样
作髋骨凸度的纸样修正,
向左依次设计

图 8-23 马裤纸样设计

②作前内缝线：在新裤口线上，以新挺缝线与新裤口线交点为基准向右取$\frac{足围}{4}$，向左取 2cm 为前裤口宽。从新髋骨线平行下移 3.5cm 作辅助线，宽度是以新的挺缝线为基准向右取$\frac{足围}{4}$+1cm，再向左取 2cm。然后用微凸的曲线向下与裤口线连接，向上与原内缝线顺接画出前内缝线，由于该线高度贴身而呈现复杂的人体曲线特征。

③作前侧缝曲线：去掉原腰线的省量，再起翘 0.5cm 确定新的前腰侧点，并引出直线过原臀围线加 1.5cm 向下交于横裆线的延长线上，再向下连接原髋骨点侧移 2cm 点，该线为侧缝曲线的辅助线。然后，在上、下辅助线与原侧缝线的两个交点上，垂直凸起 1.5cm 和 4cm 为前侧缝曲线的两点轨迹。从原髋骨线和原侧缝线的交点上移 12cm 点并与以辅助线和横裆延长线的会合点及前侧缝曲线的另外两点轨迹相连接，再连接新的侧腰点以及原髋骨线和辅助线交点画出前侧缝曲线，然后与前裤筒直线顺接完成前片纸样。

从完成的前裤筒结构和基本纸样相比，面积上减掉了许多，这说明去掉的一半要在相应的后裤筒结构中补偿。

（2）马裤后片纸样

①作后内缝线：使用后片裤子基本纸样，按马裤前内缝线的尺寸和制图方法完成后内缝线。

②作后侧缝辅助线：如果前裤口是$\frac{足围}{4}$+2cm 的话，后裤口就是$\frac{3足围}{4}$-2cm，综合起来裤口围度和足围相等。后髋骨线宽是对已完成的后裤口宽加 2cm。后裤片臀宽的追加量和前身相同。后腰线侧端去掉一个省量，并起翘 0.5cm 为实际侧腰点。然后用直线依次连接腰侧点、臀宽、髋骨线宽和裤口宽，完成后侧缝辅助线。

③作后小腿纸样：小腿纸样由于前裤片造成前、后侧缝线变形较大，另外小腿纸样也需要贴身，要求在后髋骨线破缝并作余缺处理，因此，后裤片的大腿纸样和小腿纸样必须分离才能取得这种造型效果。小腿纸样的设计就是基于这种造型的考虑。确定后裤片原髋骨线和髋骨辅助线之间（两边）的中点，在此处分上、下片并设计各自的结构线，明显的凹点应在挺缝线的位置，因为它正是膝关节弯曲的位置，靠近侧缝线时应转为凸线，因为此处接近膝盖。最后用稍凸的曲线连接裤口为小腿侧缝线，由于前、后裤口之和约等于足围，为了在足踝收紧裤口，在小腿纸样中作两个 2.5cm 的省，一般足围和踝围落差为 10cm 左右，省取其一半，另一半为松量，这时开衩是必要的，这样便完成了后小腿纸样。

④作大腿及臀部曲线：从侧缝辅助线的原髋骨线和髋骨辅助线之间的中点到小腿髋骨曲线的右端点，用凹曲线连接，该线为大腿髋骨曲线。在侧缝辅助线与原髋骨线的交点上移 11cm 确定为与前侧缝线 12cm 点的对位点（符合点）。最后用波曲线连出臀部和大腿的侧缝曲线。后腰部剩余的省设在腰线中间，完成马裤后身纸样。

（3）马裤各片结构线复核

由于马裤的结构复杂，前、后片的变形很大，所以各缝对位要尽量准确：前内缝线等于后裤片小腿内缝线与大腿内缝线之和；前侧缝线等于后裤片小腿侧缝线和大腿臀部侧缝线之和；小腿髋骨曲线和大腿髋骨曲线相等。如果出现对应线长度误差过大，应对纸样进行调整和修正。一般后裤片内缝线容易加长，这时要加大后裆深度以保证前、后内缝线的吻合。马裤的前侧缝线曲度大容易加长，这时应把后裤片髋骨曲线增大，促使后侧缝线长度增加而达到前、后侧缝的符合，要注意在修正后侧缝线的同时，应保证上、下髋骨曲线长度的相等（图 8-24）。由于马裤结构的复杂性，现今多采用弹性较大的针织面料取代，纸样结构线也变得平缓多了。

综上所述，裤子的廓型变化是在裤子基本结构的基础上进行的，当裤子的基本结构发生根本改变时，其造型就出现变异特征，如裙裤。

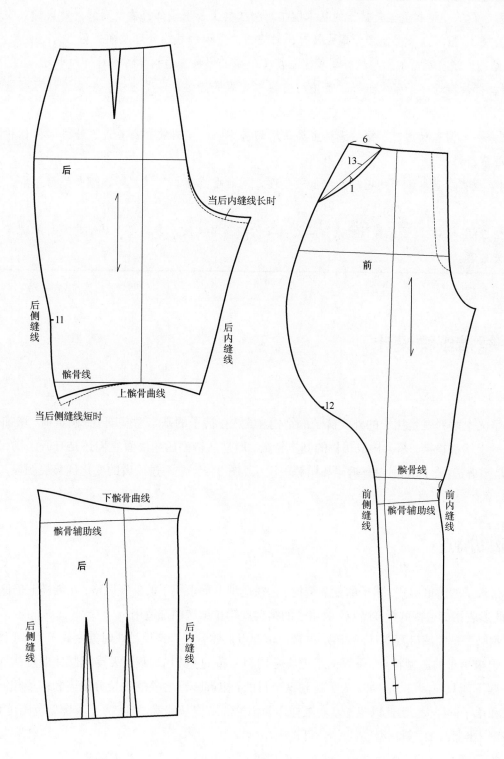

图 8-24　马裤各片缝线的复核与修正

§8-3 知识点

1．H型、Y型、A型和菱型是裤子的基本廓型。在结构上采用腰部打褶及高腰，对应裤口收紧的纸样处理呈锥型裤（Y型）；采用低腰无褶的收臀，对应裤口宽大的纸样处理呈喇叭型裤（A型）。筒型裤(H型)为中性结构，适应所有的廓型纸样处理。马裤（菱型）为特殊结构要特殊对待和学习。

2．筒型裤最接近裤子基本纸样，直接用前腰省或褶是其两种造型习惯。多褶设计可以借鉴锥型裤处理方法。

3．锥型裤单褶、双褶、三褶的设计主要采用切展方法，同时收小裤口，挺缝线以裤口和髋骨线两边相等为准重新修正。

4．喇叭型裤在基本纸样的基础上作低腰处理，同时增大裤口，其规律以髋骨线为基准，参起点或升或降。

5．H型、Y型和A型裤子纸样设计对知识点学习的拓展与实践，参阅《女装纸样设计原理与应用训练教程》相关内容。

§8-4 裙裤纸样设计

裙裤从字义上解释就是裙子的外观裤子的结构。虽然在裤子的基本型基础上"满负荷"增加裤筒和在裙子基本型基础上增加横裆，都会构成裙裤的基本特征，但是从造型的角度看它们还是有所区别，前者为裤裙造型，后者是裙裤造型，因此书内有裤裙和裙裤的说法（图8-25）。不过后者的变化优势更明显，这是本节要着力介绍的。

1 裙裤的结构特点

裙裤[①]是裤子的简单形式，裙子的复杂结构。它在造型上追求裙子的外观风格，在纸样上仍保持裤子的横裆结构。由此形成裙裤独特的纸样特点，故裙子的结构规律在裙裤中都适用。

在介绍喇叭型裤的裤口宽度时，曾暗示过裤口参起点从髋骨线升至横裆线时就变成了裙裤（图8-25）。但是由于裙裤追求裙子的造型特点，下摆的增加应是均匀分布的，其均匀程度要受裙腰线曲度的制约，也就是说裙裤的下摆不能只在侧缝上追加。为了达到这个目的，裙裤腰臀之差的省量分配应和裙子相同，这样下摆的变化空间和裙子同样大。因此以裙子基本纸样作为裙裤的结构基础就很自然了，其廓型范围也和裙子相同，即包括紧身型、半紧身型、斜裙型、半圆裙型和整圆裙型。

由于裙裤保留着裤子的横裆结构，也就是说裙裤仍是由两个裤筒的基本形式构成的，所不同的是裤筒的结构趋向裙子的结构。这就使裙裤臀部的放松量随下摆的变化而变化，因此裙裤纸样的后中线保持垂直和无后翘的裤子结构状态。总之，裙裤的结构是采用裙子的基本结构形式加上适应裙子运动的横裆部分构成的。

---

① 裙裤：在裙子基本纸样的基础上，增加裤子的横裆为裙裤结构，外形似裙子。

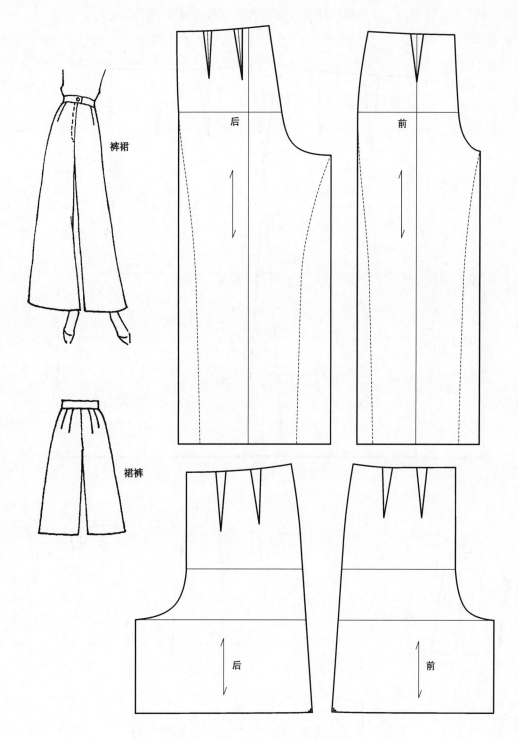

图 8-25　裤裙 [①] 与裙裤的纸样比较

2　裙裤的基本型

　　裙裤的基本型相当于裙子的紧身型，横裆的采寸比例比裤子更加宽松，横裆尺寸一旦确定就被固定下来，它不会因为裙子造型的改变而改变。

---

　　①　裤裙：在裤子基本纸样基础上，按裙子造型增加下摆为裤裙结构。

按照上述分析，可直接采用裙子基本纸样设计裙裤的裆弯和内缝线（图 8-26）。

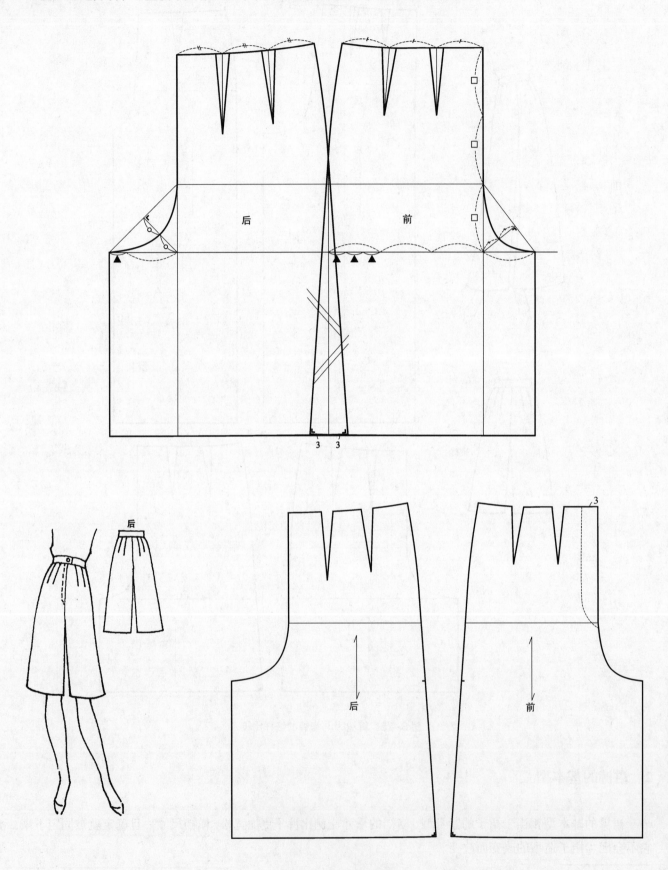

图 8-26　紧身型裙裤

（1）作前裆弯和前内缝线

在裙子基本纸样的基础上，从臀围线向下截取裆深等于臀围线到前腰围线间距的二分之一为横裆线。把前片臀宽分成三等份，在前横裆延长线上取其中一份为前裆弯宽，并连接前中线与臀围线交点作斜线，垂直于斜线到前裆弯夹角的线段中点为前裆弯的轨迹点，最后用凹曲线画出前裆弯。从裆弯止点垂直向下引线至裤口线为内缝线。

（2）作后裆弯和后内缝线

在后裙片的基础上与前片对应的位置作相同的裆深，在后横裆延长线上，取前裆宽再加上该尺寸的三分之一为后裆弯宽。后裆弯曲线及后内缝线参考前裙裤片制图。

前、后侧缝线分别在侧摆起翘 3cm 修正完成。保留裙子基本纸样中的四个省。在裙腰施省的纸样设计中可以运用省移原理。裙腰的腰头设计与裤子相同，即裙裤纸样的腰部含有腰头的二分之一。

3　A 型裙裤

如图 8-27 所示，A 型裙裤和 A 型裙的纸样处理方法相同。把腰部一省移入下摆，保留另一省。修正侧缝翘度使之呈 A 型裙廓型，裆弯结构仍采用一般裙裤的横裆。最快捷的办法就是直接用 A 型裙纸样加上横裆。

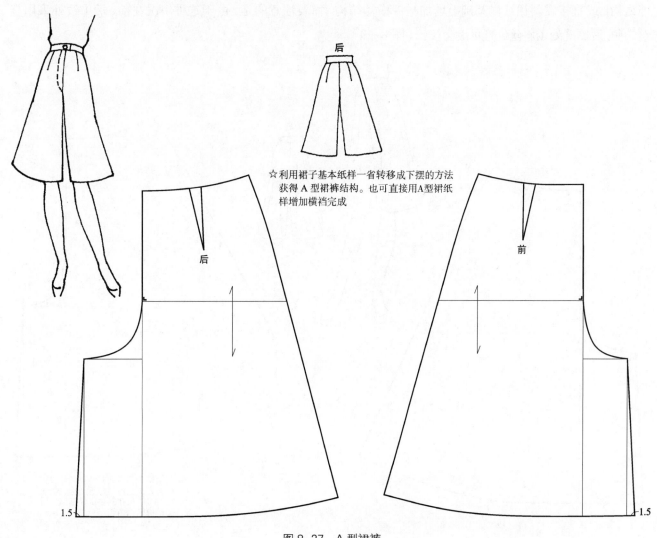

☆利用裙子基本纸样一省转移成下摆的方法获得 A 型裙裤结构。也可直接用 A 型裙纸样增加横裆完成

图 8-27　A 型裙裤

变动裆弯取决于设计者对横裆作用的理解，即横裆越窄对外观牵制越大，越趋向裤子外观，臀部体型显露，相反就越具有装饰性并接近裙子的外观，这需要根据设计者的设计意图而定，在没有把握的情况下，横裆尺寸保持相对稳定。另外，裙裤下摆通过省移增加，侧缝也适当增加，这是按照裙子造型的平均原则进行的。

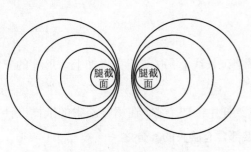

图 8-28　裙裤下摆的增幅规律示意图

但是在内缝线增加摆量时要慎重，因为裙裤的内缝线在两腿之间，如果在此增加过多的摆量，在运动时会增加摩擦，不活动时也会在两腿之间聚集很多褶而影响舒适和美观。因此，裙裤内缝线的摆量应以不加或少量增加为宜。根据这种实用要求，确定裙裤下摆增幅的原则：无论裙裤下摆如何变化，内缝线相对稳定，由此构成裙裤下摆增幅向两侧扩展的造型特点。故从紧身型裙裤到整圆型裙裤，下摆的扩展系列呈环形放射状（图 8-28）。

4　斜裙裤

斜裙裤和斜裙纸样的处理方法相同。将两省全部移入裙裤下摆，修正侧缝线，其裆弯采用一般裙裤的横裆结构，或直接在斜裙纸样基础上增加裙裤横裆结构。需要注意的是，由于这种情况在前、后中线处采用直丝，前、后侧缝处于斜丝位置可能会拉长（图 8-29）。

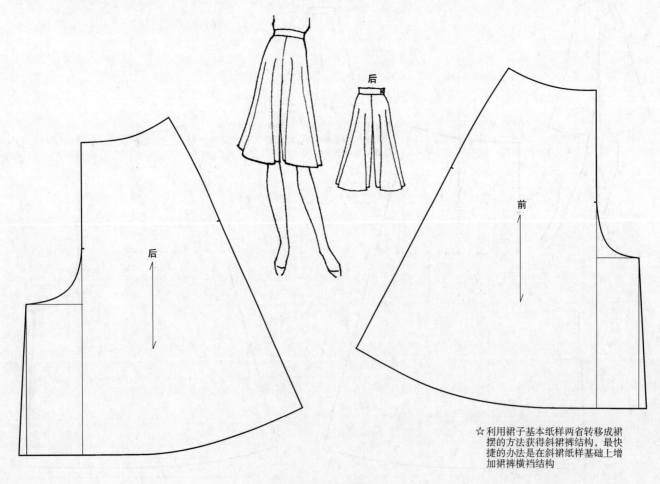

☆利用裙子基本纸样两省转移成裙摆的方法获得斜裙裤结构，最快捷的办法是在斜裙纸样基础上增加裙裤横裆结构

图 8-29　斜裙裤

5　半圆和整圆裙裤

有了半圆裙和整圆裙纸样设计的经验，半圆裙裤和整圆裙裤的结构便不难理解，只要在半圆裙和整圆裙纸样的基础上增加裙裤的横裆结构即可（图 8-30）。

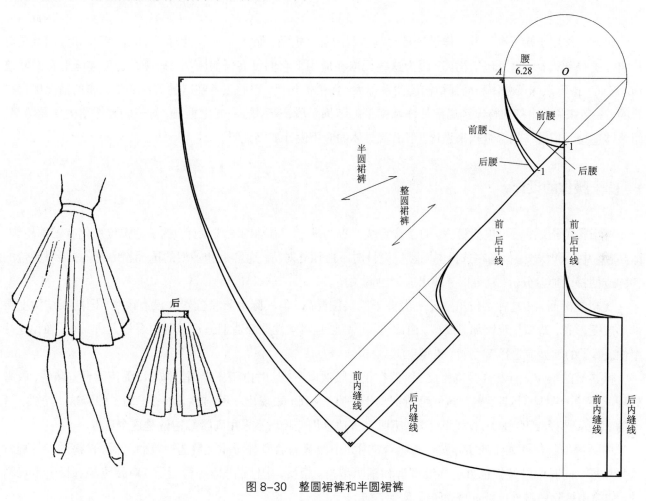

图 8-30　整圆裙裤和半圆裙裤

上述四种裙裤的纸样是按裙子的基本廓型要求设计的，可以说它是对裙裤造型结构的总体把握，如果结合省移、分割和打褶的原理以及运用综合的设计手段，将使裙裤的造型和裙子一样富有表现力，但在个性表达上比裙子有更大的设计空间。

§8-4　知识点

1.裙裤和裤裙在结构和造型上都有细微差别。裙裤是裙子的外观裤子的结构，横裆是配合裙子基本纸样设计的；裤裙是裤子和裙子结合的外观俗称面袋裤，裤裙的结构直接运用裤子基本纸样将裤筒最大化设计，它是裤子到裙裤的过渡。

2.裙裤从紧身型、A型、斜裙型到半圆和整圆型，最快捷又科学的设计方法，是在各自裙子纸样的基础上，增加裙裤的前、后横裆，且裙子纸样的变化规律也都适用，因此裙裤比裙子无论在变化还是个性表达上都更具优势。

§8-5 裤子的腰位、打褶、育克和分割的应用设计

如果说作用于裤子廓型的纸样设计是对其造型的总体把握,那么,裤子的腰位、打褶、育克和分割就是对其结构的局部设计,这里包括裙裤,因为这些元素在应用上它们没有任何限制,只是在造型趣味上有微妙差别。然而,这不意味着总体和局部结构的关系不大,而恰恰相反,它们正是在这种关系非常紧密的情况下存在着的。一般来讲,裙裤从整体到局部都强调裙子的装饰手段,造型的一体化更强。裤子的整体结构主导局部,而整体造型又依赖于局部结构来强化。下面就具体的应用设计加以说明。

1 裤子腰位的设计

裤子腰位指以裤子(包括裙裤)的正常腰线位置为准上下浮动的腰线设计。裤子的腰位变化有三种趋势,即高腰、中腰和低腰。但是在选择不同腰位设计时不能孤立对待,通常是和裤型的选择相协调。如果对腰位的各种造型特点加以分析,就可以寻找出这种协调关系。

就高腰裤而言,这种腰位虽然比一般裤子的腰位要高,但实际上收腰位置并没有改变,因此在结构上腰部形成菱形省,造型呈现臀部流线型。由此可见,高腰是对女性臀部造型进行强调的有效方法。为了强化这一个性,裤子的廓型应选择 Y 型裤(锥型裤)。

低腰裤的腰位设计和高腰裤相反,腰位在正常腰线以下,这时由于立裆高度减小,促使腰臀差减弱,收省处理就不十分明显,因此,臀部流线型特征趋于平直、简练,表现出一种男性化特征。为了强调这一个性,裤子的廓型应选择 A 型裤和大直线设计。如喇叭型裤适合用低腰而不采用高腰结构就是这个道理。

中腰裤的腰位和人体的实际腰位相吻合,因此中腰裤的廓型对局部元素选择宽而灵活。筒裤的设计通常选择中腰,同时中腰结构也可选择锥型裤和喇叭型裤。相反,中性的廓型(筒型裤)对腰位的选择也是灵活的。如筒型裤除中腰外也可选择高腰或低腰结构。

下面着重介绍高腰裤和低腰裤的纸样设计。

例1:高腰裤。按高腰裤的结构分析,腰位只要高于正常腰位都被看作是高腰,只是高腰的程度不同。高腰裤一般配合窄裤口设计。为了不破坏臀部的流线型,口袋和门襟都并入侧缝线,前、后各设四个省。

高腰裤的纸样设计采用裤子的基本纸样,先将裤口作窄摆处理,有时也截短裤腿,然后将腰位前、后平行提高 5cm,在实际腰线上作菱形省。把前片的原省量一分为二,后片的两省保持不变。另外,为了改善腰部运动,后腰中间设小开衩。膨胀型高腰裤也是在此基础上将侧缝和内缝作直线处理完成的(图 8-31)。

例2:低腰裤。低腰裤采用的廓型为喇叭型,由于低腰裤腰位下降使臀部尺寸作收缩处理,通过余省的平衡分解使前腰无省,后腰一省。由此可以看出,只有选择低腰设计的时候,前裤片才有可能无省,这是因为,腹凸距实际腰线本来就很接近,当选择低腰时,腰位和腹凸几乎处在同一区域,因此腹腰之差减少,消除省的可能性变大。臀部省量虽也同时减小,但因臀凸大而低,剩余的省比前片多,这是低腰裤结构,前腰无省,后腰设一省的必然结果。在款式上采用明门明袋设计是基于低腰裤臀围收紧的考虑,牛仔裤的经典元素正是基于此诞生的(图 8-32)。

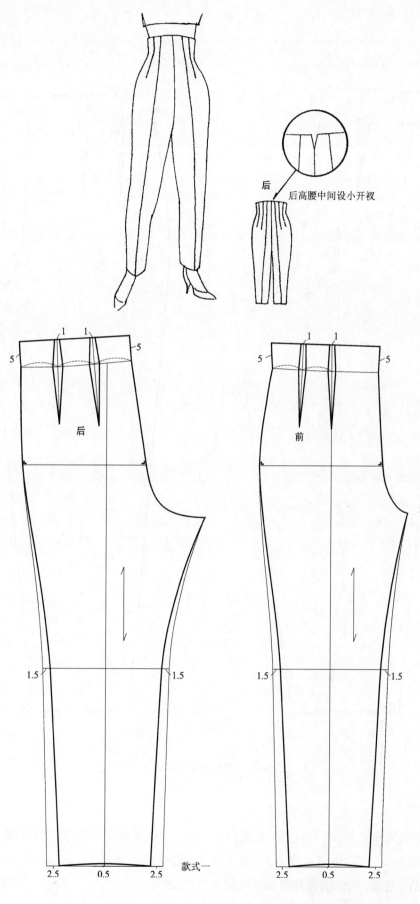

后

后高腰中间设小开衩

后

前

款式一

图 8-31

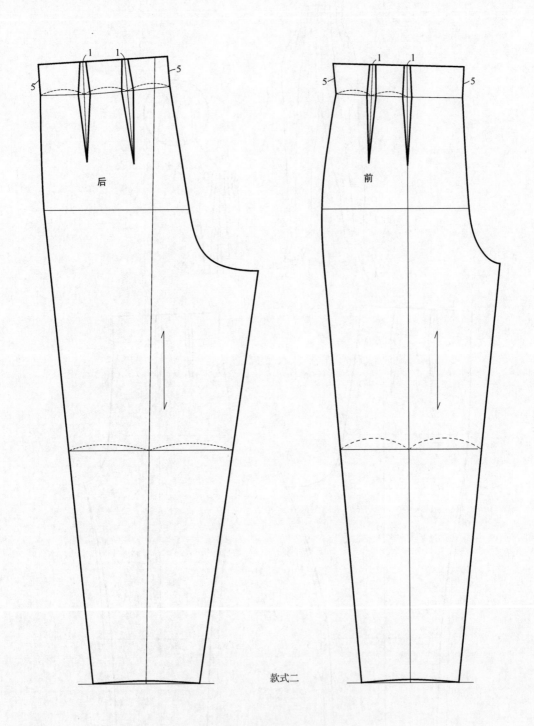

图 8-31　高腰裤（两款）

　　从图 8-32 低腰裤的采寸来看，腰位在基本腰线以下 6cm 处，前片腰位降低以后，剩余的省量并入侧缝和前中缝；后片两省保留一个，在后中缝去掉一个。裤下摆从髋骨线向下爹起 2.5cm，同时将裤长加长 6cm 至足面，并作裤口前凹后凸的处理。腰头直接从腰部纸样截取并省获得。

　　关于裤子腰位设计的更多信息参阅《女装纸样设计原理与应用训练教程》相关内容。

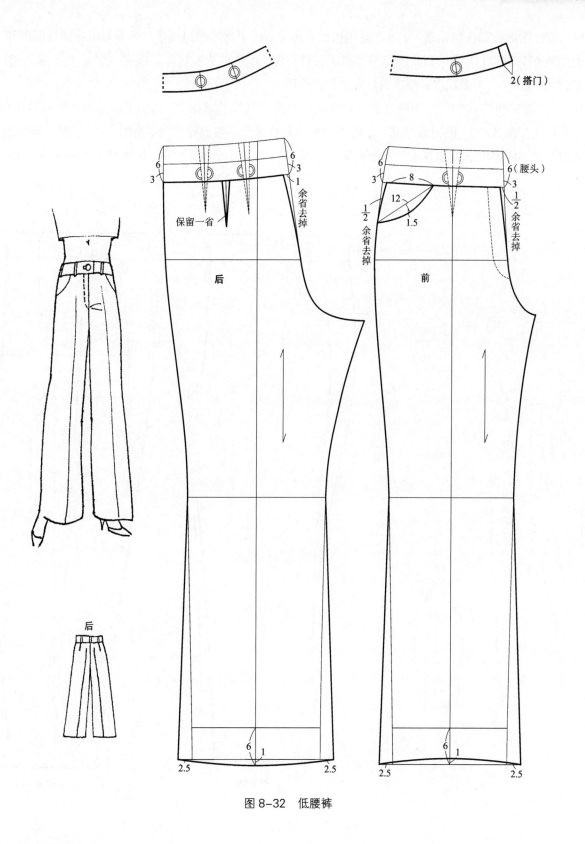

图 8-32　低腰裤

2　裤子打褶的设计

　　裤子打褶的设计，一般多在中腰裤上进行，因为中腰裤的适应性最强，容易和褶的变化特点相结合，而且中腰作为固定褶的位置最理想；为了强调臀部的膨胀感，高腰裤配合打褶也是有效的办法。裤褶的分类和裙子相同，即自然褶系和规律褶系。不过在运用褶的范围上，裙子远远超过裤子。裤子常用的褶是活褶和缩褶，偶尔也用褶裥和波形褶。裙裤打褶的范围和裙子一样广泛。裤子打褶所选择的廓型主要是Y型和菱型（即上下收紧，中间放松）。下面就裤子作褶设计实例加以说明。

例1：三褶高腰裤。图8-33中的款式是在省结构高腰裤纸样的基础上，用切展的方法在前裤片增加三个活褶量（省量含在其中）。同时收缩裤口，后裤片对应前身采用一般高腰设计（与图8-31后裤片纸样通用）。这种高腰施褶的结构处理，比作省的高腰裤臀部显得膨胀更富有女性化的特点，造型上多弱化挺缝线，强调廓型线。

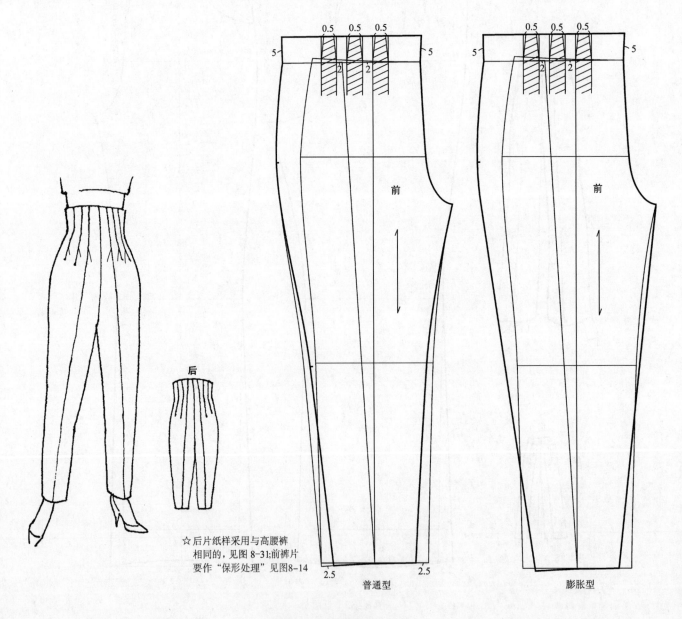

☆后片纸样采用与高腰裤
相同的，见图8-31；前裤片
要作"保形处理"见图8-14

普通型　　　　膨胀型

图8-33　三褶高腰裤（两款）

例2：塔克褶裤。图8-34所示为塔克褶裤的纸样设计。其廓型选择中腰锥型裤。在结构处理上，裤口收紧，腰部前、后各设计三个活褶。褶的方向是从腰部固定呈曲线消失在侧缝，在腰部和侧缝之间按生产图所示采用剪切的方法，增加腰部褶量，前、后裤片的基本省量也并入活褶中。门襟设在右侧缝。

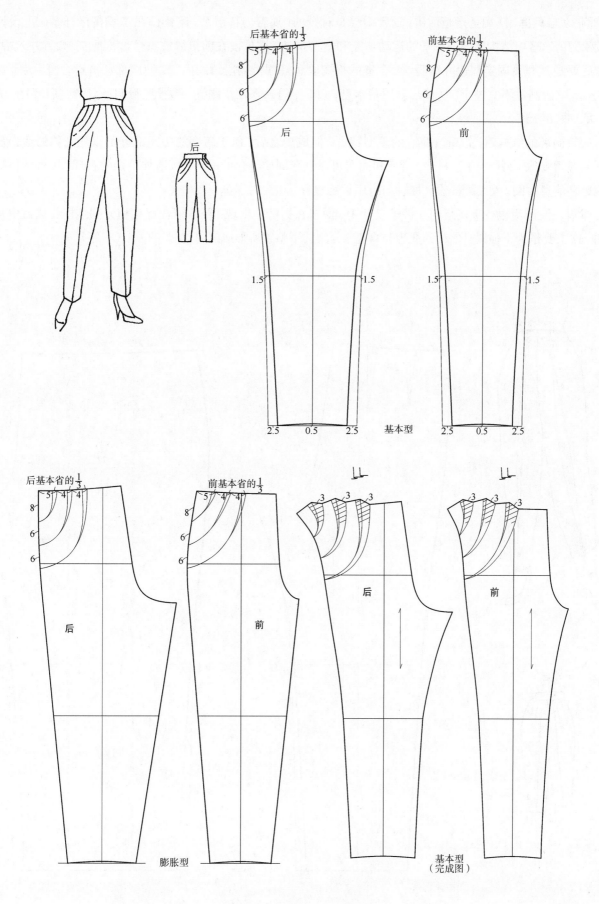

图 8-34　塔克褶裤（两款）

例3：暗裥裤。暗裥是指暗活褶，通常褶缝是对折的，属普力特褶系。暗裥裤在 Y 型裤纸样基础上设计实现效果更好。暗裥结构能增强裤子的运动功能和造型情趣。褶位设在前挺缝线，上下贯通，前腰省并入褶中，收褶后要通过熨烫固定褶边并缉明线，含省的折裥段和裤摆折裥段缉线固定，使腹部和裤脚合身。为了达到表现效果，折裥量不宜过小。后裤片采用基本型，口袋、门襟都设在侧缝。膨胀型暗裥裤只调整后裤片，前裤片通用（图 8-35）。

从暗裥裤的结构看，很难理解它的菱型特征，但成型之后，由于暗裥的中间部分可以随人体的运动自然打开而显得膨胀。另外，在选料上，折裥和面布可以选择同质异色的面料，以增加暗裥的表现力（裤子打褶设计的更多信息参阅《女装纸样设计原理与应用训练教程》相关内容）。

缩褶和波形褶很少直接运用在裤子设计中，而多在裙裤中出现，经常结合育克和分割结构在裙裤中加以运用。这主要是为了强调自然褶的肌理与育克、分割的平整感所形成的对比。

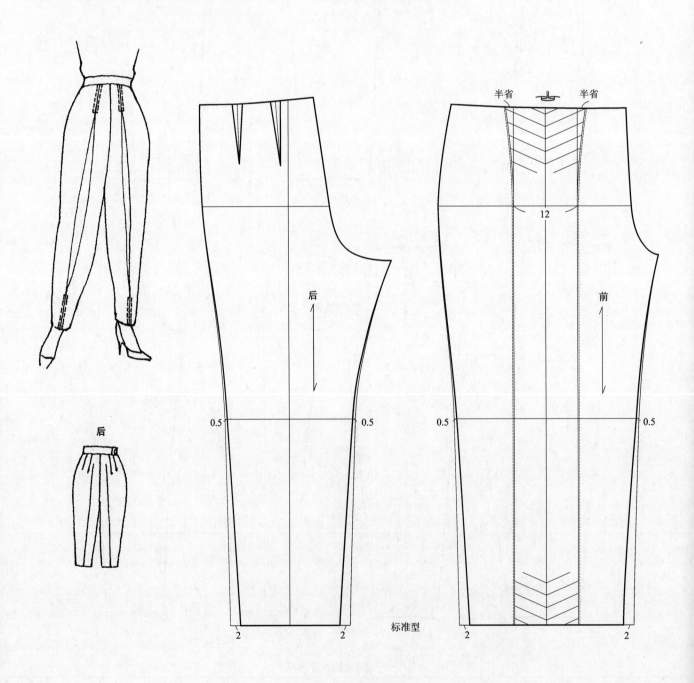

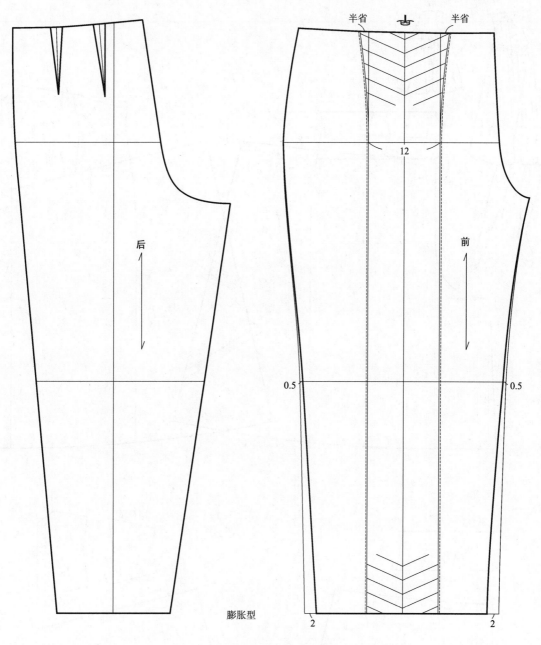

图 8-35　暗裥裤（两款）

3　裤子和裙裤的育克、分割和褶的综合设计

育克实际上是分割的一种特殊表现，分割线比纯粹的省缝更具有装饰性和造型性，育克只是这种造型的特定形式，在裤子结构中它只用在腰臀位置，与褶的结合更有表现力。

（1）裤子和裙裤育克与褶的设计

前文谈到裙裤育克通常和褶结合使用，而且可以和任何形式的褶结合设计。另外，育克有高腰育克和一般育克之分，前者正置腰线上下，结构较复杂；后者是通过分割移省完成的。无论是哪种育克，它们与褶结合的范围都是很广泛的。

例 1：育克与缩褶结合的裙裤。图 8-36 所示为高腰育克与缩褶相结合的裙裤设计。这个设计完全按照裙

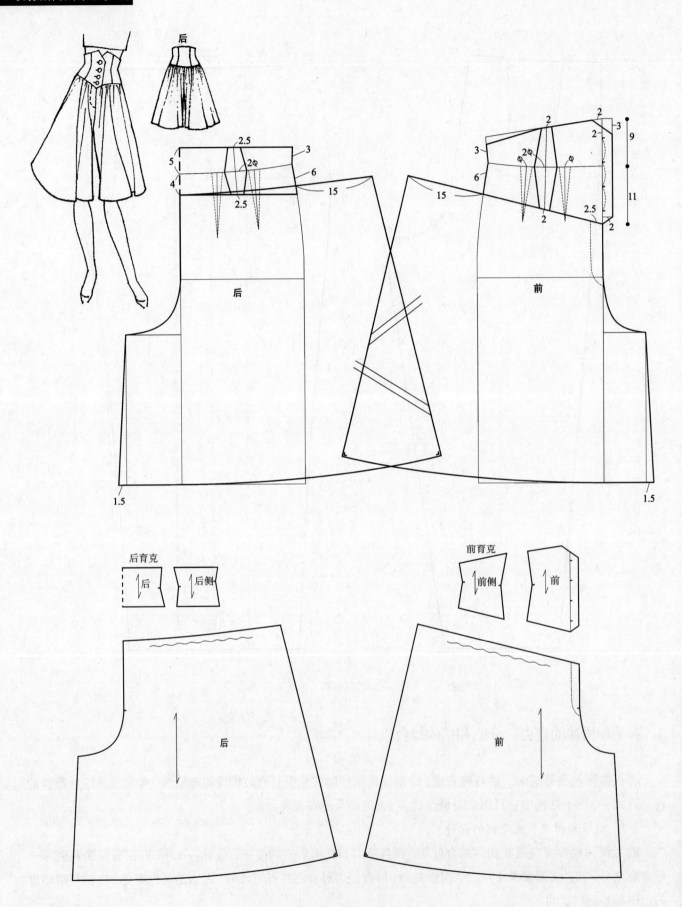

图 8-36　育克与缩褶结合的裙裤

子的处理方法进行。使用裙子基本纸样，依生产图作出育克分割线，并确定高腰位置。在所分割的高腰育克中设必要的省缝，使基本省量平衡分解并入断缝，根据高腰特点处理成菱形省结构。育克以下部分用切展的方法增加缩褶量，重要的是按照生产图所显示的效果前后增褶量要均匀，并和下摆增幅相协调。裆弯结构采用一般裙裤的横裆采寸。育克前中线设四粒扣搭门。

例 2：育克与普力特褶结合的裙裤。图 8-37 所示为一般育克和普力特褶结合的裙裤设计。育克按生产图所示作分割线，通过移省，使腰部省量转移到育克断缝中完成。普力特褶在剩余纸样的设定位置平行增加。口袋结构作宽松处理，口袋的垫布结构要合身，以增强立体感。该设计的裆弯结构采用一般裙裤的横裆尺寸。育克前中线设五粒扣搭门。

从这个设计中可以发现，育克的分割线应用灵活。特别在后裤片，育克线在臀凸点和腰线之间，如果育克线离臀凸点越远，余省就越多。但是这种设计可以使育克余省通过相邻的普力特褶结构处理掉（图 8-37）。可见，分割线作用于臀凸点不是绝对的，只要其综合条件符合塑型的要求，分割就是合理的。

例 3：育克与活褶结合的 Y 型裤。育克和活褶结合的设计是在裤子基本纸样的基础上进行的，其廓型采用锥型裤结构，根据腰位前高后低的特点，在前裤片先作高腰育克的分割并设省缝，剩余纸样用切展的方法增加腰部的三个活褶，其中中间褶和挺缝线合并，余省也并入褶中。后裤片育克为一般育克设在腰线以下，分割

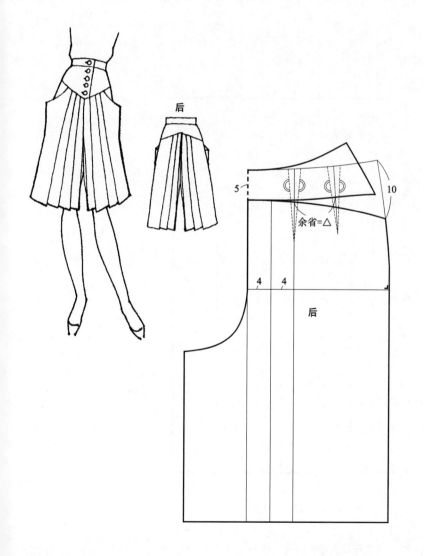
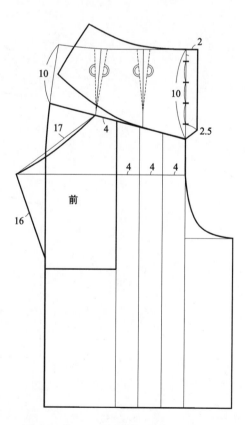

图 8-37

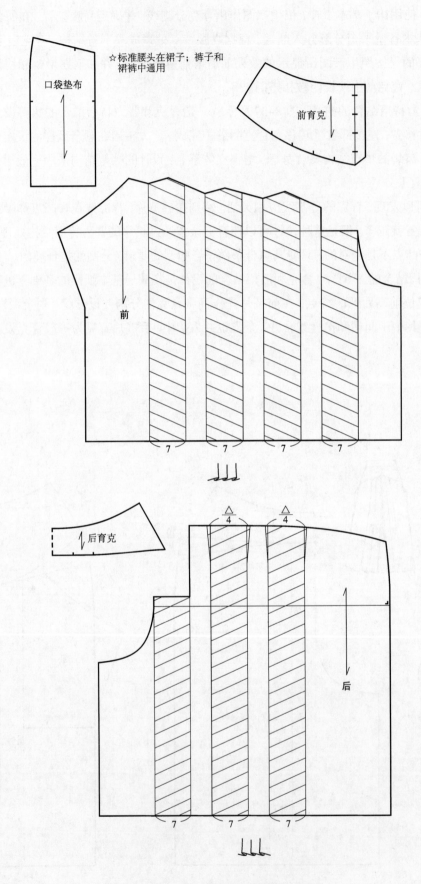

☆标准腰头在裙子；裤子和
裙裤中通用

口袋垫布

前育克

前

后育克

后

图 8-37　育克与普力特褶结合的裙裤

时要注意与前育克构成整体，后裤片截去育克，所余省量一个在后中线处分解、一个保留。裤口收紧，并作翻裤脚处理。口袋设计在前育克线和侧缝之间。前育克中线设三粒扣搭门（图 8-38）。

　　如果采用同样的纸样处理方法，把前裤片的活褶改成缩褶工艺，后裤片缩褶量通过切展增加到与前裤片缩褶量相近，就完成了育克与缩褶结合风格的裤子系列纸样设计（更多信息参阅《女装纸样设计原理与应用训练教程》）。

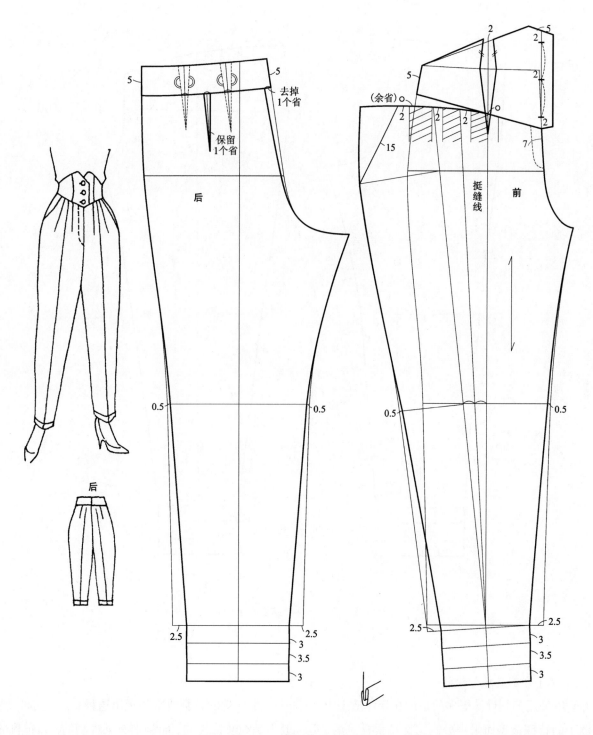

图 8-38

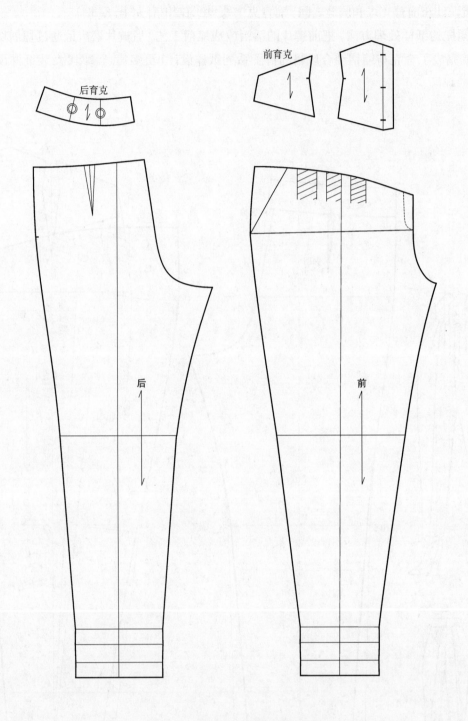

图 8-38　育克与活褶结合的 Y 型裤

（2）裤子分割的综合设计

　　裤子中采用分割设计更多的是用在合体造型上，如马裤、牛仔裤的分割线都体现出这种功能。同时，为了某种裤子的特殊造型而采用分割结构是很常见的，但一般不是纯装饰性的，而是带有某种功能，如布料的限制、特殊效果、特殊场合和顾客的需要等。

例 1：喇叭型牛仔裤。图 8-39 所示为传统的牛仔裤纸样设计。腰线下降 5cm 作低腰处理，前裤片无省、无育克，有曲线形口袋，并在右袋内藏一小方贴袋。后裤片臀部省转变为育克设计，有两个大贴袋。这种造型的臀部很合体，因此选择低腰和喇叭型裤下摆，同时由于这种造型采用弹性大而牢固的牛仔布，在结构处理上，通过育克使一省转移，另一省在后中线腰部作收缩处理。与此同时，前侧缝收掉余省、前后裆弯都要适当收紧，臀部造型愈加贴身丰满。裤下摆设计从髋骨线上移 4cm，并收缩 1cm 开始夸起，下摆按喇叭型结构处理。腰头按直丝习惯设计。

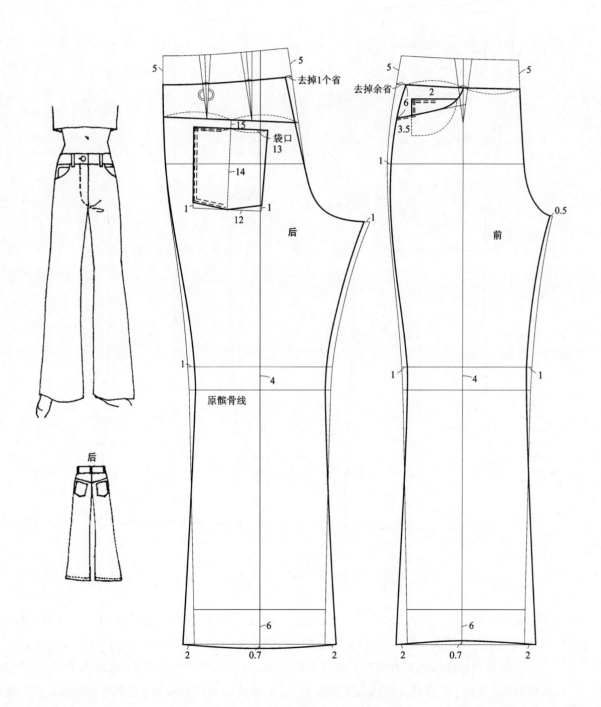

图 8-39

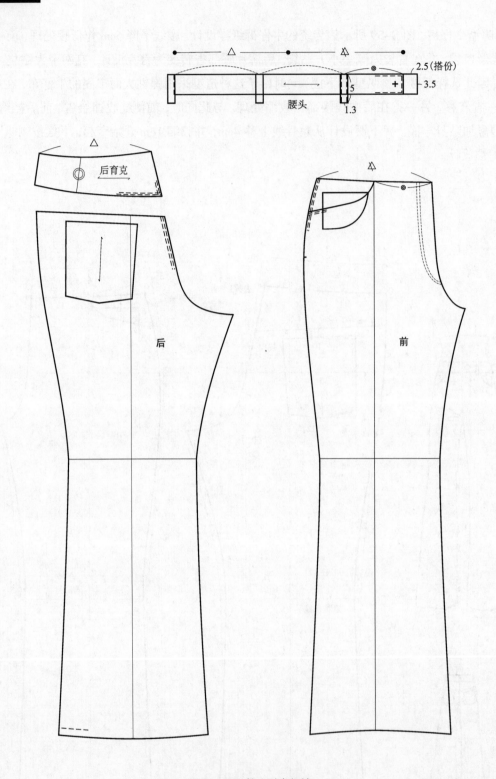

图 8-39　喇叭型牛仔裤

　　例 2：育克裤。用不同的线条分割出不同的育克造型，使省结构变成育克结构，并且不与任何打褶结合，而产生一种简洁规整的分割情趣。图 8-40 所示中的育克裤就是强调这种风格的设计。设计中育克线分布在臀腹部，显然是为了使臀腹部造型达到合体和去除省缝的考虑。处理纸样时，在裤子的基本纸样上作出育克分割线，运用省移原理，使前、后省量分别移入分割线中，最后修正育克线和腰线。后裤片截取育克后，剩余省量从侧缝和后中线中去掉。由于采用中腰设计，所以选择中性裤下摆。

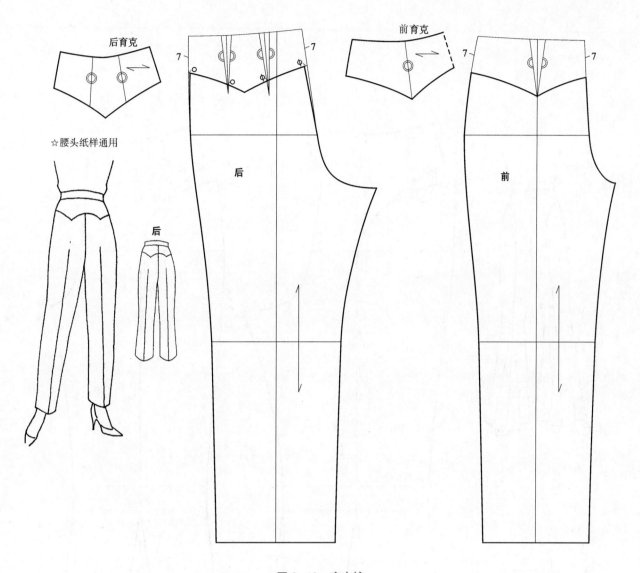

图 8-40　育克裤

　　例 3：分割鱼尾裤。图 8-41 所示为综合利用多片分割均匀增摆所设计的变体裤。生产图所示，在前、后裤片的臀部从侧缝起顺至前、后挺缝线作弧线分割，在结构上使裤子前、后片各一分为二。分割线设计的关键在于有利于省的消除，同时又使裤下摆能够均匀增加波形褶量。

　　鱼尾裤纸样设计是在裤子的基本纸样上进行的。依据对生产图的理解，作前、后裤片的分割线，分布在臀腹部的分割线要与省尖相对应，以降低移省后的纸样变形。然后，把前、后的省量通过省移并入各自的弧形分割线中修正。裤下摆波形褶的增加是在前、后髌骨线下移 4cm 的分割线中两边平衡起翘，翘度是根据褶量的多少灵活设计的，同时增加裤长至脚面。门襟居中，口袋设在侧缝或不设口袋。

　　从这个例子可以看出，裤子的分割功能同样能达到裙子的丰富效果，只是要顾及人们的审美习惯。因此这种造型的产品通常被视为概念化设计（更多信息参阅《女装纸样设计原理与应用训练教程》）。

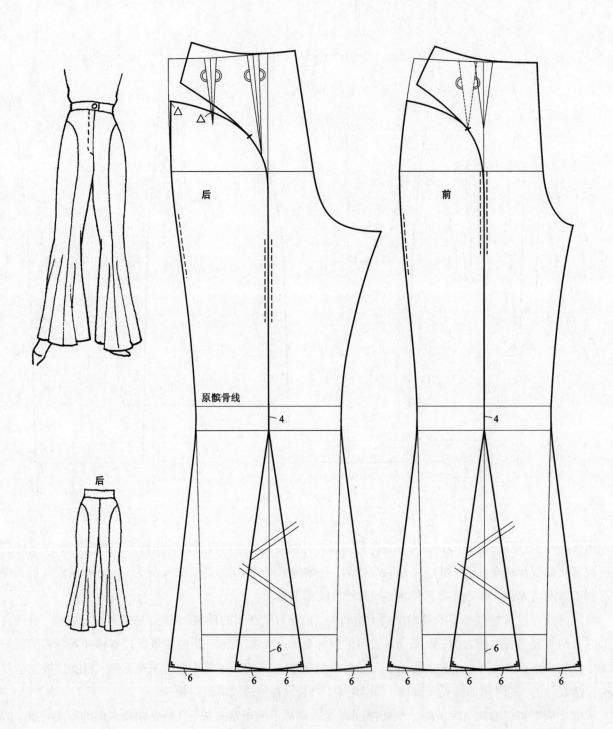

后

原髋骨线

后

前

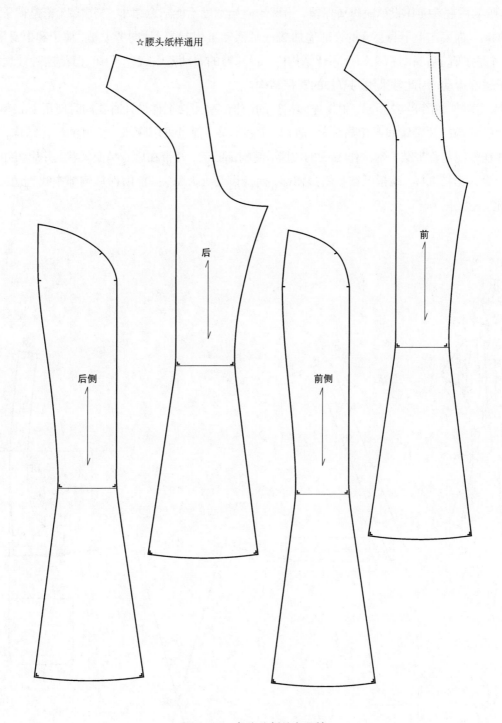

☆腰头纸样通用

后

前

后侧

前侧

图 8-41 多片分割的鱼尾裤

4 连体裤纸样设计

连体裤是一种特殊结构，但在裤子和裙裤设计中都可以实现。总的设计原则是，必须使上身简化，通常上身和裤子（或裙裤）只用两条带子连接，所以又称背带裤。

　　另外，由于连体裤的结构特殊，因此采寸也很苛刻。首先，裤子和裙裤的连体设计都要运用各自的采寸范围。例如，裤子的后翘在连体设计时仍要保留，裙裤的横裆宽度不能随意缩小。其次，无论是裤子还是裙裤在选择连体结构时，都要在上下身会合的腰部追加2cm的活动量。这项设计的考虑是，裤子和上身形成一体时，由横裆通过肩部把前、后身封锁在一个环行结构中，腰和臀的屈动范围就在其中。但是这种处理往往使裆深加大，不利于腿部运动，因此常采用调节扣的背带结构。

　　例1：连体裙裤。如图8-42所示，根据连体裙裤的结构特点，在纸样设计时要同时使用上衣和裙子的基本纸样，上衣片腰线与裙片腰线间要相隔2cm，前、后中线对齐。前身采用胸部与裙裤的连体结构，两侧用带式结构相连，并在腰线与背带结合部位作1cm的收腰，使胸部凸起，背带在后身呈交叉状，并用纽扣与后腰头连接。后身直接设计裙裤纸样。缩褶区域在侧身腰部，前身设两个大贴袋，前门襟从胸部中线直通前裆上端，用六粒纽扣固定。

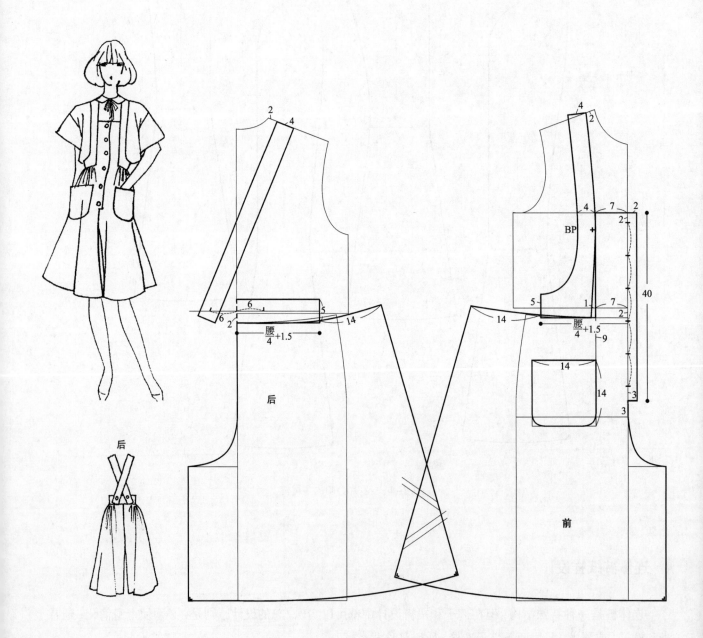

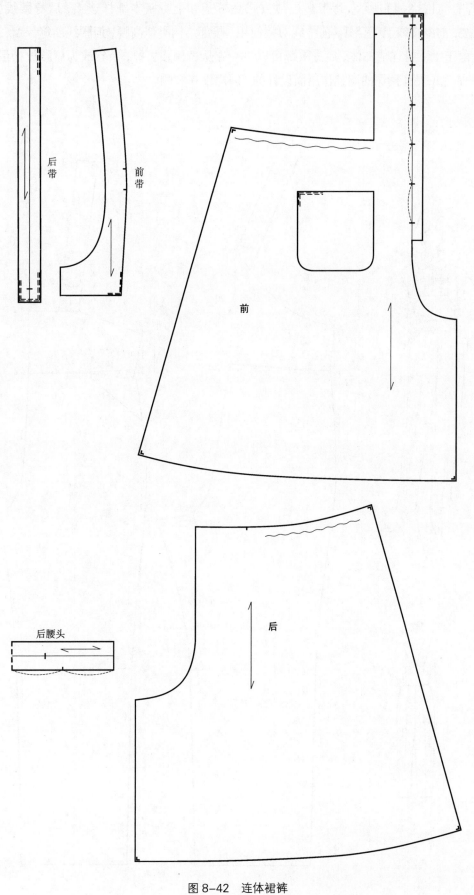

图 8-42　连体裙裤

例2：背带裤。如图 8-43 所示，背带裤连体方式是裤子和上身基本纸样连接，后身腰线上下平行间隔 2cm，后中线对接，前身腰线上下合并，前中线对接使用。腰部结构类似高腰，但腰线断缝保留，前省含在腰中为松量。另外，由于上下身连成一体，后身腰部可以将一省从裤侧腰去掉，余省成为后腰放松量，以增加运动功能。可调背带是为了提高裆深的调节作用而设计的。门襟设在右侧。

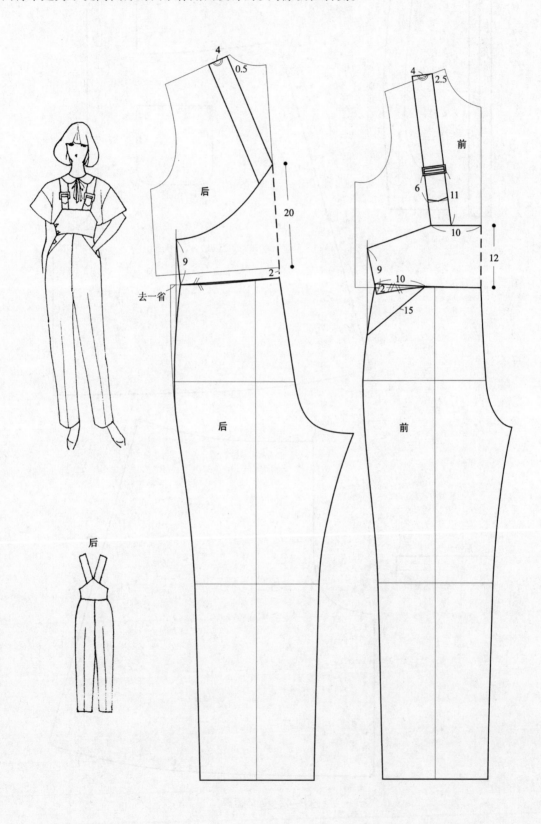

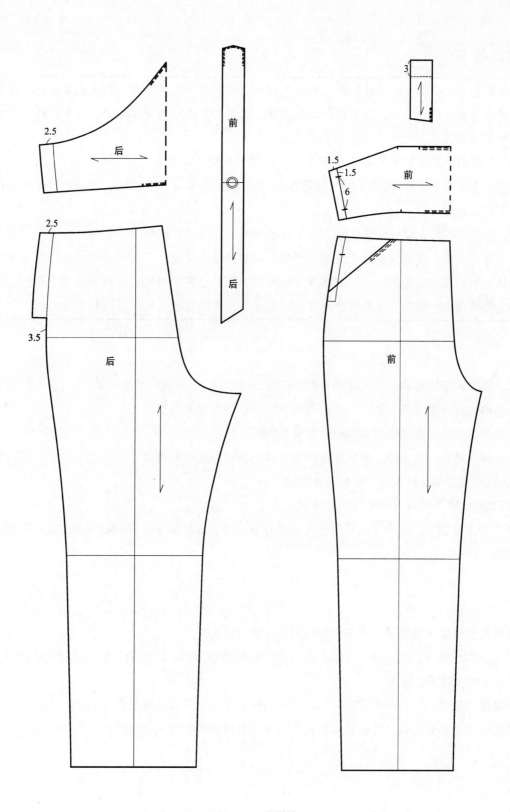

图 8-43　背带裤

　　连体裤如果运用裤子的廓型和局部进行综合设计,其造型表现是很丰富和具有个性的。不过这种表现也只在腰线以下的范围,因此,要想使上身具有表现力,就要使上身造型成为主体,这就进入了上衣类型的纸样设计,如西装、衬衫、外套、连衣裙等。

§8-5 知识点

> 1.裤子廓型是对其造型的总体把握，腰位、打褶、育克和分割是对其结构的局部设计。裙裤从整体到局部都强调裙子的设计手段，造型的一体化更强。裤子的整体结构主导局部，而整体造型又依赖于局部结构来强化。
>
> 2.裤子（裙裤）腰位有三种变化，即高腰、中腰和低腰，一般它们与廓型相协调设计。高腰适合Y型裤（锥型裤），低腰适合A型裤（喇叭型裤），中腰适合H型裤（筒型裤），同时它属于中性结构对任何廓型元素都能灵活运用。
>
> 3.无论是裤子还是裙裤，纸样中的育克（包括分割）与褶元素结合的最普遍。在裤子中育克更适合与缩褶、塔克褶结合；在裙裤中育克几乎与所有的褶都能结合设计，因为裙裤基本保持了裙子的造型结构特点，褶是装饰化的重要手段。因此裤子、裙裤对育克、分割和褶元素的综合运用是该纸样设计的必要途径。主要施用的原理有：省移原理变育克、变分割，褶的处理主要采用切展方法。

练习题

1. 英式、美式和标准女裤基本纸样的各自特点是什么？

2. 裤子纸样为什么要做保形处理？它有几种方法？最理想的方法是什么？

3. 利用裤子基本纸样完成锥型裤和喇叭型裤各2款设计。

4. 裙裤纸样和裤裙、裙子的主要区别是什么？并指出它们的外形特点。

5. 完成5款概念裙裤纸样设计（包括连体裙裤）。

6. 完成5款概念裤子纸样设计（包括连体裤）。

7. 更深入全面地训练，结合《女装纸样设计原理与应用训练教程》裤子和裙裤款式及纸样系列设计部分进行企业化的产品设计。

思考题

1. 深入分析裤子腰臀部关键尺寸与平衡原则的结构设计关系。

2. 在裤子纸样设计中，股上长（立裆）尺寸为什么采用宁小勿大的原则？缩小设计的空间有多大？小立裆设计更多用于哪类裤子设计中？

3. 裤子理想的造型是"看后不看前"为什么？纸样处理会采用哪些措施和手段？

4. 我国传统的缅裆裤结构有什么现实意义（提示：节俭造型智慧的文化遗产）？

理论应用与实践——

上衣纸样设计原理及应用 /4 课时

课下作业与训练 /8 课时（推荐）

课程内容： 上衣基本纸样的分割与作褶/领口与袖窿的纸样采形

训练目的： 了解上衣省与其他的结构规律和纸样处理方法。

教学方法： 面授和典型案例分析结合。

教学要求： 本章为进入上衣成品纸样设计前，学习相关衣身省与局部结构的变化规律和纸样处理方法，注意要强调学习和掌握省在不同宽松量环境下与领子和袖子的结构关系，使学生得到纸样设计整体意识的认识与训练。

第9章　上衣纸样设计原理及应用

第6章全面分析了上衣基本纸样的凸点射线与省移原理，其核心是省自身的变化规律。本章主要讨论应用该原理作省的拓展设计及由该原理所影响的一系列纸样变化和综合处理方法。很显然，这仍然是在合身或较合身的条件下进行的。

§9-1　上衣基本纸样的分割与作褶

应用上衣凸点射线与省移原理的纸样设计，除了采用省的固有形式外，大体上还有两种表现方式，即分割和作褶。

1　分割与上衣凸点

按照凸点射线的要求，无论分割线的形式怎样变化，都应设在与凸点有关的不同位置，通过省移而获得立体的设计意图。分割线有两种基本形式，即直线分割和曲线分割。其实这是相对而言的分类，客观上只要是为了曲面而设置的分割线，不可能是直线，一定是曲线（或折线）。

（1）作用于胸凸直线分割的结构关系

所谓直线分割指成型后所呈现的直线造型效果，也就是说在通过省移处理后的平面纸样的断缝不一定是直线，也不可能是直线，但是当把该纸样加工成服装时，却给人以直线分割的感觉。因此，直线分割和曲线分割没有绝对的界限，这需要通过具体设计才能理解。就公主线的结构而言，其造型感觉为直线分割，而在纸样中则显示为曲线特征（图9-1）。

以公主线为例，纸样设计利用上衣基本纸样，前片的分割线通过胸乳点（BP点），后片通过肩胛点，利用省移的方法将前片的侧缝省和腰省并入前分割线中，后片肩胛省和背省并入后分割线中，修正结构线。这时纸样中的直线就变成了曲线。另外，这种把全部省量都处理在分割线中的设计，说明这是一种较合身的结构处理（外衣类）。对此如果灵活运用，以全部省为内限，在断缝中使用省量的多少标志着合身的程度。由此产生胸省与前后腰线对位及前袖窿开度的制约关系。

上衣基本纸样的前、后片腰线并不是贯串在一条直线上，这是因为侧缝多出一部分乳凸量，即侧缝省量。当把乳凸量作完后，前、后腰线才能呈现贯通的水平状态，前、后侧缝线才能对齐（图9-2）。乳凸量不代表全省，它是全省的一部分。当施用全省的时候，前、后侧缝线对位亦呈现平衡状态（图9-3）。也就是说，当施用大于乳凸量的任何一种省量时都不会出现前、后腰线在侧缝线处的错位问题，只有当前片施省小于乳凸量时，才会出现前、后腰线在侧缝线处的错位。在这种情况下，原则上后腰线要同前腰线取平，将前袖窿在侧缝处多出的部分修掉并与后袖窿顺接，使乳凸量仍归于胸部。也就是说，纸样中虽然没有把乳凸量用完，但乳凸量是客观存在的，因此应把没有作完的那一部分乳凸量保留。但同时也会出现前、后侧缝线错位的情况，这时应以

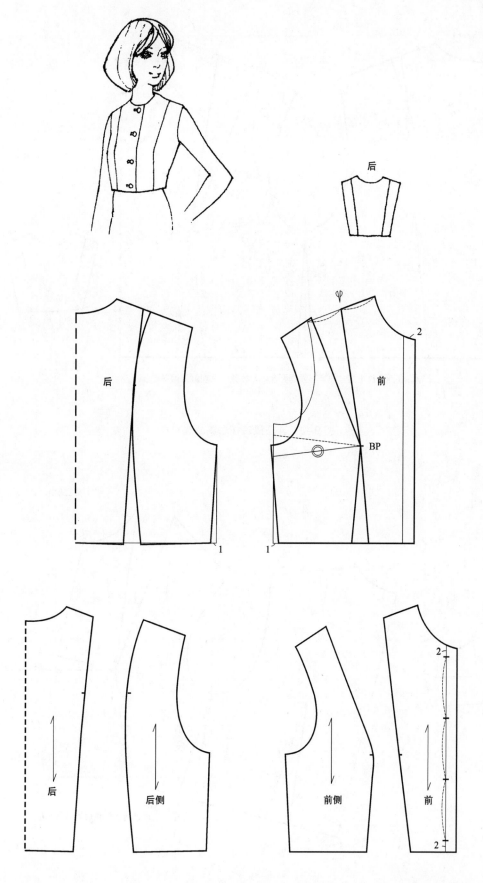

图 9-1　直线分割的公主线

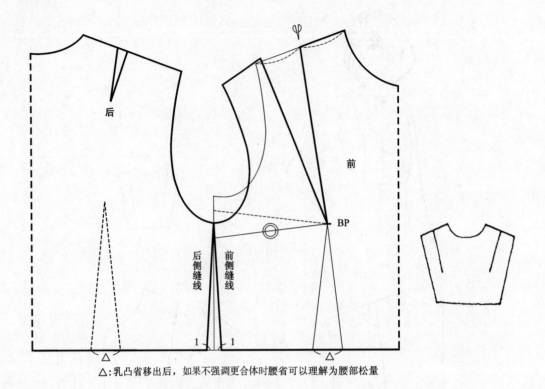

△：乳凸省移出后，如果不强调更合体时腰省可以理解为腰部松量

图 9-2　乳凸量转移后侧缝线对齐

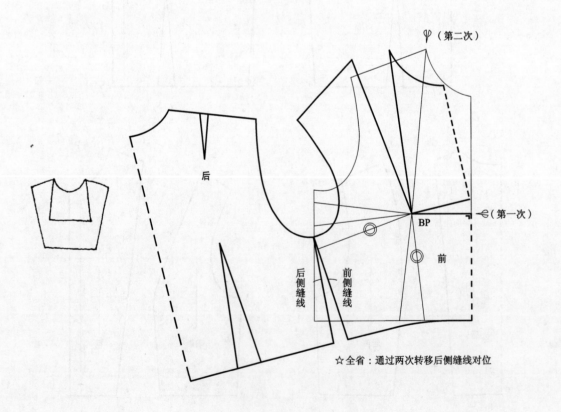

☆全省：通过两次转移后侧缝线对位

图 9-3　全省转移后侧缝线对齐

后侧缝线为准, 开深修顺前袖窿曲线。显然这是相对不追求合体的处理(图 9-4)。

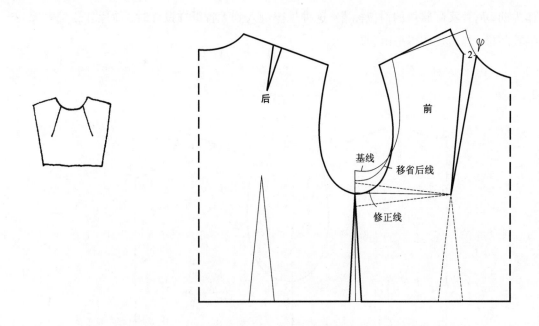

图 9-4 设省小于乳凸量的对位(较少施省与侧缝的对位关系)

由此可以得出这样的规律: 从理论上讲, 乳凸量施用的多少构成上身前、后衣片对位修正的依据。当施用大于乳凸量、小于全省之间的省量时, 前、后腰线在侧缝线对位保持平衡, 成为合身或半合身设计; 当施用小于乳凸量的省量时, 应以前衣片腰线为准, 前袖窿错位的部分去掉, 使其增大。换言之, 乳凸量收得越小, 意味着越宽松。从合理性来看, 袖窿应开得越大, 直至无胸省设计时, 使该省全部变成前袖窿深量, 这是该结构变化规律的理论分析(图 9-5)。

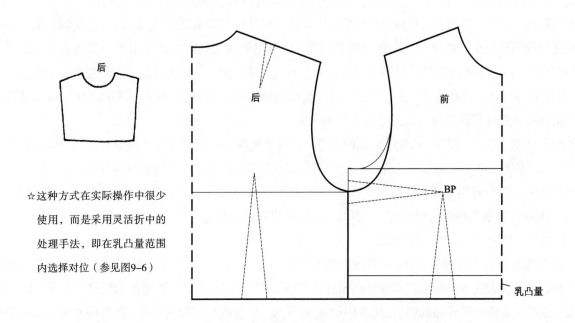

☆这种方式在实际操作中很少
　使用, 而是采用灵活折中的
　处理手法, 即在乳凸量范围
　内选择对位(参见图 9-6)

图 9-5 理论上无省的对位

　　然而，在实际应用时，由于考虑前紧后松造型的需要，使用乳凸量往往是保守的，即前紧后松原则，否则胸部造型显得不够丰满。因此在作侧缝省后，无论前腰线的剩余乳凸量有多少，后腰线都要以剩余乳凸量的二分之一作为前、后片实际腰线的对位标准。这种规律进入到无省纸样设计时，前片乳凸量去掉一半，前袖窿开深另一半乳凸量，与后片取得平衡（图9-6）。

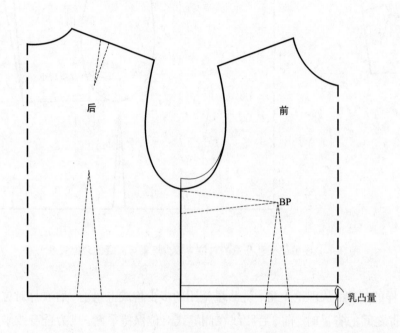

图9-6　无省纸样设计前、后对位的应用

　　图9-7就是这样一个实例。它是采用胸腰差作省，其直线的分割位置就不一定通过胸乳点，对位应以前腰线乳凸量的二分之一为准，前袖窿错位部分修掉。这种设计强调腰部曲线造型，而有意削弱胸部的曲线。如果要想达到既强调腰部曲线又突出胸部的造型，则可以利用侧片结构线加乳凸量施加侧缝省的组合设计（图9-8）。但它与图9-7中的造型结构有所不同。前者未作乳凸省，前、后腰线对位，以前腰线乳凸量的二分之一为准，使前袖窿加深，胸部显得平直；后者是通过保留侧缝省来取得前、后腰线的平衡，前袖窿深度不变，显然后者比前者更强调腰曲线和胸曲线结合的合体效果。

　　掌握了分割与胸凸、腰线、侧缝线对位的关系，对整个胸部的结构设计具有指导意义，同时又是验证分割线合理设计的依据。如果是有装饰性分割的设计，其装饰性要依据立体的结构原理为基础。

　　图9-9所示为具有装饰性直线分割的例子。当能用装饰性直线在上身分割时，要把握一个基本原则，即装饰美与立体结构的塑造功能合理的统一。因此，这里的装饰性直线分割的设计是符合上衣凸点射线与省移原理的。根据生产图判断，后片的育克线设计与肩胛凸有关，前片的"凹"字形分割线作用于乳凸点，在结构设计中要充分考虑这种组合的合理性。纸样的处理运用上衣基本纸样，前片通过乳凸点作"凹"字形分割，后片通过肩胛点作水平线分割，然后把前片乳凸量移入"凹"字形分割线中，腰省保留为松量，说明这是半合体设计，当然也可以是将腰省转移到凹字形结构中的合体设计。后腰线与前腰线对位，将肩胛省移入育克线中，修正纸样。为取得与分割线造型统一，领口开成方形。

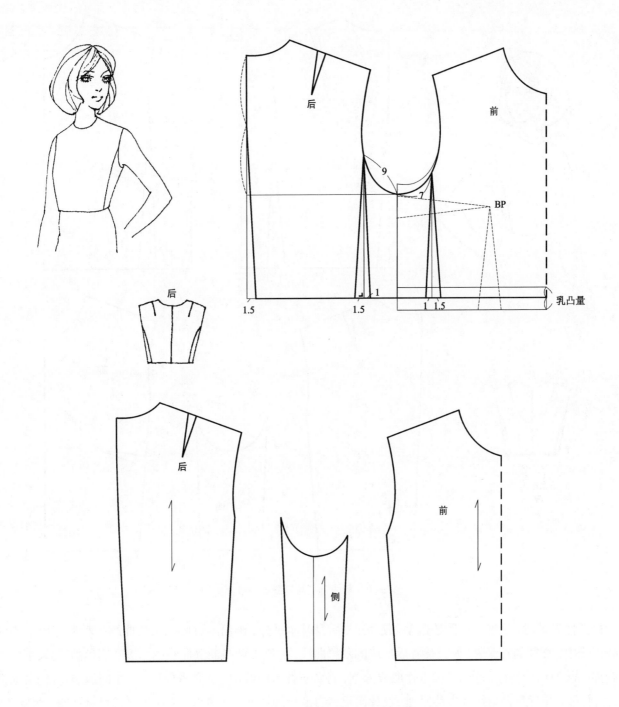

图 9-7　不通过 BP 直线分割的对位

（2）曲线分割与上衣凸点

曲线分割和直线分割在造型上仅是形式和处理技巧的区别，但其结构变化的基本规律是完全相同的。曲线分割是为了达到服装成型后有明显曲线的造型所进行的纸样处理，这种结构与柔性的人体匹配度好而普遍使用。图 9-10 所示为曲线分割的公主线结构，它与直线分割的公主线结构相比，只是在形式上的区别，即曲度的区别。由于各自所使用的省量都是全省，所以在立体效果上很相似（合身程度相同）。

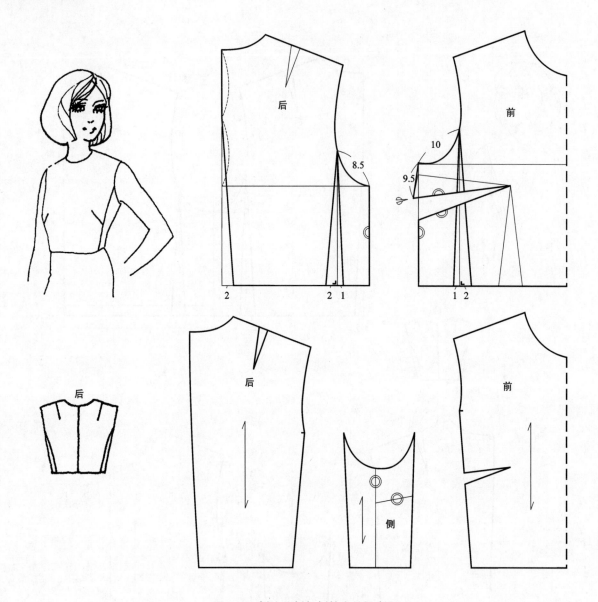

图 9-8　侧片分割与侧缝省的组合

　　在纸样设计时，根据生产图的造型，使用前、后身基本纸样，画出通过乳凸点的曲线；然后，把乳凸量移入分割线中，腰部的省保留。修正移省后形成的断缝曲线，原则上两条断缝曲线的弯度有明显的反差，这是构成胸部凸起的结构特征。后片纸样也作曲线分割，将背省并入曲线中，肩胛省保留，后中断缝装拉链。由此可见，我们可以依照胸凸射线和省移原理，设计出更富有变化的系列公主曲线结构（更多的信息参阅《女装纸样设计原理与应用训练教程》相关内容）。

　　前面讲过，上衣的分割形式没有绝对的界限，因此，上衣分割结构往往是以直线和曲线相结合的分割方式更为普遍。如果善于利用这种综合手段，会使分割设计更富有表现力，但是，无论是单一分割还是组合分割，都不能违背作省功能这一基本结构规律。

　　图 9-11 所示为一个典型的直线和曲线相结合的分割设计。如果对其基本结构原理一无所知的话，很可能认为是纯装饰风格的分割设计。而实际上，这是一个很有说服力的装饰与塑型相结合的设计，也就是说这些所谓的装饰线，其实没有一条脱离立体塑型的结构特征。因此，该装饰线的结构处理亦是根据凸点原理进行立体设计在纸样设计中的巧妙处理。

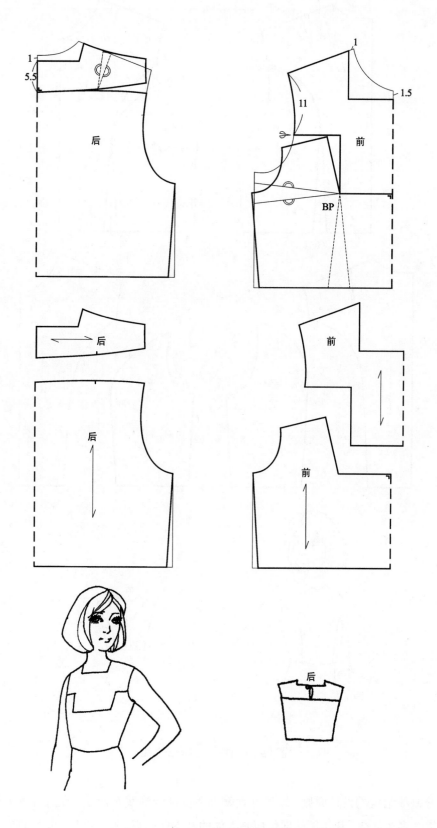

图 9-9　利用侧缝省的装饰性直线分割

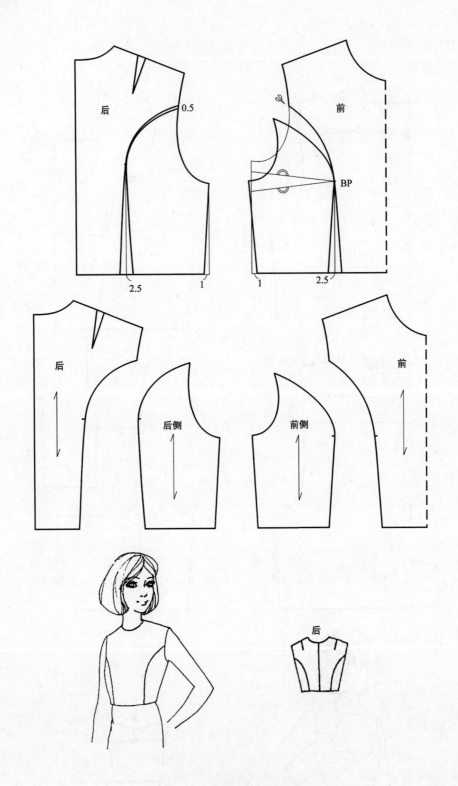

图 9-10 曲线分割的公主线

确立了上述分割线结构的设计原则，纸样处理就不会按纯装饰线对待了。在进行基本纸样分割时要考虑到无论分割线的组合多么复杂，其作用的部位应是人体的基本凹凸点。图 9-11 中前片的拱形曲线通过 BP 点，另外的直线分布在两侧并作收腰处理。然后将乳凸和肩胛凸的省移入拱形分割线中，前、后侧缝线合并为整体侧片。

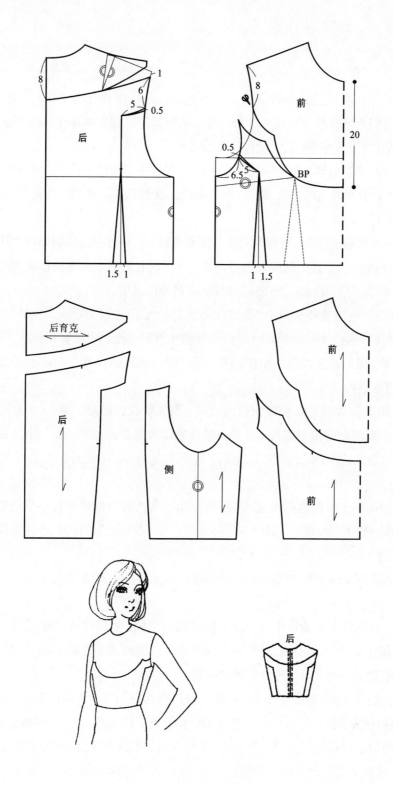

图 9-11　直线和曲线的组合分割线

　　本例说明，在服装造型中无论是追求装饰线还是结构线，都不应走极端，而应努力找出它们的最佳结合点。因为两种线形特征在服装造型中是有异曲同工之妙的。

2 作褶与上衣凸点

作褶和分割可以说是一种功能的两种形式，"一种功能"是打褶和分割所采用的结构原理相同、作用相同，"两种形式"是指它们所呈现的外观效果各异。所以认为褶仅仅起装饰作用是不够准确的，至少对褶的功能范围缺乏理解。特别是在上衣施褶，其功能作用尤为重要。

上衣作褶采用缩褶和活褶的形式较为普遍，这是由上衣形体结构的复杂性所决定的。普力特褶和波形褶虽也使用，但由于它更适合悬垂造型的表现，一般与省的余缺处理关系不大，因此它更多的是用于上衣较宽松的结构中（参见图9-13）。

上衣作褶一般是通过省移获得的，但褶与分割、作省不同，它具有强调和装饰的作用，褶必须达到一定量才有效果。因此，在结构处理上，必须利用全省量作褶，有时现有的基本省量转移成褶量仍显得不足，一般是通过增加设计量加以强调，但不宜过大。下面通过具体实例加以说明。

从图9-12的纸样设计中不难理解，前中缩褶在功能上是为了使胸部隆起，同时以改变一般的省、断缝结构的死板从而突出缩褶的华丽风格。纸样设计是把前片的全省转移至前中线特定位置，并将该线修成凸曲线，以利于缩褶的工艺处理。需要注意的是，前中缩褶的范围要对应乳凸位置，并用对位符号将作褶范围加以限定。后片纸样采用全收省结构。

如果前胸缩褶使用全省量不足以表现缩褶的效果，则需要在此基础上额外追加褶量，纸样的处理是以切展的方法在前中线需要增褶的部位剪开至边线，张开的部分就是追加的褶量，张角越大，增加的褶量就越多，但褶过多会使容量增大，乳凸的部分难以充满，易产生空洞感，这就需要对象增加假胸的分量［图9-12（b）］。

通过这个实例可以得出上衣缩褶的用量尺度，即作用于乳凸的缩褶量不宜小于全省，这主要基于缩褶表现效果的考虑。根据这一规律，运用乳凸射线与省移原理，可以获得更丰富的乳凸缩褶设计（参见图9-15~图9-17缩褶系列纸样设计）。

另外，缩褶结构可以与活褶互换使用，前中活褶设计在纸样的处理方法上相同，只是所使用的作褶工艺有所区别。

普力特褶与缩褶、活褶在上衣设计中有明显不同的用省范围。缩褶和活褶除了用在较合身的塑形和装饰的设计以外，还常用在较宽松的结构中，而普力特褶只适合于宽松或半宽松的设计中。这是因为合身结构不利于发挥普力特褶特有的悬垂性和有秩序性的飘逸风格。

图9-13所示为半宽松与普力特褶的结合，褶位应使用在有利于合并省的位置上，所以纸样上前胸8个褶的边褶设在通过乳凸的位置。根据普力特褶半宽松的结构要求，首先将二分之一侧缝省移到通过乳凸点的肩部褶位，再分别平行增加各暗褶量，后片腰线与前片腰线对齐，将前片袖窿的错位部分去掉。

普力特褶在自然状态下呈现出有秩序的阶梯状态，当人体运动时，褶随活动而张合，这就是普力特褶最具生命力的所在。上衣设计如果抛开普力特褶的排列性，就会成为单一的褶裥结构，这种结构使"张合"功能得以集中的表现出来。这种结构选择通常有两种可能：一是由省制约的；二是无省制约的。前者是在合身的情况下选择的肩褶，如猎装；后者是在宽松的情况下选择的肩褶，如夹克。

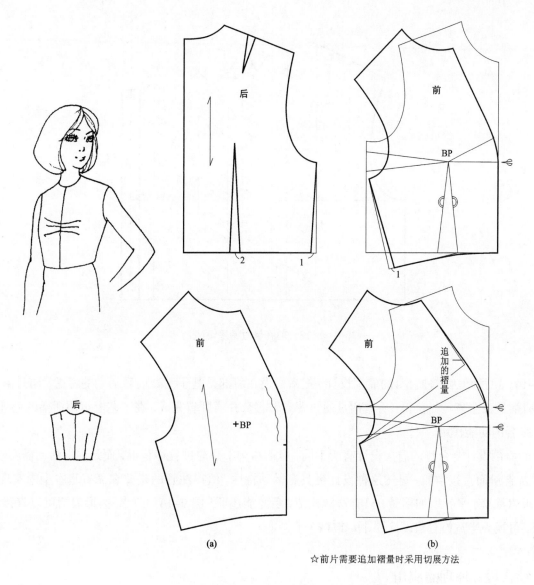

☆前片需要追加褶量时采用切展方法

图 9-12　前中缩褶（或用三个排列的活褶工艺）

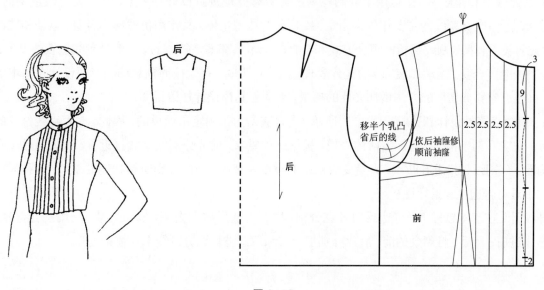

图 9-13

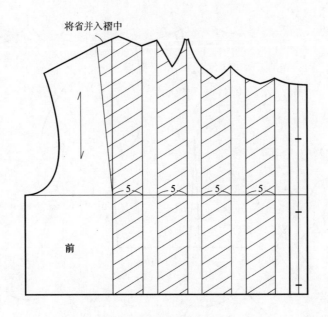

图9-13　前胸普力特褶设计

图9-14（a）所示为一种合身的肩褶设计。把褶裥设在肩部是基于手臂前后活动的考虑，同时由于合身的要求，前肩褶量由全省转移获得，后肩褶量通过背省转移合并肩胛省完成。在工艺上运用活褶的处理方法，才能显示其张合的功能作用。

宽松的肩褶设计与合身的肩褶设计有所不同，肩褶结构不是通过省移获得，而是根据活动需要确定褶位，褶量不涉及省量而直接增加。显然这种设计更具有运动特性。值得注意的是要在无省基本型中实现，且增褶时，必须垂直褶缝，平行增加褶量，只有这样，成型后才能还原［图9-14（b）］。锥形肩褶可以直接用剪切的方法获得，可视为半宽松肩褶设计［图9-14（c）］。

3　上衣综合设计原理的应用

如果综合分割和作褶形式，运用上衣凸点射线与省移原理进行设计，就会大大丰富上装造型的表现力。不过在综合结构中，分割线的主要作用是固定褶，褶成为造型主体，其作用仍然起到合身、运动和装饰的综合功用。由此可见，上衣分割线与褶的组合方式和各自的作用点都不是随意的。一般分割线位置的设定，应有利于褶的三种功能（合身、运动和装饰）的充分表现。其设计步骤，首先按照预想的生产图设计在基本纸样中进行分割，再通过省移或切展的方法增加必要的褶量。下面就具体设计加以说明。

例1：肩育克缩褶设计。图9-15生产图所示，肩育克是为了固定褶而设的，因此，对育克线位置的确定有一定要求，它应有助于前、后肩部缩褶的表现。根据这种要求，前片分割线不宜接近乳凸点。通过图中省移成褶的结构看，分割线越接近乳凸点，省量变成褶量的程度就越小，因而也影响褶功能的发挥。这种规律在上衣综合结构中具有普遍性和指导性。

纸样设计：在基本纸样上作前、后肩育克分割。肩胛省从后肩点去掉，修顺后袖窿。用拼合符号连接前、后育克形成过肩；然后，将剩余的前、后片分别把全省和后背省移到分割线上作缩褶处理。

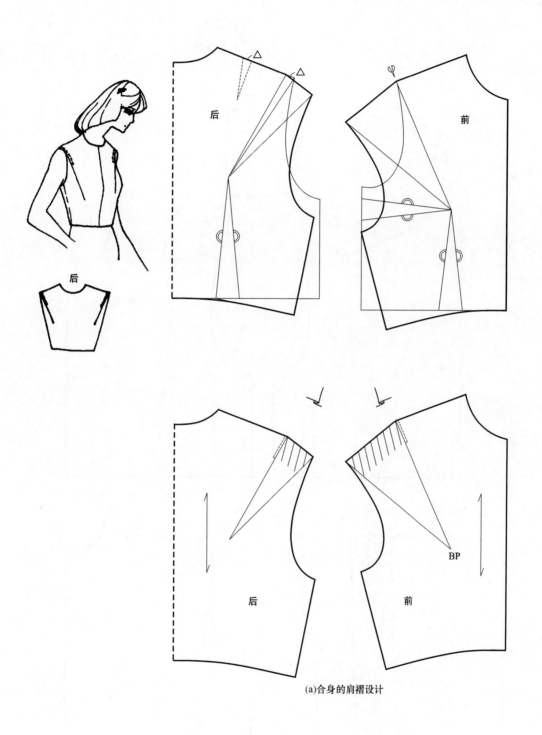

(a)合身的肩褶设计

图 9-14

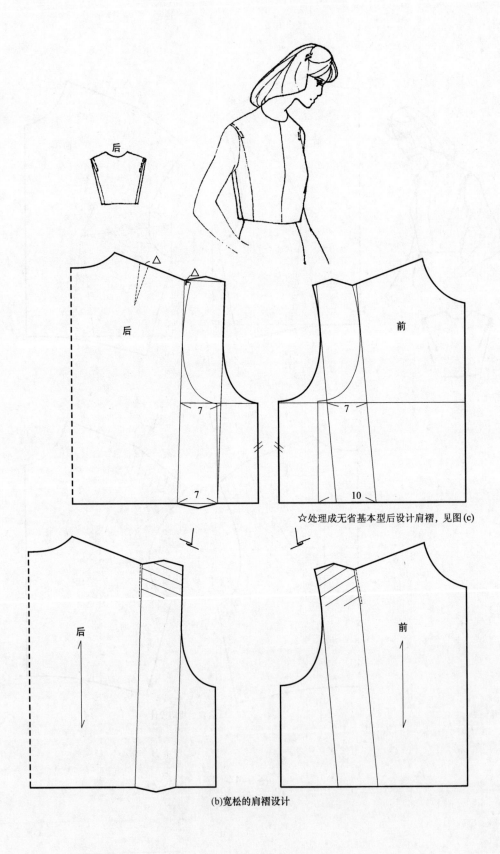

后

后　△　△　前

7　7

7

10

☆处理成无省基本型后设计肩褶，见图(c)

后　前

(b)宽松的肩褶设计

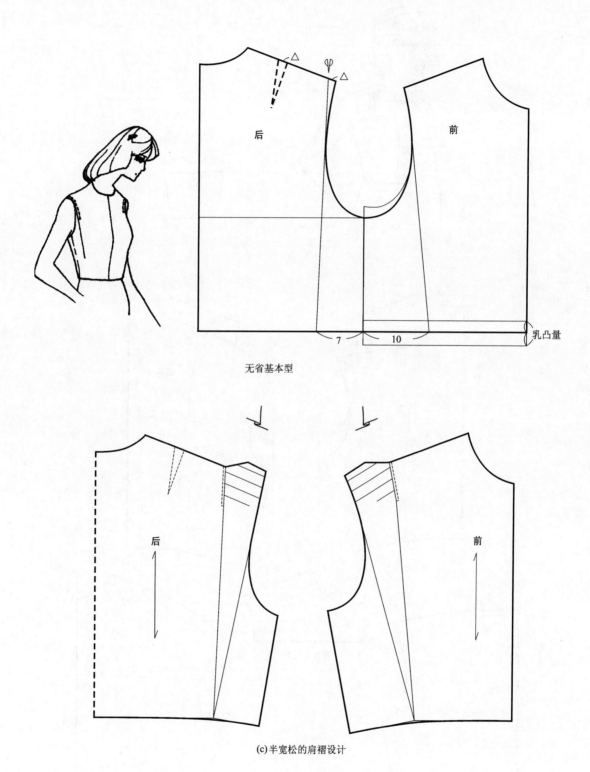

无省基本型

(c)半宽松的肩褶设计

图 9-14　从合体到宽松的三种肩褶设计

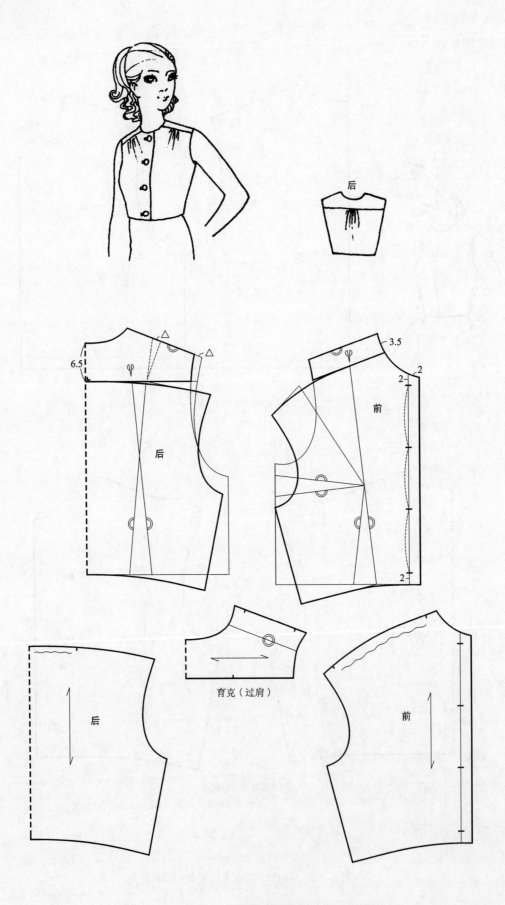

图 9-15　肩育克缩褶设计

例 2：曲线分割的缩褶设计。如图 9-16 所示，分割线是从侧颈点向下环绕乳凸外缘构成的曲线分割，并作用于乳凸的曲线缩褶。显然这种分割线是为了乳凸收褶而精心设计的。

纸样设计：在前片基本纸样上，从侧颈点向下，与乳凸点保持一定距离作曲线分割。然后，把分割后的纸样通过侧缝省和腰省两次转移成胸褶。如果需要额外增加褶量，采用切展的方法，将缩褶的部位剪开至袖窿线追加褶量（不宜增加太多），最后用对位符号标出作褶范围。后片腰育克分割与前片分割相吻合。把育克中的背省量合并修正。后腰育克以上的余省为部分褶量，再把肩胛省移入余省中合并为后片的全部缩褶量，并采用后开襟设计。

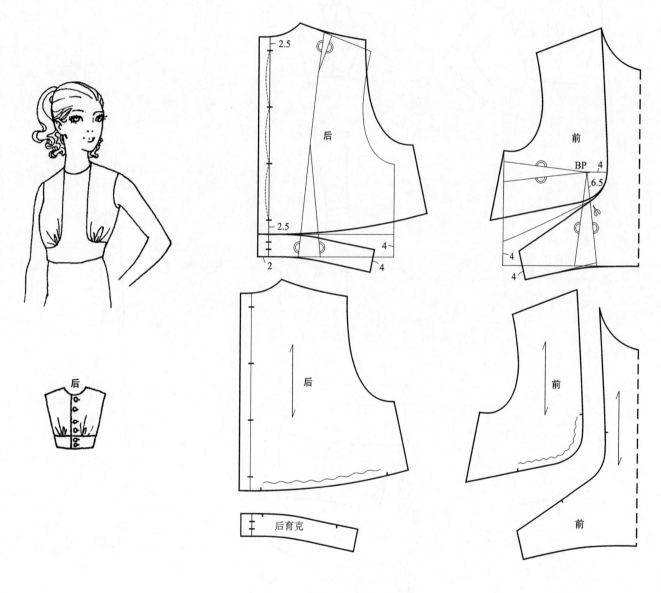

图 9-16　曲线分割的缩褶设计

例 3：腰育克胸褶设计。如图 9-17 所示，这是一个典型的晚礼服上身结构设计。由于上身较暴露，各采寸要求绝对合体。首先将胸围、腰围的松量去掉，再进行分割。生产图中显示的设计主要在前片，在前片基本纸样上分割出腰育克，注意育克线要与乳下缘重合为佳。育克以上胸部作大"V"字形领口，肩部只剩 5cm 与后

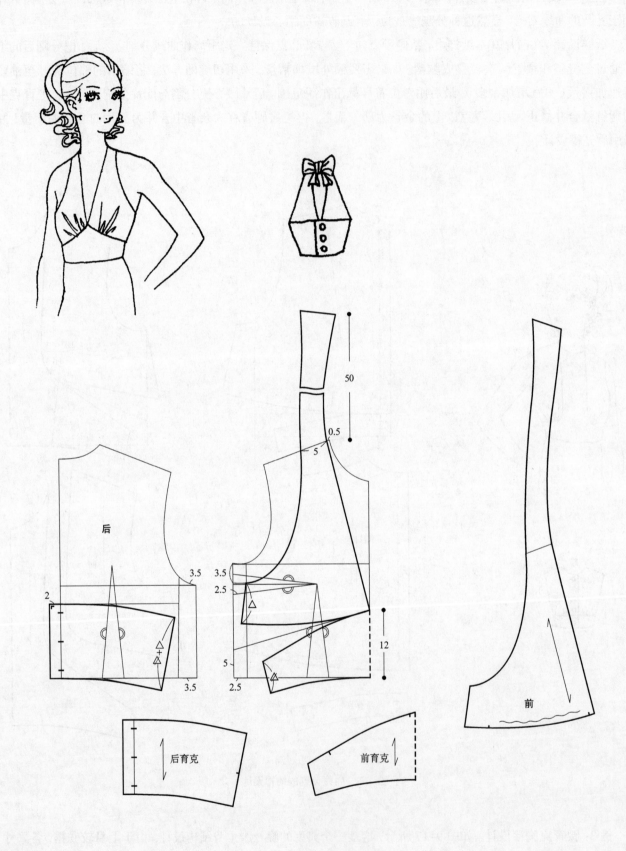

图 9-17　腰育克胸褶设计

肩连成带式结构。后片以前片侧缝线为准截取，并合并背省。前片育克合并腰省，侧缝省移为缩褶量并和胸片余省合并使用。

　　上述所举的例子都是分割与缩褶的综合结构。分割与塔克褶的结合也可以与此互换。分割与普力特褶的组合更多的是用在宽松的结构设计中，因此不需要运用凸点射线与省移原理，而表现出造型的直观和随意性。

　　通过上述应用上装凸点原理的纸样设计，我们应确立一种服装纸样设计的功能意识：无论是分割、打褶、作省，还是综合结构设计，都要建立在一种功能的意识之上，否则所采用的形式就变成了无本之木、无源之水。在纸样处理上，直线分割、曲线分割、缩褶、波形褶、塔克褶、普力特褶等，都可能出自一种结构原理，却不能在同一设计中对两种形式同等重视，因为这样会削弱各自的性格而缺乏特色。为了获得这方面的知识，我们可以通过领口、袖窿的采形与纸样处理的综合分析、训练加以理解和把握。

§9–1　知识点

　　1. 要充分认识由胸省量设计所影响的前后腰线对位、前袖窿开度的制约关系。当施用乳凸量（侧缝省）到全省（侧缝省与腰省之和）之间的任何一种省量设计，前、后腰线都不会出现错位问题，这被视为合体和半合体的有省纸样系统。当施用小于乳凸量直至无省设计时，前、后腰线会出现错位，这时以前腰线处乳凸量（或剩余乳凸量）的二分之一为准对齐后腰线，前衣片袖窿多出的部分去掉。将这种纸样系统视为趋于宽松到无省的纸样系统。

　　2. 无论是直线、曲线分割还是作褶，只要与凸点发生关联的余缺处理，就可以判定它是有省纸样设计，因此所形成的分割、育克、作褶等结构形式，都应以功能作为前提。装饰是依附功能而产生价值，通过本节案例说明，努力找出凸点结构与装饰的最佳结合点，才是对上衣纸样分割与作褶的最合理设计。

　　3. 褶作为塑形的目的，必须达到一定量才有效。因此在省转化成褶造型的时候，要尽可能地将省用尽，如乳凸施用全省转成褶；后身将背省和肩胛省合转成褶，必要时用切展方法追加褶，但不宜过多。

　　4. 普力特褶和波形褶的悬垂性和秩序性特点不适于合身的结构环境，而较适应宽松或半宽松状态，省量使用不宜超过侧缝省量（乳凸量）。

　　5. 褶在上衣中的应用主要表现出合身、运动和装饰的三种功能，且往往是共同发生或有所偏重，图9-15~图9-17都是这些表现的典型案例。

　　6. 为加深理解本节知识点，结合《女装纸样设计原理与应用训练教程》相关内容进行成品纸样设计训练。

§9–2　领口与袖窿的纸样采形

　　领口与袖窿的纸样采形就是设计领口和袖窿的形状。表面上看它是一种形式的选择、个人的爱好，其实它仍然充满了固有的功用价值和造型学知识。

1　领口和袖窿的纸样采形与上衣结构的造型关系

　　领口与袖窿的纸样采形，通常是在无领、无袖的情况下进行的。单纯的领口和袖窿在结构上虽然不作过多的功能考虑，但在人们的视觉中是比较敏感的区域，从这一点上看领口和袖窿的采形是要特别慎重的，它的灵动之处能反映出设计者的品位修养和设计智慧。

　　因此，设计者首先应提高自己的审美意识，使服装造型追求一种高尚自然的格调，避免不合时宜的暴露和彰显；其次要掌握一般造型设计知识，如设计基础、平面构成、色彩构成，等等。在此不可能用大量篇幅来讨论形式美学问题，但本节可以一般的形式美法则作为指导，即和谐与多样性的统一。

　　实际上，和谐与多样性的统一都是为了寻求一种秩序。那么在领口、袖窿采形与整体结构关系的处理上，就是创造一种"线"的秩序。更具体地说，在整体的分割结构中有直线和曲线，它们各自的性格是显而易见的，那么，领口和袖窿在采形上应与整体结构特征加以统一。就领口来说，当服装采用整体直线的主题时，领口常采用直线形开领；相反，服装的整体造型为曲线结构时，领口线应显得柔和；当直线、曲线并用时，应根据多样性统一的原则，处理好造型的主次关系，使整个设计具有鲜明的造型特色（图 9-18~ 图 9-20）。改变圆形袖窿的设计虽不普遍，但如果用得恰到好处，会使服装显得更富有个性和情趣。在褶与领口、袖窿的结合上，要追求自然天成的效果，善于运用褶的立体和动感特征，它所显示的直线和曲线外部特征往往是不确定的。因此，领口、袖窿采形与施褶的形式没有直接的制约关系，但与分割线的形态有关。

　　这仅仅是从领口、袖窿的形式要求考虑的设计问题，如果再加上采形的程度，又会出现领口和袖窿结构的合理性问题。

图 9-18　以曲线为主题的领口采形和结构线的组合设计

图 9-19 以直线为主题的领口采形和结构线的组合设计

图 9-20 综合曲线、直线主题的领口采形与结构线的组合设计

2 领口和袖窿纸样采形的合理结构

如果说领口、袖窿采形与上装结构的统一是基于一种形式美的考虑，那么，领口、袖窿采形的合理结构则是一种实用的客观要求。它主要表现在领口和袖窿采形从量变到质变的结构关系上。

（1）领口提高和扩展采形的结构处理

基本纸样的领口是表示领口的最小尺寸，因此，亦称标准领口。从这个意义上说，当选择小于标准领口的设计时，就缺乏合理性。但是，这不意味着领口线的设计不能高于标准领口线，重要的是当选择这种设计时，要解决两个问题。一是要适当扩展领口宽度，即选择开放式大于封闭式结构。例如一字领的设计，必须在增加标准领口宽度的基础上，才能把前领口提高。相反，开深领口的同时，才可能使领口变窄。这实际是在保持基本领口尺寸基础上的互补关系。在不违背这个基本规律前提下的领口设计都是合理的。二是要充分认识领口变形时的立体结构。当基本领口上升程度较为明显时，其领口结构会发生质的变化，成为事实上的立领结构，但立领和衣片又没有分离，因此把这种结构形式叫作"原身出领"。从表面上看它还是一种紧领口的设计，但结构上大不相同。原身出领是在标准领口的基础上伸出一部分，由于这一部分介于颈部和胸廓之间，标准领口的领圈正置原身出领的凹陷处，因此，需要此处增加必要的省缝（图9-21）。先将前片侧缝省的三分之一转移成撇胸（详见第12章§12-1），再作对位处理，在此基础上从侧颈点向上垂直引出领台2.5cm，并向前移0.5cm，使领口贴紧颈部，然后用凹曲线与肩线顺接。领台前端距前颈点4cm，对照生产图画出V字形领口线（即开放式结构）。在前领宽之间设省，省量取新肩线至原侧颈点距离的三分之二，画成菱形省，后片出领与前片的处理方法相同。

原身出领的菱形省结构是受颈与胸廓结构制约的结果，而且领台伸出的越高，制约越大，塑型就越困难，这要求原身出领不宜过大，因此纯粹的领子设计都是采用与衣身分离的结构就是这个道理（参见第11章）。

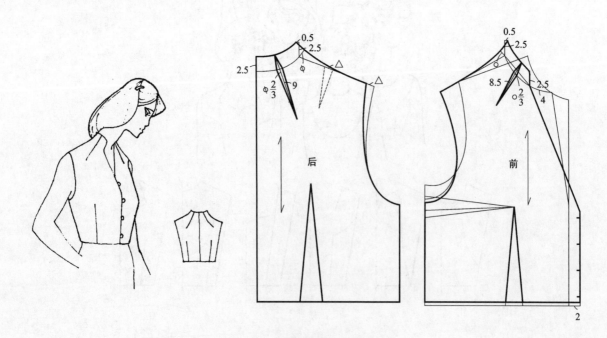

图9-21 原身出领的省缝处理

244

单纯领口采形的开深和扩宽比上述原身出领的结构要简单得多。开深是以不过分暴露为原则，但衣片领口开深范围较宽，最深前可到胸围线、后可达腰线，如晚礼服。扩宽领口以肩点作为极限，但特别值得注意的是，后领宽开度比前领宽开度适当加大时，会提高领口设计的品质，这是因为后领宽大于前领宽时，由于肩斜的向下牵制作用，前领口会随后领口尺寸相符合而变直、变紧，这样的结果使前领口保持贴胸状态，采寸上可以控制在后领口宽大于前领口 1cm 左右，当差量越大前领口贴得越紧，这要根据面料承受变形的程度而定（图 9-22）。有时胸部以上全部暴露，领口也就不复存在了，华丽的晚礼服多采用这种结构，这时要用一种绝对紧胸的采寸使胸部固定，省的设计一定要用得彻底而分配合理（图 9-23）。

（2）袖窿开度和延续采形的合理结构

基本纸样袖窿和领口相同，都处在标准状态。袖窿以肩点为准构成"手套状"，程度上是袖窿的最小尺寸，因此缩小袖窿尺寸是很有限的。

袖窿开度指在基本袖窿的基础上开深或开宽，当然这是无袖状态的设计，这与领口开度相比范围要广得多。袖窿开宽不能超过侧颈点，这与领口开宽不能超过肩点的道理相同，开深的幅度是没有限制的。根据这个原则就可以确立袖窿开度的范围（图 9-24）。

在袖窿采形中，消弭袖窿的结构是一种宽松的选择，在结构上它与"原身出领"类似，因为它改变原有袖窿的不是开深和扩宽，而是增加，表面上看袖窿不在肩点的位置，而延伸至上臂，却又依附在衣身结构上，它不具备袖子的基本结构。把这种造型结构叫作"原身出袖"。然而，在结构特征上又与"原身出领"不尽相同。原身出袖虽然出现了肩膀和胸廓的联属关系，但其功能和处理方法与颈部和胸廓关系的处理方法不同，因为颈部和胸廓的结构处在一种相对静态而合体的关系上，故此纸样处理是采用合体的余缺处理，采寸要求苛刻。肩膀和胸廓的结构可以说是一种动态关系，因此，原身出袖如果采用合体的结构要比原身出领更为复杂，它既要考虑贴身的余缺处理，同时还要顾及手臂运动时的结构。例如腋下袖裆的设计就是基于这种考虑，而原身出袖的结构是无法增加袖裆的。可见，这里所指的原身出袖是以宽松为前提的，纸样处理也要在无省基本型的基础上进行（图 9-25）。因此，袖窿的延续，在结构上应考虑以下几个问题：第一，削弱肩凸作用，在延续肩线时应顺肩线水平增加，使肩凸为零；第二，与此同时要开深袖窿，增加活动量；第三，由于宽松使袖窿曲

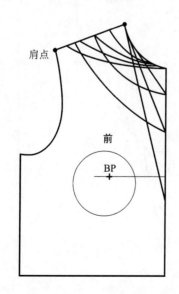
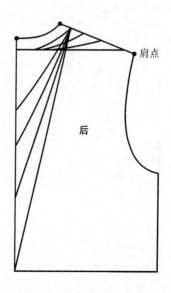

图 9-22　领口的采寸范围

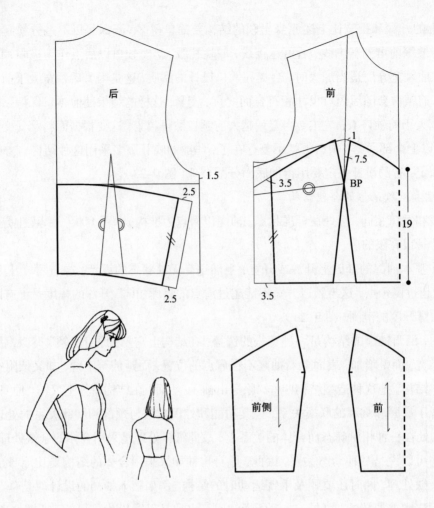

图 9-23　无领束胸设计

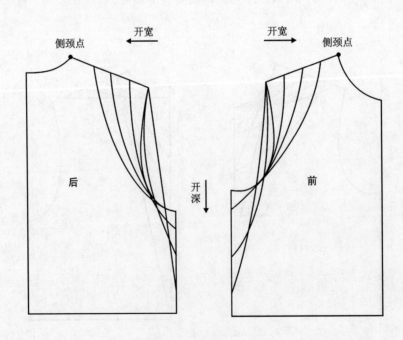

图 9-24　袖窿开度范围

线变成事实上的袖口线，故此延续后的袖窿线趋直。从造型上看，上述的结构趋势，使造型变得简洁、自然。由此可见，结构本身的改变，往往是造型风格变化的基础。

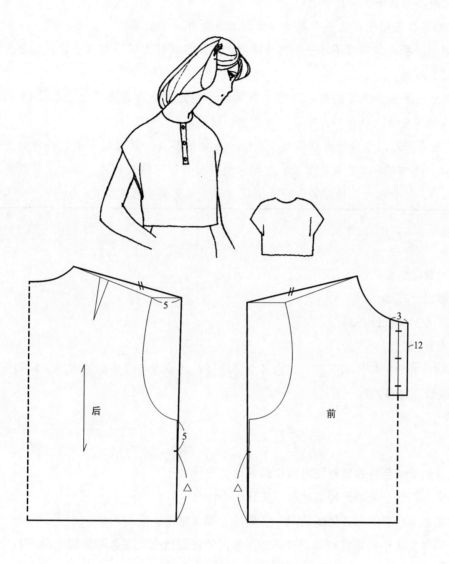

图 9-25　原身出袖的纸样处理

从与上述实例相反的角度分析，如果原身出袖刚好与上边要考虑的三个问题相悖，诸如：延续的肩线与肩点有明显的角度；袖窿保持一定深度；袖窿曲度不变作连身袖处理，这正是插肩袖的基本结构条件。因此，这种逆向思考的结果正是袖子结构所要涉及的基本问题。

§9-2　知识点

1．领口和袖窿的纸样采形遵循和谐与多样性统一的形式美法则，即与整体结构风格相统一，从而创造一种"线"的秩序（图9-18~图9-20）。

2．基本纸样的领口表示领口的最小尺寸，开深或开宽都是在此基础上扩大，扩大的范围以用途和可以接受的审美习惯为指导，要以不过分暴露为原则。在纸样设计上以静态为主导。原身出领设计要选择开放式大于封闭式结构。

3．基本纸样的袖窿表示袖窿的最小尺寸，开深或开宽是在此基础上扩大，扩大的原则与领口相同。但原身出袖在纸样设计上以动态为主导，在宽松环境下进行。

4．作开领采形设计时，适当增大后领宽会改善大开领的品质。原因是由于肩斜的向下牵制作用，前领口会随后领口尺寸相符合而变直、变紧，其结果使前领口保持贴胸状态，采寸上可以控制在后领宽大于前领宽1cm左右，差量越大贴得越紧，但要根据面料承受变形的程度而定。

练习题

1．上衣省和褶分置与结合的设计各3款。

2．上衣省的拓展设计3款。

3．领口采形横竖方向的设计各3款。

4．袖窿采形的设计3款。

5．基于上衣省功能的分割与作褶原理，结合《女装纸样设计原理与应用训练教程》相关内容作衬衫、连衣裙、套装的纸样设计训练各2款。

思考题

1．上衣褶的设计通常结合省的功能视为高明的设计，为什么？

2．领口和袖窿采形都是在无领无袖的状态下实现，为什么？

3．领口和袖窿采形考虑整体形式美的法则？合理性上要考虑哪些限制因素？

4．领口设计，后领宽大于前领宽可以提高开领品质的依据是什么？是否差量越大越好？为什么不能逆向处理？

理论应用与实践——

袖子纸样原理及设计 /8 课时

课下作业与训练 /16 课时(推荐)

课程内容： 袖山幅度与袖型/合体袖与袖子分片/宽松袖纸样设计/连身袖纸样设计

训练目的： 深入学习袖子结构的基本原理和纸样处理方法，并熟练地运用于合体袖、宽松袖和连身袖纸样设计与实践中。

教学方法： 面授、典型案例分析、学生作业点评。

教学要求： 本章为重点和难点课程。强调以"袖山高度制约袖型"为核心的原理学习和应用，重点加强§10-1、§10-2、§10-4的学习与实践。作业内容覆盖要全，为了保持一定的作业量和有效的拓展设计训练，要结合《女装纸样设计原理与应用训练教程》相关内容进行，提倡将作业纳入产品开发的实战训练。

第 10 章　袖子纸样原理及设计

构成袖子造型的基本形式，大体可以划分为两类，即装袖类和连身袖类。这只是形式上的划分，就结构而言，无论是装袖还是连身袖，它们内在结构的演化过程总是从合体到宽松，而制约这个过程的关键是袖山高，这便是袖子结构设计的本质。

§10-1　袖山幅度与袖型

袖山幅度指袖山顶点贴近落山线的程度，俗称袖山高。袖型指由于袖山幅度的改变而形成的袖子外形。显然，这里的袖山幅度对袖型是个很关键的制约因素，也就是说袖山高影响着袖子合体到宽松的造型过程，在弄清楚这个问题之前，先要认识一下基本袖山高的意义。

1　基本袖山高的意义

在第 1 章"纸样设计的方法"中提到，要想掌握纸样设计的规律，首先要确立该设计的基本模型。从整体到局部都是如此，袖子的设计也不例外。掌握袖子的标准基本纸样是认识袖子变化的基础，那么基本袖山高就是袖子基本纸样标志性的指标。基本袖山公式是根据手臂和胸部构造的动态和静态的客观要求设计的，采用 $\dfrac{AH（袖窿长）}{3}$ 是长期实践和理论确认的标准袖山高公式（英、美、日和标准的袖子基本纸样均采用）。在结构上，基本袖山高采用 $\dfrac{AH}{3}$ 有什么实际价值和意义，它为什么不采用 $\dfrac{AH}{2}$、$\dfrac{AH}{4}$ 等。通过实验证明，$\dfrac{AH}{3}$ 的基本袖山所构成的袖筒与衣身的角度约 45°，对照人体工学这种状态也正好是手臂既不抬得很高（动态），也不是垂直（静态）的中间状态。显然这对未来袖子的结构变化、造型设计（向运动或贴身延伸设计）确立了一个中性状态的基础和可靠的参照物（图 10-1）。可以说它是一种特殊状态，与它对应的袖贴体度、袖肥和袖窿开深量也是特殊状态，故前者改变，后者也随之改变，这就是袖子结构的原理所在。

2　袖山高度和袖肥、贴体度的关系

这里需要对袖山高度和袖肥、贴体度的关系进行定性分析。

原则上讲，袖山曲线和袖窿在量（长度）上应该是相同的（考虑袖山容量时要比袖窿大一些），否则它们就不能缝合。但是，这不意味着袖子的造型只有一种选择，因为袖山和袖窿在量上虽不能改变，但袖山幅度是可以变化的，它可以使袖山曲线的状态时而显得突兀，时而显得平缓，由此促使袖肥也发生变化，形成袖子和衣身合体度的改变。这个规律可以通过下面的实验得以认识。

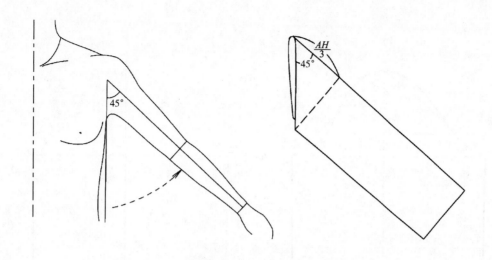

图 10-1　$\dfrac{AH}{3}$ 袖山高与袖子中性贴体度结构

如图 10-2 所示，图中用袖子的基础线作为标准。标准袖山高用 AB $\dfrac{AH}{3}$ 表示，AC 为后袖山和后袖窿相符合的长度，AD 为前袖山和前袖窿相符合的长度。为此 AC 和 AD 在量上是相对不变的。CD 构成袖子的肥度，AE 为袖长。

为了有效地说明袖山高和袖肥的关系，这里只考虑其结构本身的演化规律，不涉及穿用问题。在这个前提下，如果把袖山高 AB 理解为中性的话，即基本袖山，按照结构的要求袖山曲线和袖长不变的前提下，袖山（AB）越高，袖肥越小，当袖山高与袖山线长度趋向一致时，袖肥接近零；当袖山越低，袖子越肥，袖山高为零时，袖肥成最大值。因此，袖山高和袖肥的关系成反比，袖山越高袖肥越小，袖山越低袖肥越大。

从该结构的立体角度看，袖山高也制约着袖子和衣身的合体程度，这就是所谓的"弯筒效应"。袖山越高，形成接口的椭圆形越突出，成型后的内夹角就越小，外肩角越明显；相反，内夹角越大，外肩角越平直。衣身和袖子的结构原理也要与之相匹配（见后续"袖山高与袖窿开度的关系"分析）才能形成合理的造型：袖山越高，袖子便越瘦而贴体，腋下合身舒适，但不宜活动，肩角俏丽，个性鲜明；袖山越低，袖子越肥而不贴体，腋下也容易淤褶，但活动方便，肩角模糊而含蓄。由此可见，使袖山增高的设计，更适合不宜做大活动量的礼服、公职人员的制服和较庄重的服装；袖山低的结构则更符合活动量较大的便装设计（图 10-3）。

然而，使用这一原理不仅要考虑结构上的合理，还要考虑穿着的方便，否则就失去了设计的意义。从图 10-2 的实验中看，虽然在结构上都是合理的，但不一定都符合穿用的要求。其实基本袖山高虽是中性结构，但更接近服装造型的贴身状态，所以基本袖山高更接近最大值。这说明袖山高向下选择的余地大，即无袖山到基本袖山之间。向上提升的空间很有限，一般不超过 2cm，即 $\dfrac{AH}{3}$ +（0~2）cm，如果执意冲破它的有限高度，使基本袖肥变小（甚至袖肥尺寸小于臂围尺寸），则有可能造成穿脱的困难和抑制上肢的活动。不过有时我们在选择翘肩造型和合身的两片袖结构时，也要适当增加袖山高度，这种情况是为了增加袖山在肩头的容量（通常称为"吃势"，即通过缩缝工艺消耗容量），袖肥并没有改变，因此，这种选择仍然是袖山高的有效范围。

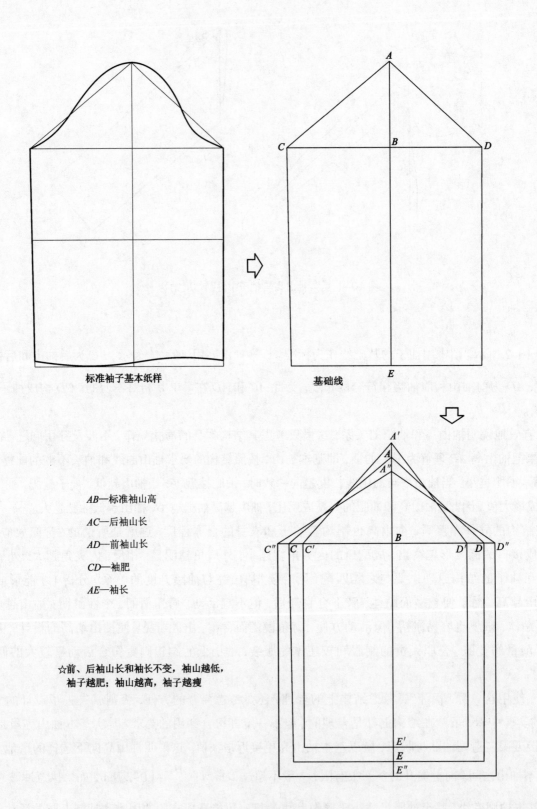

标准袖子基本纸样

基础线

AB—标准袖山高

AC—后袖山长

AD—前袖山长

CD—袖肥

AE—袖长

☆前、后袖山长和袖长不变，袖山越低，
袖子越肥；袖山越高，袖子越瘦

图 10-2　袖山高和袖肥的关系

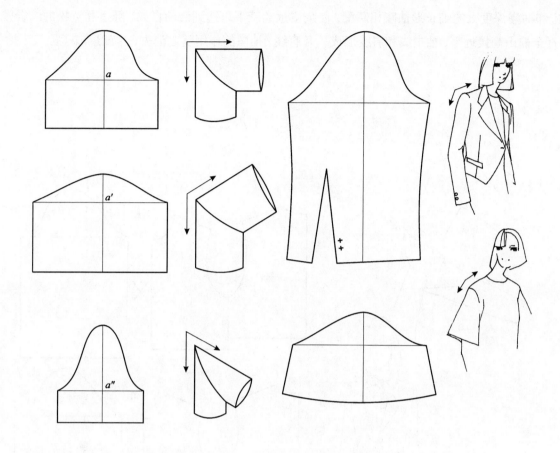

图 10-3　袖山高与袖贴体度的"弯筒效应"

3　袖山高与袖窿开度的关系

　　袖山高与袖肥、贴体度的制约关系带有普遍性，这种普遍原理是基于袖子自身结构的合理性而言的。然而，在实际应用时要根据实用和舒适的原则与衣身结构相匹配，特别是在处理袖山高与袖窿开度的关系上。

　　从袖山高与袖肥、贴体度关系的实验中可以发现，袖山高的改变是在袖山长度（AC 和 AD）不变的前提下进行的，而根本没有顾及到它与袖窿开度和形状的配合关系，也就是说袖山增高使袖子变瘦，袖山降低使袖子变肥，但无论是变肥还是变瘦，袖窿的状态完全相同，但这是不符合舒适和运动功能的，也不能达到理想的造型要求。按照袖山高制约袖肥和贴体度的结构原理，它也应该对衣身的袖窿状态有所制约，因为袖筒总要和衣身缝合起来，根据"合体度"对袖窿状态的制约规律，在选择低袖山结构时（宽松状态），袖窿应开得深度变大，宽度变小，呈窄长形袖窿，相反（合体状态）袖窿则越浅而贴近腋窝，其形状接近基本袖窿的椭圆形（手套形）。基于活动功能的结构考虑：当袖山高接近最大值时，袖子和衣身呈现出较为贴身的状态，这时袖窿越靠近腋窝，其袖子的活动功能越佳，即腋下表面的结构和人体构成一个整体使活动自如。同时，这种结构本身腋下的夹角很小（弯筒效应），所以也不会因为有余量残留而影响舒适。如果，袖山很高，袖窿却很深，结构上袖窿底部远离腋窝而靠近前臂，这种袖子虽然贴体，但手臂上举时会受袖窿底部牵制，且袖窿越深，牵制力越大从而影响手臂运动（图 10-4）。当袖山幅度很低，袖子和衣身的组合呈现出袖子外展状态，如果这时袖窿仍采用基本袖窿深度，当手臂下垂时，在腋下就会聚集很多余量，穿着时会产生不适感。因此，袖山很低的袖型应和袖窿深度大的细长形袖窿相匹配，使余褶远离腋下以达到活动自如、舒适和宽松的综合效果（图10-5），直至袖山高接近零，袖中线和肩线形成一条直线，袖窿的作用随之消失，这就形成了原身出袖的宽松结构。

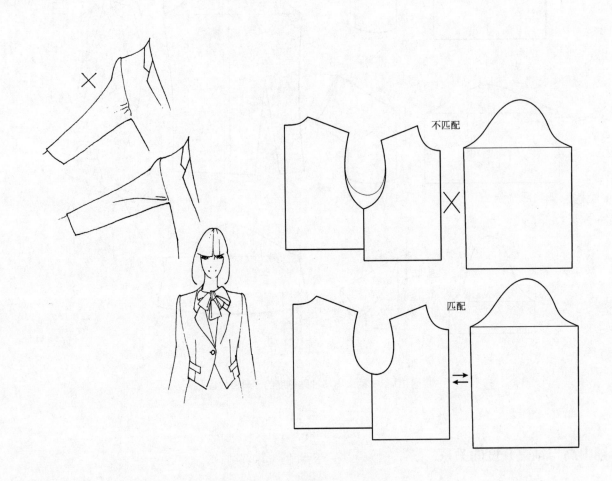

图 10-4　贴身袖袖窿大与小的造型比较

　　这种规律仅是袖山幅度与袖窿开度关系的定性分析，在实际采寸时是否可以寻找出它们的定量比例关系？回答是肯定的。但是，我们不希望用数学公式去套用，这不仅在技术上很不实用，更重要的是在服装纸样设计中抑制了美的造型及设计者的想象力和创造力。这和一般工业产品的结构有本质的区别。因为构成服装结构的条件都是可变的，如人体本身的活动，使用的材料也必须是软性的，而且伸缩性及物理性能都有一定的弹性空间。为此，这种采寸关系，应考虑掌握在一定范围和造型特点的要求下灵活运用。遵循定性与定量结合重定性的原则可以说是纸样设计的基本准则，控制袖子和衣身的结构关系是践行这种原则的集大成者。

　　例如，袖窿开深的同时在侧缝线处适当加肥，这说明袖窿的形状并没有明显改变，只是以相似形增加比例。如套装的袖窿演变成外套的袖窿就是这种相似比例的增加。同时也可以根据造型的需要对袖窿深和宽的比例进行细微的调整。总之这是一种立体、合身的结构选择。因此，在袖山高和袖肥的采寸上也应同时增加，而不能认为只要开深袖窿就要降低袖山，判断的依据主要是宽松度。相似形的袖山和袖窿尺寸的吻合基本采用等比的方法，即遵循袖窿开深、加肥和袖山加高、加肥成正比的原则，这样可以保证内外结构立体化的匹配。

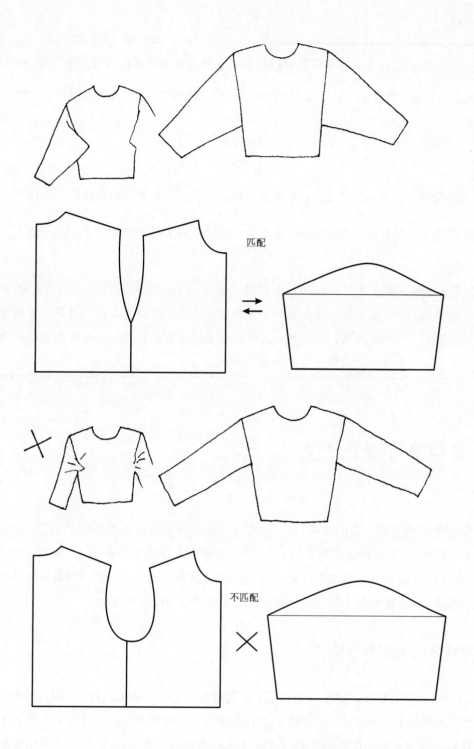

图 10-5　宽松袖袖窿大与小的造型比较

　　总之，袖窿形状越趋向细长，袖山高就越低，袖山曲线越平缓；袖窿形状越接近基本袖窿形状（以上装基本纸样的袖窿为准），袖山就越高，袖山线曲度也越明显。前者是宽松造型的结构选择，后者是合体造型的结构选择。这也说明越宽松的造型其结构越单纯，越合体的造型其结构越复杂。这样的分析尽管没有任何尺寸，但很有价值。至于它们之间定量的采寸关系，本书将在第 12 章中系统介绍，但要在"定性分析"的指导下进行。

§10-1　知识点

1. 基本袖山公式是根据手臂和胸部构造的动态与静态的客观要求设计的。采用 $\dfrac{AH}{3}$ 袖山所构成的袖筒与衣身的角度约45°，处在手臂正常活动的中间状态，对后续的袖子动、静结构设计提供基本数据和中性结构环境。

2. 通过实验证明，袖山越高，袖肥越小，贴体度越大，说明越合体，外肩角越明显；相反，袖山越低，袖肥越大，贴体度越小，说明越宽松，外肩角越平直。这就构成了袖山制约袖型的"弯筒效应"。

3. 通过实验证明，基本袖山高 $\dfrac{AH}{3}$ 虽是中性结构，但客观上更接近贴身状态，即接近袖山最大值。这说明袖山高向下选择余地大，即无袖山到基本袖山之间；向上提升空间小，一般不超过2cm，即 $\dfrac{AH}{3} +$ （0~2）cm。

4. 袖山高与袖窿开度必须是匹配的。袖窿开度越大，其形状趋向细长（剑型袖窿），袖山就越低，袖山曲线越平缓，结构越单纯，这是宽松造型的纸样特点。袖窿开度越小，其形状越接近基本袖窿状态（手套型袖窿），袖山就越高，袖山线曲度越趋明显，结构越复杂，这是合体造型的纸样特点，成为纸样设计"定性与定量结合重定性"原则的集中体现。

§10-2　合体袖与袖子分片

袖子的合体程度固然受袖山高的控制，但是，作为复杂的合体袖这还不是它的全部，它只是从大局上保证了袖子、衣身与上臂、躯干在自然状态下的吻合。合体袖如果从静态的特点考虑，手臂自然下垂时并不是垂直的，而是向前微曲，这就要求合体袖不仅要获得袖子贴紧衣身的结构，还要利用肘省的结构处理获得袖子与上臂自然弯曲的吻合。合体袖分片结构的处理正是基于这种原因设计的。

1　合体一片袖和两片袖纸样分析

按照合体袖的造型结构要求，如图10-6所示，首先要选择足够的袖山高度，以保证衣袖与衣身贴体的造型状态，并根据需要增加袖山的缩容量（吃势），使用袖子标准基本纸样，在原肩点向上追加 1~2cm 重新修正袖山曲线（依材料的伸缩性最后保持袖山曲线长度大于袖窿曲线长度3cm左右）。然后，根据手臂的自然弯度，使原袖中线下端点向前移 2cm（控制在 2~4cm，此值越大合体度越大，相反越小）为合体袖的袖中线，以此为界线根据前、后袖肥各减 4cm（经验值）确定前、后袖口宽，引出前、后袖内缝辅助线，并在肘线上作前、后袖弯 1.5cm，完成前、后内缝线。肘省为前、后袖内缝之差。所谓合体一片袖是依据手臂的静态特征，通过袖口、袖弯的结构处理实现的。但是，从平面到立体的造型原理上看，断缝要比省缝更能达到理想的造型效果，因此，通过合体一片袖的肘省转移和省缝变断缝、大小袖互补的一系列结构处理，而得到的两片袖结构比一片袖结构造型更加精致美观（图10-7）。由此可见，对两片袖结构的选择有两个目的：一是为了合体；二是力求造型的完美。它与一片袖的区别主要在后者，当然也带来了工艺上的难度。

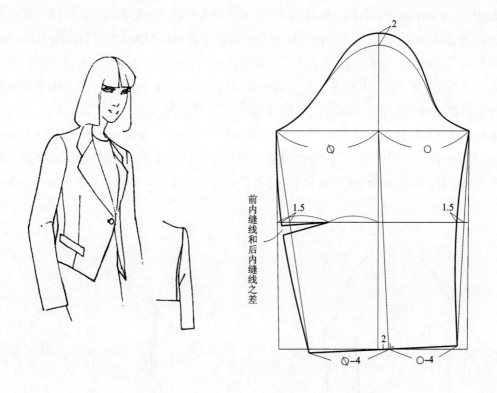

图 10-6　合体一片袖纸样

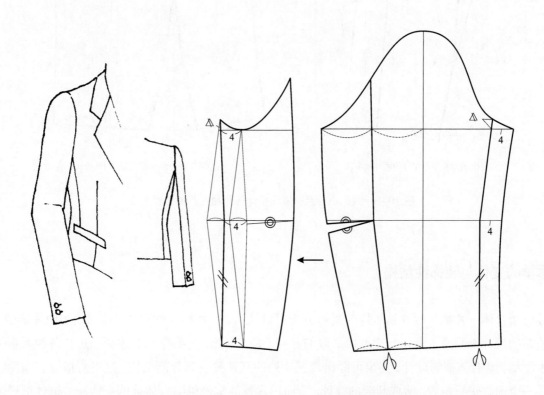

图 10-7　由一片袖演变而成的两片袖纸样

　　根据上述一片袖和两片袖省变断缝和互补结构关系的纸样分析，可以利用其原理通过"套裁"和"分裁"的方法直接设计大、小袖的纸样。它们又被视为大、小袖的互补方法，就是先在基本纸样的基础上，找出大袖片和小袖片的两条公共边线，这两条公共边线应符合手臂自然弯曲的要求，然后以该线为界，大袖片增加的部分在对应的小袖片中减掉，从而产生大、小袖片。需要注意的是，互补量的大小对袖子的塑形有所影响，一般互补量越大，加工越困难（需归拔量多），但立体程度越高；相反，加工越容易，则立体效果越差。通常前袖缝互补量大于后袖缝互补量，其主要原因是，袖子的前部尽可能使结构线隐蔽，以取得前袖片较完整的立体效果。后袖缝大小袖的互补量从上到下逐渐减小，到袖衩的位置消失，这种处理既可以达到后袖造型的立体效果又恰当地与袖衩结合［图10-8（a）］。如果熟练地掌握上述两片袖的"套裁"方法和规律，完全可以脱离袖子基本纸样直接设计，这就是两片袖的分裁法，这对打板师来讲是很实用的，如图10-8（b）所示。

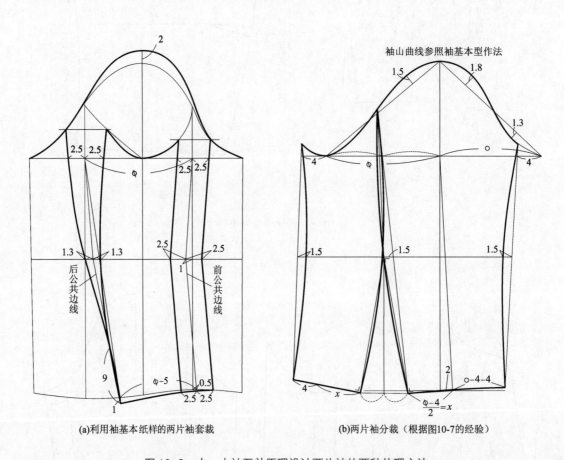

(a)利用袖基本纸样的两片袖套裁　　　　　　(b)两片袖分裁（根据图10-7的经验）

图10-8　大、小袖互补原理设计两片袖的两种处理方法

2　合体袖的变体与装饰性结构

　　通过前面合体一片袖与两片袖纸样的具体分析可以认为，一片袖中的肘省、袖弯线和两片袖中的大、小袖互补关系的设计都是为了合体与造型而采取的必要手段。因此，只要符合上述原则进行各种因素的合理组合，就会大大丰富合体袖的设计，甚至可能出现三片袖的互补关系和分割结构。这里所指的装饰性结构也是基于这样一个前提进行施省、褶或断缝的设计。下面用具体的实例说明合体袖的变体和装饰性纸样的处理方法。在进行设计时，设计者先要依据合体袖结构规律设想这些纸样所构成的最终效果如何，这对把握袖子变

体结构的采寸是十分重要的。

（1）合体袖的变体结构

合体袖的变体一般是综合肘省、分片的互补关系和袖山容量的结构变化进行的。图 10-9（a）所示为一个

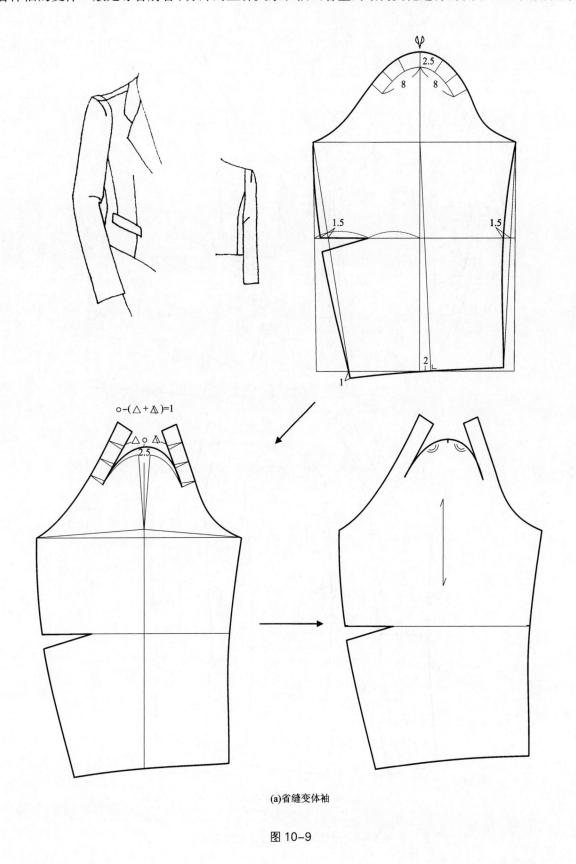

(a)省缝变体袖

图 10-9

袖山省缝的变体结构，从外观图中看很难判断它的平面结构，如果设计者出于对合体袖变体的理解，那么它不会超出上述三个因素。生产图中袖山头的省与断线结合的设计显然是由袖山缩容量演变而成的，其他结构与一片袖相同。

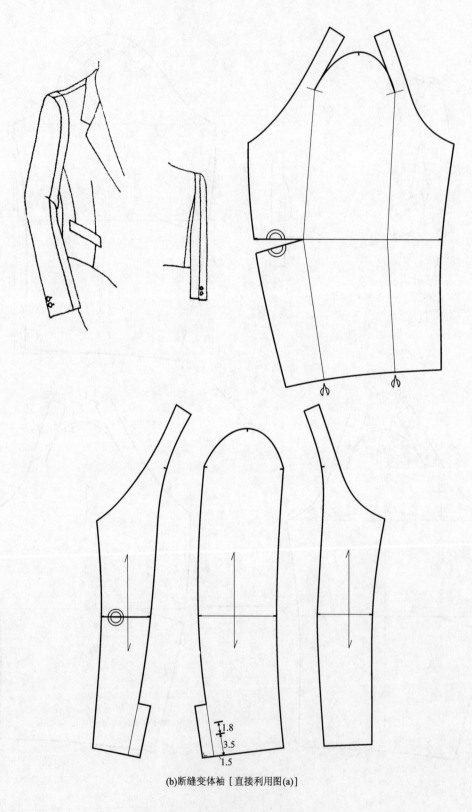

(b)断缝变体袖［直接利用图(a)］

图10-9　合体袖的变体纸样系列（两款）

　　在纸样设计中，首先使用袖基本纸样完成一片袖设计，包括前、后袖弯线和肘省结构。然后按照生产图显示的袖山线与省缝的距离在基本纸样中画出。袖山线与省缝的距离影响袖山造型的立度（厚度），因此不宜过宽，沿肩头的省缝设计取决于袖山容量的位置，设在肩点左右 8cm 的范围之间。依所标的省缝线迹和袖山线作切展，使原袖山分离的部分（2.5cm）运用切展方法再增加出来，这时新的袖山省缝线段的长度大于分割前的省缝长，因此在分离出去的部分，要用切展的方法加以补偿，补偿部分要小于对应省缝线 1cm，通过归拢工艺达到吻合。从这个一片袖结构的变体看，主要的变化是使袖山缩容量转移为省缝结构而加强肩部的硬线造型。因此和一片袖结构功能是一样的，但外观效果变得棱角分明，因此这种板型更适合不便于归拔工艺的皮革面料。

　　如果在此基础上，进一步利用肘省转移和分片互补的纸样处理，就可以得到三片袖结构，如图 10-9（b）所示。

　　通过袖山省缝变化的例子，不难理解，它是把缩容量从分散到集中的结构转化过程，确切地说是把归缩的量（吃量）转移并集中为省量。既然可以把容量转化为省量，那么也完全可以利用凸点射线与省移原理设计袖山。但是，对肩凸造型的理解，不应看作是一点，而应看作是一线，这对袖山造型的拓展是十分重要的。

　　根据这种分析可以把肩凸点设在基本袖山顶点至两侧的一定范围内，把袖山缩量视为省量，根据肩部的造型特点，按一定比例分布在肩点及两侧，通过省移、断缝而改变其袖山造型。

　　然而，这仅仅是在袖山基本容量范围内的变体，如果增加更多的设计量，就比增加袖山容量更主观随意，因为它基本上脱离了人体对造型的束缚而追求个性设计，其解决办法就是采用切展的装饰性结构。

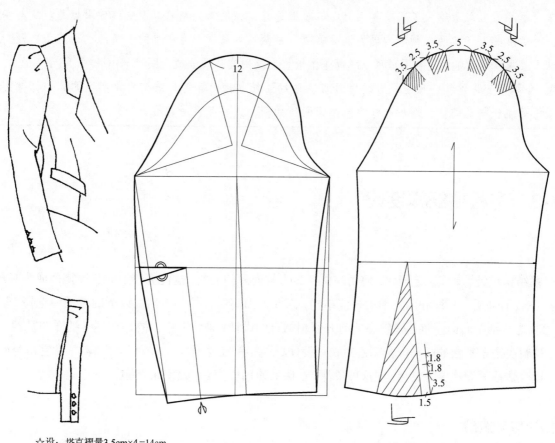

☆设：塔克褶量3.5cm×4=14cm
　　　切展褶12cm加上原袖本身2cm，
　　　左右的缩容量共14cm

图 10-10　泡肩合体袖

（2）合体袖的装饰性结构

合体袖的装饰性结构，是以合体袖纸样为前提，增加额外的装饰因素。合体的意义是说明在结构中保持一定的袖山高度，使基本外部特征与人体呈现一致的合身状态，装饰因素是在此基础上增加褶或改变固有造型的设计。

合身袖施褶的设计主要在肩部，施褶量的大小对肩部外形有所影响，但贴身度不变。袖山施褶从结构上分析，在基本袖山上增加褶比缩容量要大得多，故用直接追加袖山的办法，容易造成变形。袖山设褶是为了使袖子上部中间隆起，以强化肩宽和上身的分量。因此，从立体造型的角度入手，应在袖中线的袖山部剪切，使袖顶部到切展的设计量（12cm）形成"V"字形张角。这其中有两个可选择的设计量：一是切展的张角越大，褶量越多，袖山的外隆起度就越明显，反之，褶量越少，袖山造型越趋向平整；二是切展的深度，袖山造型隆起的部分越靠近袖口切展越深；越接近袖山头切展越浅。一般设省量要比褶量少，缩褶的效果与塔克褶相当（图10-10）。

在合体袖的施褶中，采用波形褶和普力特褶是不可能的，因为合体袖的基本结构抑制这两种褶的表现，它在宽松袖的纸样中才能得到充分的表现。

§10-2 知识点

1. 合体一片袖是在保持基本袖山高或以上情况下通过袖摆、袖弯的结构处理实现的有省袖设计。

2. 合体两片袖是通过合体一片袖的肘省转移和省缝变断缝、大小袖互补的结构处理实现的，值得注意的是大、小袖互补量越大工艺越复杂但立体效果越好，相反工艺越简单而立体效果越差。它与一片袖相比，合体度相同，但两片袖结构更加含蓄美观，故两片袖被视为合体袖的理想结构而应用广泛。两片袖设计如果掌握它的基本结构原理可以脱离基本纸样直接用套裁或分裁［图10-8（a、b）］完成。

3. 合体袖变体结构一般是综合运用肘省、分片互补和袖山容量的结构变化实现的。合体袖装饰结构是以合体袖纸样为前提，增加额外的装饰因素，如褶，方法多采用切展。

§10-3 宽松袖纸样设计

宽松袖结构单纯，制作工艺简化，使用的材料多为软而薄的面料，这使宽松袖的装饰特征成为必然。宽松袖的纸样一般不采用一片袖和两片袖的合体结构，因此袖山高在包括基本袖山以下的范围内选择。装饰性设计从考虑功能性结构转向注重形式感和活动方便相结合的设计，采寸上更多的是在基本纸样的基础上作开放性设计，这就决定了宽松袖必须配合宽松的衣片设计（参阅第12章§12-2的相关内容）。就它本身的造型规律而言，比合体袖的设计更为灵活，在这种条件下，褶的使用成为它的优势和特点。

1 宽松袖与自然褶

宽松袖与自然褶的结合是最普遍的，这是因为宽松袖与自然褶都具有自由、随意、飘逸的特点。常见的有喇叭袖、泡泡袖和灯笼袖。在结构上多采用波形褶和缩褶结合的设计，这里以喇叭袖和灯笼袖为例加以说明。

例 1：喇叭袖的纸样设计。如图 10-11 是一组喇叭袖纸样系列设计，喇叭袖的外形与喇叭裙（斜裙）相似，在实际纸样处理上，两者所采用的原理完全相同。即用切展的方法，均匀增摆和改变其对应线的曲度。不同的是基本袖山线是较复杂的曲线，而裙子的基本腰线几乎是一条直线。根据袖山线曲度形状复杂的要求，通过均匀切展的方法增加袖摆量，然后，在不改变袖山线长度的前提下，修正新的袖山曲线。虽然这种方法制图步骤复杂，但预想效果的可靠性很强。因此，这种方法常应用于增摆对应线较复杂的纸样设计中。

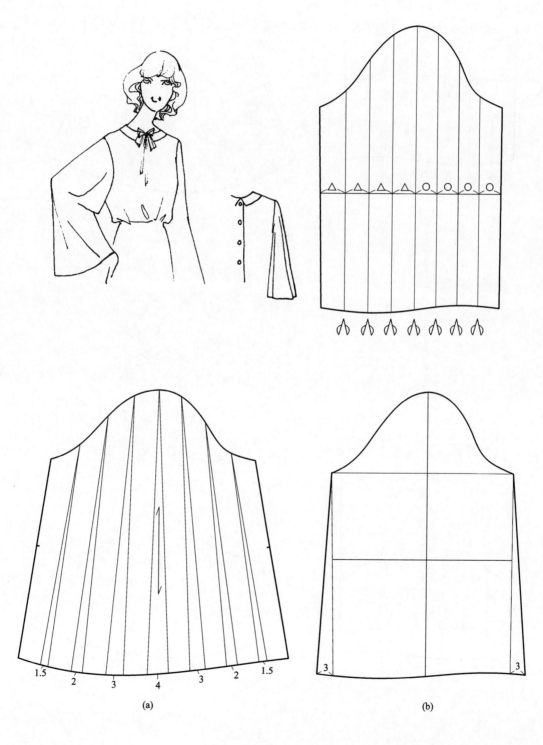

(a)　　　　　　　　　　　　　(b)

图 10-11

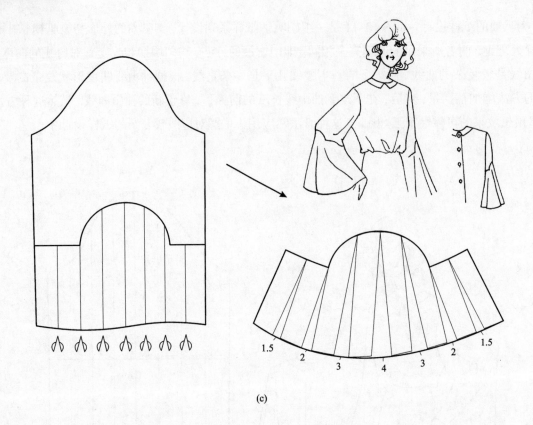

(c)

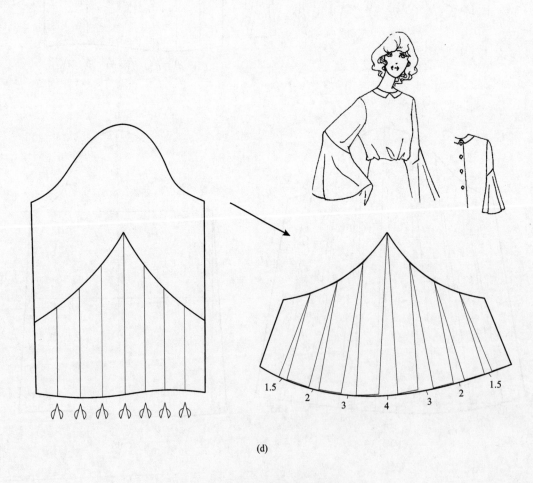

(d)

图 10-11 喇叭袖纸样系列设计（四款）

从喇叭袖纸样的设计过程可以得到这样的规律，喇叭袖从表面上看是增加袖摆量，但从其内在的结构分析，袖摆量的增加不是孤立的，它和袖山高、袖山曲线有直接的关系，就如同裙摆和裙腰线的关系一样。袖摆量增加得越多，袖子的宽松程度越大，袖山越低，袖山曲线越趋向平缓。当袖摆增加量较少，不足以影响袖山结构时或局部增加袖摆量，可以直接在基本纸样的袖摆处适当追加或局部切展如图 10–11 中（c）、（d）所示。

例 2：灯笼袖的纸样设计。灯笼袖实际是肩泡袖和袖口泡袖的组合形式，因其形似灯笼而得名。根据上、下泡袖结构的综合，用切展的方法，在袖肘线的延长线上平移增褶，然后修顺袖山线和袖口线，这样就完成了灯笼袖的纸样。肩泡缩褶量是袖窿长与袖山曲线长之差，缩褶分布主要在袖顶及两侧；袖口缩褶量为袖口长与袖克夫长（袖头）之差，褶量应集中在与肩泡褶对应的袖外侧（图 10–12）。

2　宽松袖与规律褶

我们知道规律褶大体上有两种，即塔克褶和普力特褶。两种褶在纸样的外形上很接近，只是在工艺处理上有所区别，在纸样中分别用各自的符号来区别其工艺。

宽松袖与普力特褶结合设计是符合造型规律的，因为宽松袖可以有效地将褶裥的特点表现出来。但是，此褶不适合分布在整个袖子中，这样不利于表现普力特褶的完整性和秩序性。在工艺上，普力特褶要求结构越单纯越好，因此一般普力特褶与袖山线组合时，主要分布在袖顶部较平缓的区域内。纸样设计采用先确定结果的办法：首先用薄纸根据预先设定的活褶数量、宽度和暗褶的尺寸，平行折叠成型，然后，把还原后袖片中所设褶裥的位置与折叠成型的褶位重合，按还原袖的边线剪好，展开后就得到了普力特褶袖的纸样（图 10–13）。在袖子中，凡普力特褶边线较复杂的时候都可用此方法。普力特褶在袖子的其他部位进行设计也是常见的，如断缝与普力特褶结合等，其纸样的处理方法大体相同。

综上所述，宽松袖的变化更多考虑的是形式美，因为宽松袖的这个前提本身，已经具备足够的上臂容量和活动范围。因此，宽松袖所增加的部分都是为了某种新造型的需要而设计的，这就是宽松袖设计的装饰性所在。然而，当宽松袖所增加的部分不是额外的，而与对应的结构产生互补关系时，就不是简单的形式问题了，应考虑结构与功能构成的合理性。这就是下面要讨论的连身袖纸样原理与设计问题。

§10–3　知识点

> 1. 宽松袖与自然褶结合是最为普遍的。纸样设计方法是开放性的，主要采用切展手段。
>
> 2. 喇叭袖增摆量不是孤立的，一般袖摆量增加越多，宽松度越大，袖山越低，袖山曲线越趋向平缓。当袖摆增加量较少，不足以影响袖山结构时，可以直接在基本纸样的袖摆处适当追加。如果分割局部，增加袖摆量通过局部切展实现。
>
> 3. 灯笼袖和普力特褶袖作褶区域要集中在袖中线的两边，这样有利于褶的集中表现和工艺处理。

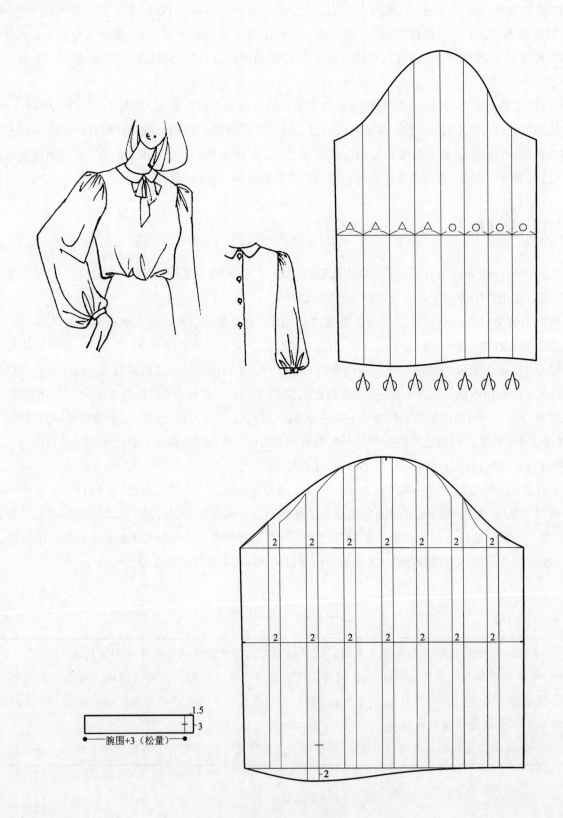

腕围+3（松量）

图 10-12　灯笼袖纸样设计

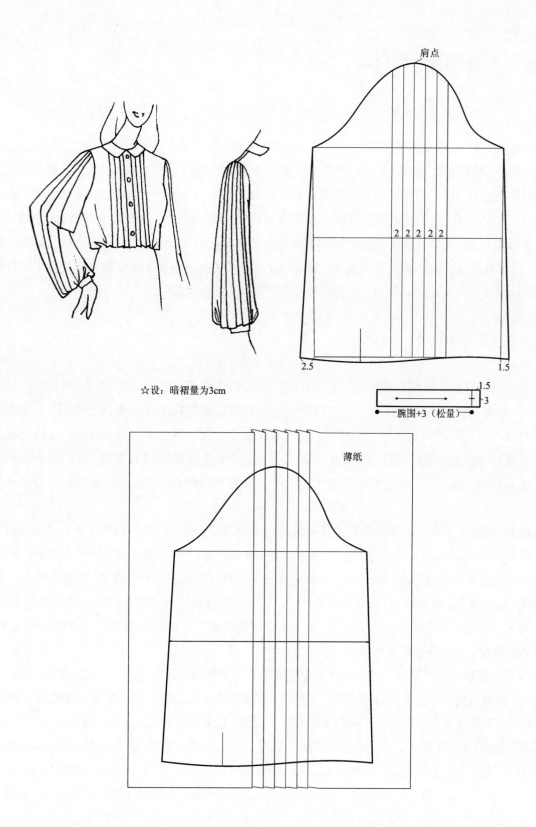

☆设：暗褶量为3cm

肩点

2 2 2 2 2

2.5　　　　　　1.5

1.5
3
腕围+3（松量）

薄纸

图 10-13　宽松袖的普力特褶设计

§10-4 连身袖纸样设计

本章开篇就明确了，装袖和连身袖只是形式上的划分，这意味着它们都可以在合体到宽松的范围内实现。因此，本节之前都是在装袖形式下讨论它的合体和宽松问题。连身袖，顾名思义，是指衣片的某些部分和袖子连成一个整体的袖型。有人把这种袖子叫做插肩袖或借袖，这与本节所要阐明的概念并不矛盾。连身袖在袖子的分类里是一个大类，在袖子纸样中亦指一个带有系统性、规律性的大范围概念，故而无论袖子中连身的部分程度和形式如何，只要符合连身袖的结构规律都被看作是连身袖。由此可见，插肩袖只是连身袖的一种典型款式，但它具有连身袖结构的普遍规律。借袖则是连身袖另一种理解。重要的是在装袖中从合体到宽松结构的普遍规律会在连身袖中重现，且又融入了它的多变手段而魅力无穷。

1 连身袖纸样原理的内在结构分析

由于连身袖具有系统的概念和规律，这就形成了它在纸样构成因素中的综合性。这种综合性主要表现在两个方面：一是袖连身的多变形式（即外在结构）；二是袖连身的构成方式表现为系统性（即内在结构）。前者是指对袖与衣片相连的量和形状的选择，具体地说袖子增加或减少某种形状的部分，同时在对应的衣片上减掉或增加，这在结构中表现为形式的互补关系。后者是连身袖结构的实质，即如何使袖和衣片相连的部分形成有机的整体，而且在造型和功能上达到从合体到宽松的合理统一，这是把握连身袖结构的关键所在。

就它的内在结构，首先，袖山高仍是连身袖结构的制约因素，这一点和本章开始讲的袖山幅度制约袖型的原理是相吻合的；其次，袖中线与肩点的角度影响着袖和衣片的贴体程度，同时它和袖山高互为制约，对连身袖的宽松与贴身度的选择起指导性作用。这种关系在本章开篇已阐述得十分清楚，即袖山越高，袖肥越小，袖子越贴体；袖山越低，袖肥越大，贴体度越小。这个原理在连身袖的纸样设计中仍是适用的。但由于连身的结构变化很大，这种规律呈现出它的复杂性。为了使上述原理在连身袖设计中得到充分理解和应用，下面以中性插肩袖的纸样设计为例加以分析。

中性插肩袖指插肩袖成型后呈现出的中间状态，即不十分贴体亦不很宽松的状态。然而，从外形上看是很难判断的，因此这里要寻找出插肩袖内在的中性结构参数指标。插肩袖中的中性结构要把握三项采寸标准：即基本袖山高、袖中线平分肩点直角（袖中线从 45° 角引出）和前袖窿开度为前乳凸量的二分之一。

纸样设计如图 10-14 所示。首先把衣身的前、后片对位，以前片乳凸量二分之一处为准确定腰线，前片袖窿开深至与后片侧缝线相同，修顺前袖窿线。然后，在前衣片的肩点引出水平线和垂直线段 10cm 构成 90° 夹角，如图所示作直角三角形直角点与底边线中点低于 1cm 的点的连线及其延长线，长度为实际的袖长，此线为袖中线。在袖中线上取基本袖山高，并从袖山高的落山点作袖中线的垂直线为落山线。按照插肩袖的款式要求，画出插肩袖前片的公共边线切于大约在前腋点上，从前腋点至落山线画弧，弧长与前片公共边线以外的袖窿剩余部分长度相同，弧度相似，方向相反，由此确定前袖肥。前袖口依前袖肥减 4cm 左右确定，当然，袖口的设计也可以根据流行趋势和具体需要去选择。后插肩袖的纸样处理与前片相同，只是

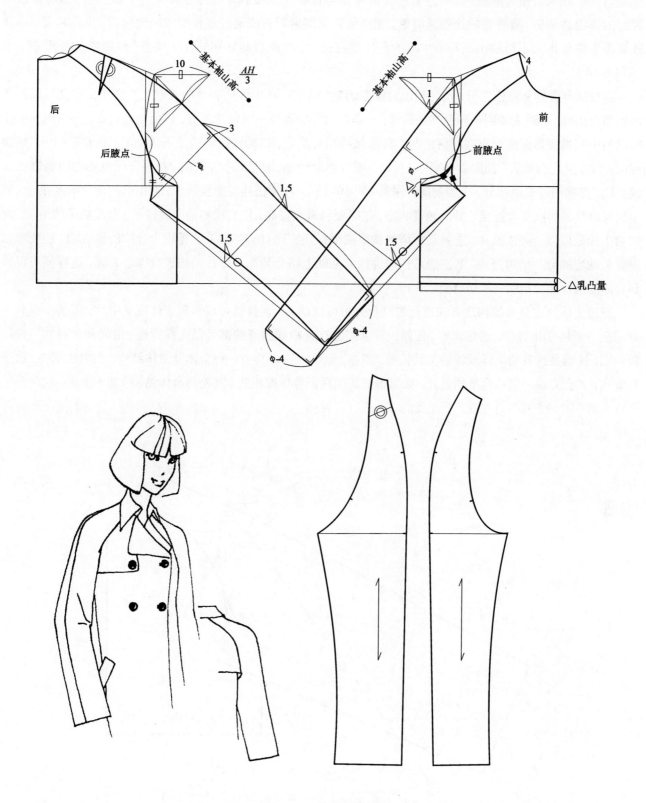

图 10-14　中性插肩袖

袖中线与肩直角三角形处在45°上（保持前比后贴体度大1cm），另外袖子后片公共边线位置的设计要有助于使肩胛省并入后插肩断缝内。不过肩胛省的存在与否和连身袖的宽松程度有很大关系，连身袖越宽松肩胛省的作用就越小，肩胛省的处理越简单，相反就要保留肩胛省或通过省移变成断缝结构。由此可见，连身袖肩胛省的作用大小与袖山高和袖中线的合体度有关。中性插肩袖处在较合体状态，肩胛省仍发挥着作用（图10–14）。

连身袖有合体和宽松之分，按照袖山对袖型的制约原理，在中性插肩袖的基础上改变袖山高就可以改变袖肥和合体度。不过先要明确两个先决条件：一是落山线要和袖中线保持垂直，以免变形；二是落山线在中性插肩袖中与袖窿形成的交点在任何情况下都能保持相对稳定，以确保稳定的腋下活动量。在此基础上，增加袖山，合体度就会增大，袖肥就会减小；反之，则合体度变小，袖肥增大。同时，袖窿开深量和袖山高降低量成反比，即袖山降低的部分，作为袖窿开深量（图10–15）。在宽松连身袖设计中，袖山高的变化幅度很大，袖中线与肩线的角度变大甚至达到无角度状态，这时要将肩点提高，使肩线和袖中线持平，至此袖子的前、后片在袖中线处可以合并成整片，这就是所谓的蝙蝠袖纸样（图10–16）。如果选择较为合体的插肩袖，还要考虑肘省和袖弯的分片结构处理。其方法是在中性插肩基础上结合装袖的分片结构进行综合处理，这样就可以得到合体的两片插肩袖和三片插肩袖（图10–17）。

通过上述对连身袖的构成方式进行的综合分析可以认为：连身袖可以实现合体度从中性到宽松，或到合身的全部纸样变化过程，这意味着，任何一种款式的连身袖如插肩袖都可以选择宽松、中间和合身的三种结构形态，这就是连身袖纸样设计的关键技术。当然，也可以固定其中一种合体度主体结构，如中性结构，改变其款式，就会完成一组系列纸样设计。如果也把其他两个合体度模式（宽松与合体结构）加入进来，这将是一个庞大的连身袖纸样设计系统。下面我们逐一进行探讨。

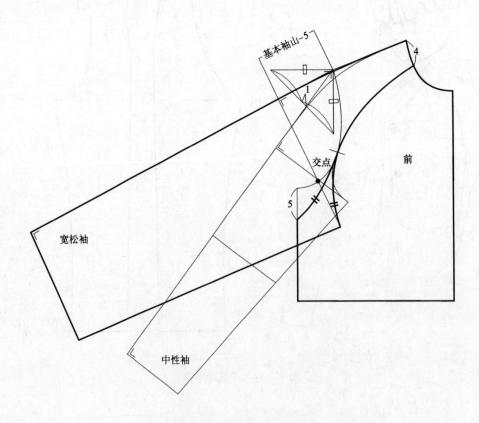

图10–15　连身袖袖山对袖肥和合体度的制约关系

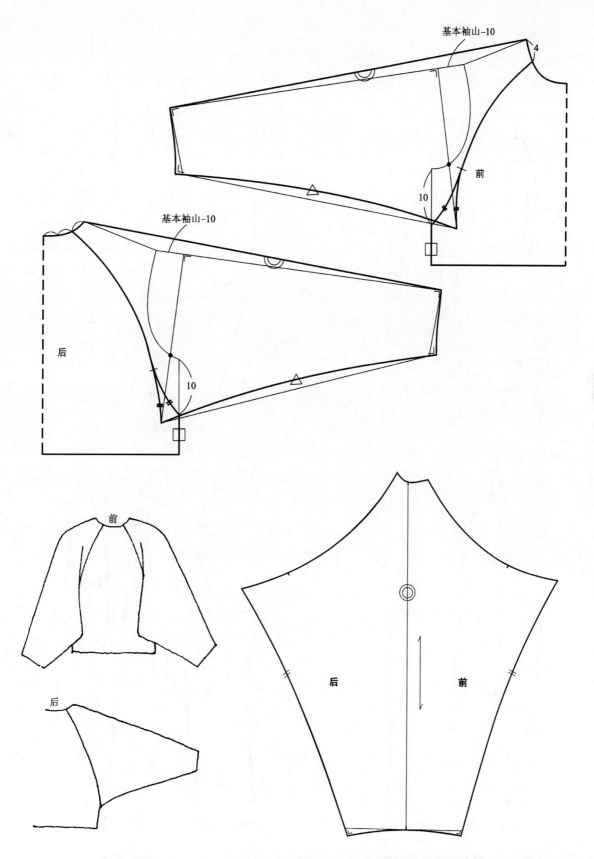

基本袖山-10

4

前

10

基本袖山-10

后

10

前

后

后

前

☆ 保持袖中线与原袖窿曲线交点，袖窿开深尺寸为袖山降低尺寸(10cm)。肩线与袖中线
由提高肩点而顺成直线，并使前、后袖缝线相等，故合并前、后袖片成为必然。

图 10-16　蝙蝠袖纸样（宽松连身袖）

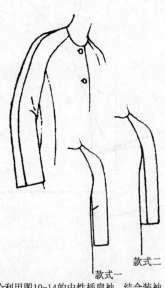

☆利用图10-14的中性插肩袖,结合装袖
的分片结构完成两片插肩袖和三片插肩
袖。了解原理后可以直接完成任何一种
设计

款式一

款式二

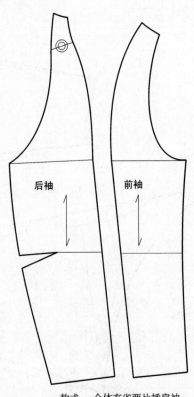

款式一 合体有省两片插肩袖

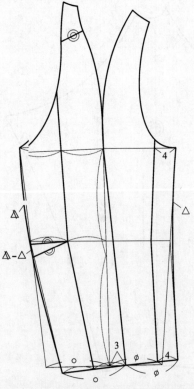

☆在款式一通过肘省变断和大小袖互补处理完成
款式二合体三片插肩袖

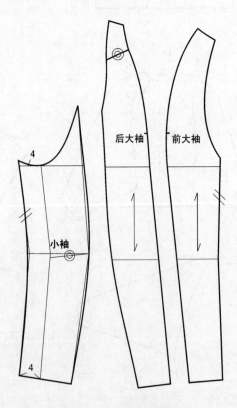

款式二 合体三片插肩袖分解图

图10-17 合体两片插肩袖变三片插肩袖的方法

2　连身袖外在结构的款式变化

连身袖的互补形式，构成了连身袖款式变化的规律。一般来说，选择不同的连身形式，同时也可以选择不同的连身方式（合体度），它们之间没有明显的制约关系。例如确定宽松或合体的连身袖结构都不影响连身袖形式的设计，但是，当袖连身的某些部位对运动和舒适的结构产生影响时，形式要服从功能。如袖连身在腋下的部位，就必须考虑手臂上举时的结构要求，袖裆结构就是这样产生的（详见本节后文）。

下面以中性连身袖的纸样为基础，看看它的款式变化有什么规律，即稳定其（中性的）内在结构，分析其外在结构的变化规律，当然这其中的"中性"客观上还是偏重于合体。连身袖外在结构的变化是通过衣袖和衣身的互补形式进行的，准确地说是通过袖与衣片相互借让的形式完成的，即袖增加的部分，在衣片中减掉。如图 10–18 所示，它不同于普通插肩袖的形式，而是在后肩省的位置截断，形成部分插肩袖形式，这种巧妙的设计使分割线与后肩省融为一体。单看这个例子不容易发现其规律，如果与图 10–14 中的标准插肩袖相比就会发现，它们互补关系的范围是以前、后腋点为界的，腋点以上是通过互补关系改变款式，腋点以下是相对不变的，由此可以前、后腋点为界点引出若干条款式线，从理论上讲这种款式线设计是无限的。图 10–19 系列纸样设计分解图中根据需要只设计了六款，我们把这六款的分解图展开后发现，分割线位置如果作有意义的整合，就可能出现良好的复合型结构。例如连身袖系列之款式二将连身袖与育克线结合，进一步设计的话，前育克线还可以和胸袋结合起来。连身袖系列之款式三是将分割线通过 BP 点，显然，省的作用完全可以在此结构中发挥出来。连身袖系列之款式四是采用身借袖的形式用曲线分割出去，使前、后袖片剩余部分的中线形状相同且得以合并。如果各款之间再加入相关元素又会派生出更多新款。连身袖系列之款式五是连身袖系列之款式二和连身袖系列款式之四结合的产物；连身袖系列之款式六是连身袖系列之款式三和连身袖系列之款式四结合的产物。按照这样的惯性推演下去的话，会产生一种合体连身袖无尽的款式变化（见下文）。

3　连身袖的款式与合体度结合的变化

如果将这组连身袖系列设计选择为合体主体结构，也就是说，把中性结构改造成合体结构，即内在结构作合体处理，又会派生出合体风格的连身袖系列（仍保持图 10–19 的款式系列特征）。纸样设计主要是加入袖弯、肘省和袖子的分片处理。当然，袖子以外的结构亦要配合省的设计使整体结构协调统一。纸样的处理方法是在图 10–19 连身袖系列之款式三的基础上将袖中线合并整合为袖子基本型，通过袖口、袖弯的处理变成加肘省合体袖，再通过肘省转移和互补原理就可以变成有省两片袖和三片合体袖的系列纸样设计［图 10–20（a）、（b）］。这种处理如果分别运用在图 10–19 连身袖系列的各款中，则会派生出合体的连身袖系列设计（以课外作业完成）。

从上述例子看，连身袖的变化原则是袖子和衣片的分割线形式与量的互补关系实现的。这是连身袖达到造型还原和统一的理论依据。然而，当袖连身的部位超出一般形式变化的范围时，这种互补原理就不是形式统一的问题了，而是结构的功能性是否合理的问题。因此，互补有个最大化问题，这时就会产生一系列的袖裆纸样技术。

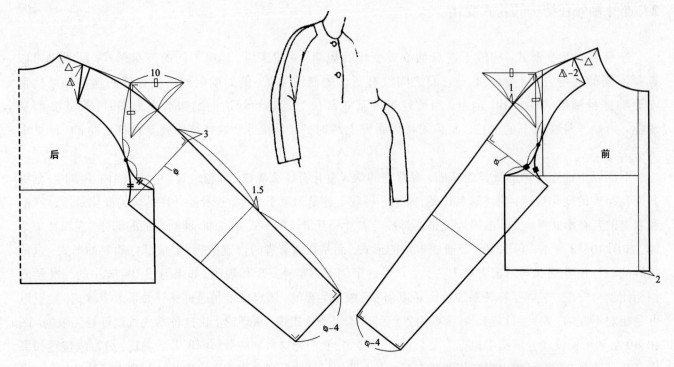

☆在中性插肩袖纸样基础上制图

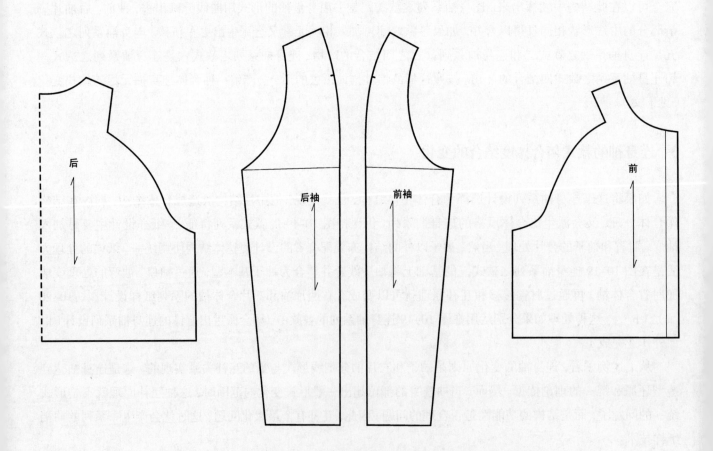

图 10-18　部分插肩袖（以此为基础衍生出合体两片袖和三片袖为课外作业）

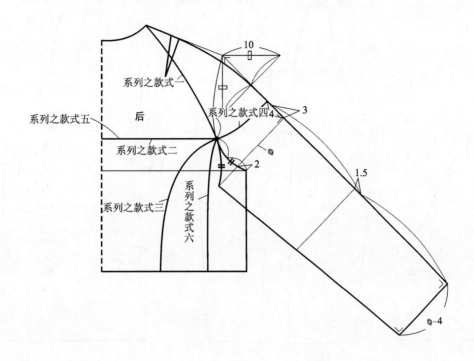

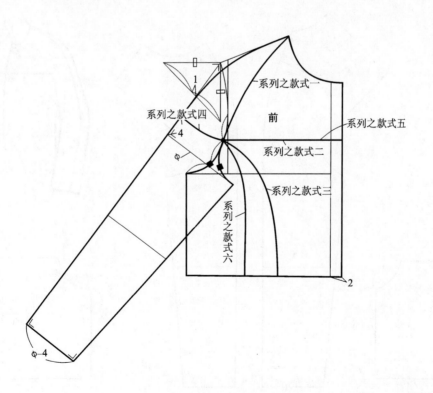

图 10-19

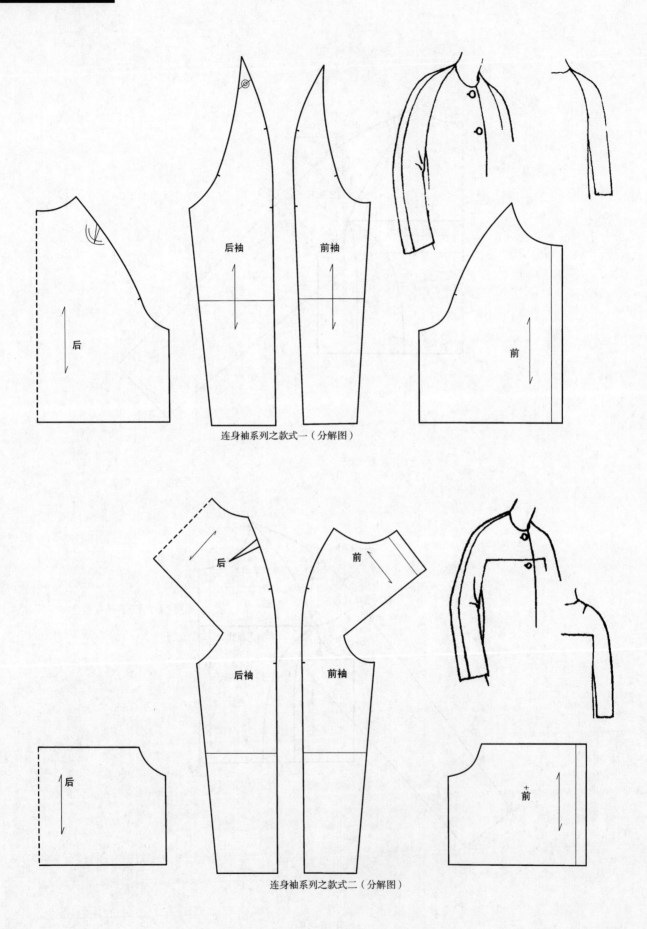

连身袖系列之款式一（分解图）

连身袖系列之款式二（分解图）

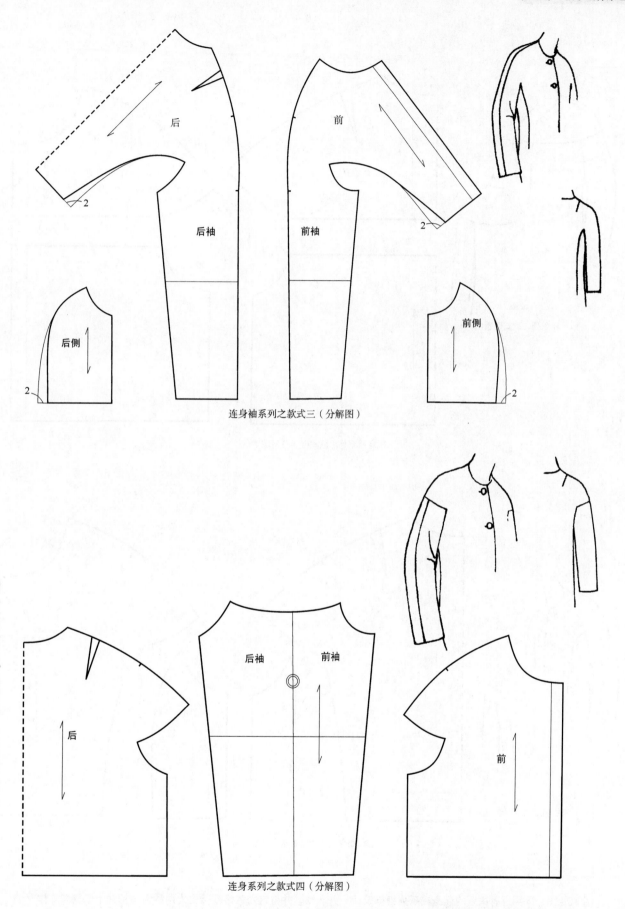

连身袖系列之款式三（分解图）

连身系列之款式四（分解图）

图 10-19

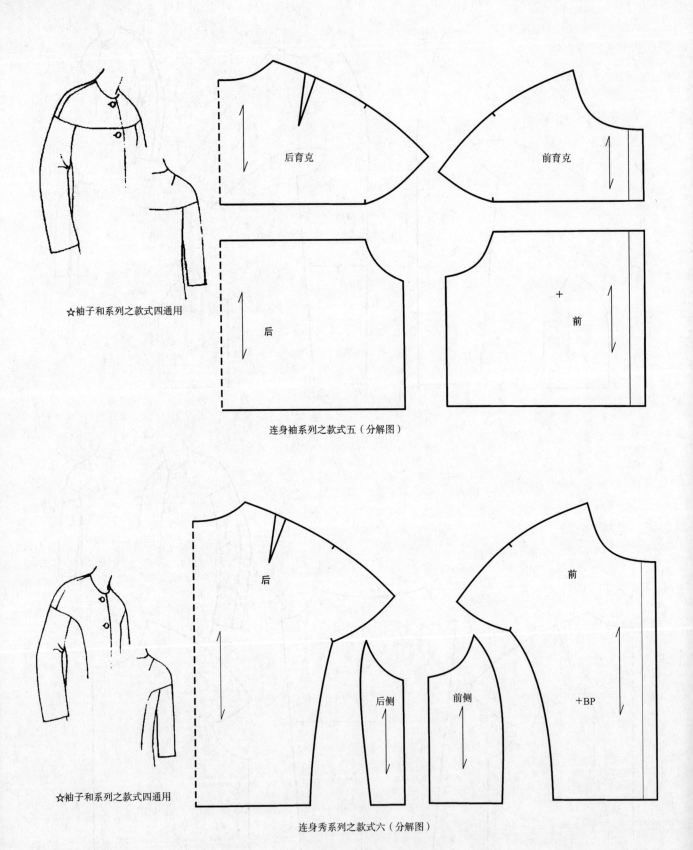

☆袖子和系列之款式四通用

连身袖系列之款式五（分解图）

☆袖子和系列之款式四通用

连身秀系列之款式六（分解图）

图 10-19 采用互补关系的连身袖系列纸样设计（共六款，并将这六款每款衍生为两种合体袖共十二款课外作业）

后育克

前育克

后

前

后

前

后侧

前侧

+BP

4　袖裆纸样技术

连身袖的款式变化主要是通过袖子与衣片互补关系的选择形式完成的，从理论上讲这种选择形式是无限的，即以前、后腋点为界，可以引出无数条款式线，这说明连身袖有无数次款式变化（参见图 10-19）。然而，我们从如此丰富的变化中发现，当款式线（连身线）向侧身靠拢到一定程度时就必须停止，以不介入重叠量为原则。因为，袖子与衣片构成整体结构的所有部分不能出现重叠，否则结构就不能成立。因此，袖子和衣片相连的所有款式必须排除腋下的重叠部分，即袖与衣片互补的最大化。如果在设计中需要连身的范围很大，这是连身线（款式线）追求隐蔽的设计，需要采用相应的综合结构处理的方法（这个问题将在"合体袖裆"中讨论）。由此可见，袖裆实际上就是袖与衣片在腋下重叠量被分解出去的那一部分。

（1）合体袖裆

发明袖裆结构的初衷是尽量使整体外观造型简洁而不失其良好的功能，因此袖裆设计在不影响功能的前提下越隐蔽越好，而这一技术并不是在宽松服装流行的年代里实现的，而是在 20 世纪上半叶服装表达收身最

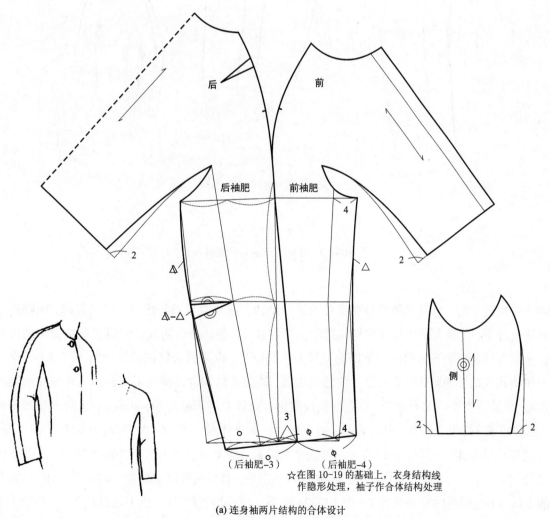

（a）连身袖两片结构的合体设计

图 10-20

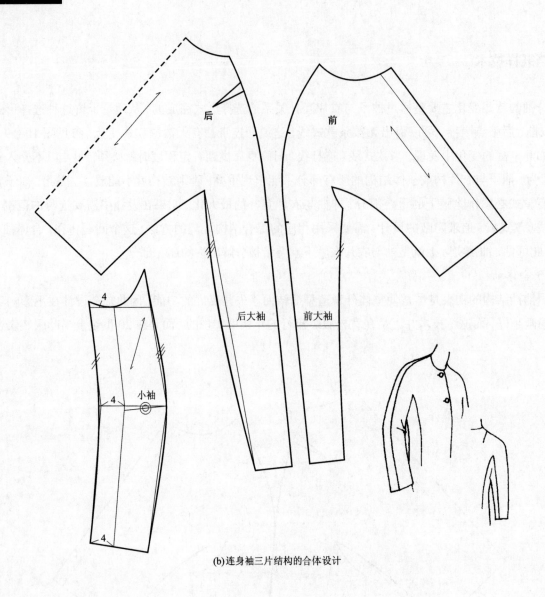

（b）连身袖三片结构的合体设计

图 10-20　合体连身袖系列纸样设计

优美的绅士时代诞生的。当时时装界最具盛名的袖裆设计大师是克里斯特巴尔·巴伦夏加，他创造了在职业女装合身的设计中，而最大限度地使结构线隐蔽的纸样技术，他认为优美简洁的服装造型袖裆结构在其中起着举足轻重的作用。这里不妨模拟一下巴伦夏加的袖裆设计，以掌握合体袖裆设计的一般规律。在合体的前提下如何使结构线既要隐蔽，又要有良好的活动功能，其最佳结构设计就是采用合体三片袖和袖裆的有机结合。采用大、小袖的主要目的有两个，首先是使袖型更符合收身的理想造型；同时，它又对最小范围地使用袖裆结构（隐蔽目的）提供了条件。其原理是：袖与衣片在腋下重叠的部分，由于大、小袖在结构上是分离的，因而重叠量被小袖带走一部分，袖裆自然也就变小而隐蔽，甚至只剩下前片一小部分袖裆，这就是巴伦夏加的绝妙之处（图 10-21）。如果采用不分大、小袖的合体结构，当然也可以实现合体的袖裆设计，这也是巴伦夏加常用的手法，不过隐蔽性要逊色多了（图 10-22A 方案）。在这种情况下，也不是没有办法：在腋下重叠量大的前片，将衣片和袖片同时作重叠量分割处理，后片与之配合促使后衣片袖裆与前片袖裆合并，这样既分担了矛盾，又达到了隐蔽的目的（图 10-22B 方案）。

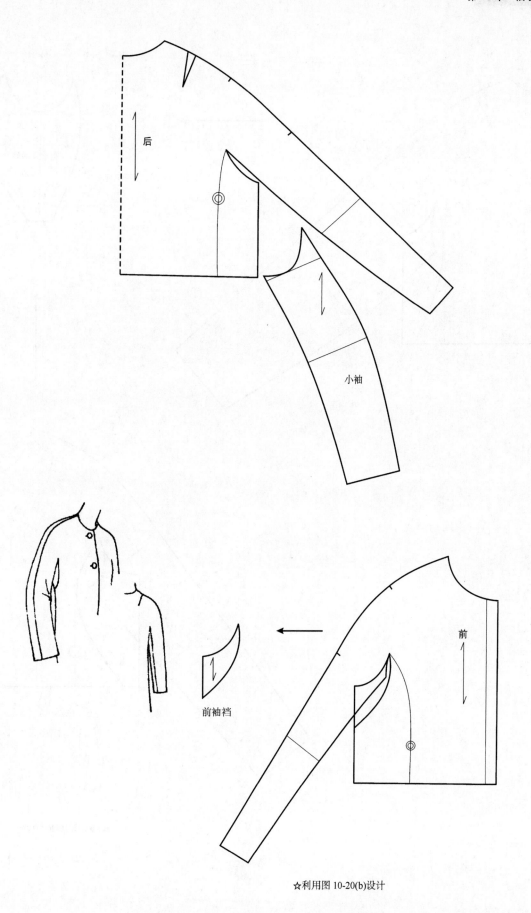

☆利用图 10-20(b)设计

图 10-21　模拟巴伦夏加的大、小袖与袖裆设计

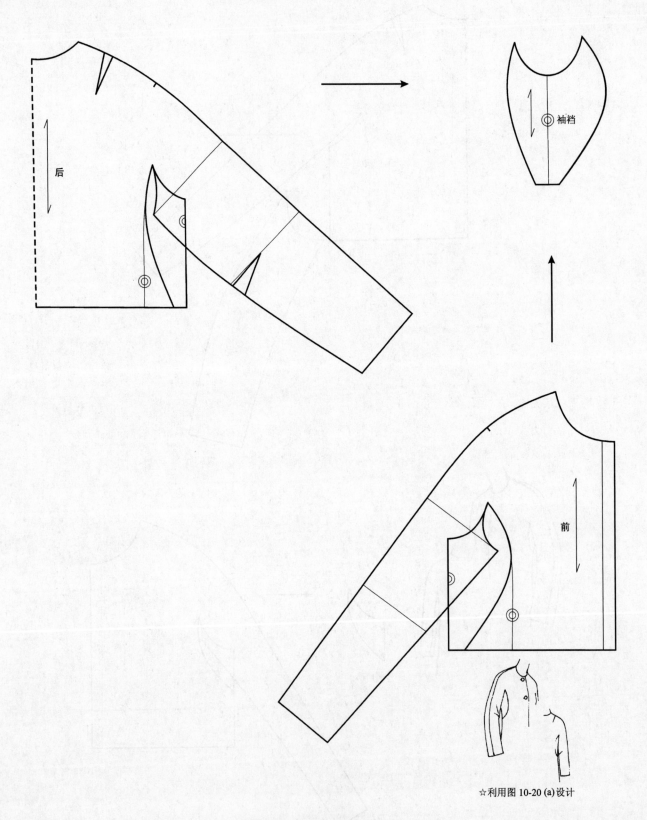

袖裆

前

后

☆利用图 10-20 (a)设计

A 方案
不太隐蔽

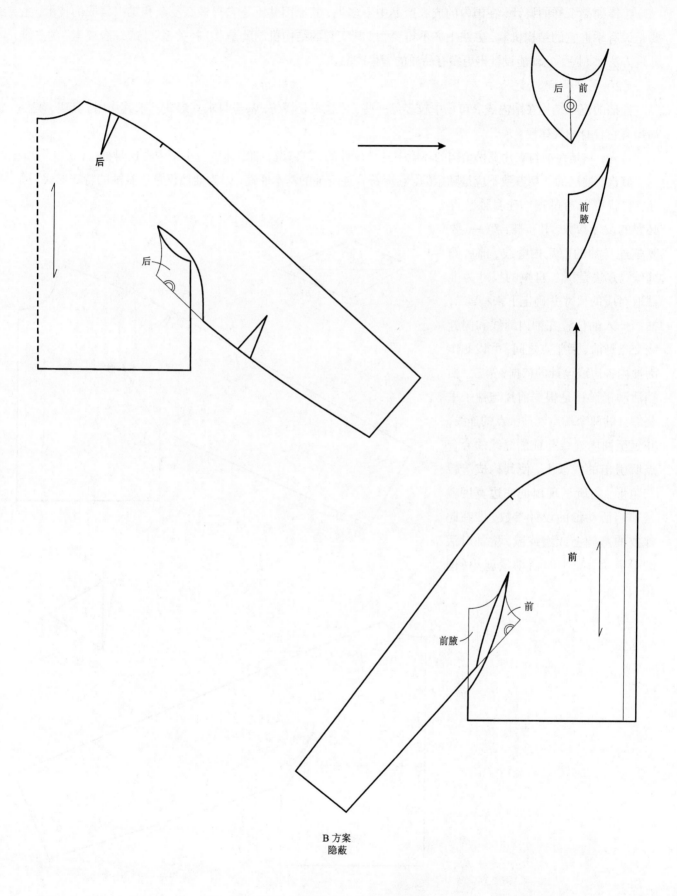

后　前

前腋

后

后

前

前腋

前

B 方案
隐蔽

图 10-22　合体非大、小袖与袖裆设计

合体袖裆纸样的设计，在国内的成衣产品中不多见，其原因并不是它有多么复杂和难以驾驭的技术，主要是没有掌握它的结构机制，方法上亦不得要领。其实它的结构机制就是"互补关系"与"综合要素"的三维处理方法，掌握了它就能设计出更多有品质的奢侈产品。

（2）宽松袖裆

袖裆的宽松结构在国内成衣市场中较多见一些，但也只是模仿，甚至只求其形式不求其作用。其实，宽松袖裆有它自身的规律性。

首先，它是在袖与衣片宽松结构的环境中进行设计的，具体说，袖贴体度应小于中性连身袖。

其次，袖裆的一切参数不应是随意的，它应符合连身袖的基本原理，因为袖裆仅是连身袖的特殊形式，因此，它就可以通过宽松连身袖获得必要的设计参数。其步骤：第一，要复核连身袖的前后内缝线、前后侧缝线，方法是以各自短的尺寸为准截取对应的尺寸并确定下来；第二，袖裆插入的位置在袖内缝线和侧缝线交点到前、后腋点之间，并以此作为袖裆各边线设计的依据；第三，袖裆活动量设计是根据前片与袖子重叠部分的两个端点到前腋点的连线，并延至袖内缝线与前侧缝线的会合点所引出的线段上，使其构成等腰三角形，它所呈现出的底边宽度就是袖裆活动量的设计参数，即在此参数的基础上或增或减，增加时活动量就大，减小时活动量就小（图10-23）。

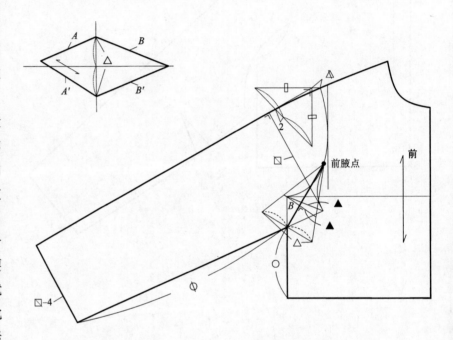

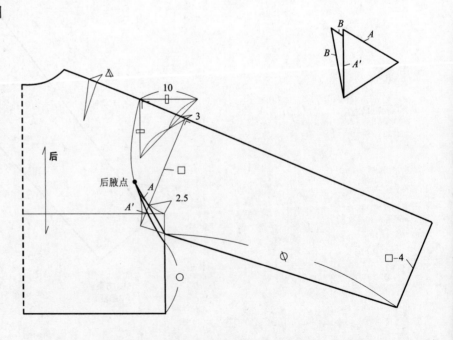

图10-23　宽松袖裆设计参数的纸样原理（在无省亚基本纸样基础上制图）

需要说明的是，宽松袖裆处在一个相对人体和服装之间空隙较大的环境里，故采寸相对灵活和规整（主观易操作）。因此，在实际设计宽松袖裆时，可以根据纸样、工艺、加工的理想状态去设计，如袖裆插口大比小更易加工且袖裆要用斜丝与之配合，袖裆活动量、袖内缝线与侧缝线的会合点等完全可以根据品种要求和造型的需要重新修订（图 10-24）。

总之，宽松袖裆与合体袖裆相比，工艺简单，线性特征较单纯，采寸更加自由，结构也更规整。

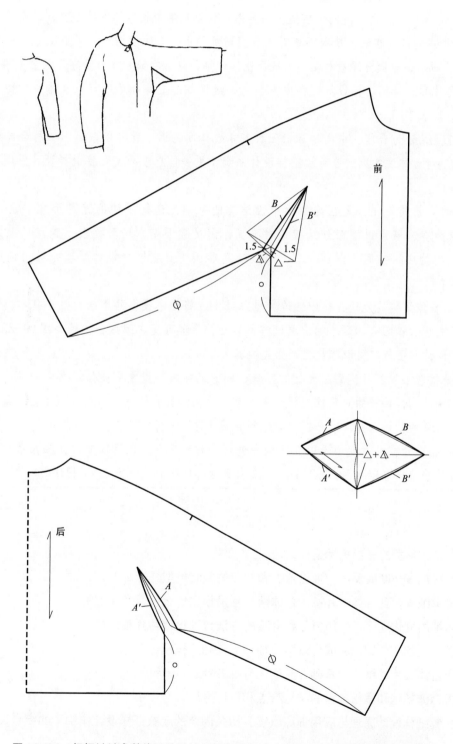

图 10-24　根据袖裆参数修订的袖裆纸样应用设计（在图 10-23 纸样基础上修订）

§10-4 知识点

1. 连身袖结构综合性表现在两个方面：一是袖连身的多变形式，即袖与衣片相连的量和形状的选择空间大（即外在结构）；二是袖连身的构成方式表现为合体度的系统性，在造型和功能上可以实现从合体到宽松的全过程设计（即内在结构）。

2. 袖山高制约袖型的基本原理在连身袖纸样设计中完全适用。中性结构的插肩袖可以理解为连身袖的基本型，其通用的袖子基本原理由此可以得到验证（图10-14、图10-15）。

3. 连身袖合体度设计之前有两个前提：一是落山线要与袖中线始终保持垂直；二是落山线在中性插肩袖中与袖窿形成的交点在任何情况下相对不变。增加袖山，合体度增大，袖肥减小；相反，合体度变小，袖肥增大。同时，袖窿开深量和袖山高成反比，即袖山降低的部分作为袖窿开深量（图10-15）。

4. 合体两片和三片插肩袖设计，在中性插肩袖纸样基础上综合运用装袖合体一片和两片袖的变化规律实现的（图10-17）。

5. 如果连身袖分为合体、中间和宽松三种基本合体度的话，就可以派生出一种合体度多种款式变化和一种款式三种合体度的庞大连身袖纸样设计系统（更多信息参阅《女装纸样设计原理与应用训练教程》相关内容）。

6. 连身袖的款式变化，是在连身袖中性结构的基础上选择不同的连身形式。它的变化范围是以前、后腋点为界，腋点以下部分保持相对不变，满足腋下基本运动要求；腋点以上为款式可设计范围，具有无尽的应用空间（图10-19，更多信息参阅《女装纸样设计原理与应用训练教程》相关内容）。

7. 连身袖合体结构的处理，在中性连身袖基础上，将袖中线合并整合为袖子基本型，通过袖摆、袖弯的处理变成加肘省的合体两片袖，通过省移和互补原理可变成三片合体袖（图10-20，更多信息参阅《女装纸样设计原理与应用训练教程》相关内容）。

8. 袖裆是袖与衣片互补达到最大化的产物，即它们在腋下重叠量被分解出去的那一部分。合体袖裆采用大、小袖结构，袖裆的隐蔽性更好；采用前、后袖加肘省结构，将前片腋下重叠量大的部分分而置之再与后片相关的袖裆合并，以分担矛盾达到隐蔽（图10-22）。

9. 宽松袖裆设计在贴体度小于中性结构中进行，通过三个步骤获取参数，袖裆活动量根据前片与袖子在腋下的重叠量来确定（图10-23）。表现出灵活与规整的处理方法见图10-24。

练习题

1. 袖山幅度制约袖型的重要指标是什么？
2. 袖山高度和袖窿开度成反比的理论依据和对应的服装类型是什么？
3. 从袖子基本纸样，到合体一片袖、合体两片袖是根据什么规律变化的？
4. 根据合体袖的变化规律，采用分裁和套裁的方法分别设计两片袖纸样。
5. 在标准插肩袖款式基础上完成合体两片袖和三片袖纸样设计。
6. 在不改变合体三片袖结构的基础上完成连身袖8款纸样设计。
7. 举例分析合体袖裆和宽松袖裆的结构特点和设计方法。
8. 结合《女装纸样设计原理与应用训练教程》相关内容的成衣纸样设计作袖子的综合训练。

思考题

1. 基本纸样中的袖山高为什么采用 $\dfrac{AH}{3}$？它的理论依据是什么？

2. "袖山高制约着袖型"这个定理在所有袖子类型的服装中都适用吗？为什么？

3. 一种袖山一定配有一套相应的袖肥和袖贴体度，而其中三个因素的任何一个都不能自行变化，否则就会失掉自身系统的合理性，为什么？

4. 通过什么手段和关键技术实现袖子结构的简约设计（提示：设计师著名品牌的成功案例）？

理论应用与实践——

领子纸样原理及设计 /8 课时

课下作业与训练 /16 课时(推荐)

课程内容： 立领原理/企领纸样设计/扁领纸样设计/翻领纸样设计

训练目的： 深入学习领子结构的基本原理和纸样处理方法，并熟练地运用到立领、企领、扁领和翻领纸样设计和实践中。

教学方法： 面授、典型案例分析、学生作业点评。

教学要求： 本章为重点和难点课程。强调以"领底线曲度制约领型"为基本的原理学习与应用，重点加强 §11-2、§11-4的学习与实践。作业内容覆盖要全，为了保持一定的作业量和有效地拓展设计训练，要结合《女装纸样设计原理与应用训练教程》相关内容进行，提倡作业纳入产品开发的实战训练。

第11章 领子纸样原理及设计

领型从结构上划分大体可以归纳为四类，即立领、企领、扁领和翻领。各类领型之间并不是孤立的，而是在结构中互为利用和转化，因此有时领子类型之间的界限并不明显。由此可见，在整个领子纸样的设计中是有其共同规律可循的，且总是隐藏在一般而单纯的结构中，这就是立领原理。

§11-1 立领原理

立领原理对任何领型纸样设计都具有指导性。这个结论在没有对其进行深入剖析之前是很难理解的，因为在四类领型中，立领是最简单的结构。在传统的裁剪设计中，通常采用定型的采寸方法，立领、企领、扁领和翻领都各有一套采寸程式，很少考虑它们之间有什么必然的联系和规律。本节试图从立领结构原理的剖析中寻找出这种联系和规律。

1 立领的直角结构

立领纸样的基础是立领的直角结构，它是根据颈和胸廓的连接构造产生的。如果用几何模型把人体这种复杂的构造加以规范的话，胸廓为前胸两个斜面的六面体，在靠上的斜面接近垂直地伸出颈部圆柱体，可以把这个模型理解为忽略细微变化的胸廓和颈部的立体构造，即颈部和胸廓的构成角度是直角。然而，实际人体的颈胸结构呈钝角，整体的颈部造型呈下粗上细的圆台体（图11-1）。根据这种分析，构成立领的直角结构展开呈长方形，指忽略细微部分的立领，类似于几何模型的颈胸结构。其制图过程：首先用皮尺测量领口尺

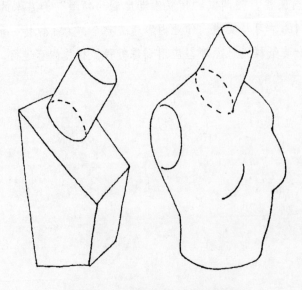

图 11-1　颈与胸廓的几何体和实体

寸，然后加上前搭门为立领下口线长，并作水平线，垂直该线确定领宽为4cm，立领上口和立领下口线呈平衡状态。这种细长方形结构所构成的领型就是直角立领（图11-2）。

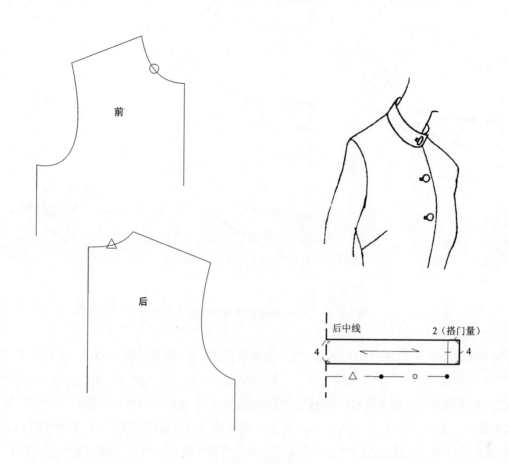

图 11-2　直角立领

在立领中影响领型变化的有两个因素：一是和领口相接的立领下口线；二是立领的高度，而起决定作用的是前者。立领造型不可能只有一种结构形式，也不能只有一种形式的结构，但有些指标是固定的，这就是各内角保持不变（90°）、领子下口线和衣身领口长应该是相互吻合的。换言之，领下口线长度是相对不变的。在这种前提下，改变立领造型，无非是向钝角立领或趋向锐角立领发展，制约这种结构变化的关键在于领下口线的曲度。如果说在立领的直角结构中，领下口线长度一定的话，那么领下口线上曲或下曲就构成了钝角和锐角立领结构的全部过程。

2　立领的钝角结构及其变化规律

钝角立领指立领与衣身的角度呈钝角，这时立领的上口线小于领下口线呈台体。根据领下口线曲度原理，在领下口线长度和立领内角不变的前提下，将领下口线向上弯曲，这时立领上口线变小，曲度越大，上口线与下口线的差越大，台体的特征越明显。当领下口线曲度与领口曲度完全吻合时，立领特征消失，变为原身出领（图11-3）。这实际上反映出领型结构从量变到质变的规律。然而领下口线上翘的选择是有条件的，如领下口线上翘应保证立领上口围度不能小于颈围。下面通过实例来说明这种结构的合理变化过程。

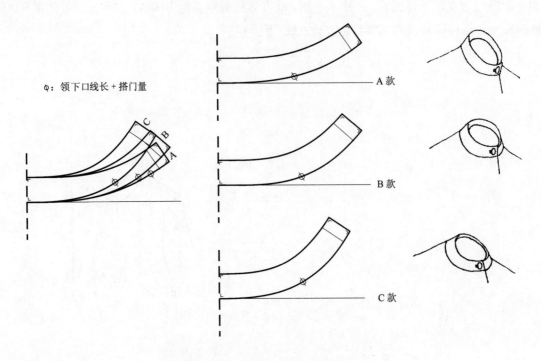

φ：领下口线长＋搭门量

A 款

B 款

C 款

图 11-3　领下口线上曲形成的钝角立领系列

　　一般的立领实际上呈钝角结构，这和人体的颈、胸构造相吻合。根据这种要求，一般立领下口线向上弯曲的程度和位置的选择是很严格的。首先领下口线上翘度要考虑立领上口围度比实际颈围大，以便于活动，通常设在 1cm 左右，1cm 翘度为一般立领下口线翘度的平均值，它的合理公式为在领宽相对不变的情况下（2.5cm 左右），领口长和颈围之差的二分之一，这个公式只作为一般合体立领结构的理论依据，而在实际设计中要灵活得多。领下口线弯曲的位置在该线靠近前颈窝的三分之一等分点上。最后修顺上、下领口线（图 11-4）。

　　如果领下口线翘度增加到 6cm，在结构上亦是合理的，只不过是强调了领型的台体特征罢了，但在功能上由于领下口线上翘过大，使立领上口线小于颈围从而产生不适感。因此，领下口线翘度必须有领宽相对不变这个前提，如果选择大翘度的立领设计要注意两个问题：一是要选择领宽较窄的造型，因为领宽越窄，立领上、下口线反差越小，制约性也就越小；二是要适当开大领口，当领下口线上曲明显，而领宽也突出时，要将基本领口开大，使立领上口线仍保持大于颈部的状态（图 11-5）。当设计高立领时，领下口线翘度不宜过大，这是由其造型所决定的，当立领宽度超过颈高时，要通过开大领口，使立领上口线保持头部活动的容量（图 11-6）。总之，无论领下口线曲度、领口开度及领高如何吻合，都要以保证立领上口线不影响颈部活动和舒适为原则。

3　立领的锐角结构及其变化规律

　　由直角立领的水平下口线向下弯曲，使立领上口线大于领下口线，因此构成的倒台体领型结构称为立领的锐角结构。它与立领的钝角结构恰好相反，领下口线下曲度越大，立领上口线越长，使立领的上半部分容易翻折，构成事实上的领座和领面的复合结构，这就是企领结构形成的基本原理。而且，领下口线下曲度越大，立领翻折量越多，当和衣身领口曲线完全相同时（曲度相同，方向相反），立领会全部翻贴在肩部，立领（和企领）特点完全消失，变成扁领结构（图 11-7）。

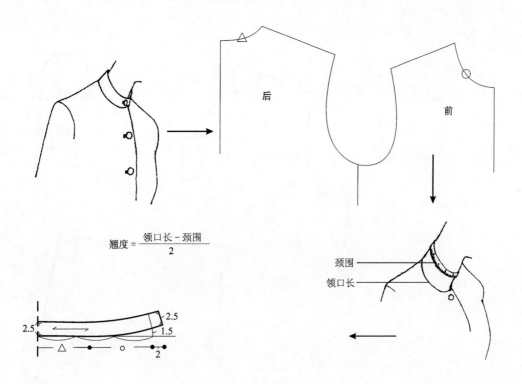

$$翘度 = \frac{领口长 - 颈围}{2}$$

图 11-4　一般立领的翘度

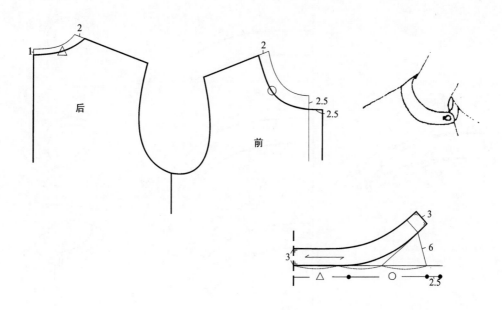

图 11-5　立领下口线翘度与领口开度

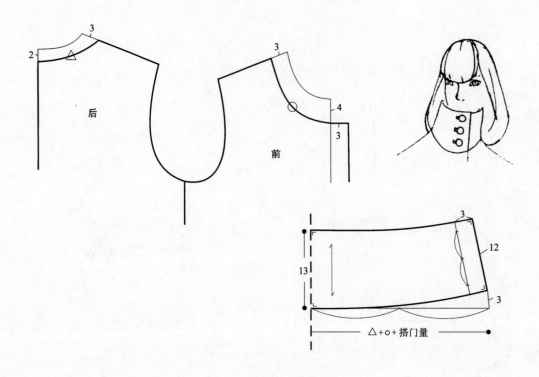

图 11-6　立领下口线翘度与领高、领口开度的关系

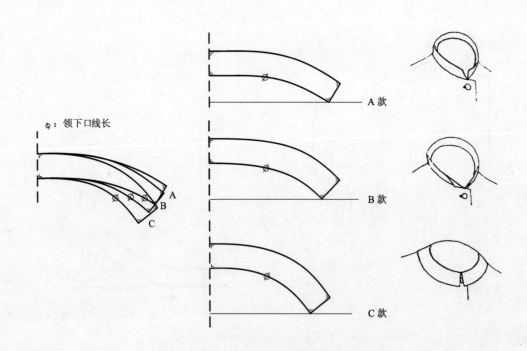

图 11-7　领下口线下曲度形成的锐角立领系列（从企领到扁领状态）

综上所述,立领下口线曲度是制约领型的焦点,即"领底线曲率制约领型"定理。弯曲的程度和位置又可以作不同造型的选择,同时它与领口开度、领高的综合作用形成了领子纸样设计的基本规律和内容。然而,在实践中立领并不能取代其他领型结构,因为不同类型的领子又有各自造型、功能的特殊要求,因此,在把握其普遍规律的前提下,还要掌握各自的特殊结构要求。

§11-1 知识点

1. 领型从结构上划分,分为立领、企领、扁领和翻领四类,并互为利用和转化,故而它们之间并没有严格的界限,其规律来源于立领原理。

2. 立领原理的核心表现在,领底线曲率制约领型。即在立领内角(90°)不变、领下口线长度保持不变的前提下,领底线上曲(翘)越大,上口越小呈钝角立领系列结构,当领底线上曲率与领口线曲率相同时,立领性质消失成原身出领(实为贴边领)。领底线下曲越大,上口越大呈锐角立领系列结构,这时实际上构成由领面和领座复合的企领系列结构,领底线下曲率越大,领面的面积越大,相对领座面积越小,当领底线下曲率与领口线曲率相反且相同时,领座为零,领面达到最大化且翻贴在肩上成为事实上的扁领结构。

3. 一般标准立领下口线上翘度,应在领宽(2.5cm左右)相对稳定的前提下,取领口长和颈围之差的二分之一,经验值为1.5cm左右,如普通立领、企领领座下口线翘度经验值。

4. 选择向上大翘度立领要注意两个问题:一是选择领宽较窄的设计;二是要适当加大领口。总之,无论领下口线上曲度、领口开度和领宽度如何改变,都要以保证立领上口尺寸大于对应的颈围为原则。

§11-2 企领纸样设计

企领是由立领作为领座、翻领作为领面组合构成的领子,如衬衫领、中山装领、拿破仑领都属此类。由于它是由两部分组成,同时又在立领原理制约下进行组合,因此,形成了企领的下口线曲度及其领座、翻领的结构关系,这种关系所反映的造型特征是"企"和"伏"的程度,故此有企领和半企领之说。

1 企领与半企领的分体结构

企领是指立企程度较大的领型,如衬衫领和中山装领,在结构上表现为领下口线上翘较小,接近立领的直角结构,领型特征庄重、俏丽。相反,领下口线上翘较大,领座成型后较为平伏的称为半企领。在外形上很难划分它们的界限,但在结构处理上容易辨识,因此就有了分体和连体企领的区别。

形成领座、翻领的企领为分体结构,分体的企领或半企领无论哪一种,都是由领座下口线上翘所致。因为这种结构和人体的颈胸结构更为符合,同时翻领要翻贴在领座上,这就要求翻领和领座的结构恰好相反,即领座上弯,翻领下弯,这样翻领外口线大于领座下口线而翻贴在领座上。根据这种造型要求,领座上弯和翻领下弯的配合应是成正比的，即领座下口线上翘度等于翻领下口线下曲度。这是企领领座和翻领容量达到符合的理论依据。如果企领翻领需要特别的容量，可以修正两个曲度的比例，按照立领原理，翻领下弯度小于领座上翘度，翻领会贴紧领座甚至无法盖住领座，这是要尽量避免的；反之，翻领翻折后与领座间的空隙就大，翻折线不固定，领型有自然随意之感。为此，我们可以得到领座上翘度和翻领下弯度的一系列关系式：在一般翻领大于领座 1cm 时（指后中宽度），领座上翘度等于翻领下弯度；领座上翘度越小立企度越强故称企领；领座上翘度越大立企度越弱故称半企领；当领座上翘度大于翻领下弯度时，两者更加贴紧，故不宜强调，否则会造成翻领容量不足而不能覆盖领座；当领座翘度一定时（2cm 左右），翻领下弯度大于领座，两者空隙变大，这时翻领必须随之加宽，加宽比例是，翻领下弯度在原等比基础上增加 1cm，翻领宽也要追加 1cm。为说明这种关系，下面列举三个实例。

例1：企领。衬衫领是企领的标准形式，领型庄重，因此选择领座下口线翘度小且领座上翘和翻领下弯更接近颈的采寸，通常以一般立领结构为基础。确定领座小于翻领 1cm 的后中线并与衣身纸样方向一致，以后领口和前领口的二分之一加上搭门 1.5cm 为领座下口线长，并与后中线垂直。在该线靠前颈点三分之一处上翘 1cm 并修顺下口线。设后领座宽 3cm，前领座宽 2.5cm，修顺领座上口线，领座搭门修成圆角。在后中线上，从领座上取领座下口线翘度的约两倍（2cm）至领座的前中点连成与领座曲度相反的曲线为翻领下口线。不过，在实际应用中，由于翻领下口线的接口等于领座上口线，而领座上口线的上曲度小于领座下口线，因此，如果考虑严密的造型翻领下口线下曲度与之配合的话就应小于 2cm（1.5cm），即得到领座翘量 ×2-0.5cm 的翻领下弯度公式。翻领后中宽度为领座宽度加 1cm，以保证翻领翻折后能够覆盖领座。翻领领角造型根据设计修成圆角（图 11-8）。

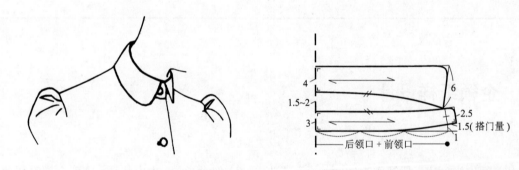

图 11-8　企领

例2：便装企领。便装企领也可看作半企领，其造型特点为立企程度小活动自如，领座下口线翘度可适当加大，并根据需要开大领口。按常规，前领口开度大些，后领口开度要适中并较稳定。以新确定的领口加搭门量为领座下口线长，在该线的三分之一处上翘 2.5cm，参考例 1 完成领座。领座和翻领的间距是 4~5cm（约 2.5cm×2），即以领座下口线翘度的二倍为依据。翻领参照例 1 完成（图 11-9）。

上述两例告诉我们，不管是企领还是半企领，领座和翻领的下口线曲度对领型都起着关键作用。但是在企领的设计中，不能被这种定量比例所限制，各尺寸的搭配，根据造型的需要，只要不影响使用功能和结构的合理性都是成立的。风衣企领是翻领下弯度大于领座上翘度的例子。

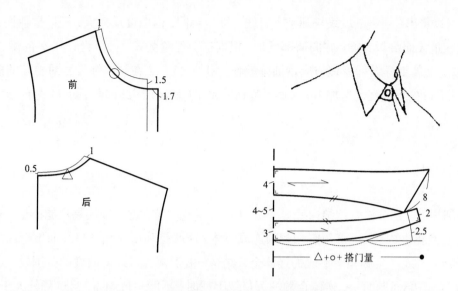

图 11-9　便装企领（半企领）

例 3：风衣企领（拿破仑领）。其造型特点和使用功能表现为：领型从肩向颈部倾斜，领座相当于立领的钝角结构。翻领容量较多（不紧贴领座），这是因为加宽的翻领在穿用时，需要经常立起，用于挡风遮雨。整个企领前端与前中点保持一定距离（款式设计，当然也可以会合到中点）。在纸样设计中，首先确定领中开度和双排扣翻驳领部分。把与企领相连接的领口作为领座下口线并起翘 2cm，领座前宽为 3cm，后宽为 4cm，修顺上、下口线，完成领座。为了更准确地设计出翻领下弯度，应在水平线上制图，如图 11-10 所示设 5cm 说明翻领下弯度相对领座上翘度（领座上翘与翻领下弯度相等时为 2cm）多了 3cm，这时翻领也要追加 3cm 为 8cm（4cm+1cm+3cm= 领座 + 必要值 + 追加值），领角为款式设计（图 11-10）。

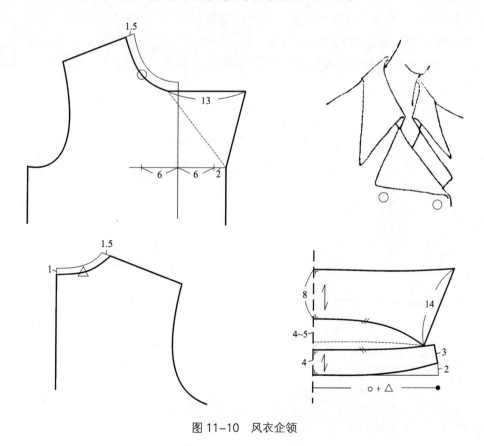

图 11-10　风衣企领

297

从这个例子可以看出，领座上口线与翻领下口线长度虽相同，但曲度反差大，而且是翻领大于领座，这意味着翻领外口线容量大而翻折方便，并向肩部延伸。根据这个经验公式，可以设计风衣企领的很多种采寸方案（更多信息参阅《女装纸样设计原理与应用训练教程》相关内容）：在领座翘度相对稳定的前提下，翻领宽度增加1cm，翻领下口线下弯度也追加1cm，直至达到最大化（扁领结构，即翻领下口线下弯量等于前领口深时停止）。

2 企领的连体结构

构成领座和翻领组合的分体企领结构最为普遍，因为，无论是它的造型，还是功能都是理想状态。但有时为简化工艺和迎合便装化特点，可将领座和翻领连成一体，这就是利用立领下口线向下弯曲的结构处理，使立领上口线大于领下口线产生翻领所形成的连体企领结构。由于领下口线下曲度的范围较大，形成了连体企领不同幅度的造型。需要强调的是，连体企领的下口线上翘时，不能超过1cm，当然翻领大于领座只有1cm，否则翻领翻折困难，这种结构主要用于较服帖、立度较强的企领。因此，连体企领的结构更适合宽松的便装设计。

例1：合体的连体企领。确定领下口线之后，起翘不超过1cm修顺下口线。后领总宽为领座3.5cm加上翻领4.5cm，领座搭门宽为3cm，领角为方形。领座和翻领之间用翻折线区分。由于合体的连体企领立度强，翻领的容量很小，为此翻领和领座的面积很接近，翻领宽以领座不暴露为原则（图11-11）。当连体企领需要翻领增大时，只有使领下口线向下弯度增加。

例2：连体平企领。平企领的领座和翻领的面积差较明显，而且领座从后中到前中逐渐消失。根据前述分体风衣企领和合体连体企领的制图经验，可以总结出平企领（连体结构）的关系式，即领下口线加大1cm的下弯度，翻领就要追加1cm。如果领下口线下弯度为2.5cm，翻领则应该比领座大出2.5cm，如果设领座为2.5cm，翻领应为5cm，也就是连体企领底线下弯量总是等于领座与翻领面之差（图11-12）。依此类推，如果设领下口线下弯度为4cm（领座不变），翻领宽则应为6.5cm（下弯度＋领座）。还可以一直弯下去，到前领口深的尺寸达到极限成为扁领结构。

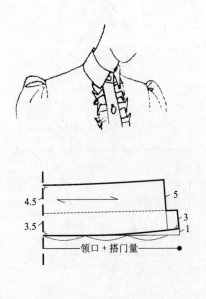

图 11-11　合体的连体企领

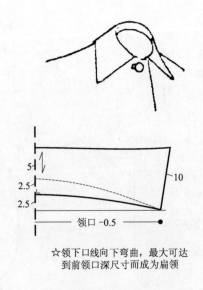

☆领下口线向下弯曲，最大可达
到前领口深尺寸而成为扁领

图 11-12　连体平企领

例 3：风衣式连体企领，属连体平企领结构，是在"V"字形领口的基础上设计的，与风衣领的特点相近，不同的是领座和翻领是一个整体。由于风衣领要求翻折自如，需加大翻领的容量，故此在连体平企领结构的基础上领下口线下弯幅度有意识加大（图 11–13）。

上述连体企领的采寸实际上与分体企领的结构规律殊途同归。重要的是设计者要灵活运用原理，例如应用领下口线弯曲位置的不同，可以设计出局部造型的特殊效果。如图 11–14 所示，用切展方法在领下口线二分

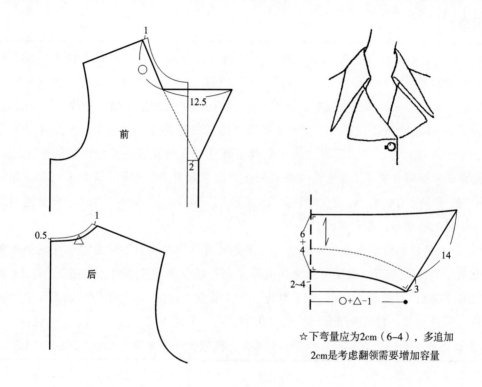

☆下弯量应为2cm（6-4），多追加
2cm是考虑翻领需要增加容量

图 11–13　风衣式连体企领

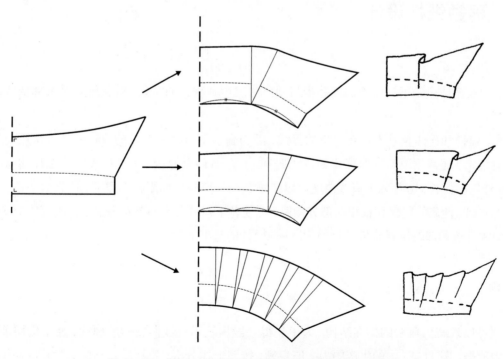

图 11–14　领下口线下弯位置和容量分配不同的领型效果

之一处下弯，对应的肩部翻领容量明显；在三分之一处下弯，翻领的容量就靠近前胸；如果领下口线下弯是均匀的，那么翻领容量的分配也是均匀的。因此，判断这些造型因素要有丰富的经验和设计意识，同时要培养对纸样立体造型的理解力、观察力和应变力，要避免机械地使用公式，因为它只能抑制对美的创造和想象，而不能解决任何问题。

§11-2　知识点

1. 根据领底线曲率制约领型的立领原理，企领的分体结构，当翻领大于领座1cm时（属基本要求），领座上弯和翻领下弯的配合成正比。领座上弯控制在1cm左右时为企度较好的准企领，如内穿衬衣领、中山装领、拿破仑领；领座上翘在1cm以上的结构趋向平伏的半企领，如休闲衬衣领等。

2. 在企领的分体结构中，领座上弯度大于翻领下弯度的情况要尽量避免，因为这种情况会造成翻领容量不足而不能覆盖领座。翻领下弯度大于领座上弯度的设计被视为良好的功能设计，可以广泛使用，它们的关系式为翻领后宽等于领座后宽与翻领上口线下弯量（以水平线算起）之和，如领座后宽为3cm，翻领下口线下弯量为4cm，翻领后宽就是7cm（图11-10）。当翻领下口线下弯量达到最大值前领口深时，翻领宽可无限增加，如披肩。

3. 连体企领为翻领和领座连为一体的结构，因此只有领下口线向下弯曲才有可能形成翻领包覆领座的造型。翻领、领座和领下口线下弯曲量的关系式也可以参照分体企领，即翻领=领座+领下口线下弯量，如翻领等于6cm，领座等于4cm，领下口线下弯曲量就是2cm，如果领下口线下弯曲量达到前领口深时，意味着达到最大化，翻领再增加，亦保持领下口线下弯最大值（图11-12）。

4. 连体企领下口线的上翘量控制在小于1cm以内，翻领大于领座边约1cm（图11-11）。

§11-3　扁领纸样设计

事实上扁领是连体企领下口线下曲度逐步与领口曲度达到吻合的结果，其领座几乎全部变成翻领贴在肩上，也称为平领。

这样看来，扁领和连体企领不存在严格的界线，因为扁领下口线下弯量的设计往往不采用与领口曲线完全相反相同的结构，通常领下口线曲度比领口线偏直，其中有两个原因：一是扁领整体领片的弯曲过大而出现斜丝，使领外口易拉长，减小领下口线曲度可以使扁领的外口减小而服帖在肩部，使领面平整；二是领下口线的曲度小于领口，使扁领仍保留很小一部分领座，促使领下口线与领口接缝隐蔽，且不直接与颈部摩擦，同时可以造成扁领靠近颈部的位置微微拱起，产生一种微妙的造型效果。

1　一般扁领

一般扁领可以理解为扁领的标准结构。为了获得一般扁领下口线曲度的准确性，通常借用前、后衣片纸样的领口作为依据。图11-15中的生产图为一般扁领，按照上述分析，扁领贴肩和接缝隐蔽的原则，是将领下口线处理成偏直于领口曲线，因此借用前、后衣片领口时，应对准前、后侧颈点，并将前、后肩部重叠前肩线的四分之一，由此产生的领口曲线为扁领下口线的曲度。最后根据领型设计，直接在已确定领下口线的前、后衣片纸样上确定扁领外口线，完成一般扁领。

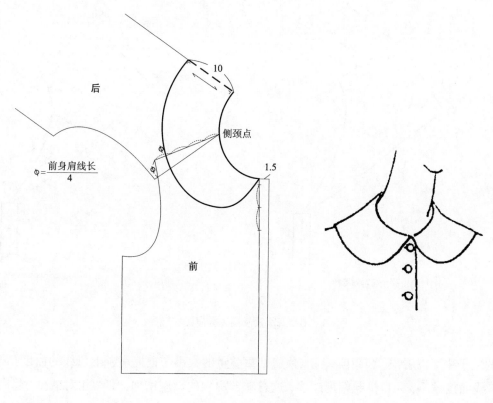

$$\varphi = \frac{前身肩线长}{4}$$

后

前

侧颈点

10

1.5

图 11-15 一般扁领

从一般扁领的结构可以看到，制图中的扁领外口线比前、后衣片对应部位的尺寸实际上要短些，这是由于扁领下口线曲度比实际领口曲度偏直的结果。这种结构制成以后，自然使扁领的外口向颈部拱起，造成扁领接缝内移，领口呈现微拱形，并产生微小领座。当然，这种拱形的大小可以选择，它取决于前、后衣片纸样肩部重叠的程度，重叠越多领座越明显且越趋向企领结构；重叠越少领座越小且越趋向纯扁领结构。因此，完全可以依设计者的理解或造型要求而变化。

2 扁领的变化

扁领的内在结构是相对稳定的，否则就不称其为扁领，它的变化主要是靠外在的造型设计。另外，由于扁领的领座很小，使颈部的活动区域无任何阻碍。因此，扁领多用在便装、夏装和童装中，如海军领、荷叶领、T恤领等。

海军领也叫水兵领，属扁领结构。根据生产图理解，领不宜过分贴肩，为此，前、后衣片肩部重叠量较少。前衣片设套头式门襟。在纸样设计上，前、后衣片的侧颈点重合，肩部重叠1.5cm，确定领下口线曲度，按设计要求，把领口修成"V"字形，以此为基础画出水兵领型。当然，把这种水兵领理解为领口拱起的造型也是成立的，这就需要前、后肩的重叠部分增大，使领下口线偏直于领口，重新画出水兵领型（图11-16）。

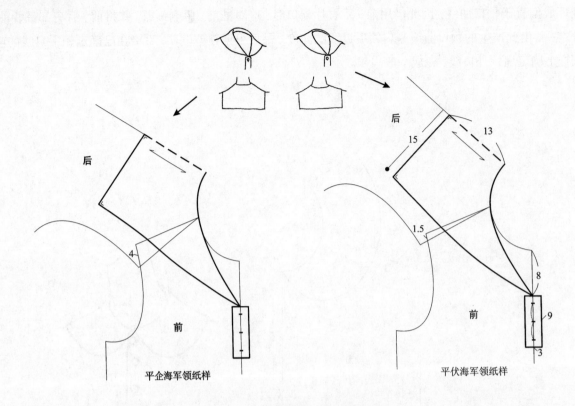

图 11-16 海军领及扁领叠肩量的选择

从上述的例子中可以看出，利用前、后衣片肩部重叠量的大小来把握扁领下口线的曲度，肩部重叠量越大，扁领下口线曲度越小，领口拱起幅度越多，这意味着扁领的领座增加，翻领相对减少，趋向连体企领结构；相反，如果领型的外容量需要增加，也可以将前、后衣片肩线合并使用。当造型需要有意加大扁领的外容量使其呈现波形褶时，需要通过领下口线进行大幅度的增弯处理，也就是说，领下口线弯曲度远远超过领口弯曲度，促使领外口增大容量。方法是通过切展使领下口线加大弯曲度，增加外口长度，加工时，当领下口线还原到领口弯度时，使领外口挤出有规律的波形褶。这就是所谓荷叶型扁领的纸样设计。在纸样处理中，为达到波形褶的均匀分配，采用平均切展的方法完成，波形褶的多少取决于扁领下口线的弯曲程度（图 11-17）。

扁领的造型结构是极为丰富的，这主要表现在领与领口造型的组合上，可以说有多少种领口的形式就可以设计出多少扁领。组合方式的不同，又可以造成不同的效果。然而无论扁领如何千变万化，它的基本结构规律不变。有时它与企领组合成很复杂的结构形式，仍不能脱离这一基本原理。这就是下面要讨论的翻领纸样。

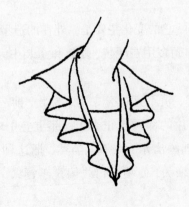

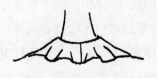

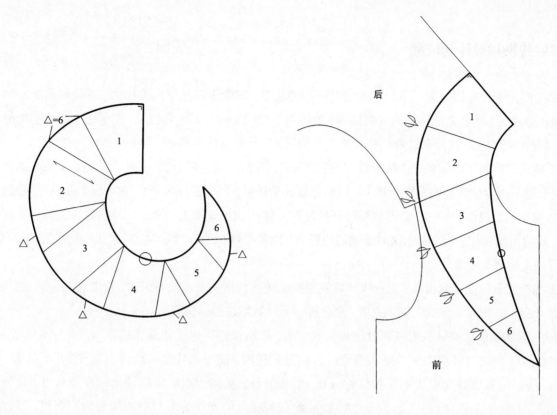

图 11-17　荷叶型扁领

§11-3　知识点

1. 扁领和连体企领在结构上不存在严格的界限，因为一般情况扁领都要保留小部分领座，其目的是使出现斜丝的翻领收紧而贴在肩上；二是领下口线曲度小于领口而产生领座，使领和领口接缝隐蔽，不直接接触颈部，且外观造型微妙。扁领下口线曲度控制可以根据造型进行微调处理（图11-16）。

2. 当扁领下口线曲度大于领口时，便进入装饰性扁领系列，如荷叶领等。纸样设计主要采用切展方法，还可以运用切展位置和大小的不同，产生波形褶量大小和分布的不同。这需要多做训练（图11-17）。

§11-4　翻领纸样设计

翻领在四大领型中是最富有变化、用途最广，也是最复杂的一种。这是因为翻领的结构具有所有领型结构的综合特点，而成为领型造型设计和训练的集大成者。

翻领是以西装领结构作为基础，由驳领和翻领组合而成。驳领很像扁领的外观，翻领具有企领和扁领的综合特点，它与驳领连接形成领嘴造型。整个翻领正视时似扁领造型，由于翻领由领面和领座构成，从侧面和后面观察又具有企领的造型特征。因此，翻领领底线的曲度仍然是整个翻领结构的关键。

1 翻领底线倒伏设计的依据

前面我们讨论了连体企领的下口线曲度与领型的关系，即领下口线下曲度越大，翻领和领座的面积差越大，翻领容量越大，直至完全转化为扁领结构；如果领下口线上曲，其结果相反，直至完全进入不能翻折的立领结构。剖析一下翻领，实际和这种结构规律完全相同，只是它更接近扁领，与半企领结构相似。

翻领领面与肩胸要求服帖，这意味着领面和领座的空隙很小，但领底线不可能上翘。按照连体企领的规律，底线上翘不可能使领面翻贴在领座上，服帖也就无从谈起，所以必须将领底线向下弯曲，我们把这种翻领特有的结构叫领底线倒伏。它是根据翻领特殊的制图方法而加以理解的，为了达到翻领与领口在结构中组合的准确，要借用前衣片进行设计，这时翻领底线竖起，当需要增加领面容量时，将底线向肩线方向倒伏，它与领底线下曲度原理是一致的。

由于翻领的服帖度要求很高，这意味着翻领底线倒伏量与相关因素关系密切，精度高。那么，倒伏量的设计依据是什么？在没有掌握这个知识之前，先分析一下一般翻领的结构特点。

女装一般翻领的标准是从男装西服翻领借鉴而来，基本保持了男装西服领的特点，即翻领开度至腰；翻驳领宽度适中，翻领与驳领构成"八"字领型。在设计纸样时，使用衣片基本纸样，前门襟开至腰部，并设搭门 1.5cm，搭门线和腰线交点为第一扣位称驳点。驳领设计，从侧颈点沿肩线伸出领座宽尺寸，设领座宽为 2.5cm（此尺寸相对稳定，控制在 2~3cm 之间），从此点到驳点的连线为驳口线或称驳领翻折线。通过侧颈点作该线的平行线为领底线的辅助线，通过肩线中点作前领口切线为翻领和驳领衔接的公共边线，行称串口线，与翻领角所构成的夹角为翻领领口。作垂直于驳口线，取驳领宽为 8cm 交于串口线上，并以此点到驳点用微凸线画出驳领边线即止口线，完成驳领。然后，在串口线上取驳领角宽为 3.5cm，作 90° 领角，取翻领角宽为驳领角宽减去 0.5cm。在领底线的辅助线上，从侧颈点上取后领口长，与通过侧颈点引出垂直线的夹角距离（x 值）加领面与领座的差（1cm）就是它的倒伏量而构成领底辅助线，垂直该线引出翻领后中线，取 2.5cm 为领座，3.5cm 为领面，用引出角为直角的微曲线连至翻领角。最后分别把领底线到领口线、翻折线到驳口线平滑顺接，完成全部翻领结构（图 11-18）。

从一般翻领的参数系统可以看出，领嘴的角度、大小，翻领和驳领的比例，不过是形式和互补关系的经验数值，它们对结构的合理性不产生直接影响，因此翻领形式的设计完全由审美习惯作为指导。而领底线倒伏量的设计，则不是一个简单的形式问题，因为它对整个领型结构的合理性产生影响。倒伏量关系式 $x+1$ 中的 x 值是依驳点的改变而改变，1cm 是领座和领面差，根据立领原理，它们的差越大倒伏量就越大。可见这一切是动态值且有规律的。显然，这是从较贴身翻领的各种因素综合考虑所确定的倒伏标准的采寸规律。假设一般翻领的款式不变，领底线倒伏量大于正常用量（$x+1$），就意味着领面外口容量增大，可能产生翻折后的领面与肩胸不服帖。如果倒伏量为零或小于正常的用量，使领外口容量不足，可能使肩胸部挤出褶皱，同时领嘴拉大而不平整（图 11-19）。

因此，从结构自身规律而言，翻领底线倒伏量"$x+1$"表现出完全动态的关系式：x 值（通过侧颈点的驳口线和垂直线夹角距离）是由驳点的高低在控制，驳点越高说明开领越小，驳口线斜度越大与垂直线形成的夹角距离（x 值）就越大（图 11-20）。1cm 是指最基本的领面与领座差，（领座尺寸相对稳定）当领面加大时 1cm 就变成了 n，根据企领原理必须相应增加同等量的倒伏量，可以说这是控制整个翻领纸样设计的关键。当然，这两种情况往往同时出现，"$x+n$"的关系式正是基于这种考虑，不过这种情况更多的出现在外套大翻领设计中（图 11-21）。

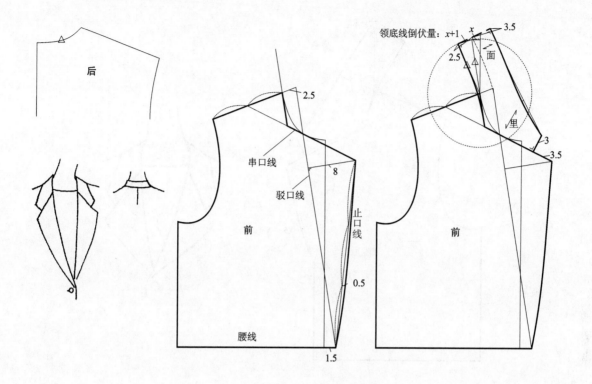

图 11-18 一般翻领的参数系统

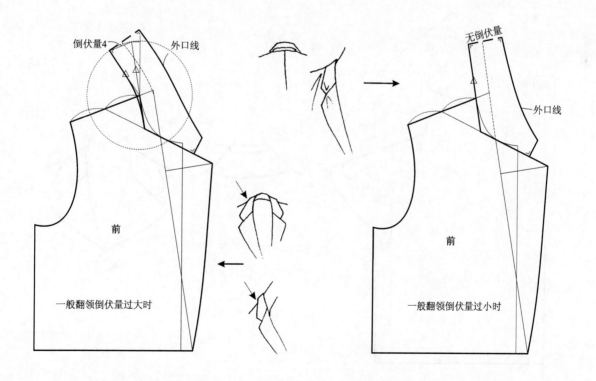

图 11-19 翻领底线倒伏量不适当的后果

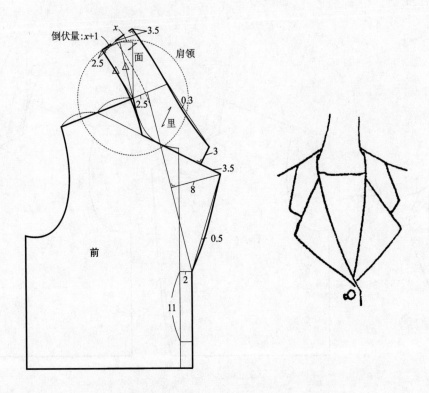

图 11-20　翻领开襟上升时的倒伏量中 x 值增加

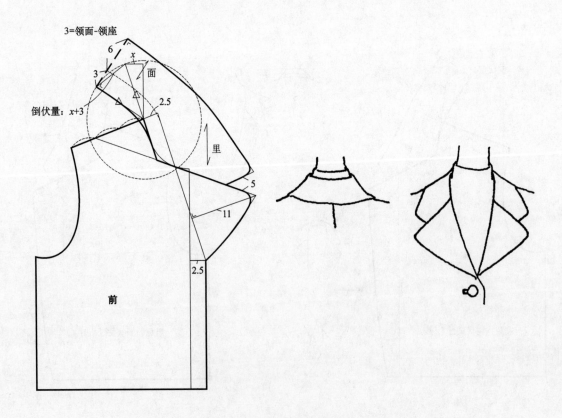

图 11-21　追加领面和升高开襟度倒伏量的 x 和 n 值都会增加

　　除此之外，还有一些对倒伏量有所影响的因素，但只能作为对上述参数的补充和微调的依据，这就是面料和领型的因素。

　　面料对结构的选择，是由材质所决定的。翻领的结构虽然在各种面料中都适用，但是，最适合于表现翻领造型的是中厚毛织物。因为毛织物的塑形性和翻领结构的严谨庄重的特点珠联璧合。然而，由于毛织物选择的原料和织物结构的不同，其伸缩性也不同，因此作用于不同面料的领底线倒伏量不能强求一律。通常天然织物或粗纺织物的伸缩性较大，领底线倒伏量要小；人造或精纺织物的弹性相对要小，领底线倒伏量就要适当增加。调整量可在前述两个条件基础上作 0.5cm 的微调。

　　在翻领的款式上一般采用带领嘴的形式。领嘴的张角实际起着翻领容量的调节作用。因此带领嘴翻领的底线倒伏的设计通常较为保守，而没有领嘴的翻领，其调节容量的作用就变小，因此这种翻领的底线倒伏量要适当增加，调整量也作 ±0.5cm 的微调，如青果领的设计就要适当增加（图 11-22）。

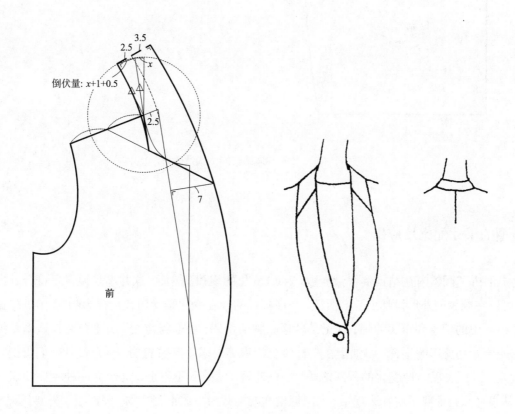

图 11-22　无领嘴翻领倒伏量应适当加大

　　另外，在翻领结构中，为使翻领结构造型更加完美，同时降低工艺难度，也常运用类似的分体企领结构。这种结构可以使翻领后部贴紧颈部，领面服帖而柔和却不需要过分的归拔工艺。在纸样处理上，将底线不倒伏的翻领，靠近翻折线 0.7cm 领座处断成两部分，余下的领座部分不变，把其他部分的翻领底线作倒伏处理。倒伏量的依据和上述相同，重新修正纸样。这是一种深度结构的翻领设计，更多用在不宜归拔面料的翻领纸样中（图 11-23），这种处理也常用在外套和休闲装的翻领设计中。

　　值得注意的是，在实际翻领的纸样设计中，驳头的开深程度、领面与领座的面积差、面料性能和领型等诸因素，往往在同一结构中出现，因此，设计者要注重根据综合因素确定倒伏量，而绝不能用固定的、单一的数学公式套用，这样才能体现出设计者的造型应变能力和驾驭各种技术的本领。

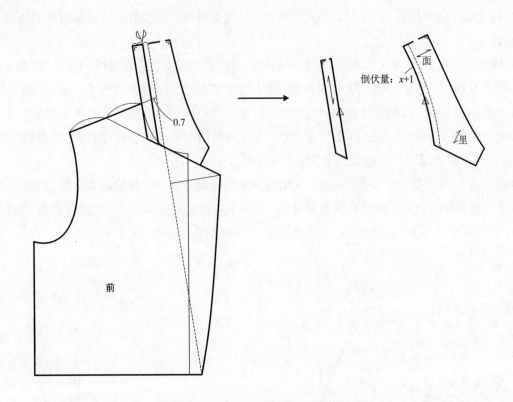

图 11-23　翻领分体结构的倒伏量转移

2　翻领造型的采寸配比及应用

前面集中剖析了翻领内在结构倒伏量参数（$x+n$）变化的规律。然而，这并不是说只要符合其内在结构的合理性，就可以在翻领的外形设计上随心所欲。往往翻领的外在变化是受内在规律影响的，同时，翻领造型似乎遵循着某种历史的信息和审美习惯，这正是奢侈品牌的密码，更值得重视。由于西装领造型受绅士文化的戒律和传统的原始功能影响很深，习惯于在一种传统的审美要求下穿着打扮。至今设计师们仍把它当作一个不成文的规定，旨在表现一种变化的程式之美，一旦违背，就感到不舒服。这作为一种专业知识是值得重视的，就如同从事什么行业要了解什么规矩一样。但也不能视此为一成不变之物，关键在于先要认识规矩。

（1）八字翻领造型的采寸配比

八字翻领相当于前边介绍的一般翻领，这种称谓的本身就说明了它的程式化特征。因此它的外形设计是按照一定的配比关系进行的。一般是由领面后宽尺寸依次推出：领面后宽与翻领角宽近似，翻领角宽比驳领角宽小 0.5cm，驳领角宽与串口线之比约等于 1 : 2。由此看来领后宽和驳领宽的采寸是成正比的，违背这个配比关系，结构虽成立，但影响八字翻领的造型习惯（图 11-24）。下面用正确配比和不适当配比的采寸作一比较，会对正确配比的审美价值加深理解。

八字翻领只要采用上述的采寸配比，造型都是符合审美习惯的。例如，设领后宽为 4cm，翻领角宽约 4（±0.5）cm，驳领角宽应为 4.5cm，串口线在 9cm 左右，那么，驳领宽在 10cm 左右才能匹配。翻领领座宽小于领面 1cm 为 3cm，领底线倒伏量为 $x+1$cm［图 11-25（a）］，如果翻领后宽变小，翻领角宽度也随之缩小，并依此修正倒伏量，在造型上是符合习惯的，在结构上也是合理的［图 11-25（b）］。显然这是一种驳领较宽，两种

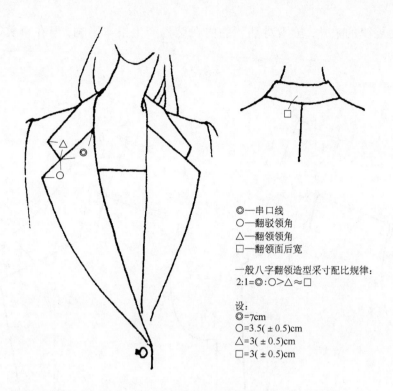

◎—串口线
○—翻驳领角
△—翻领领角
□—翻领面后宽

一般八字翻领造型采寸配比规律：
2:1=◎:○>△≈□

设：
◎=7cm
○=3.5(±0.5)cm
△=3(±0.5)cm
□=3(±0.5)cm

图 11-24　八字翻领造型的采寸配比

微妙比例的设计。若将前门襟提高到胸部，领型采寸仍运用上述配比关系，也是成立的，内在结构的底线倒伏量根据 $x+n$ 的关系式一定会增大（更多信息参阅《女装纸样设计原理与应用训练教程》相关内容）。另外，领座后宽比侧颈部的领座宽最多大 0.5cm 或保持相等为合理区间。

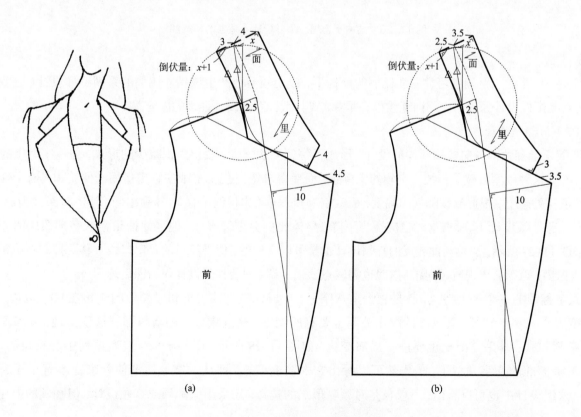

图 11-25　正确配比设计的两款翻领

领型不适当或无规律的采寸，虽不对翻领的内在结构产生根本影响，但在审美习惯上却不易被接受（图 11−26）。

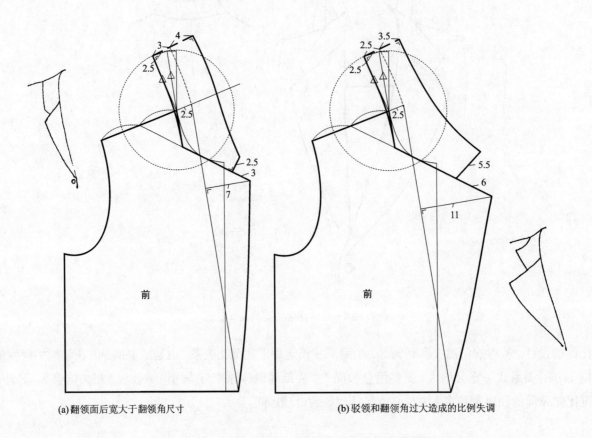

(a) 翻领面后宽大于翻领角尺寸　　　　　　(b) 驳领和翻领角过大造成的比例失调

图 11−26　结构不合理、采寸配比不适当的两款翻领

因此，只要在八字翻领习惯采寸比例的前提下，改变领型会产生该尺寸比例的系列纸样设计（更多信息参阅《女装纸样设计原理与应用训练教程》西装款式与纸样系列设计训练的内容）。

（2）低翻领设计

低翻领指翻领部分向驳领延伸的设计，形成了翻领面积增大、驳领面积减少的形式，但八字翻领的采寸配比不变。这种领型打破了传统八字领的庄重感，而变得自然、随意。因此，它更适用于便装和具有个性的设计。在纸样处理上，根据翻领降低的幅度，而改变领口深度（串口线下移），翻领越低，领口越深，相反，领口就越浅（即扛领设计）。驳点这时也应适当下降，整体比例会更舒服。其他采寸按正常八字翻领比例进行设计，如图 11−27 所示。当然与此相反的扛领设计也是可以实现的，值得注意的是串口线上移要控制在原领口深的一半以内，否则会出现质量问题，这时也需驳点适当上调（西装扛领设计作为课后练习）。

八字翻领的一个最大特点，就是领嘴呈八字形，构成标准是翻领角和驳领角的夹角在 90° 以内。如果该角度失去八字形特征，其采寸的配比关系也要有所调整，这意味着一种新的翻领造型出现，领嘴角度突破八字领程式，其采寸配比也要进行局部变化。如图 11−28 所示，图（a）为西装型系列中翻领角的设计，已经不是标准的八字领型了，但仍然可以看出它的演变痕迹，即从八字形逐渐使领嘴变小直至成为戗驳领。从这组设计中也可以看出，不仅仅是对领嘴形式的选择，还采用低翻领或扛领设计，但翻领的内在结构不变。

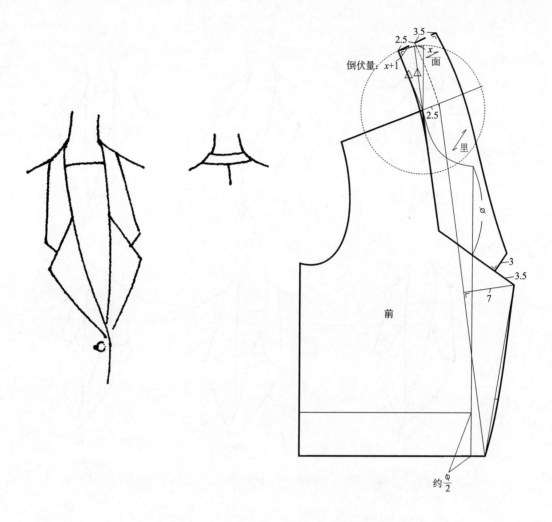

图 11-27　低翻领设计（采寸配比相对不变）

但是图（b）外套型系列中的领型设计和图（a）西装领型系列不同，图（a）系列适用于西装，图（b）系列适用于外套。它们不仅是因为领嘴形式发生变化，重要的是其内在结构 $x+n$ 公式数值改变了。生产图显示领角增幅过大，使翻领领面和领座反差增加，同时翻领门襟开度提高，这就要求领底线的倒伏量根据 $x+n$ 公式作调整。由此可见，领角设计和翻领内在结构的制约关系，要看领嘴造型是否影响到领面和领座的比例。如果领嘴造型不影响翻领的一般结构，就是纯形式的设计；相反，如果领嘴造型影响到翻领的一般结构，如造成领面和领座的面积差过大，就要综合形式和翻领的内在结构进行调整（根据图 11-28 做课外作业，结合《女装纸样设计原理与应用训练教程》相关内容完成纸样设计）。

（3）戗驳领造型的采寸配比

戗驳领和八字领相同，在采寸上也有一种程式化的配比关系。这种领型基本沿用了男装戗驳领的造型特点，即驳领角与翻领角合并构成一条缝线，使翻领和驳领在衔接处呈现箭形，故亦称"箭领"。这种领型常配合双排扣搭门，女装较为灵活。

在戗驳领设计中领角采寸的配比与八字领有相似之处，因此领底线倒伏和一般翻领相同。戗驳领的领角造型，应保持与串口线和驳口线所形成的夹角相似，或大于该角度（$A' \geqslant A$），在这种要求下，戗驳领的串口线设计要适当加大斜度，至少要与八字领串口线持平，这样驳领尖角角度选择余地就大。这种经验不仅来自造型美学的积累，更重要的是控制尖领角不宜过小，这样使驳领的翻角工艺变得简单，更容易使造型完美呈

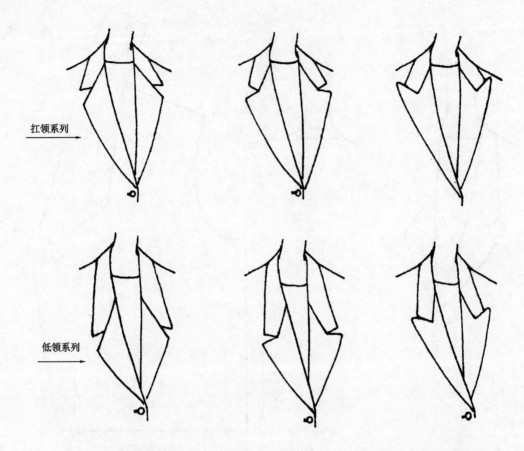

扛领系列

低领系列

(a)西装领型系列(课外作业,结合《女装纸样设计原理与应用训练教程》相关内容完成纸样设计)

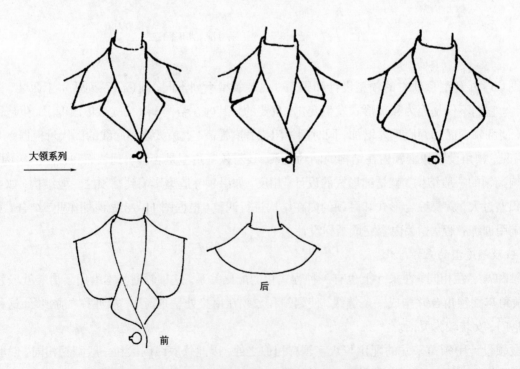

大领系列

前　　　　后

(b)外套领型系列(课外作业,结合《女装纸样设计原理与应用训练教程》相关内容完成纸样设计)

图 11-28　两种类型的翻领系列设计

现。尖领领角伸出的部分约是翻领角宽度的二分之一，或翻领角宽与驳领角宽之比约为 2 ： 3。如翻领角宽为 3.5cm，驳领角的宽就应在 6cm 左右，否则领尖容易翘起影响造型。根据这种造型要求设计戗驳翻领结构，使用衣身基本纸样，在腰部增加双搭门量 5cm 和纽扣搭位量 1.5cm，确定前门襟宽度和驳点。从侧颈点外伸领座宽 2.5cm，与驳点连接成驳口线。翻领采寸配比与一般翻领相似。戗驳领按图的配比关系设计，如图 11-29 所示。

　　灵活运用戗驳领的采寸配比，改变戗驳领领宽或领型，可以设计出一系列的戗驳翻领造型。纸样请根据生产图进行设计（图 11-30 为课外作业，结合《女装纸样设计原理与应用训练教程》相关内容完成纸样设计）。

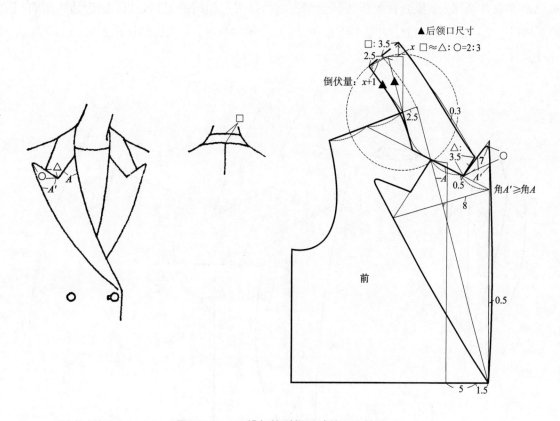

图 11-29　双排扣戗驳领采寸的配比关系

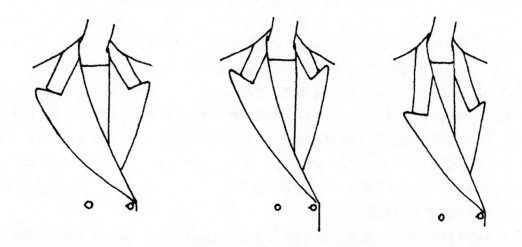

图 11-30　双排扣戗驳领的三款设计（课外作业，完成纸样设计）

（4）青果领设计

青果领在翻领的类型中属特殊领型，它的最大特点是，翻领和驳领完全形成一个整体，不具有领角，外形似青果而得名。根据结构形式的不同，又分为接缝青果领和无接缝青果领。前者是由翻领和驳领组合构成接缝而不设领角的翻领，有时两个部分采用异色布料设计；后者是由左右翻驳领连通构成的翻领，结构也变得独特而复杂，属标准青果领型从男装塔士多礼服演变而来。

青果领采用接缝的原因并不是单纯为了装饰或配色设计，而是为简化无接缝青果领的工艺而设计的。在一般翻领制图中，翻领的领座和衣片领口侧颈处重叠了一小部分，如果翻领和驳领是分离的，重叠部分很自然的就被分离在衣片纸样上。接缝青果领和其他翻领就可以采用相同的工艺处理，因为结构相同。因此接缝青果领的纸样设计和一般翻领相似，只是不设领角，止口呈抛物线形，领底线倒伏量要在"$x+1$"基础上再追加0.5cm（图 11-31）。

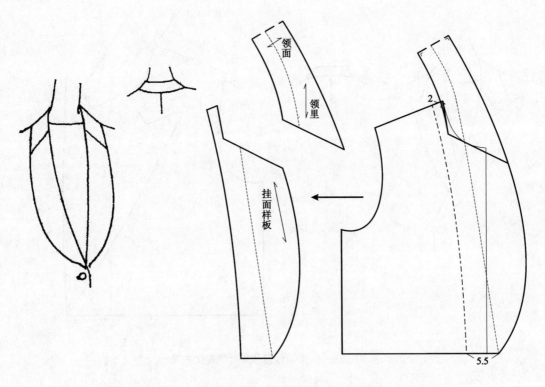

图 11-31　有接缝的青果领（利用图 11-22 作挂面分解图）

然而，标准青果领往往是不设接缝的，这就需要用特殊结构加以处理。在外形采寸上它与接缝青果领大体相同，只是左右翻领连为一体（奢侈品领后中线也不应有断缝），对丝以后中线的垂线为准，这时翻领与衣片在领口重叠的部分，采用两种挂面（贴边）特殊纸样的处理方法。一是把重叠部分在无接缝青果领挂面中去掉，然后把去掉的部分用另布加以补偿。这种补偿结构只能在青果领的挂面中进行，因为补缺的接缝在挂面中可以隐蔽。在衣片纸样重叠的部分仍然可以采用翻领和驳领的断缝结构，因为翻领翻折后可以掩盖背面的接缝，也就是说无接缝青果领的挂面纸样（贴边）是无接缝的，衣片的纸样仍采用翻领和驳领有接缝的结构（图 11-32 中 A 结构）。二是把青果领挂面的挂面线设在翻领与颈窝重叠的接点上，使重叠部分归划在里子布纸样中得到补偿（图 11-32 中 B 结构）。

以上是青果领结构构成的基本规律，运用这个规律改变青果领的形式，可以设计出青果领纸样系列的变化领型（根据图 11-33 做课外作业完成纸样设计）。

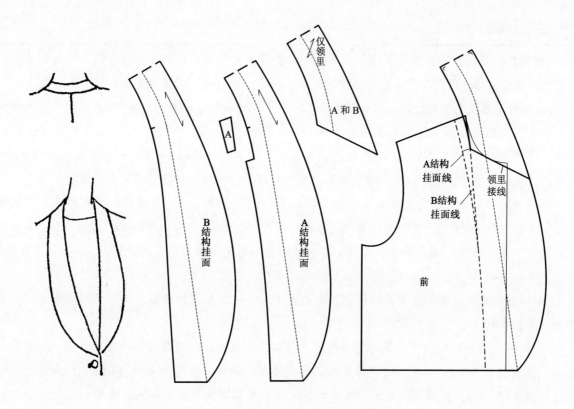

图 11-32　无接缝青果领的两种挂面纸样处理

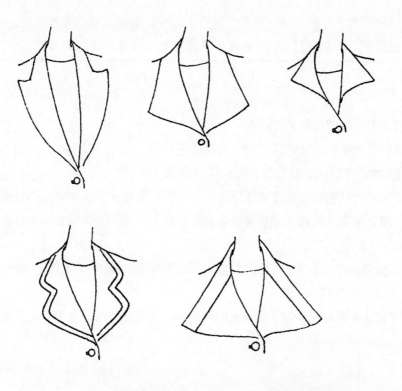

图 11-33　青果领变体设计五款（课外作业完成纸样设计）

§11-4 知识点

1. 翻领结构是由驳领和翻领共同构成的，故有翻驳领的说法。外观上看像扁领，但又有明显的领面和领座的组合结构，因此表现出翻领结构的复杂性和综合性特点。西装领是翻领的基本造型。

2. 影响翻领底线倒伏设计的依据主要有两点，一是领面和领座的差，这里用n表示；二是驳领对它的影响，作用于侧颈点所引出的垂线为基准线（保持不变）和由驳点升降而改变角度的驳口线形成的角距离，这里用x表示。可见$x+n$是完全动态的关系式，即驳点设得越高x值越大，领面和领座差越大n值越大，倒伏量就越大；反之，则x和n值越小，倒伏量越小。影响倒伏量还有两个不明显的因素。一是面料，一般情况下，天然织物或粗纺织物伸缩性较大，倒伏量要小；人造或精纺织物弹性小，倒伏量要大，但只能在$x+n$的基础上作补充和微调处理，一般在$\pm 0.5cm$范围内，即$x+n\pm 0.5cm$。二是领型，有领角的翻领有调节功能，倒伏量小；无领角的翻领如青果领无调节功能，倒伏量大，一般也在$0.5cm$作微调。

3. 分体翻领比连体翻领有更多的优势，如前者解决了手工归拔的难题，降低了工艺难度，但它们的造型效果基本相同。

4. 翻领造型采寸的配比关系是对某些特定类型翻领传统经验和审美习惯的理性总结，因此有广泛的社会、市场认知度。例如八字翻领后宽约等于翻领角，翻领角小于驳领角（0.5cm），驳领角与串口线之比约等于1：2；戗驳领外角大于等于内角等，如果违背这种配比关系，会影响人们的审美接受度，也是一种市场冒险。

5. 低领和扛领的翻领设计，主要是改变串口线的升降和角度，但其采寸的配比关系是不变的（图11-27）。值得注意的是扛领串口线上移不要超过原领口深的二分之一，否则会出现结构的缺失。

6. 青果领分有接缝型和无接缝型。无接缝型造成了挂面的翻领与侧领口的重叠，必须通过A结构或B结构的挂面处理才能实现（图11-32）。有接缝青果领与普通翻领处理方法相同（图11-31）。

练习题

1. 领底线曲度制约领型的重要指标是什么？

2. 立领底线上翘度的改变会影响到哪些尺寸？如何调整？

3. 标准立领底线上翘约为1.5cm的经验值，它的理论依据是什么？

4. 连体企领和分体企领的结构特点与造型效果有什么不同？为什么分体企领结构被普遍应用？

5. 分体企领领座上弯、领面下弯成正比的理论依据是什么？请举例说明改变这种比例的两种情况的结果如何？

6. 根据翻领底线倒伏量公式（$x+n$）与驳点位置、领座和领面差量的关系式，设计一组（3款）连体翻领纸样和一组（3款）分体翻领纸样。

7. 结合《女装纸样设计原理与应用训练教程》相关内容的成衣纸样设计作立领、企领、扁领和翻领的综合训练。

思考题

1. 拿破仑领和巴尔玛领为什么采用分体的翻领结构（更多信息参阅《女装纸样设计原理与应用训练教程》相关内容）？而西装领为什么常采用连体翻领结构？

2. 无论是连体翻领还是分体翻领，领底线（或领面底线）的倒伏量都有最大值，这个最大值是多少？它的理论依据是什么？

3. 翻领造型采寸配比的传承关系和它的美学内涵如何（提示：男装外套、西装形成经典领型的原始功用）？

理论应用与实践——

女装纸样的综合分析与设计 /8 课时

课下作业与训练 /24 课时(推荐)

课程内容：全省与撇胸/分类纸样放缩量设计的原则和方法/分类成衣纸样设计/纸样的复核、确认与管理

训练目的：综合学习和掌握与上衣有关的结构原理和纸样处理方法，并能熟练运用到上衣典型纸样设计和实践中。掌握工业纸样相关知识与技术，以上衣纸样"相似形"和"变形"两个板型系统为载体通过整合原理知识和综合应用的实践，得到女装纸样设计的全面训练。本章强调原理应用与实践为主，进一步拓展训练，结合《女装纸样设计原理与应用训练教程》是本章实现训练目标的有效步骤。因为它是以全类型女装款式与纸样系列设计训练展开的包括西装、衬衫、外套、户外服、连衣裙、裙子、裤子全类型训练指导，也是本章实践教学和产品开发的实训教材，是实现本书训练目的和良好效果的有效方法。

教学方法：面授、典型案例分析、成衣纸样设计实践和一对一指导教学。

教学要求：本章为重点课程。为了达到女装纸样设计的全面训练和培养独立制板能力，重点以上衣典型成衣纸样设计训练为主，强调成衣工业样板相关信息应用与表达，通过一套较完整、知识点全、有一定难度的1：1纸样设计作品，对每个学生进行本课程综合实践能力的训练与评价。

第 12 章　女装纸样的综合分析与设计

前面各章是以分析女装纸样的局部组合和变化规律为主。然而，这些局部规律综合起来，并不等于一套完整的服装纸样设计，它只说明某种局部造型在纸样中所呈现的平面特征和设计原理。换言之，它不是以一种成品为目的的设计，而是说明在不同成品形式中所出现的局部结构规律，因此，本章以女装上衣成品为主，试图运用纸样设计的基本原则，使其各个原理有机地组合起来，系统地阐述综合纸样设计的规律和训练方法。

§12–1　全省与撇胸

在进行一套上衣完整的纸样设计前，先要对造型的合体度作一个基本判断，判断的标准是看施用的省有多少（包括具有省功能的其他形式，如断缝、褶等），省越多越合体，相反则越宽松。这很重要，因为合体度一旦确立会为后续纸样设计一系列的结构关系选择和技术处理提供依据。首先要面对的就是用不用撇胸，用多少撇胸。显然用撇胸的多少跟合体度有关，如设计套装纸样必须有撇胸，而设计夹克就是多余的，那么如何把握这个度？

1　全省分解的撇胸方法

在进行一款完整纸样设计之前，首先要考虑全省的使用量，即所要设计成衣的合身程度。按照全省的分解平衡原则，当施省越接近全省时，越要使其作平衡分配处理。撇胸就是为胸部合体设计而从全省中分解出的部分，具体说就是从侧缝省分解出一部分为撇胸量。它是为胸部至前颈窝所形成的差量而设定的省量（图 12–1）。

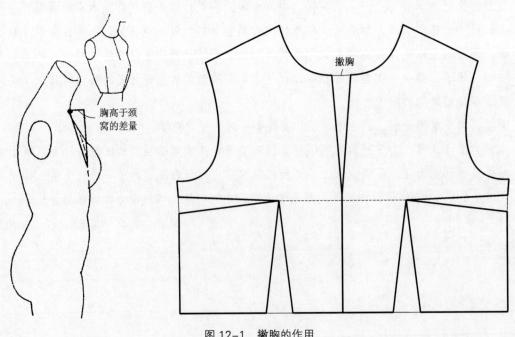

图 12–1　撇胸的作用

由此可见，撇胸的结构只在合体的造型中使用，它的主要作用是使前领口服帖、胸部挺起。它的使用量是通过侧缝省分解得到的，一般掌握在侧缝省的三分之一左右。

撇胸的纸样处理方法：固定胸乳点（BP），将基本纸样向后倒，使侧缝省的三分之一移至前颈点，修正胸乳点以上的前中线（图 12-2）。从撇胸处理后的前中线看，已经不是垂直线结构了，这在一些前领口开度较浅的设计中，前止口部分不能保证与布丝一致，特别是有条格图案的布料，出现了前中线错条错格的现象。这就需要保持前中线垂直，使撇胸移至领口变为领口省，这种情况往往结合全省分解平衡设计，把撇胸量和部分胸省合并为复合省。这种与撇胸合并的复合省，其撇胸表面上看好像名存实亡，事实上已并入省移设计，因此，其省尖应向前中线偏移使省缝与条纹一致［图 12-3（a）］。但这种情况省仍然对条格有破坏作用，只是减轻而已。一劳永逸的办法就是既不要撇胸也不要领口省，这就是将后领口适当增加（前领口不变）1cm 左右，利用这种差量使前领口曲线拉直而服帖，但这种情况更适合用于半宽松和夏季薄软的面料上［图 12-3（b）］。如在旗袍既没有前中缝又很合体的结构中，采用这种隐形的撇胸处理也是很有效的（见图 12-27 和图 12-28）。

诚然，撇胸设计更适合用在合身的翻领结构中。由于翻领的一般形式是前门襟开深至胸凸以下，这样胸凸以上止口不顺布丝也是无关紧要的，因此翻领类服装运用撇胸是非常隐蔽的，还可以根据造型的需要选择撇胸的大小，一般胸越高撇胸越大（图 12-4）。

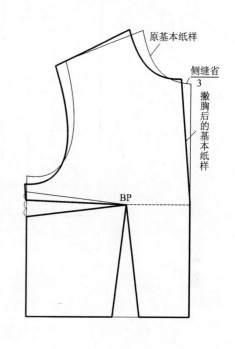

图 12-2　撇胸的纸样处理

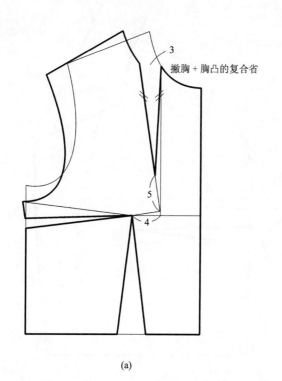

(a)

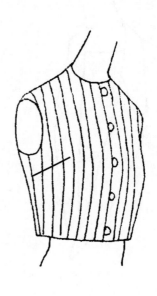

图 12-3

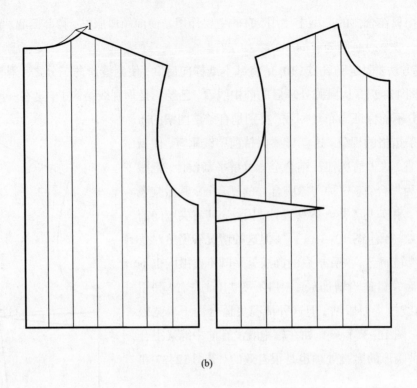

(b)

图 12-3 非前中线撇胸的隐形省设计

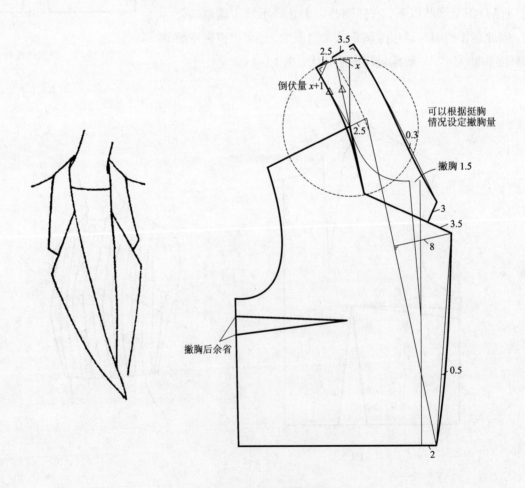

图 12-4 翻领造型的撇胸隐蔽性强

2 全省与撇胸的综合应用

在衣身合体纸样设计中，为了使造型达到最佳效果，通常是将全省中各有独特作用的省加以分解设计，撇胸在其中起着隐形省的功能，使造型结构线自然，不留痕迹。如图 12-5 中的合身短款套装设计，就是将全省分解为撇胸量、胸腰差量和乳凸量后而独立设计的套装纸样。从生产图上看似乎只作了一个胸腰省，实际

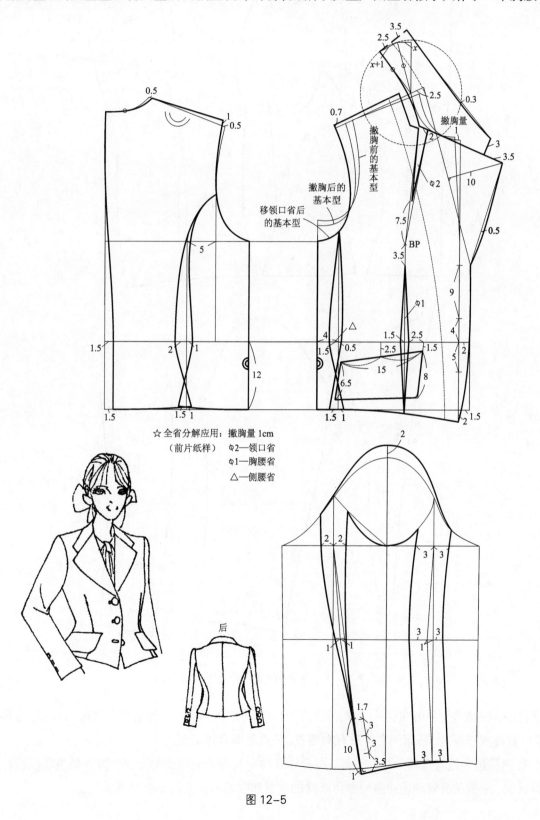

☆全省分解应用：撇胸量 1cm
（前片纸样）

◖2—领口省
◖1—胸腰省
△—侧腰省

后

图 12-5

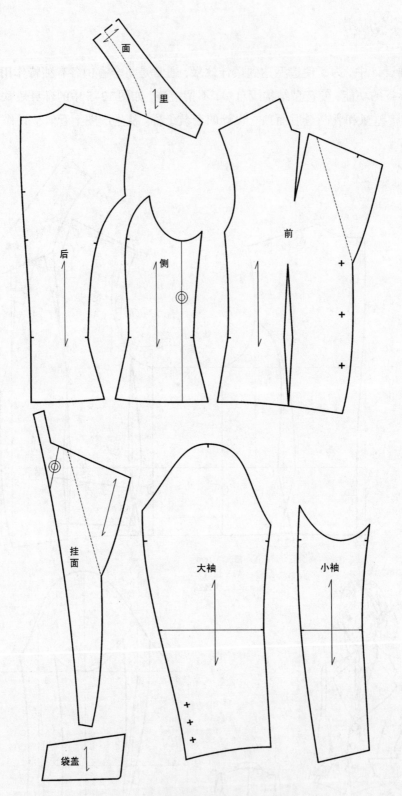

图 12-5　全省和撇胸在套装设计中的综合应用

　　在纸样设计中，胸腰差量分解在两处完成，侧缝省的一部分成为撇胸量，剩余部分移成领口省，这样撇胸是隐形的，领口省被翻领覆盖，暴露的省缝只有胸腰省，使造型既合体又整齐。

　　这个案例是过多施省合理分配的设计，在合体纸样中具有普遍的指导意义，特别是当我们进行整体不同类型的设计时，全省的分解和施用量与整体纸样的放量和收缩的关系就显得非常重要了。

§12-1 知识点

1. 撇胸是为胸部合体设计而从全省中分解出的部分，故它只在合体的造型中使用，其主要作用是使前领口服帖，胸部挺起。设计方法：将上衣基本纸样侧缝省的三分之一或设定通过省移方法转移到胸以上的中线位置（图12-2）。撇胸量的大小可以根据胸挺度而调节，挺度越大撇胸量越大。无前中缝的合体结构，采用加大后领0.5~1cm产生隐形撇胸的方法，如旗袍（图12-27）。

2. 为了使造型达到最佳效果，通常把全省中各有独特作用的省加以分解设计，撇胸在其中起着隐形省的功能，使造型结构线自然，不留痕迹，特别是在合体的套装纸样设计中表现最佳（图12-5）。

§12-2　分类纸样放缩量设计的原则和方法

分类采寸主要指由胸围松量变化所影响的各类衣身尺寸设计的配比。胸围松量的变化是由服装的分类所决定的，大体可归纳为两大类：一是以功能划分；二是以造型形式划分，如基于合身和宽松结构形成的各种服装廓型等。无论是哪一种，在纸样上都有合身和宽松的区别。因此，分类采寸原则就是根据基本纸样作放松量和收缩量的原则。

在阐述分类采寸原则之前，还需要分析一下标准基本纸样的松量状态。标准基本纸样在第1章中作了简单说明，可以将其理解为"中性松量"状态。如果用成品去衡量它的宽松程度就是套装松量状态，即较为合体的制服。这意味着当我们使用标准基本纸样设计较为合体的套装时，其改变基本纸样放松量的可能性最小，也就是说，在基本纸样的基础上设计套装几乎对基本放松度不增不减。同时也说明在设计不同季节、不同使用功能和不同形式的服装时，其采寸的基础是合体的套装尺寸，以胸围放松量为12cm作为基准，增加或减少就是设计者对服装不同造型的选择。因此，可以说不同尺寸的纸样设计，重要的是要找出放松量和收缩量采寸的分配原则。

1　相似形纸样的放缩量设计

本书提供的女装标准基本纸样的放量设定为12cm。当我们增加放量时，要根据服装不同类型的造型要求有所区别，主要表现在合体型主体结构和宽松型主体结构的追加放量的分配上。相似形放量是以外套为基础的，由于外套是与其他服装组合穿用的，内层服装和外套的空隙仍保持着一般衡定状态，虽增加了放量也只是为内层服装所占有的容量而设计，而并非增加的宽松量，因此，它受人体运动机能的影响还很明显。从功能上分析，人体活动的常态往往是向前运动大于向后运动，这就要求在增加放量时，后身比前身要充分，使后身保持足够的活动量，前身则趋于平整。从结构的合理性上看，增加放量又要与领口增幅小、袖窿增幅大相匹配。为此，前中缝、后中缝、前侧缝和后侧缝这四个有效追加量的部位就不能平等对待。根据实用和造型的原则，其追加放量从大到小的配比依次为后侧缝、前侧缝、后中缝和前中缝。其中前、后中缝最小且接近或相等。在实际操作时，可以参考几何级数递减的方法进行，即 4：2：1：1=后侧缝：前侧缝：后中缝：前中缝的基本比例关系。

　　胸围收缩量的分配原则与放量刚好相反，但由于收缩的空间很小，更多的情况只在前侧缝处作收缩处理。例如上衣基本纸样中胸围的基本放量是12cm，在前侧缝处收缩3cm，在总量上就会减少6cm，成衣还会余出6cm，这种松度应该说是非常合体了（类似于旗袍的松量）。如果是净尺寸甚至小于净尺寸的内衣和晚礼服的设计，则可以结合净尺寸计算公式进行（参见本章§12-3"3　胸衣和传统礼服纸样设计"）。

　　长度放量是根据胸围的放量比例进行合理分配的。长度放量主要是通过袖窿开深、肩升高、肩加宽和后颈点上升完成的。由于主体结构是合体型的，增量以后的基本型（可理解为亚基本纸样）应与原基本纸样呈"相似形"状态。因此，围度增加和长度增加应保持一定的正比关系，其合体结构的基本特征才不会改变。根据这种原则，可以得出一系列相似形放量的关系式：

　　肩升高量参数源于前、后中缝的放量之和，比例原则为后肩大于前肩约等于2：1；

　　肩加宽量等于前、后中缝放量之和的二分之一；

　　后颈点升高量等于后肩升高量的二分之一；

　　前领口开深量等于前中缝放量；

　　袖窿开深量等于侧缝放量减去肩升高量的二分之一，在实际应用时可将零至全部肩升高量作为该袖窿开深调节设计的范围；

　　腰线向下调节量约等于袖窿开深量的二分之一。

　　根据这些关系式还要配套微调设计的三原则，即强调、可操性、不可分性原则。

　　强调：指增加放量当强调某个部位时，在原则框架下适当增加。当然，当强调某个部位时，相对应的某个部位必须要减弱，因为总量是不能改变的。例如4：2：1：1，当强调前中、减弱后侧时就可以调整为3.5：2：1：1.5的比例。注意第一位数值比例很大就是为后续"强调"提供的。

　　可操性：在分配放量尺寸时，在原则框架下操作越方便越好，当然最好配合"强调"因素进行。例如7的几何级数是3.5：1.75：0.875：0.875，调整为3：2：1：1的比例更易操作。有效的方法是把第一位数值的小数部分甩到后边用于强调分配。

　　不可分性：在分配放量总数很少时，有时少分或不分。例如胸围放量总数是4cm，4的几何级数是2：1：0.5：0.5就可以变为3：1：0：0，当然依微调原则一定是综合"强调、可操性、不可分性"的原则，还可能有若干个方案。

　　根据上述分析，我们可以用实例对相似形纸样的放量设计加以说明。

　　在追加放量之前要对前片乳凸量进行处理和选择，这是女装纸样设计必须要做的。一种情况是先将前片基本纸样腰线处的乳凸量的二分之一与后片腰线对位的方式分解掉，重新修正前袖窿曲线，将此可理解为无省基本纸样［图12-6（a）］。若有胸省设计（包括撇胸），则通过胸省转移分解乳凸量，袖窿不变，将此可理解为有省基本纸样［（图12-6（b）］。在这两种情况中做好任何一种选择之后再追加放量。如图12-6所示，设胸围追加量为12cm（加上基本纸样固有的12cm放量，说明成衣胸围放量是24cm）。一半制图为6cm，按照几何级数分配比例与微调原则，后侧缝、前侧缝、后中缝和前中缝次序的分配是3：1.5：1：0.5或2.5：1.5：1：1的比例加入到对应的部位。分配技巧在把握原则的基础上，采寸要尽可能整齐，计算操作要方便，或者在原则的前提下，强调哪个部位就向哪个部位倾斜，如将3：1.5：1：0.5变成3：2：0.5：0.5，意味着向前侧缝有所倾斜（前胸高而厚时）；变成3：1.5：1.5：0，则说明向后中缝倾斜（后背凸起或加大后身运动量时）。总之，围度放量要在分配原则的基础上，根据造型和运动功能的需要灵活掌握，但不能违反分配原则，如前侧缝追加量大于后侧缝。

　　根据确定的3：1.5：1：0.5的围度分配方案，后肩升高量等于前、后中缝放量之和（1.5cm）的2：1，即后肩是 1cm，前肩是 0.5cm。根据需要也可以不分解 1.5cm，而全部追加在后肩上（因为 1.5cm 偏小，没有可分性）。根据"袖窿开深量 = 侧缝放量 − $\dfrac{肩升高量}{2}$"（浮动值为 0~1.5cm）的公式，大约是 4cm（即 4.5cm-0.5cm）。后颈点升高量等于后肩升高量的二分之一为 0.5cm，然后重新画出后领窝。前、后肩的加宽量等于前、后中缝放量之和的二分之一，按照微调原则可以用 1cm 也可以用 0.5cm，最后结合袖窿开深点，参照原基本纸样的袖窿曲线画出新的袖窿，前领口开深量为前中缝放量（0.5cm），腰线下调 2cm 为 $\dfrac{袖窿开深量}{2}$（图 12-6）。

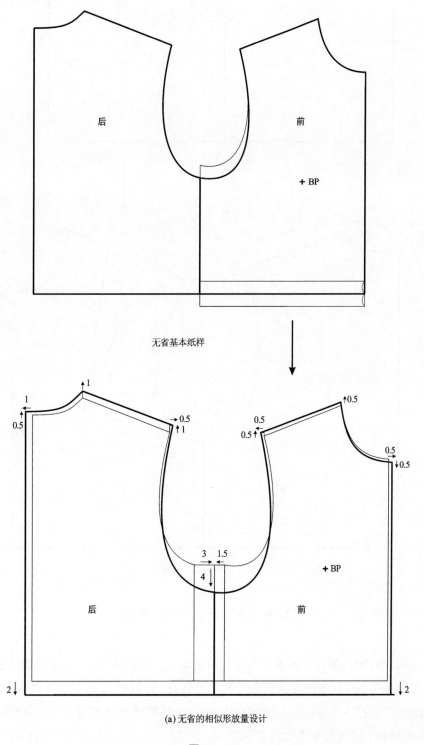

图 12-6

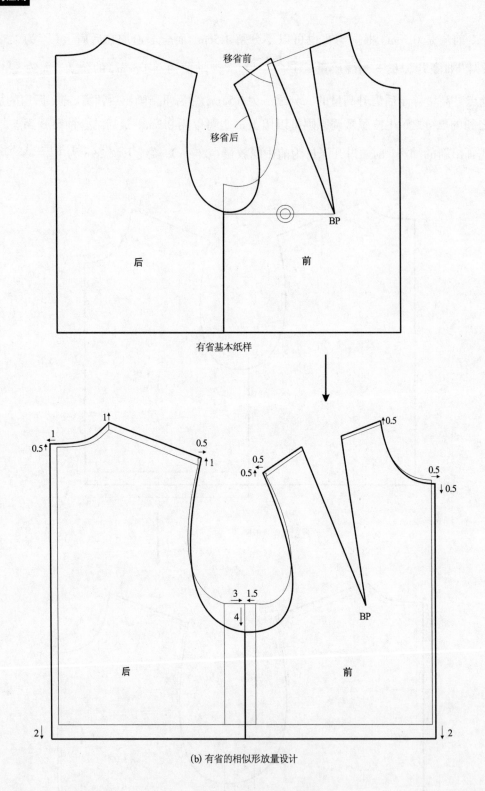

移省前

移省后

BP

后　　前

有省基本纸样

(b) 有省的相似形放量设计

图 12-6　相似形无省和有省放量设计

　　选择放量时，也可以根据具体情况和客户的需要自由确定，但原则是不变的。值得注意的是，在实际应用中有时"理论"是无能为力的。如当围度放量很小时，不具有"可分性"，这是服装动态结构和软性材料所特有的适应性。若追加量（胸围）为4cm，一半制图为2cm，按几何级数比例应为1：0.5：0.25：0.25。从理论上看这种处理没有错误，但也没有太大的实际意义，因为它与把全部放量追加给后侧缝没有本质的区别，造型上亦没有利害关系,而在操作上变得烦琐。相反,纸样设计趋于简化,操作更加快捷。因此,这种情况由于放量少不具有可分性,可以直接分配给最大增量的后侧缝和袖窿开深量上,其他均为零。当然也可以用 1.5 ： 0.5 ： 0 ： 0 等几种微调的分配方案(图 12-7)。

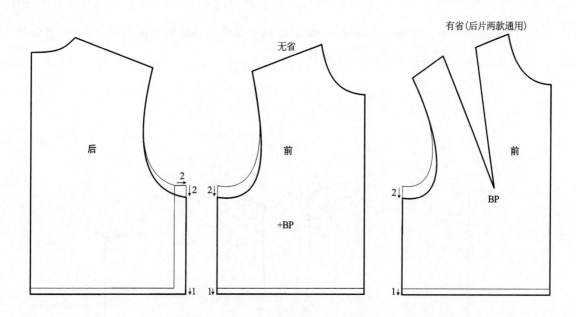

图 12-7　不可分性相似形放量设计（直接用无省或有省基本型即亚基本型设计）

2　变形纸样的放量设计

　　变形是相对相似形而言的,由于宽松型主体结构的放量设计使放量后的纸样与原基本纸样在结构上有明显的变形,这也是变形结构在放量尺寸处理上与相似形不同的结果。但在放量设计的原则上仍是一致的。如果说相似形放量适用于传统外套类纸样设计的话,变形放量则适用于非外套类的宽松型休闲服纸样设计。这可以说是现代外衣类两个完整的纸样设计系统。

　　根据合体的相似形主体结构放量设计的经验,不难理解和掌握宽松的变形主体结构放量设计的规律和方法。不过,在实际应用中,由于宽松型服装的穿着习惯和造型状态,使内层衣服和外层衣服(因不像外套那样有中间过渡层)之间空隙较大。例如,休闲衬衫的宽松量已达到外套的程度也不可能套在西服外面穿着。这样大的松量空间使结构趋于平面化(直线结构)、主观化(受客观制约减少)。因此,可以从相似形几何级数的分配方法调整为变形结构的整齐划一的分配方法(未调整部分与相似形分配比例相同)。如胸围追加量(一半制图)设 6cm,按几何级数分配为 3 ： 1.5 ： 1 ： 0.5,如果是变形纸样放量就可以采用 2 ： 2 ： 1 ： 1 的分配比例。另外,宽松型成衣以休闲服、运动服为代表,往往采用自然垂肩的造型,即衣服的肩线比人体肩点向外延伸并自然下垂(穿着的状态)。这并不是一种简单的造型形式,它完全是根据人体活动自如的结构原理自然形成的板型格式。因此,在纸样处理上应本着实用的原则展开设计。其设计方法是,运用无省基本纸样,以肩点为基点水平向外延伸,延长量应与侧缝放量呈正比,也就是说越宽松垂肩量越多,具体公式采用"后肩延长量 = 后侧缝放量 +1cm(调节量)"。其设计步骤如下:以升高后的后肩宽为准,按公式水平延伸确定新的后肩宽,以此尺寸用同样方法截取前肩宽,这时前、后肩的省差可以去掉(变形结构为无省设计)。作为宽松型结构，省的功能和作用已变得微不足道，因此在女装中乳凸量的分解不采用设省的方法，而采用无省设计的腰线对位处理[图12-6(a)]。在此种情况中袖窿的开深设计与相似形有很大不同，宽松型袖窿开深量设计要配合该袖子结构的袖山大幅度降低进行，即在相似形袖窿开深量的基础上再增加后肩延长量。按照胸围追加量6cm的比例整齐划一地分配为2：2：1：1，后肩延长量为3cm（即2cm+1cm），袖窿开深量=侧缝放量－$\frac{\text{肩升高量}}{2}$+后肩延长量≈6cm（即4cm-1cm+3cm=6cm）。袖窿曲线的形状与相似形完全不同，这也是"变形"最明显的地方，如果说合体型放量后仍保持着原"手套型"的袖窿形状，宽松型则变成了"剑型"。其他部位的放量比例参照相似形的方法（图12-8）。

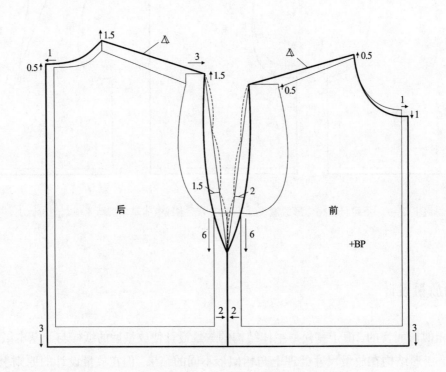

图12-8　变形放量设计（直接用无省基本纸样设计）

　　这种变形结构的个性特征，实际上确立了与相似形纸样系统具有同样重要地位的休闲装纸样设计系统。由此可以理解为：相似形放量纸样是由标准基本纸样派生的外套基本型；变形放量纸样则是由标准基本纸样派生的休闲装基本型，它们之间的关系是基本纸样和相关的两个亚基本纸样的关系，两个亚基本纸样（相似形和变形）在采寸上相互借鉴又相互制约。因此，放量设计虽然从"个别"入手，但要全方位综合思考，才能把握住它们各自的特点，而不失原则。

3　两种放量的袖子纸样处理

　　按照袖子纸样的变化规律，袖山的高低对袖子的造型起着决定性作用。即袖山越高，袖子贴体度越大，袖肥减小，也就越合体；袖山越低，袖子贴体度越小，袖肥越大，也越宽松。对应衣片的袖窿关系，合体的主体结构增加放量袖山高仍控制在$\frac{AH}{3}$的状态，袖窿形状应保持与基本纸样袖窿相似（手套型）的状态，即从袖窿的"小手套型"变成"大手套型"。对于袖子的纸样来说，如果 AH 增加，根据 $\dfrac{AH}{3}$ 求得的袖山高也增加，同时袖肥也跟着增加，这说明相似形袖子放量的增加并没有使袖型发生本质的变化，相似形的袖窿与袖山（曲线）才能与中间层衣服的结构相匹配，这说明衣片放量采用相似形设计，袖子放量也要与之配合（图 12–9）。

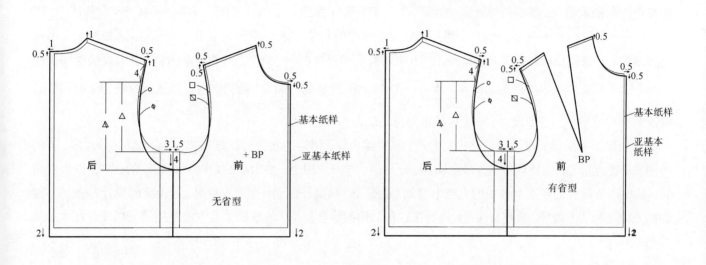

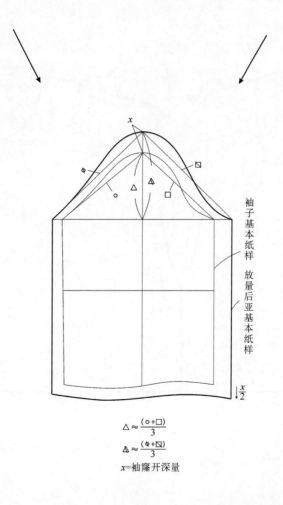

$$\triangle \approx \frac{(\circ + \square)}{3}$$

$$\triangle \approx \frac{(\varphi + \boxtimes)}{3}$$

x＝袖窿开深量

图 12–9　相似形袖山对应袖窿的放量设计

作用于变形放量的设计与相似形的目的不同。如果说合体型放量是类似从一个小号变成一个大号的话，宽松型放量则是完全变成了"基本纸样"的另外一种状态。因此，我们把宽松型放量设计叫作变形的设计，但这并不意味是从有序变成无序，而是从一种有序变成另一种有序。具体地讲，相似形增加的放量，不是考虑"宽松"而增加的，而是组合的中间层服装迫使它增加放量，在这种意义上的放量不能单纯理解为"宽松量"，用"容量"定义它更为确切。变形设计增加的放量，往往不是考虑中间层（衣服）所占有的空间（容量），如休闲夹克的宽松量很大，甚至超过外套的放量，但一般只和 T 恤或衬衫组合穿用，当然也可以当成套装使用。因此，它的放量可以理解为"宽松量"，其变化后的主体结构和基本纸样相比有本质上的区别。这种宽松变形的主体结构，必将使袖山降低，袖肥增加，袖山曲线趋于平直才能与"剑型"的袖窿结构相匹配。宽松型袖山降低的公式采用标准基本纸样的袖山高 $\left(\dfrac{AH}{3}\right)$ 减去"剑型"袖窿的开深量。袖肥则通过测量新的前、后 AH 画出，这说明衣片放量采用变形设计，袖子放量也要与之配合（图 12-10）。

从相似形和变形放量设计的结构趋势看，服装越合体，结构的线性特征越复杂，即曲线多、分片多、省的作用大；越宽松，线性特征单纯，即直线多、分片少、省的作用小。袖山高的趋向则是相反的，即相似形放量时，袖山高的设计是在基本袖山的基础上增加（手套型）袖窿开深量；变形放量时，袖山高的设计是在基本袖山的基础上减去（剑型）袖窿开深量。把握住这种结构的综合规律，就掌握了上衣松量控制纸样设计技术的关键（图 12-11）。

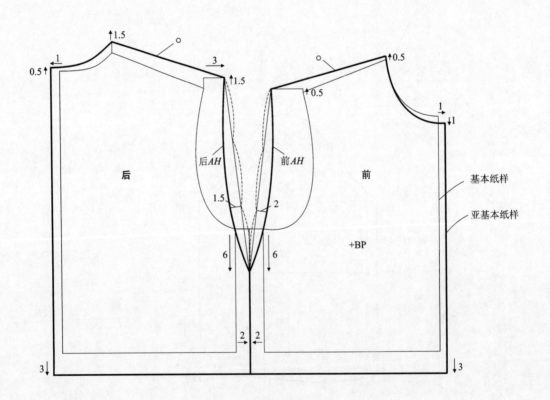

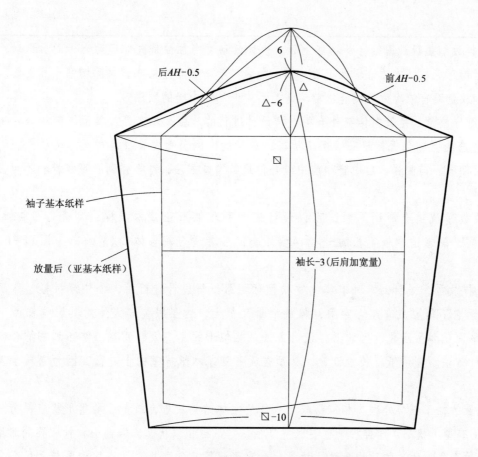

图 12-10 变形纸样袖山对应袖窿的放量设计

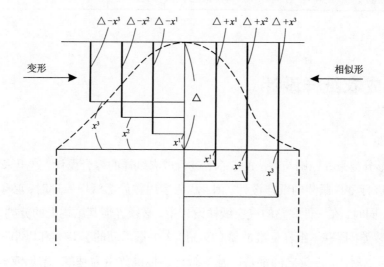

图 12-11 相似形和变形袖山设计的相反走势

§12-2　知识点

1. 分类纸样放缩量设计原则，从功能上看，人体活动常态往往是向前运动大于向后运动，总体上后身放量要大于前身。从结构的合理性上看，增加放量又要与领口增幅小、袖窿增幅大相匹配。依此原则，就胸围追加放量而言依次为后侧缝、前侧缝、后中缝和前中缝的顺序。

2. 相似形纸样放量，是针对传统外套类纸样设计进行的。由于外套是与其他服装组合穿用，增加放量时内层和外套的空隙仍保持着一般衡定状态，放量的比例仍受内层服装和人体运动机能的影响明显，因此采用后侧缝、前侧缝、后中缝和前中缝几何级数递减方法，结合强调、可操性和不可分性的微调原则进行设计。

3. 几何级数递减结合微调原则，可以设计出两种相似形亚基本纸样，即无省亚基本纸样和有省亚基本纸样，前者适合较宽松的H型和A型外套，后者适合较合体的X型外套［图12-6（a）、图12-6（b）］。

4. 变形纸样放量，是针对非外套类的宽松型休闲服纸样设计进行的，如外穿衬衫、休闲夹克、运动服等。由于它不需要成套组合穿用，但放松量又很大，内层服装和人体对其影响都微不足道，纸样结构趋于平面化和主观化，因此纸样设计方法从相似形的几何级数调整为整齐划一结合微调原则的变形放量设计方法。变形纸样放量设计，必须在无省亚基本纸样基础上进行，因为它属于无省设计（图12-8）。

5. 两种放量的袖子纸样处理。相似形属于合体的主体结构放量，放量后袖窿形状应保持与基本纸样袖窿相似（手套型）状态，同样袖子也要保持与袖基本纸样相似状态，即袖山和袖肥要同时增加（图12-9）。变形属于宽松的主体结构放量，放量后袖窿形状呈"剑型"，袖子结构要与之配合，关键在于袖山确定采用基本袖山减去（剑型）袖窿开深量，使袖山降低袖肥增加（图12-10）。

由此可见，相似形袖山设计是在基本袖山的基础上追加袖窿开深量；变形袖山设计是在基本袖山的基础上减去袖窿开深量，才能与各自的结构环境相匹配（图12-11）。

§12-3　分类成衣纸样设计

根据相似形和变形分类采寸原则与方法的要求，进行成衣纸样的综合设计。这里采用"成衣"一词是说明在工业生产的前提下进行整件服装的纸样设计。因此，在运用各局部纸样原理时，必须在分类采寸所影响的总体结构关系中进行，同时，在一件完整的成衣纸样设计中，必须弄懂其结构上的分类情况，即以增加放量为特色的外套类和休闲装类；以基本纸样标准放量（12cm）作少量浮动的套装类和以小于标准放量的礼服和内衣类。如此分类情况可以看出，各类之间都是以基本纸样的标准放量为基准，增加或减少放量而派生出其他类型，同时，在各类型内部又可以派生出各自的分支，如在增加放量中，根据不同的造型要求又可以设计出相似形的外套纸样和变形的休闲装纸样。由此可见，成衣纸样的分类没有严格的界限，而应理解为既相对独立，又相互关联的纸样系统，只有掌握了这个纸样系统才能从根本上认识和把握成衣纸样设计的全部技术，根据不同的目的，举一反三，才能从纸样设计的必然王国升华到自由王国的境界（图12-12）。

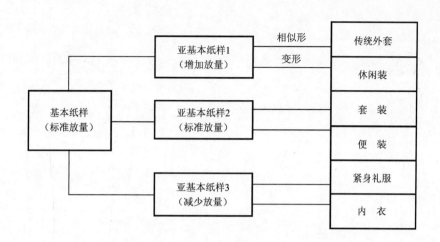

图 12-12　成衣类型的纸样系统

1　外套和休闲装纸样设计

在放量的大环境中，根据不同的目的，采用不同的设计方法生成相似形和变形纸样。前者由于考虑内外层的制约关系表现为结构严紧的传统外套风格；后者由于注重宽松的造型特色，它既可以包容内外层的结构关系，更表现出现代休闲装可以多元组合的品质。不过这种纸样的形成是在传统相似形的结构上演变而来的，故而两种放量设计不能截然分开，而要视前者为后者的基础，后者是前者的延伸和发展。在设计意识上，应把它们作为一个整体的两个方面来对待，才能全面而有效地掌握和灵活运用。下面通过几个成衣的实例设计加以说明。

（1）相似形结构的外套设计

例 1：X 型七开身紧身外套（图 12-13）。这种外套是典型传统风格的外套，结构比较严紧，采寸比套装要稍加放松（有时和套装放量相同），同时还需要根据选用面料的质地、厚薄来确定放量。质地松而较厚的织物放松量要适当增大。利用基本纸样先作 1.5cm 撇胸处理，然后增加放量。此例设追加放量 4cm，这说明成衣放量在 16cm 左右，由于追加放量较少的不可分性，前、后中缝可以不必追加，4cm 完全放在侧缝中，根据胸围放松量相似形采寸方法（半身制图），侧缝的放量比例为 1.5 : 0.5，即后侧缝放宽 1.5cm，前侧缝放宽 0.5cm。袖窿开深量根据相似形袖窿开深等于侧缝放量减去二分之一肩升高量的公式，应不超过 2cm，此款设 1.5cm。X 型外套的前胸省和公主线结构紧密结合成为它的特色。纸样处理方法是将撇胸后的侧缝省在距 BP 点约三分之一的位置上作竖线分割，使前片分离出一个前侧片，前侧片通过合并侧缝省与后侧缝吻合，前片余省根据外观图设计给予保留。后身无中缝直接采用公主线结构，整体纸样形成七开身。袖子纸样根据袖窿加肥和开深的程度及翘肩量的大小设计袖山容量，可以利用袖子基本纸样，亦可采用直裁方法完成加衩两片袖设计（参阅《女装纸样设计原理与应用训练教程》），重要的是最后纸样要进行复核，以袖山曲线大于袖窿 3cm 左右为标准（3cm 吃势）。

领口的确定，由于前、后中线没有增加放量，可以根据造型和功能要求直接加宽后领口 0.5cm 设计翻领。这时后肩省还剩 1cm 直接使用。翻领设计要根据领子的基本原理进行，特别要准确地把握领底线倒伏量设计的依据（$x+n$）。

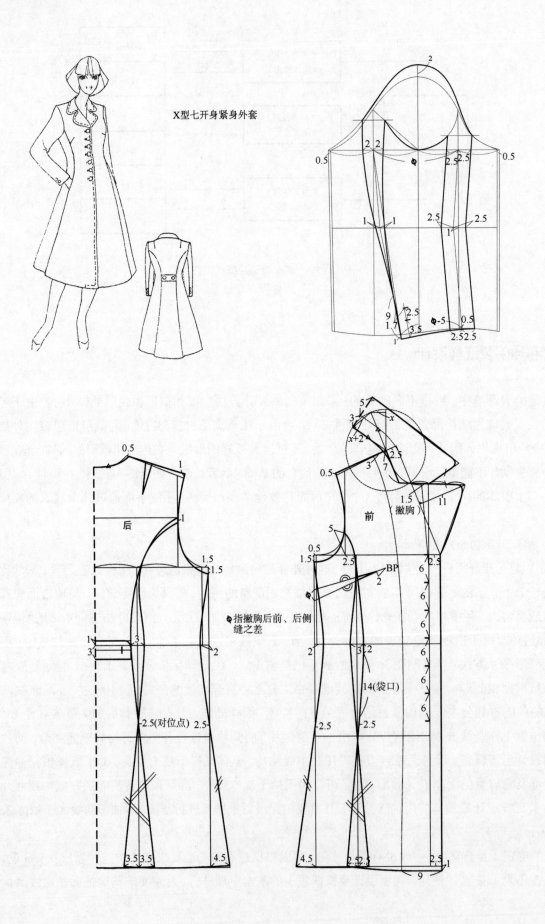

X型七开身紧身外套

指撇胸后前、后侧缝之差

前

撇胸

后

14(袋口)

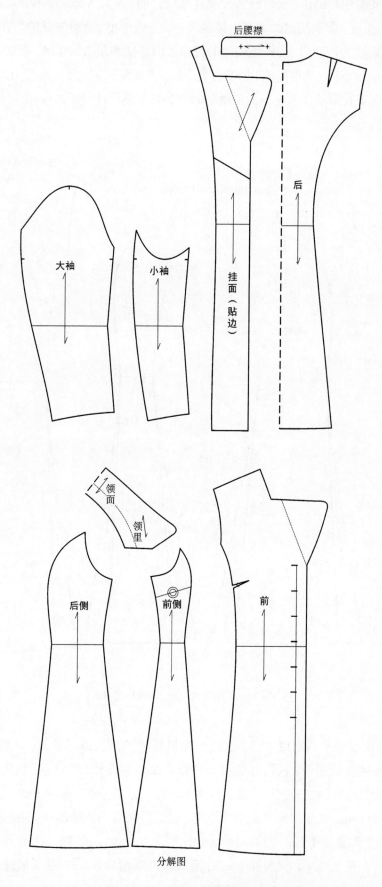

后腰襟

大袖

小袖

挂面（贴边）

后

领面

领里

后侧

前侧

前

分解图

图 12-13　X 型七开身紧身外套

前、后片结构线主要集中在侧体,这是根据 X 型特征设计的。作为 X 造型的要求,可以修改下摆的宽度,并且它会影响到臀围的松度,即衣摆越大臀围松量越大,反之就越小。值得注意的是在保持臀部松量一定的情况下,衣摆分配是有规律的,为了配合椭圆偏后的臀部截面特征和运动的要求,衣摆量的比例分布依次是:最大为侧缝,其次为后侧缝,第三为前侧缝,第四为后中缝、前中缝为零。但在外套中无论摆量发生怎样的变化,特别是小摆量时要保证臀围不小于 6cm 的松量基础上展开摆量设计(图 12-14)。

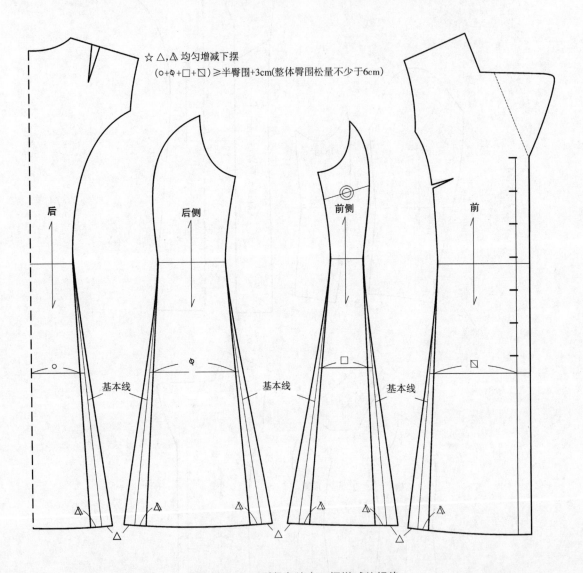

图 12-14 X 型紧身外套下摆增减的规律

例 2:H 型插肩袖风衣外套(图 12-15)。这是一件男性化的外套纸样设计。H 型结构是典型的外套结构即箱型外套。它的松度放量适中,根据 H 造型要求作直线结构设计,不设省。使用前、后片基本纸样,先作 1cm 撇胸处理,剩余侧缝省的二分之一在前袖隆去掉,另二分之一在前腰处去掉与后片对位。设胸围追加量为 12cm,一半制图为 6cm。按相似形放量采寸原则,确定后侧缝、前侧缝、后中缝和前中缝的放量比例为3 ∶ 1.5 ∶ 1 ∶ 0.5;肩升高量是 1.5cm,后肩与前肩的比例是 1 ∶ 0.5,同时前、后肩点追加 0.5cm 补偿抹肩的消耗。由此得到袖隆开深量为 3.5cm(4.5cm-1cm);后颈点升高量为 0.5cm,是后肩升高量的二分之一,肩加宽量取 0.5cm(选择保守尺寸,在 0.5~1.5cm 之间选择)。

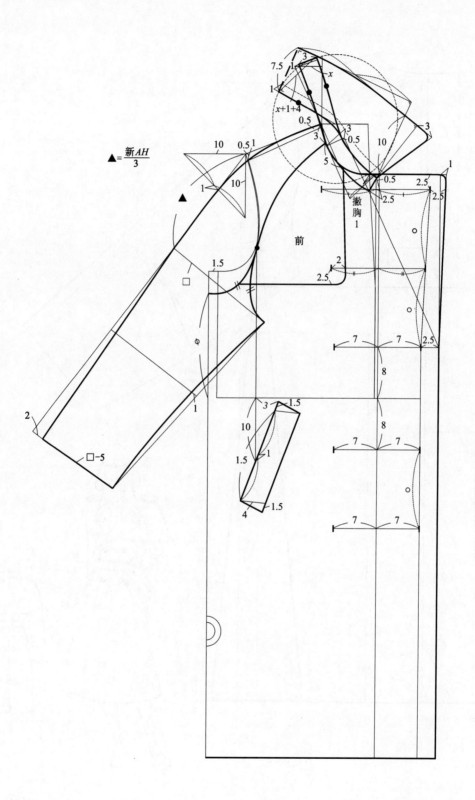

图 12-15

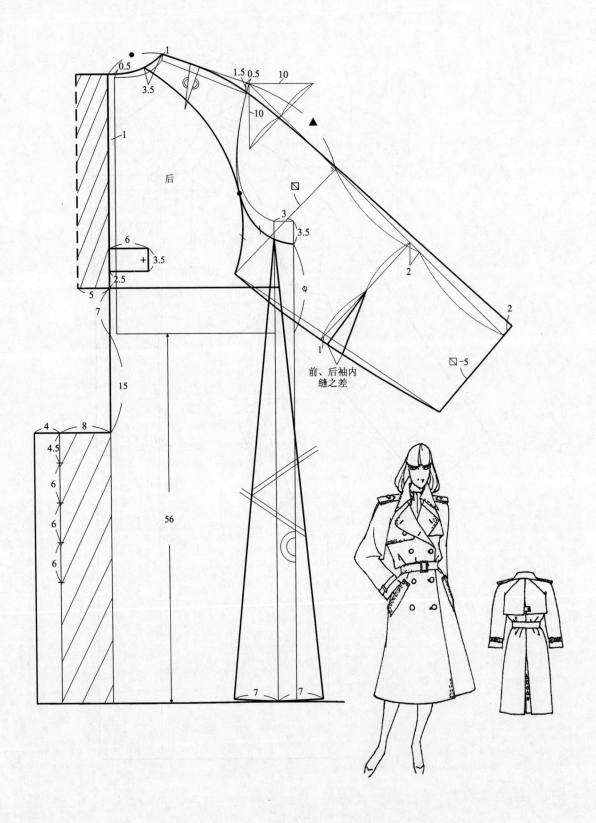

后

前、后袖内
缝之差

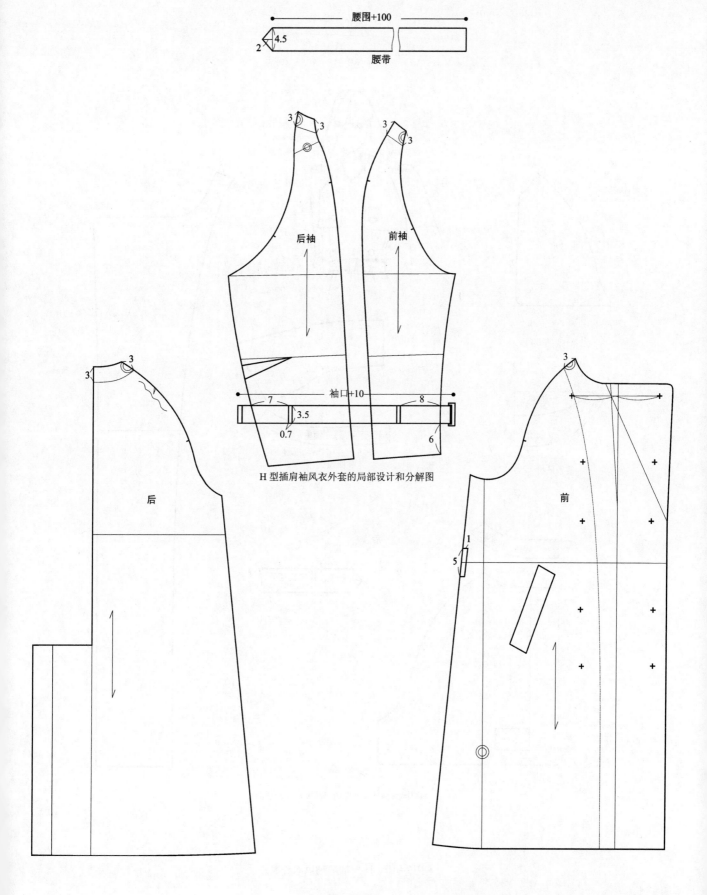

图 12-15

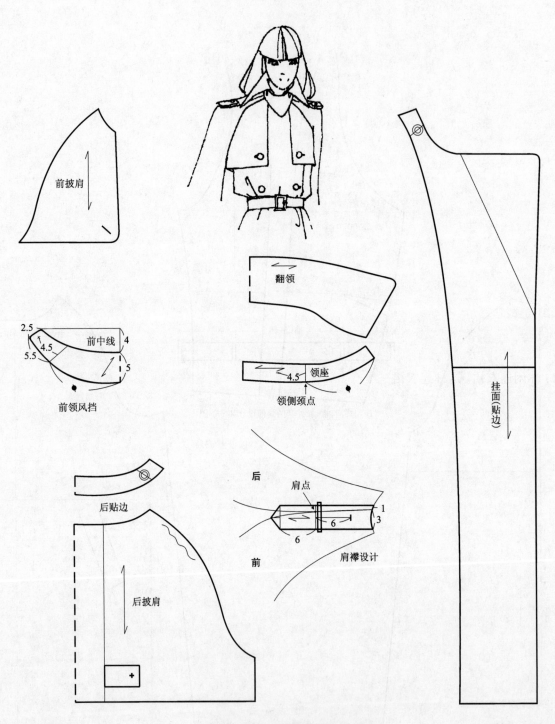

前披肩

翻领

2.5
4.5
前中线 4
5.5
5

前领风挡

4.5 领座
领侧颈点

挂面(贴边)

后贴边

后披肩

后

肩点

6
1
3
6

前

肩襻设计

H型插肩袖风衣外套的局部设计和分解图

图 12-15　H 型插肩袖风衣外套

由于前、后中线都增加了放量，后肩升高和前肩升高使领口自然增大。这种结构变化本身是其内在规律的必然，因此，这种情况如果在造型上没有特殊要求，不宜人为作过多修改。不过需要加垫肩的话，纸样设计必须给它条件，前、后肩点根据垫肩厚度抬高，但高端品牌是不加垫肩的。

在这个整体结构的基础上，插肩袖按连身袖的设计原理作袖弯和肘省处理。风衣领（也称拿破仑领）按分体企领规律设计，强调领面底线的倒伏来增大领面宽度并完善其功能，领子风挡根据防风雨功能设计。口袋的设计可按照应用原则，在胸宽线的延长线与腰围线以下 10cm 的交点为基本坐标，根据风衣束腰带的习惯可适当下移，束腰后可保持在理想的位置。前、后披肩起防风雨作用。后披肩适当加长与大身产生更多的隔离空间以降低雨水的渗透力。前披肩为了和门襟重叠搭合所设，以防不同方向的风雨侵袭，故此也有和双排扣搭门对应设计的单披肩（常用在与门襟对应设计，女装右襟配左披肩；男装左襟配右披肩）。双排扣搭门具有左右变换搭门的功能，因此产生了双披肩，使其功能更加完善。肩襻设在肩线中间靠前，袖襻和腰带按照实用功能设计。

H 型风衣外套虽增加放量较多，但其内在结构仍没有脱离相似形特征，因为它的主体结构都还是成比例增加的，不过它已经具备变形结构的环境了，只要将某些关键尺寸纳入变形放量规律之中，便成为宽松休闲装纸样设计系统。

（2）变形结构的休闲装设计

休闲装以户外服（outdoor）的面貌出现，表现出现代生活方式的走向而备受关注，包括运动服、夹克、外穿化衬衫、短外套等。其总体造型宽松、随意，不追求严格的配套性，结构变形，采寸整齐划一（从相似形几何级数的采寸方法演变而来），从下面的实例中可以体验到这种现代成衣的风貌。

例 1：休闲连衣裙。这种连衣裙一反传统 X 型连衣裙尺寸严紧、曲线细腻、结构复杂的造型风格，表现出强烈的现代休闲气息，这主要取决于变形设计的结构特征。在具体的纸样设计中，根据变形的放量原则，强调了落肩加宽量，使复杂的曲线袖窿结构变得平直而规整。袖窿开深量在相似形放量的基础上需考虑肩加宽的因素而追加开深（参考公式为袖窿开深量＝侧缝放量 $-\dfrac{肩升高量}{2}+$ 后肩延长量）。袖山设计相应参照袖窿开深量和大比例的落肩设计而大幅度降低（袖山高几乎为零，参考公式为基本袖山高 – 袖窿开深量＝变形结构的袖山高），使整体结构宽松而整齐，造型自然而舒适。口袋、门襟、褶、带襻等部件的设计也依据其整体的造型功能（这在传统连衣裙设计中是不过多考虑的），吸收了功能性强的服装某些要素，如夹克、工装等，表现出变形结构以人为本的实用原则。显然，本例在常规变形主体纸样基础上作了夸张处理但没有违反原则（图12-16）。下面的实例倒是正统的变形纸样设计。

例 2：夹克和短外套。以人为中心的实用原则是休闲装设计的行动纲领，它对所有的休闲类成衣设计都具有指导意义，夹克是表现突出的一类。女性穿夹克本身就是对传统服装行为的一种反叛，它的原型有机车夹克的影子。在内部结构的纸样技术处理上和例 1 中的休闲连衣裙没有大的区别，只是较严格地按照变形纸样放量设计的原则和方法进行，因此它可以作为变形结构的母板开发其他产品。在部件的功能和数量设计上可谓小巫见大巫，如超短款、复合口袋、暗袋、复合门襟、各种功能的襻饰、分割线等。可见休闲装的纸样设计，是在稳定内部结构的前提下，重点开发它的外部功能要素的（部件）设计，同时配合已完成的夹克纸样作为休闲装基本型（图 12-17）设计其他休闲装，如短外套。

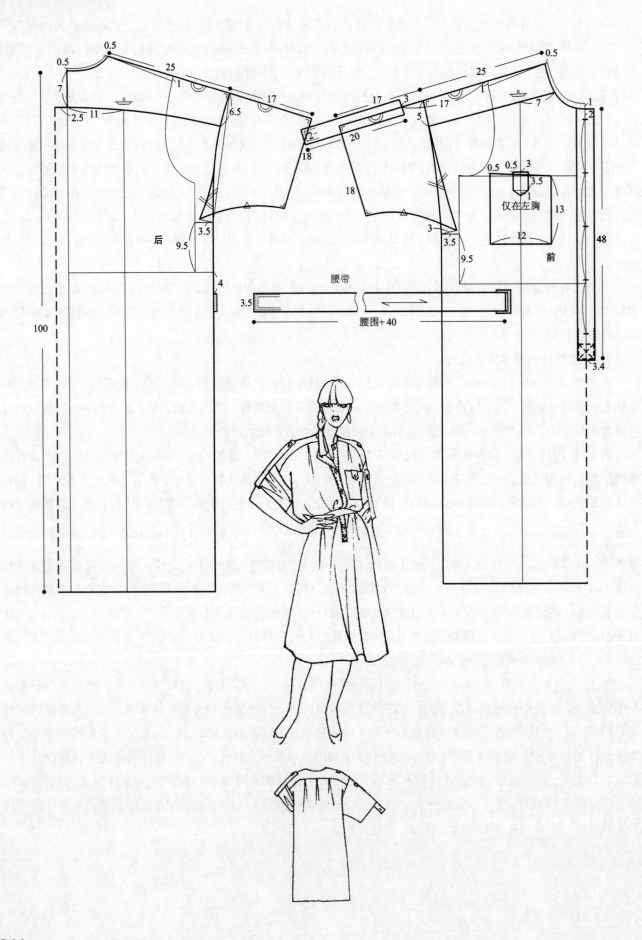

后

前

腰带

仅在左胸

腰围+40

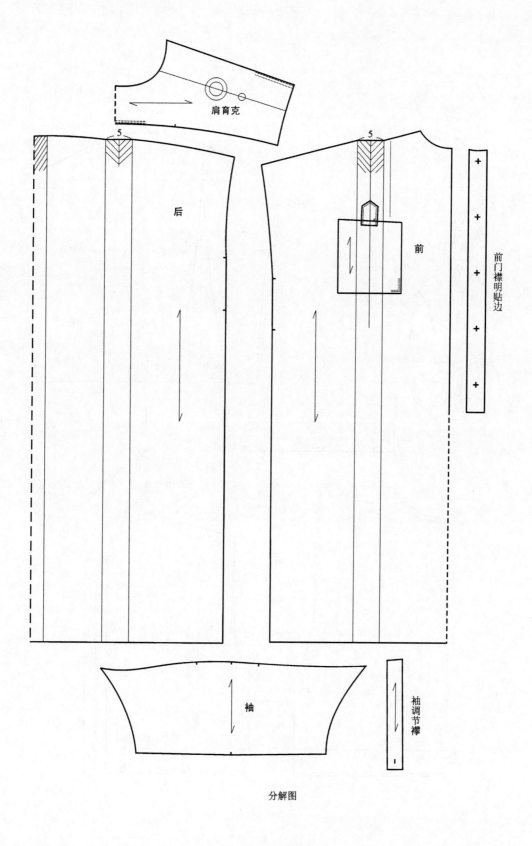

分解图

图 12-16　休闲连衣裙

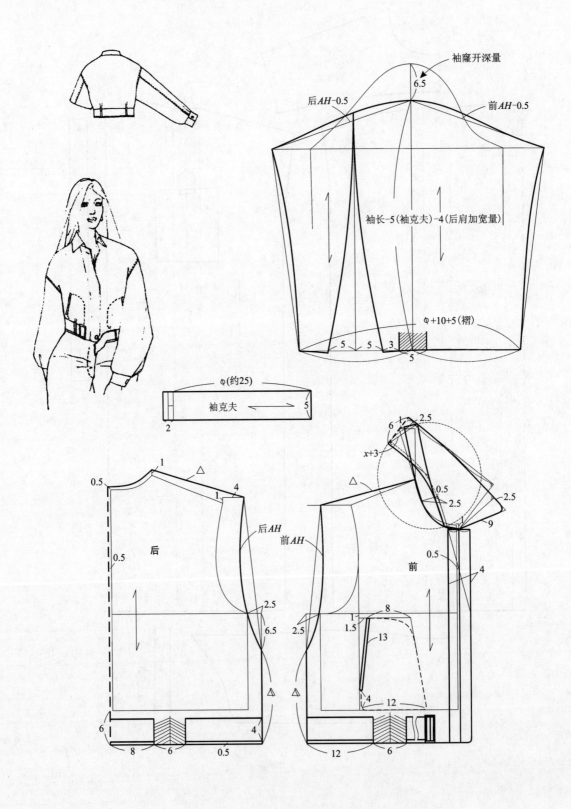

图 12-17　短款夹克［直接利用无省基本型，见图 12-6（a）］

准确地讲，短外套是防寒服类的冬季休闲装，它与夹克的区别主要是根据防寒的要求增加一些功能设计，如由于夹层要充绒，因而追加的放量比夹克大。衣长增加并变成敞开式下摆，必要时在腰部设暗腰带和帽子。这些虽有很大变化，但也只有改变它的外部款式和部件的实用设计，它的主体内部结构没有根本改变，因此，如果放量不变的话，完全可以借用夹克的主体纸样作为基本型（参见图 12-17）设计短外套。短外套的纸样设计充分体现了这一点，这也是掌握本书"系列纸样设计"规律的一把钥匙（图 12-18）。

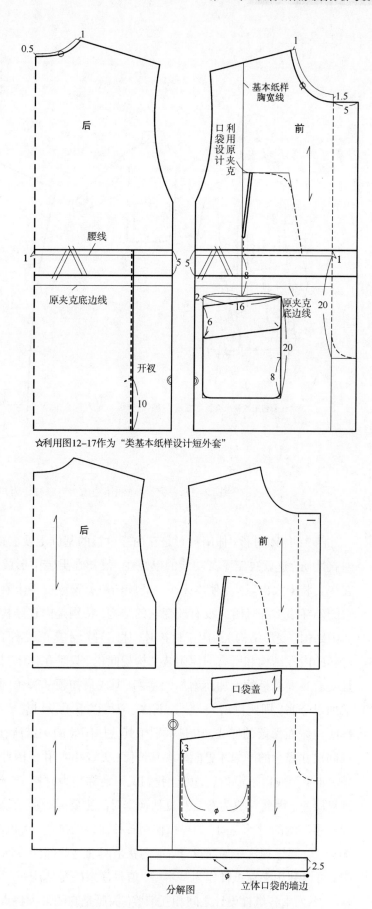

☆利用图12-17作为"类基本纸样设计短外套"

图 12-18

347

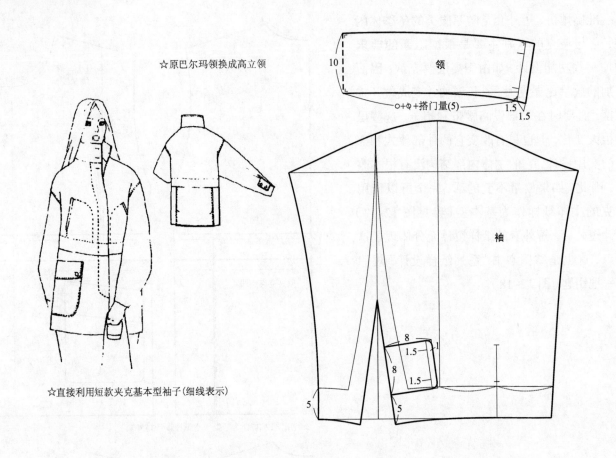

☆原巴尔玛领换成高立领

领

10

○+◇+搭门量(5)   1.5
1.5

袖

8
1.5   1

8
1.5

5   5

☆直接利用短款夹克基本型袖子(细线表示)

图 12-18　短外套（利用短款夹克纸样作为户外服类基本纸样展开系列设计）

　　例3：休闲衬衫。休闲衬衫是在内穿衬衫的基础上发展而来的（亦称外穿衬衫），衬衫本身就说明了它是内衣性质，这就决定了其功能的单纯性。最初在男装中形成外穿化流行时，基本上只是改变一种穿法。近来它在女装中大出风头，使本来单一乏味的衬衫家族变得丰富多彩了。由于衬衫的内衣化传统，起初人们发现它的外穿诸多好处时并没有改变它的结构，特别是内在结构（紧身、紧袖窿、布料和款式单一），当设计师将休闲结构（变形结构）运用于衬衫时，休闲衬衫才真正脱离了它的母体而组成一个新的服装家族。因此，外穿衬衫的内在结构和所有的休闲装结构趋同化。只是在休闲衬衫中，能够看出传统衬衫影子的是其领口，它不是随着胸围放量的增加而增加，而要还原成最初领子和颈围尺寸的合适度。另外，胸袋的设计根据功能的要求加以夸张，即比例增大，位置下移。腰线以下不设口袋成为衬衫的惯例，这也是内穿衬衫下摆穿着时放到裤腰内侧而保留的样式，也是区别于其他休闲装的关键所在。总之，无论是内穿还是外穿，衬衫领子总是和颈部尺寸配合的严紧才更能体现其价值（美观和实用），因此选购衬衫总是以领子的尺寸衡量它的合适度。另外，如果腰线以下设口袋，可能我们就不会称它为衬衫了，何况大多数的穿着者还习惯把这种衬衫的下摆放到裤腰里。因此它成为春夏和夏秋换季时的主要时令服装。休闲衬衫虽有一些设计上的限制，但它在其他方面有很广阔的设计空间，如可以使用各种面料的拼色，可以改变领子、袖克夫（袖头）、门襟、肩育克（过肩）、胸袋、分割线等这些局部设计。本例就是调动这些部件设计的休闲衬衫系列纸样。在纸样设计上因同属休闲类，可以利用夹克纸样作为基本型，值得注意的是休闲衬衫纸样必须在夹克领口还原到净领口（基本纸样领口），系列中各纸样设计之间相互借鉴、关照是它的最大特点，也是最值得学习和掌握的系列设计方法和技术（图12-19）。

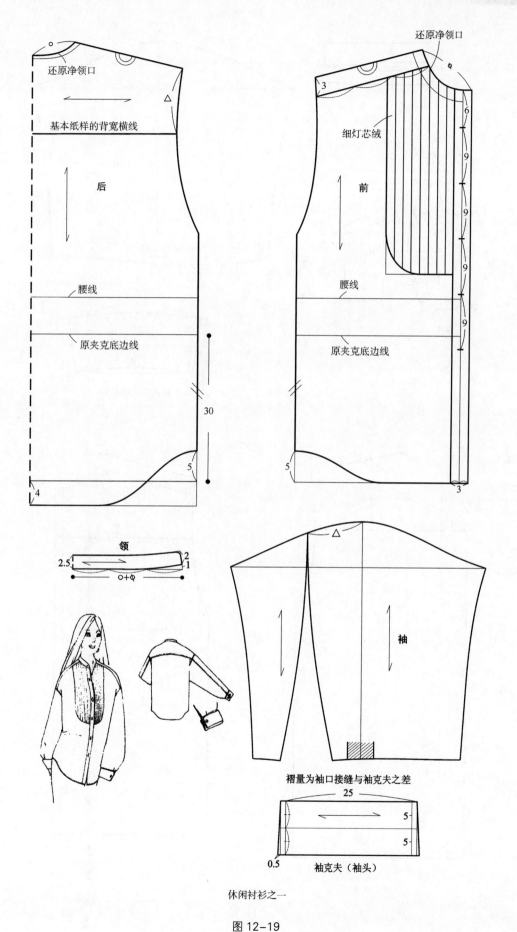

还原净领口

基本纸样的背宽横线

后

腰线

原夹克底边线

30

5

4

还原净领口

3

6

细灯芯绒

前

9

9

9

9

腰线

原夹克底边线

3

领

2.5 2

○+φ 1

袖

褶量为袖口接缝与袖克夫之差

25

5

5

0.5

袖克夫（袖头）

休闲衬衫之一

图 12-19

349

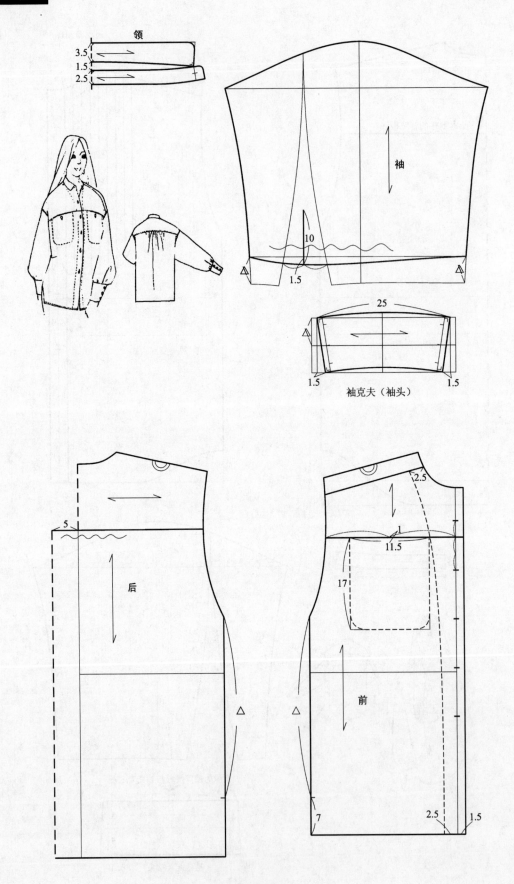

领

3.5
1.5
2.5

袖

10

1.5

25

1.5　　　　　　　1.5

袖克夫（袖头）

5

后

2.5

1

11.5

17

前

7　　　　　　　　2.5　　1.5

休闲衬衫之二

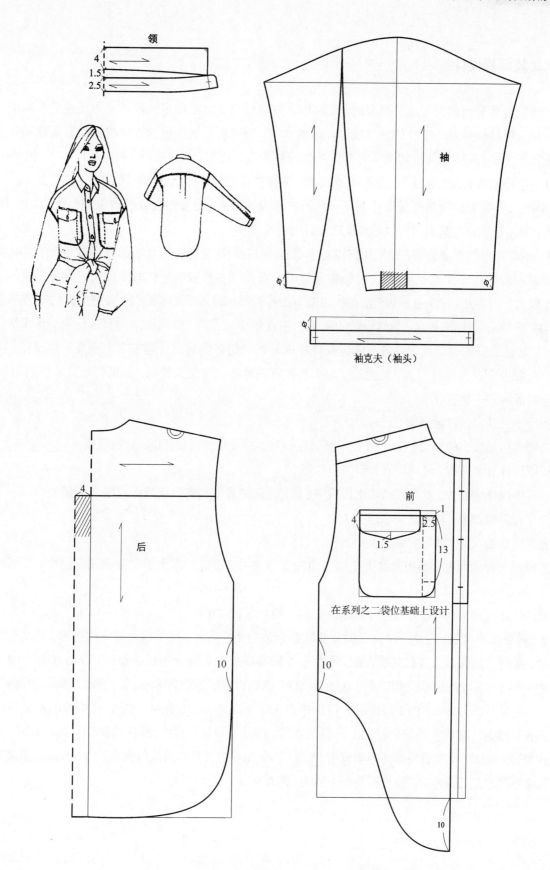

领

袖

袖克夫（袖头）

后

前

在系列之二袋位基础上设计

休闲衬衫之三

图 12-19　休闲衬衫系列纸样设计（变形结构三款）

2 职业套装纸样设计

职业套装是从男西服套装演变而来的。在结构上直接延续基本纸样进行设计无须变成亚基本型（参见图12-12）。放量设计保持基本纸样的放量或作少量的增减，增减放量的原则和方法与相似形规律相同，只是由于增减量较小不具有可分性。故而通常把基本纸样理解为套装原型（西装原型）是有道理的[①]。但是这不能说明利用基本纸样设计套装（放量）一点都不能改变，关键要看套装设计的造型是否需要，有时套装的放量不亚于外套，因此，套装和外套在松量设计上没有严格的界限，重要的是要把握好收放量如何在套装纸样设计中灵活应用。下面是职业套装的三种放量和款式设计的典型案例。

例1：标准放量的职业套装。如果我们将基本纸样中12cm放量理解为套装的标准放量，在利用基本纸样设计时要追加放量3cm左右。因为，套装结构通行的竖线分割在作收腰处理时要损失一部分松量，特别是后中缝损失较大（一半为1~1.5cm），因此，在利用基本纸样设计标准放量的套装时，要把损失的部分补充在后侧缝中，以保证12cm的标准放量，当然设计的松量如果就是9cm左右（英国风格的套装松量）也可以直接使用基本纸样。其他部分的设计要依据各自纸样设计原理并将它们有机地组合起来完成全部纸样设计。本实例是典型六开身职业套装的纸样设计，前通省、青果领和后领胛省设计是其特色。该纸样设计步骤可以作为套装纸样设计的范本举一反三。

①利用上衣基本纸样做撇胸（1.5cm）。

②后侧缝追加损失的松量（1cm）或作一般放量处理，并按相似形修正前、后袖窿线。

③按照设计分解胸省，处理后肩省到领口位置。

④以后中线确定衣长，从后向前依次作后中、后侧、前侧和前胸省分割线的收腰和下摆处理。

⑤设计青果领部分（利用翻领原理）。

⑥完成两片袖设计（利用袖原理）。

⑦复核主要相关尺寸，袖山曲线大于袖窿曲线3cm左右；腰部松度大于或等于胸部松度；臀围松度最小不能少于6cm。

⑧复核准确无误后，将设计纸样分解成独立的样板（图12-20）。

例2：紧身职业套装。这是一个典型服务业职业套装的纸样设计。由于职业性质的要求，胸围松度略小于标准放量，并设计成短款，这在空乘人员、餐厅服务员等职业套装设计中是必要的（行动方便、干练）。在纸样设计中如小于12cm的标准放量，就可以适当收缩。例如设成衣放量为8cm，就需要在基本纸样的基础上减掉4cm，一半制图即为2cm，由于后中缝在设计中损失了1cm左右，在采寸分配上只减掉1cm就可以满足成衣放量8cm的要求。在作收缩处理时把1cm分配在前侧缝（与放量相反）。整体结构亦采用六开身，前肩设隐形省通过宽驳领盖住，前、后肩抬高为垫肩量，后肩宽减1cm使肩胛省变成归拔量（约0.5cm），重要部位嵌宽边、短款成为它的主要特色。其他步骤与例1相同（图12-21）。

---

① 以套装内在的主体结构作为上衣基本纸样成为国际服装业纸样设计的通用技术，在男装中也是如此（参阅教材《男装纸样设计原理与应用》）。原因是，套装本身在所有服装的松度上处于中间状态，即它的内层有衬衣和背心，外层有外套或大衣，故在结构上也处于中间状态，这就决定了它在纸样设计上的普遍意义和辐射作用的基础地位。因此利用基本纸样设计套装最直接。

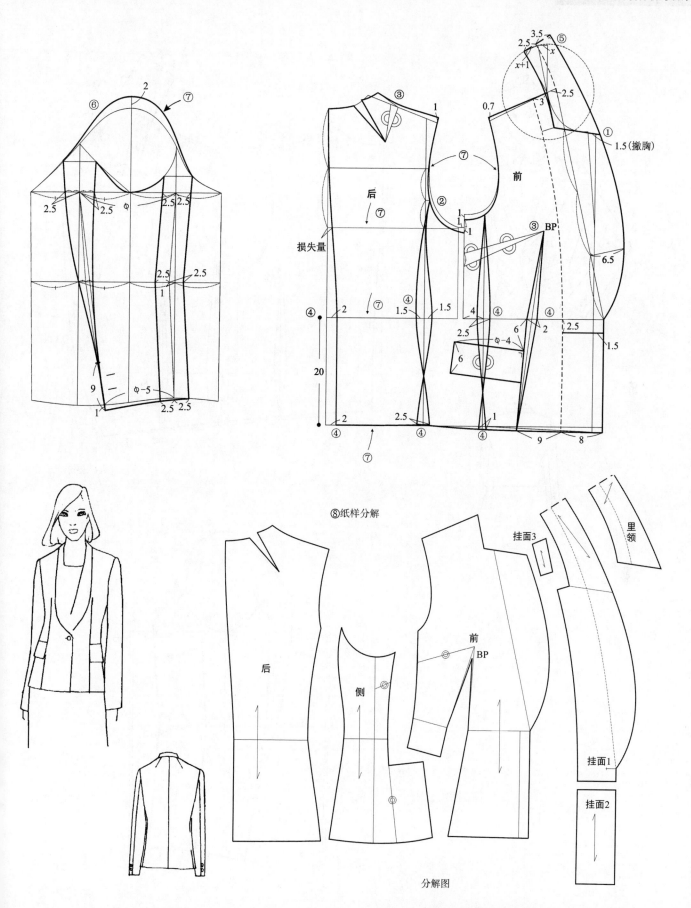

⑧纸样分解

分解图

图 12-20　标准放量的职业套装纸样设计

后

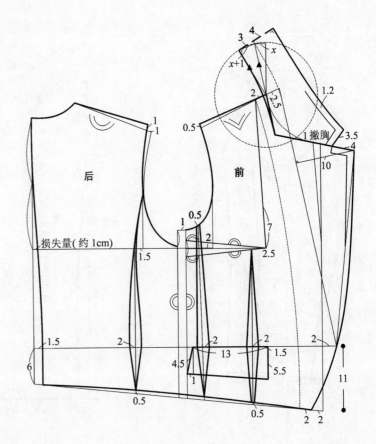

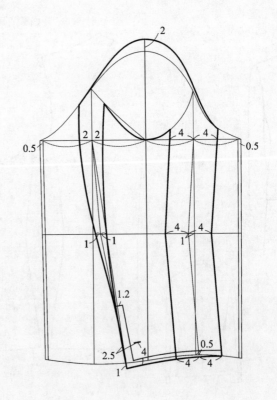

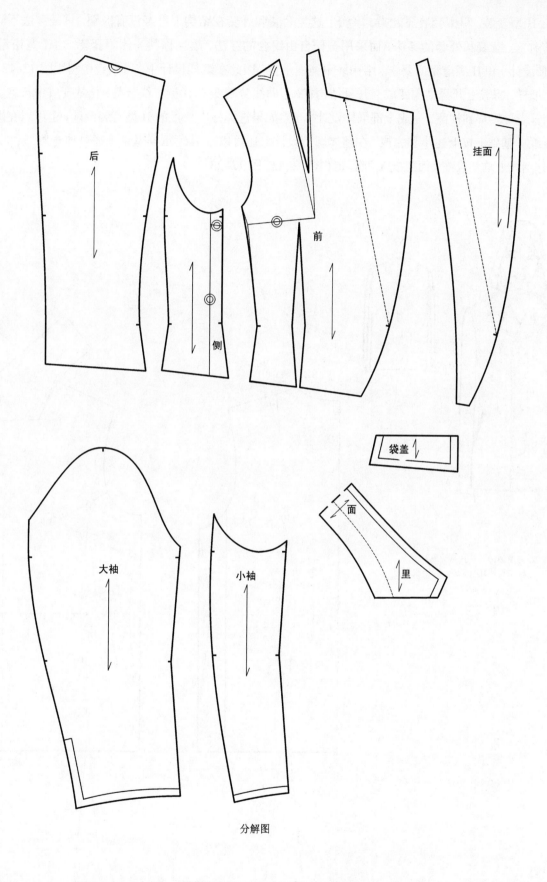

后

侧

前

挂面

袋盖

面

里

大袖

小袖

分解图

图 12-21　紧身职业套装纸样设计

例3：H型套装。箱型套装属此类，事实上这类套装和外套在结构上已经没有区别，只是穿法不同，即不按传统的衬衣、套装和外套的穿法，而采用宽松自由组合的穿法，故也称其为休闲套装。由于宽松量的加大（去掉收腰设计）和H型造型的要求，结构线单纯而平直。因此在纸样设计中，可以直接利用图12-13的X型紧身外套纸样，将其七开身结构变成三开身结构；X型曲线分割变成H型直线分割；长款变成中长款。这时仍要保留侧缝省并转移到袖窿，完成全部纸样设计。当然如果选择标准松量的H型套装设计，也可以在图12-20职业套装纸样基础上按上述步骤完成。在整体廓型设计上还可以在H型纸样基础上通过加宽肩部和收缩下摆（在各竖分割线上均匀收缩）而变成Y型套装（图12-22、图12-23）。

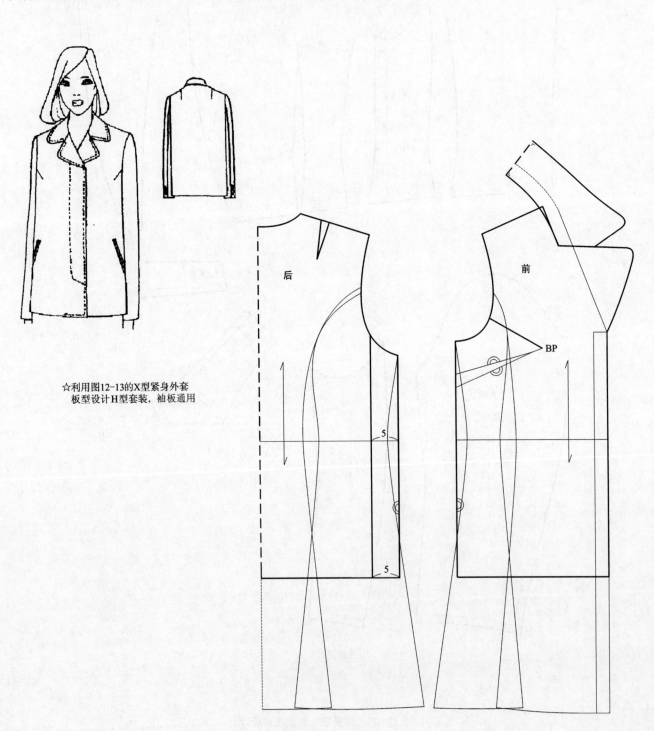

☆利用图12-13的X型紧身外套
　板型设计H型套装，袖板通用

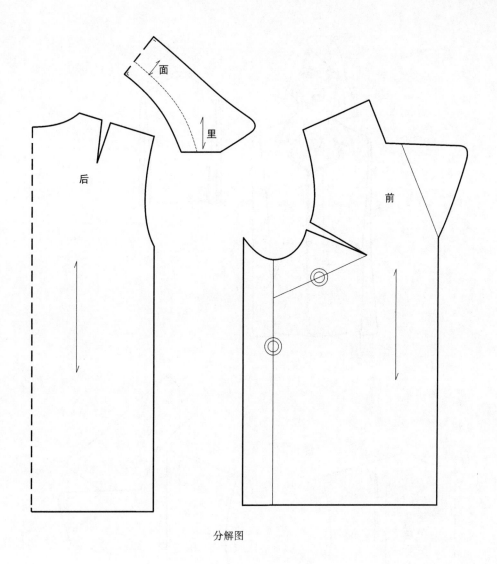

面

里

后

前

分解图

图 12-22　H 型套装纸样处理

　　例 4：A 型套装。通过例 3 中 H 型到 Y 型的廓型变化经验，不难理解 A 型套装的设计。A 型套装与 Y 型纸样处理相反，即上小下大，因此它的变化应在 H 型套装纸样的基础上均匀增加下摆完成。设计方法是，利用 H 型套装纸样，将其中的分割线还原到侧缝，再通过胸省、肩胛省转移为下摆量，同时，追加必要的侧摆量与之配合，便完成了 A 型套装的纸样设计（图 12-24）。综合 H、Y、A 型套装纸样的设计，可以发现它们在主体内部结构中有必然的关联性，有效地把握这种关联性，就掌握了纸样设计的系统方法，其他类型的服装也是如此，几乎所有上衣类的廓型从 X 型到 H 型、Y 型、A 型的纸样处理都是如此（更多信息参阅《女装纸样设计原理与应用训练教程》相关内容）。

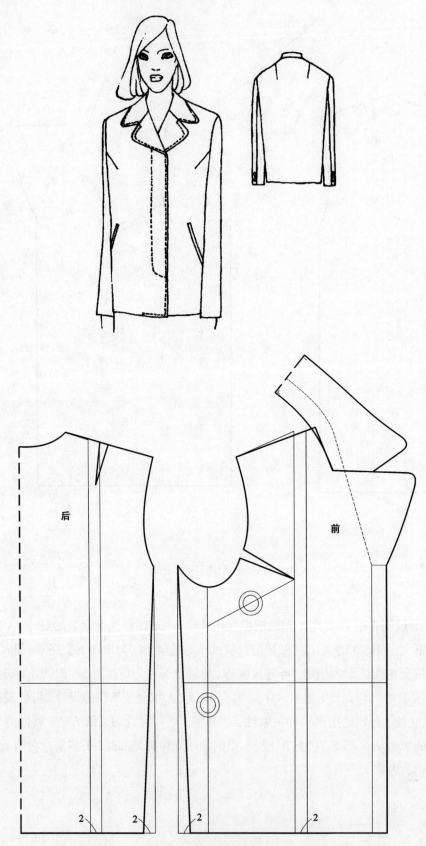

在H型套装（图12-22）纸样基础上作宽肩收摆处理，袖板通用

图 12-23　Y 型套装纸样处理

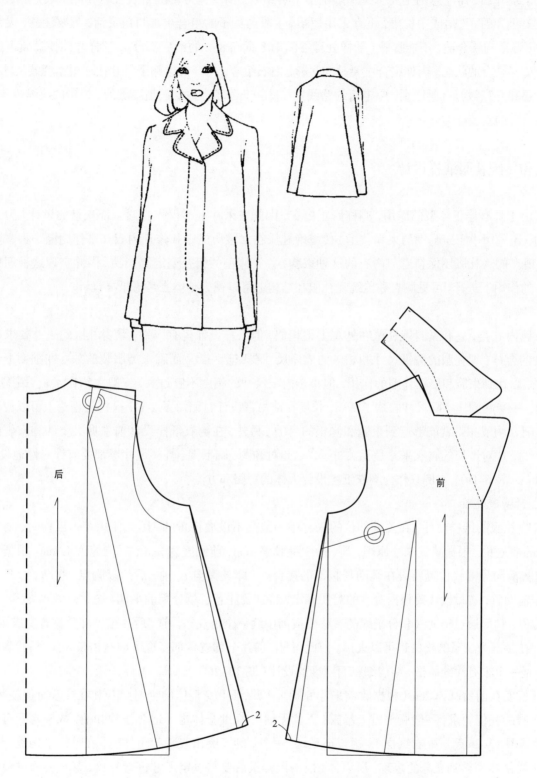

后

前

2

2

在 H 型套装（图12-22）纸样基础上作胸省和肩胛省转移下摆并补充侧摆处理，袖板通用

图 12-24　A 型套装纸样处理

套装通常是由内外组合、上下组合形成的。上下组合主要是裙子与裤子组合，这一部分的纸样设计前面已经作了系统介绍，需注意的是要掌握一般的上下装组合规律。通常情况上衣长款要配下衣短裙，不宜采用长裙；上衣短款要配长裙或中长裙，不宜采用短裙。上衣与裤子的组合更加自由灵活，但要注意，无论是哪种裤子，其腰臀结构要合适，不能臃肿（纸样处理参阅第8章§8-2的最后部分），这样才能使套装下摆与臀部造型保持良好结合的状态。内外组合主要是与衬衫、内衣组合，内穿衬衫胸围尺寸往往根据套装尺寸而定，其他设计也要和外穿衬衫有所区别，应走简约路线。内衣由于全部造型要素是隐蔽的，松量的收缩也是最大的，因而成为独特的女装种类。

3 胸衣和传统礼服纸样设计

胸衣由于具有修正体型的作用，亦称修正内衣，因此在采寸上不仅作收紧全部松量的设计，为了塑造体型的目的，还采用小于净胸围的束胸技术。传统晚礼服在女装历史中和修正内衣几乎作为同一种服装的内外层处理，现在的晚礼服还保持着与内衣的这种束胸、修正体型的组合型定制产品。因此实现这种理想效果必须在胸衣的作用下进行。可见胸衣和传统晚礼服在结构上可以视为整体去考虑纸样设计。

（1）胸衣

胸衣属内衣类，它和紧身晚礼服在外观上很相似，但纸样设计仍有区别。紧身礼服的采寸要求上身达到最大限度的合体，即礼服的关键尺寸和相应的人体尺寸要完全一致。而胸衣类服装的采寸在围度上还要超过这个极限，以达到束胸和修正体型的作用，但小于内限尺寸的幅度不宜过大，一般大约在4cm。图12-25中的胸衣设计，一半胸围比实际尺寸收缩了2cm，长度在前吊带设计时缩短了2cm，这样从理论上可以使乳胸向上托起，再配合调节扣带就能够起到束胸和修正的目的。另外，在胸衣纸样设计前掌握必要的胸衣规格标准是必不可少的，这对严格的胸衣采寸是至关重要的，如对胸围、胸下围、乳杯尺寸等都要有针对性地设计（参见附录表6-A~表6-D）。本例只作为胸衣纸样设计大体的思路和方法。

（2）紧身晚礼服

紧身晚礼服的纸样设计，在关键部位的采寸中一般是不设放松量的，因此使用基本纸样时，要减掉略多于12cm的放松量。根据减量采寸原则，前、后中缝收缩1cm，前侧缝为3cm，后侧缝为1.5cm。根据女性胸部特点，前胸横向分割线位置要设在乳凸与腹部的接合处（即乳腹沟）。前、后片以胸点、腹凸、背凸和臀凸为准贯通作辅助省，省量设计要根据造型的需要确定，特别要注意省量分配的平衡（图12-26）。然后，以前、后分割线为界，胸部通过辅助线和分割线的省移变成前中缝三个塔克褶。前、后片裙子部分移省变成裙摆量，余省部分含在腰部为少量的松份也可以去掉。由此可见，前片全部省量都变成了前胸褶量，前、后腰省转变成裙摆量，这是一个很有简约风格、结构细腻而精准的设计（图12-26）。

肩带长度在前肩减掉2cm（根据收缩采寸原则），以保证上身整体的绝对贴身和在穿着时促使胸凸升高。由于晚礼服的礼仪要求，一般胸部以上暴露（无领无袖），高度合体也不适合设领和袖，故它常配有一件超短外衣（参见图12-26超短外衣纸样）。裙长至足踝。另外，为了突出表现躯干体态，在整体结构设计中采寸既要严密又要使体型得到充分的表现。所以，完成的纸样最后要与设定尺寸进行复核，甚至要通过模特的试穿修正样板，因此，这种礼服通常采用量体裁衣的设计方式（更多信息参阅《女装纸样设计原理与应用训练教程》礼服连衣裙款式和纸样系列设计训练部分）。

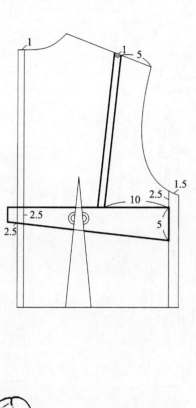

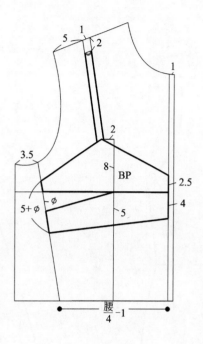

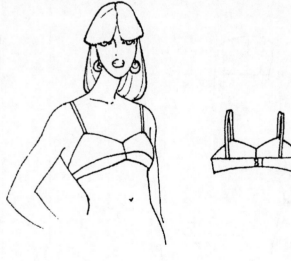

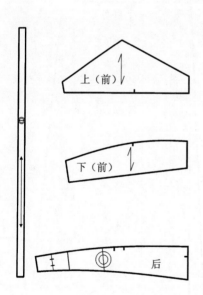

图 12-25　胸衣纸样的减寸设计

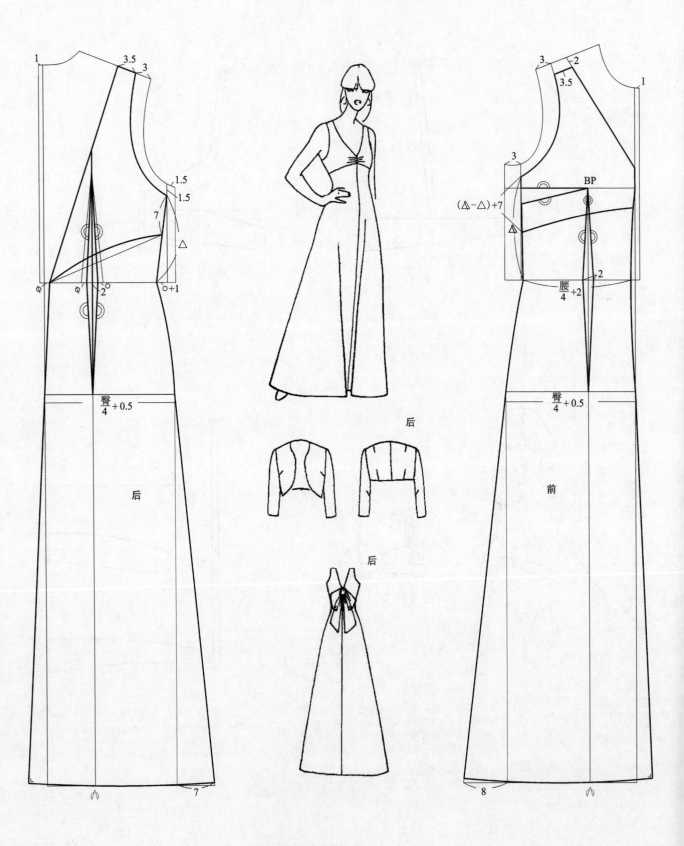

分解图

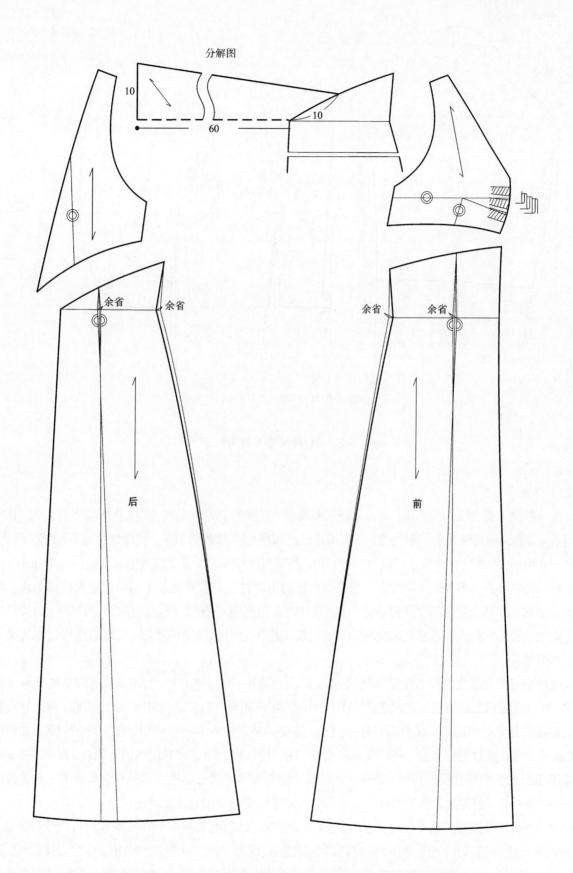

图 12-26

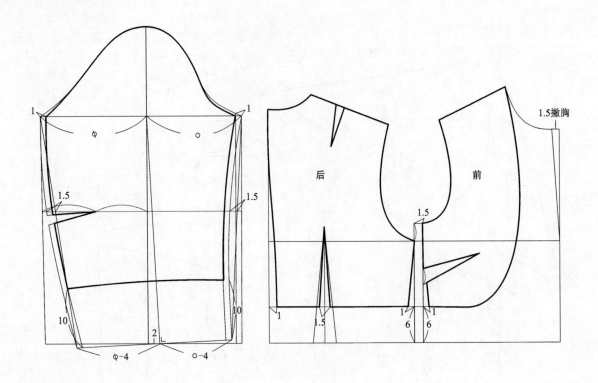

超短外衣纸样（专为晚礼服而配）

图 12-26　紧身晚礼服纸样组合设计

（3）旗袍

旗袍一般认为是中国式的礼服，且不分白天和晚上，被视为全天候礼服。其实从裁剪体系上看，它完全属于欧洲系统，要说保持纯正的华服元素，只有偏襟是从汉服的大襟演化而来，就是立领也不是华服所特有的，因为立领在欧洲 16 世纪的宫廷已经成为一种时尚，我国在清中期之后受其影响，逐渐应用在华服上，由于它有先天的封闭性和抑制脖颈的高贵之感，与中华传统的中庸克己的含蓄之美不谋而合而被保留下来。20 世纪30 年代，立领在欧洲已经淡出时尚的主流，而它却在改良旗袍中，对中国概念诠释得淋漓尽致，由此开始立领便姓了中国，就是欧洲人也忘了它的原发地，这也是旗袍洋为中用最成功之处。从此偏襟和立领就成了旗袍标志性的符号。

旗袍结构完全是欧化的没有任何争议，因为，前后身分片、身与袖分片，普遍采用省缝这些充满立体思维的技术，在改良旗袍之前历朝历代服装的"整一性十字型平面体"的古典华服中从未出现过，自然它应归入以欧洲裁剪系统建立起来的现代纸样设计体系之中。重要的是它加入了一些中华传统文化的理解，如松量的控制，比欧系的晚礼服要宽松得多，一般在 4cm 左右。在结构处理上除了用封闭性的立领外，还采用不破缝，能用省必不用断的非破坏性设计原则，这其中还有一个重要原因，就是旗袍多采用织锦缎面料，不适合过多的破缝，这些朴素的保持原生态的节约意识是我们今天非常值得继承的技术遗产。

根据这个原则，旗袍的纸样设计严格地按照 4cm 松量，运用上衣基本纸样根据收缩量设计的方法，在上衣标准基本纸样的基础上（松量为 12cm）按前侧缝比后侧缝等于 3 ∶ 1 的比例收缩。根据无袖设计，袖窿要有所提升。前胸省、后背省和肩胛省按"完全省"进行处理，重要的是前、后腰省量的分配要对应臀凸和腹凸取得平衡。后领适当开大（0.5cm）是因为前偏襟无法撇胸的权宜之计，使立领成型后前胸平伏（图 12-27）。

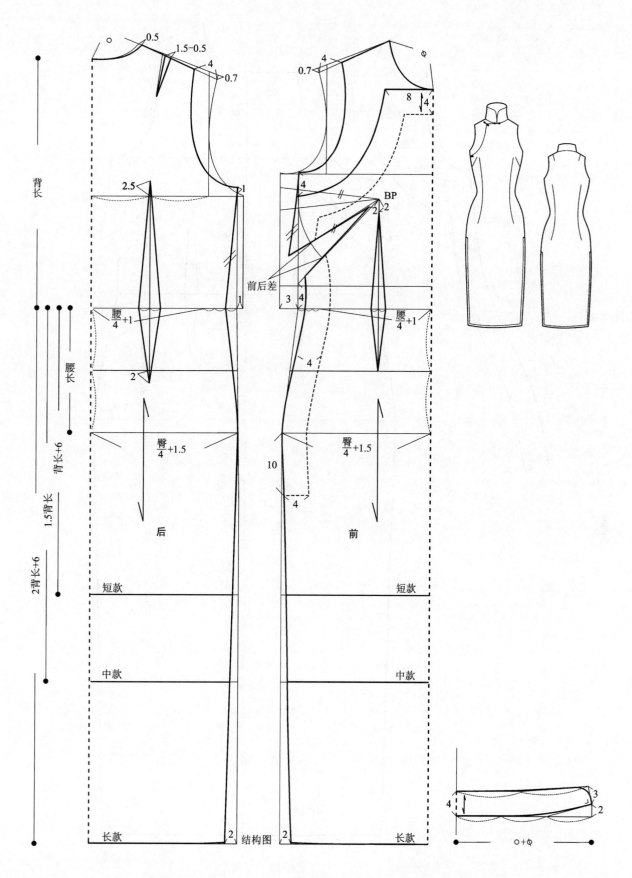

图 12-27

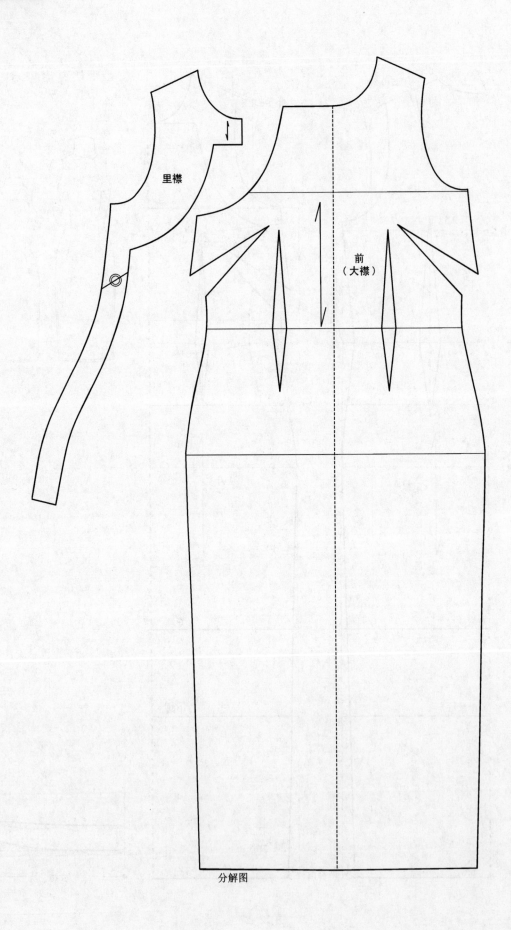

里襟

前
（大襟）

分解图

旗袍的设计焦点集中在两处：一是袖子；二是门襟。袖子除无袖以外，还可以设计成抹袖、短袖和七分袖，不宜用长袖，因为旗袍合体度高，长袖不易穿脱。抹袖属于旗袍的无袖类，袖窿底提升与抹袖配合。短袖和七分袖属于旗袍的有袖类，袖窿不做修改，袖以此作为基础进行合体袖设计，注意袖山曲线的吃势不宜过大，控制在 2cm 左右，这和织锦缎的面料有关。裙长根据社交场合要求分长款、中款和短款，礼仪级别越高裙子越长（图 12-28，请根据图 12-27 的经验和提供的旗袍款式系列完成纸样设计）。

综上所述，无论是分类纸样的季节性服装，还是功能性服装或强调造型的时装，甚至是三位一体的综合性服装，其采寸原则都是以前身平整，后身有良好的活动功能为设计目标，同时，这种采寸原则又不以特定公式或定寸加以界定，故而这个原则所指导的方法有很强的模糊性和想象空间。这就要求设计者有一定的经验积累和创造性的实践，因为在这个原则范围内，完全可能出现非常细腻或粗犷的采寸比例和设计技巧，而形成不同的纸样设计风格。为了使这样的经验积累和实践步入有序和有效的训练路径和方法，可以进入本书配套的实训教材《女装纸样设计原理与应用训练教程》。

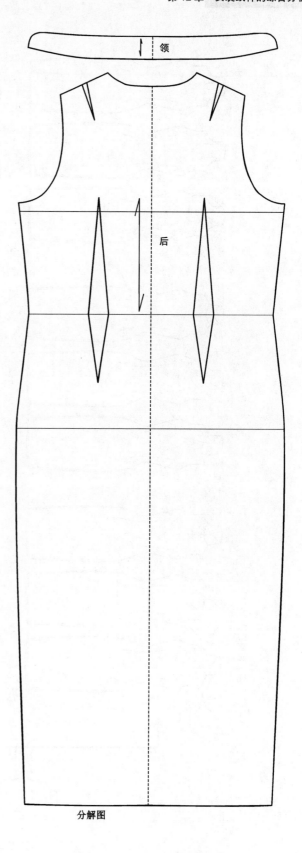

图 12-27　无袖旗袍纸样设计

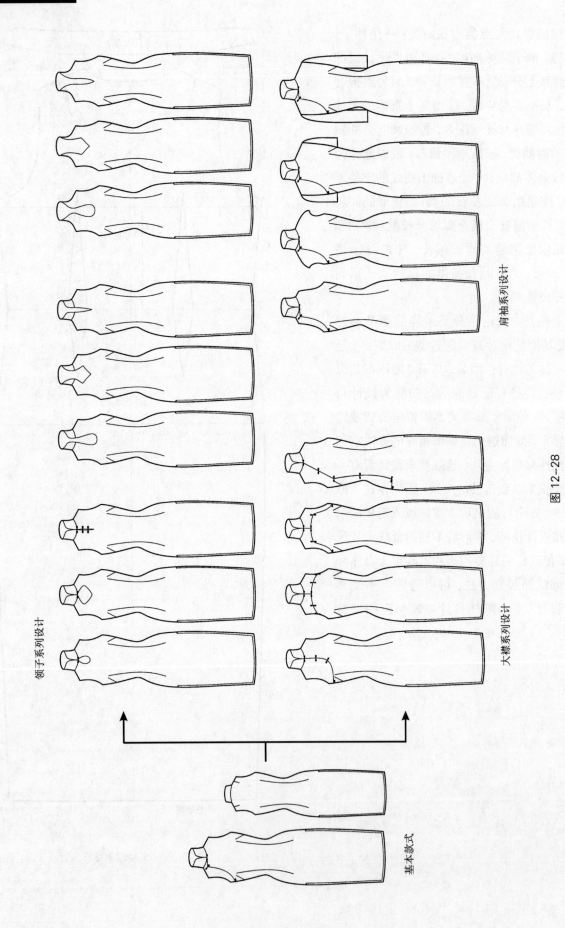

领子系列设计

肩袖系列设计

大襟系列设计

基本款式

图 12-28

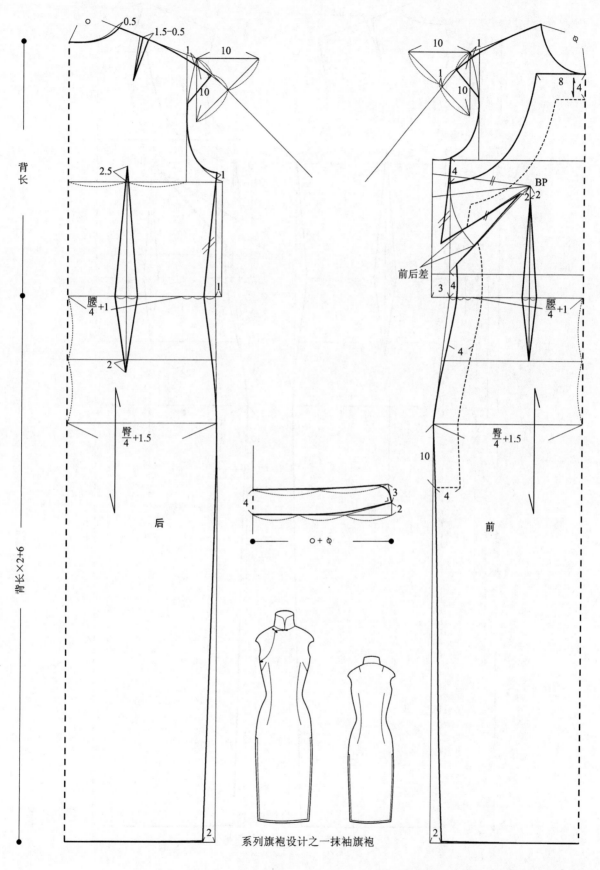

系列旗袍设计之一抹袖旗袍

图 12-28

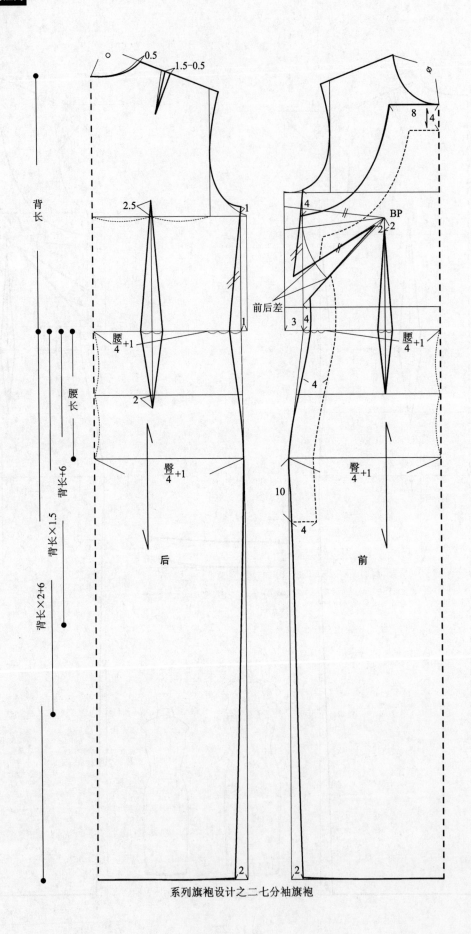

系列旗袍设计之二七分袖旗袍

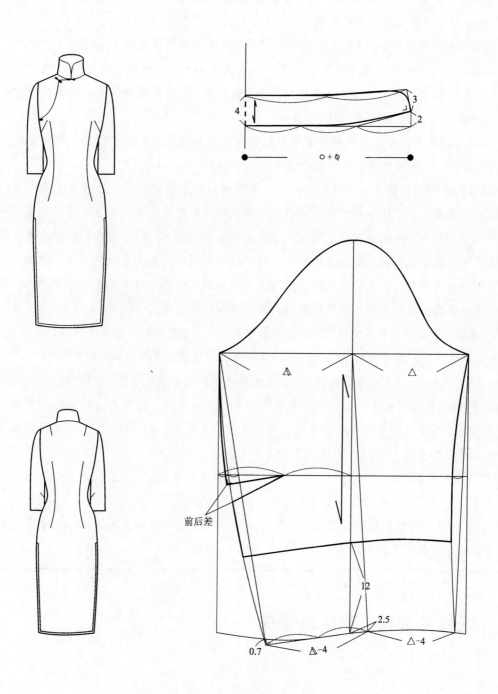

图 12-28　系列旗袍设计（两款）

§12-3 知识点

1. 以上衣为主的成衣纸样设计分类包括：以增加放量为特色的外套类和休闲装类；以基本纸样标准放量（12cm）作少量浮动的套装类；以小于标准放量的礼服和内衣类（图12-12）。增加放量设计又分相似形放量和变形放量两大纸样系统。

2. 相似形结构的外套设计。X型是外套中传统外套的基本型，也是外套中合体度最大的一种，成衣放量在16cm左右，通常采用六开身到八开身之间，本例采用七开身是强调了开身的概念设计，也说明开身变化有一定的设计空间。下摆的处理有大X和小X的选择，但无论增减多少，特别是小摆量时要保证臀围不小于6cm的松量（图12-13、图12-14）。

H型外套指箱型外套，多用在风衣外套中，纸样设计采用无省基本纸样的相似形放量设计方法。由于它的休闲化趋势，而更注重部件的功能设计（图12-15）。

3. 变形结构的休闲装设计，普遍采用无省基本纸样的变形放量设计方法。一般情况下，如果松量保持一定的话，包括夹克、短外套、外穿衬衫、运动服等这些宽松类的休闲服装可以采用同一个变形结构的基本纸样，图12-17的短款夹克、图12-18的短外套和图12-19的休闲衬衫系列纸样设计充分地利用了这种国际上行业主流技术。值得注意的是，外穿衬衫类与其他类变形纸样不同，它的领口不应该随着胸围放量的增加而增加，而是胸围无论如何增加，领口都要保持与颈围一定的紧密关系，标准基本纸样领口就是这种状态，故外穿衬衫胸围放量后，领口要作还原处理。

4. 职业套装放量设计与基本纸样相似或作少量增减，故而通常把基本纸样理解为套装原型。六开身是它的基本结构，造型呈小X型（图12-20、图12-21）。据此可以根据开身的减少和省的弱化、转移等处理方法完成H型、Y型和A型的休闲职业套装纸样设计，它们以四开身主体结构为主（图12-22~图12-24）。

5. 胸衣和传统晚礼服在结构上可以视为整体去考虑纸样设计。总体上它们要配合穿用。胸衣具有修正内衣的功能，主要达到束胸提胸的目的，胸围要作收紧处理（4cm左右）。晚礼服成品也要达到净胸围，故采寸严密而谨慎（图12-25、图12-26）。

6. 旗袍松量控制在4cm左右，偏襟、立领、全面施省与中华传统文化和用料习惯有关。其系列纸样设计，是在主体板型相对稳定的基础上改变局部（图12-27、图12-28）。

7. 为了使女装全类型设计实践步入有序和有效的训练路径和方法，可以进入本书配套的实训教材《女装纸样设计原理与应用训练教程》。

§12-4 纸样的复核、确认与管理

作为工业纸样的设计和生产，一套完整纸样设计的最后确认，必须通过各项指标的复核和样衣确定才能投入成衣生产，而面布纸样各尺寸的复核是最重要的技术指标。

1 纸样复核的项目及方法

一套纸样设计的过程并不等于一套样板的完成，而后者才是可以实施生产的全套技术条件，在它们之间有一个不能逾越的环节,换句话说,纸样设计必须通过这个环节才能成为样板投入使用,这个环节就是纸样复核。我们可以通过表 12-1 了解复核的项目。

表12-1　纸样复核表　　　　　　　　　　　　　　　　　　　　单位:cm

程序／项目	纸　样	基本尺寸	基本差量	设计差量	图　例
长度	衣长 裤长 袖长	基本纸样长 基本裤长 基本袖长	—	基本纸样长 ± 基本裤长 ± 基本袖长 ±	—
围度	胸围 腰围 臀围	净胸围 净腰围 净臀围	12 12 10	12 ± 12 ± 10 ±	
宽度	袖口 袋口 裤口	掌围 足围	4 8	4 ± 8 ±	
接缝	前、后侧缝 前、后肩缝 前、后袖内缝 前、后裤侧缝 和内缝 前、后中缝 派生结构的 接缝	0.7(归缩) 或1.5(省) —	无差量(休闲服) 后减前(西服) 肘省或归缩量 无差量 无差量 无差量	
对位记号	凸凹点 接缝处 限定省、褶 范围 指示作用 长缝变短缝 记号	—	—	省或褶量	后　　前
对孔记号	口袋 省尖 扣位	—	—	—	

程序 项目	纸 样	基本尺寸	基本差量	设计差量	图 例
对丝	直丝 横丝 斜丝 毛向	180° 90° 45° 顺毛向	—	—	
做缝	薄织物 中厚织物 厚织物 弧形做缝	净纸样尺寸	0.8 1 1.5 0.5~1	0.8± 1± 1.5±	
纸样总量的 复核	面布纸样 里布纸样 贴边纸样 配布纸样 衬布纸样 特种材料纸样	—	做缝量 做缝量 做缝量 做缝量 小于面布净 纸样 0.5	0.5±	

为此，如何掌握纸样复核的方法，对其成为合格的工业样板是至关重要的。

（1）各设定尺寸的复核

设计者设计的尺寸和实际完成的纸样尺寸必须经过复核，以检验两个尺寸是否吻合。复核的项目有长度、围度和宽度。长度包括衣长、袖长、裤长和裙长等。围度复核主要是胸围、腰围和臀围。复核方法：用软尺测量所完成纸样的三围尺寸和尺码表所标的三围尺寸（净尺寸）的差是否和"设计差量"（设计松量）相符合。设计差量是指在基本差量（基本放松量）的基础上加或减设计量而获得的尺寸。例如基本纸样中胸围的基本差量是 12cm，设计差量就是"12± 设计量"，若外套设计在基本纸样基础上胸围追加 8cm，这意味着外套的设计差量是 20cm。这是指在套装和外套设计中常采用的基数。而在半截裙和裤子的结构中，基本差量通常很小，腰围是 0，臀围是 4cm。宽度复核主要有袖口、裤口、袋口等，复核方法和围度相同，如表 12-1 所示。

（2）缝合线的复核

在纸样中凡出现缝合线的地方都说明还有与此对应的缝边。缝合线通常有两种形式：一种是等长缝合边，复核时要求对应缝合边线相等；二是不等长缝合边，为了达到塑型的效果，有时在一个缝合边的特定位置作拔（伸）处理，对应的缝边作归（缩）处理，因此，作拔的纸样边线要短些，作归的纸样边线要长些，归拔的幅度越大，两个缝边的差越大，但是这种差量是有限的，如前、后肩线，前、后袖内缝线，袖山和袖窿线等。打褶缝合线差量较大，复核时要看纸样差量和设计差量是否吻合。

（3）对位记号的复核

对位记号是为确保产品质量所采取的有效手段。对位记号分两种。一种是缝合线对位记号，通常设在凹凸点、接缝处和限定打褶范围的极点，主要起区别前后或不同工艺的指示作用。另外，缝合线过长时，也常用对位记号断成几段，以利加工时提高准确度和效率。另一种是用于纸样中间的定位，如袋位、省尖、扣位等。

（4）对布丝的复核

布丝在服装造型中是十分重要的，甚至整个纸样设计的成败与对布丝有着密切的关系。因此对布丝的复核，首先要懂得对布丝符号的正确使用方法。对布丝符号的箭头应与布丝的方向（经线）一致，由于机织物的直向、横向、斜向的布丝强度和弹性都不相同，因此在纸样中改变对布丝符号所产生的造型效果也不同，可能是成功的，也可能是失败的。这就要求利用布丝性能设计服装，而不能随心所欲，也就是说布丝性能和理想的造型是有关联的，当布丝成为某种造型的最佳条件时，其造型才能得以充分表现，否则就会破坏造型，这就需要寻找出布丝与造型的选择范围。

根据布丝性能与服装造型的平衡原则，在选择直丝时一般要置于独立分片纸样的中轴线上，这样造型才是平衡的；在选择斜丝时，必须使用与该中轴线成 45° 角的对丝符号。绝不能使用随意性角度。那么，什么情况下用直丝，什么情况下用斜丝？一般在设计强调造型庄重和要求强度大的服装时要用直丝（或横丝），如衣身、裤子、育克、腰带等；当服装的造型和工艺强调随意、自然而有动感效果时，要采用斜丝，如斜裙、大翻领、大领结等。横丝的性能介于直丝和斜丝之间，但更接近直丝。另外，确定毛向的箭头在纸样中必须从上至下表示。

由此可见，对丝复核要根据材料的性能与服装的造型特点来进行。

（5）做缝的复核

工业纸样必须完成毛样板，即有做缝的纸样。按照布料薄厚的区别可划分为薄、中、厚三种做缝。薄型服装的纸样做缝为 0.8cm 左右，中型为 1cm 左右、厚型为 1.5cm 左右。同时，根据其对表面效果所影响的因素对做缝作局部处理，接缝弧度较大的地方做缝要窄，如袖窿、裆弯等处；可能会加肥、加量的地方做缝要宽，如后裤片做缝、上身后侧缝等。然而在工业纸样中做缝的设计尽可能整齐划一，这样有利于提高品质和生产效率，同时也提高了产品的标准率。曲线做缝不能减宽度时，通过剪若干个剪口来实现，这样熨烫后才能平整。

（6）纸样总量的复核

工业纸样的分类越细质量越可靠，生产效率越高，因此，一件产品的纸样必须分类齐全而作用分明。这种管理取决于每套纸样总量的复核。它包括面布纸样、里布纸样、衬布纸样、配布纸样和特种材料纸样（如垫肩、特别设计或工艺要求材料的纸样等），数量要完备齐全并分类编号管理（参见图 12-31）。非工业的定制纸样也要核准面布纸样及与面布有关的里布纸样。

2　纸样的确认

纸样复核完毕并不意味着纸样设计的确认。纸样是服装产品的中介条件，而不是最终结果，因此必须使复核后的纸样制成样衣即封样,用来检验纸样是否达到了设计意图和产品要求,这种纸样被称为"头板"。当样衣没有通过时,需确定修改的部位,应对头板纸样进行修改、调整甚至重新设计,再经过复核成为"复板",然后制成样衣(第二次封样),最后经确认才能成为生产样板(图12-29)。

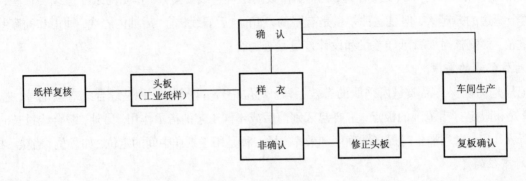

图12-29　纸样确认

总之,纸样设计的完成,必须通过实物验证才能确立,否则纸样设计只能是纸上谈兵。

作为量身定制纸样的确认,应通过试穿来逐步完善,因此,在该纸样的做缝等局部加出修改余地是很有必要的。

3　纸样的分类管理

量身定制纸样,多用于个人和单件服装的设计,衣服要适应个体,故设计要强调个性。工业纸样用于服装产品的批量、标准化、系列化的流程生产,顾客要适应衣服,故批量、标准化、系列化设计方式会使成功率提高。由于生产方式和服务对象的不同,两种纸样的作用和功能也就不同。

量身定制纸样的服务对象是确定的、单一的,它的随意性很强。例如在服装造型中无论有无后中缝,完成纸样时,一律以半身纸样为准。在裁剪布料时,由设计者区别使用,这在工业纸样中是不允许的。量身定制纸样灵活性很强,根据需要可以使用纸样进行布料的单幅、双幅裁剪,面布纸样可以取代里料纸样、辅料纸样等,因此要求使用者要有丰富的制作经验。总之,这种纸样对设计者一般只起一个计划性的作用。

工业纸样相对量身定制纸样要求严格得多,因为使用纸样的人只考虑按纸样符号指示原原本本地将纸样复制在多层铺好的布料上,因此随意性是工业纸样要特别避免的。

工业纸样的作用是准确的,功能是分明的。首先,纸样和实际裁片必须相一致,不受半身纸样制图的制约(图12-30);其次,一套纸样中的各类样板分工明确,有面布纸样、里布纸样、衬布纸样、配布纸样和特种材料纸样等,它们之间不能互相替代。在管理上,根据各类纸样作用的不同,用不同颜色的样板纸加以区别,并用编号、字母进行归类管理。例如,两个款式用A、B区别,分别确定各款面布纸样的数量为n,那么各自的编号就是An和Bn。以图12-31为例,确定为A款,面布纸样数量是9,编号就是A9,辅料纸样编号用与面布纸样相同的字母和各辅料名称的词头,为了便于管理和查验方便,再加上各自纸样的数量,辅料纸样编号就成为A里6、A衬3、A配4等,这样就完成了一套工业纸样的全部编号,即A9、A里6、A衬3、A配4(图12-31)。编号中的数量是很重要的,它们表示A款家族中不同纸样数量之和,一旦在排板或使用中发现丢失,可以从任何单片纸样中查出缺少的纸样以便及时补缺。当出现两种以上款式,可以用不同字母加以区分编号。

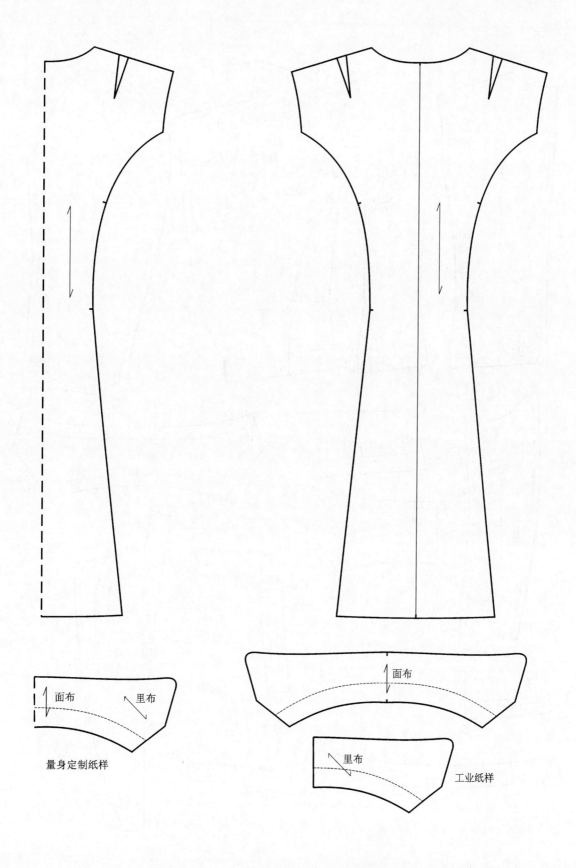

图 12-30　量身定制纸样和工业纸样的区别

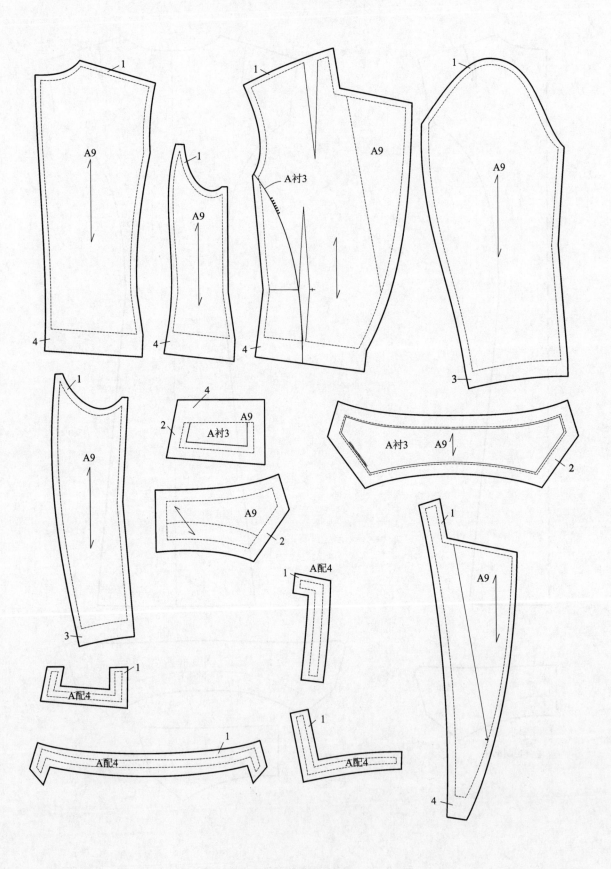

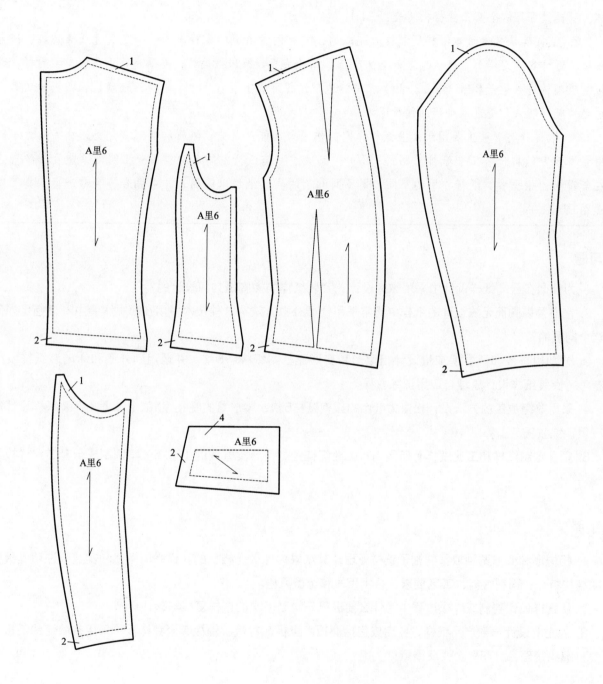

图 12-31　工业纸样的分类编号

§12-4　知识点

1. 纸样的复核、确认与管理是工业纸样质量保证的重要环节和手段。纸样复核的项目和方法，根据品种的不同有所不同，一般的复核项目包括：长度、围度、宽度、接缝、对位记号、对丝、做缝等。纸样总量的复核时将同一种纸样的面布、里布、贴边、配布、衬布、特种材料的相关纸样进行全方位复核，以提供可靠的全套工业样板（表12-1）。

2. 纸样确认是通过本纸样所制样衣完成的，它有两种情况的步骤出现：一是通过纸样复核、产生头板、制样衣（封样）、确认到进入车间生产；二是头板封样未被确认，要通过修正头板、再封样、通过复板确认进入生产环节（图12-29）。当然这个过程可能重复多次，会出现三板确认、四板确认等。总之"纸样确认"是进入生产的通行证。

3. 纸样分类管理主要用于工业纸样。它的作用与功能：首先，纸样和实际裁片必须相一致，不能用量身定制纸样代替工业纸样（图12-30）；其次，一套纸样中的各类样板分工明确不能互相替代。在管理上，根据各类纸样作用的不同，用不同颜色的样板纸加以区别，并用编号、字母进行归类管理（图12-31）。

练习题

1. 为什么在合体纸样设计中采用撇胸设计？套装纸样的撇胸是如何设计的？

2. 在必须撇胸而无法设计的纸样中通常采用什么补救方法？这种技术多用在哪类服装中？旗袍是如何解决这个问题的？

3. 分别用奇数和偶数追加量设计相似形和变形亚基本纸样各5款，并运用到外套和休闲装纸样设计中（参考《女装纸样设计原理与应用训练教程》）。

4. 采用收缩放量的方法设计松量为4cm的旗袍纸样5款、零放量的晚礼服5款（参考《女装纸样设计原理与应用训练教程》）。

5. 量身定制纸样和工业纸样有何区别？工业纸样是如何分类管理的（选择一案例制成全套工业样板并分类编号）？

思考题

1. 相似形和变形两种放量的袖子纸样处理，其结果为什么是相反的？请举例阐述和实践验证两类板型系统的结构特点、面料性能、工艺要求、技术手段和造型风格。

2. 从纸样设计到制成样板过程中为什么要进行一次到多次的纸样复核与确认环节？

3. 为企业设计一款产品纸样，并完成包括面板、里板、衬板、辅板等全套样板（采用有做缝的毛板）的分类、编码管理，且获取企业反馈意见。

参考文献

［1］中泽愈.人体与服装［M］.袁观洛,译.北京:中国纺织出版社,2003.

［2］欧阳骅.服装卫生学［M］.北京:人民军医出版社,1985.

［3］日本人类工效学会人体测量编委会.人体测量手册［M］.奚振华,译.北京:中国标准出版社,1983.

［4］吴汝康,吴新智,张振标.人体测量方法［M］.北京:科学出版社,1984.

［5］国外服装标准翻译组编译.国外服装标准手册［M］.天津:天津科技翻译出版公司,1990.

［6］中国质检出版社第一编辑室.服装工业常用标准汇编［S］.北京:中国质检出版社,中国标准出版社,2011.

［7］欧内斯廷·科博,等.服装纸样设计原理与应用［M］.戴鸿,等译.北京:中国纺织出版社,2000.

［8］纳塔莉·布雷.经典服装纸样设计(基础篇)［M］.王永进,等译.北京:中国纺织出版社,2001.

［9］纳塔莉·布雷.经典服装纸样设计(提高篇)［M］.刘驰,等译.北京:中国纺织出版社,2001.

［10］A.吉拜阿.现代服装设计(上册)［M］.胡美璇,等译.北京:中国纺织出版社,1988.

［11］刘瑞璞.成衣系列产品设计及其纸样技术［M］.北京:中国纺织出版社,2003.

［12］刘瑞璞.女装纸样和缝制教程(1、2、3、4编)［M］.北京:中国纺织出版社,1997.

［13］Brenda Naylor. The Technique of Fashion［M］. The Anchor Press, Tiptree, Essex, First Published, 1975.

［14］Winifred Aldrich. Metric Pattern Cutting［M］. Bell & Hgman Limited, This edition Published in, 1985.

［15］Winifred Aldrich. Metric Pattern Cutting For Men swear［M］. First Published by Granada Publishing Limited, 1980.

［16］三吉满智子.服装造型学［M］.日本:文化女子大学教科书出版社,2000.

［17］辅仁大学织品服装学系.图解服饰辞典［M］.台北:辅仁大学出版社,1985.

附录　各国女装规格与参考尺寸

表1-A　日本女装标准规格系列表(JIS)　　　　　　　　　　　　　　　单位:cm

体型	身高	部位	73(3)	76(5)	79(7)	82(9)	85(11)	88(13)	91(15)	94(17)	97(19)	100(21)	备注
A	150(1)	臀围			87	89	91						一般体型,即身高155cm,胸围82cm,腰围和臀围比例匀称的体型,通常为小姐型尺寸
	155(2)		84	86	88	90	92	94	96	98			
	160(3)		85	87	89	91	93	95	97	99			
	165(4)				90	92	94						
		腰围	56	58	60	63	66	69	72	75			
Y	150(1)	臀围	81	83	85								比A型对应臀围小2cm,腰围尺寸相同,以身高155cm胸围79cm为中档,属较瘦高体型,为少女型尺寸
	155(2)		82	84	86	88							
	160(3)			85	87	89	91						
	165(4)				88	90	92	94	96				
	170(5)					91	93	95					
		腰围	56	58	60	63	66	69	72				
AB	145(0)	臀围				90	92	94					比A型对应臀围大2cm,腰围大3cm,以身高155cm,胸围85cm为中档,为少妇型尺寸
	150(1)					91	93	95	97				
	155(2)				90	92	94	96	98	100	102		
	160(3)					93	95	97	99				
	165(4)						96	98					
		腰围			63	66	69	72	75	78	81		
B	150(1)	臀围					95	97	99				比A型对应臀围大4cm,腰围大6cm,以身高155cm,胸围88cm为中档,该尺寸的腰围和臀围较大,属妇女型规格
	155(2)					94	96	98	100	102	104	106	
	160(3)					95	97	99	101				
	165(4)						98	100	102				
		腰围				69	72	75	78	81	84	87	

表 1 – B 日本成年妇女标准尺寸表[①]   单位:cm

部 位 \ 尺码 相当 JIS 规格	S		M		ML		L		LL
	5Y1	5A2	9Y2	9Y2	13A2	13AB3	17A2	17AB3	21B3
胸 围	76		82		88		94		100
腰 围	58	58	63	63	69	72	75	78	84
臀 围	84	86	88	90	94	97	98	100	102
颈 围	35		36		38		39		40
肩 宽	38		39		40		41		41
胸点间距	16		17		18		19		20
身 高	150	155	155		155	160	155	160	160
背 长	36.5	37.5	37.5		38	39	38	39	39
股上长	25		26		27		28		29
股下长	63	67	67		67	70	66	70	70
袖 长	50		52		53		54		54

①根据日本女装标准规格制定。

表 2 – A 美国女装标准规格系列表   单位:cm

部 位 \ 尺码	女青年尺码					少女尺码						瘦型少女尺码					
	8	10	12	14	16	5	7	9	11	13	15	3ip	5ip	7ip	9ip	11ip	13ip
胸 围	79	81.5	85	89	94	80	82.5	85	87.5	90	95	77.5	78.5	81.5	84	86.5	89
腰 围	61	63.5	67.5	71	76	58.5	61	63.5	66	68.5	72.5	57	58.5	61	63.5	66	68.5
臀 围	84	86.5	90	94	99	84	86.5	89	91.5	94	98	80	81	84	86.5	89	91.5
背 长	37	37.5	38	38.5	39.5	38	38.5	39.5	40	40.5	41	35.5	36	37	37.5	38	38.5
股上长	24	24.5	25.5	26	26.5	24	24.5	25	25.5	26.5	27.5	23	23.5	24	25	25.5	26

表 2 – B 美国女装标准规格系列表   单位:cm

部 位 \ 尺码	瘦型小姐尺码						小姐尺码						
	6mp	8mp	10mp	12mp	14mp	16mp	6	8	10	12	14	16	18
胸 围	77.5	80	82.5	86.5	91.5	96.5	81.5	84	86.5	89	92.5	96.5	100.5
腰 围	59.5	62	65	68.5	72.5	77.5	59.5	62	65	67.5	71	75	79
臀 围	82.5	85	87.5	91.5	96.5	101.5	85	87.5	90	92.5	96.5	100.5	104
背 长	37	37.5	38	38.5	39.5	40	40	40.5	41.5	42	42.5	43	44
股上长	23.5	24	25	25.5	26	26.5	24	25	25.5	26	26.5	27.5	28.5

表2－C　美国女装标准规格系列表　　　　　　　　　　　单位:cm

尺码 部位	妇女尺码						妇女半号尺码						
	34	36	38	40	42	44	10½	12½	14½	16½	18½	20½	22½
胸围	96.5	101.5	106.5	112	117	122	84	89	94	99	104	109	114.5
腰围	76	81.5	86.5	91.5	98	104	68.5	73.5	78.5	84	89	95	101.5
臀围	101.5	106.5	112	117	122	127	89	94	99	104	109	115.5	122
背长	42.5	43	43.5	44	44	44	38	38.5	39.5	40	40.5	41.5	42
股上长	30.5	31	32	32.5	33	33.5	26	26.5	27.5	28.5	29	30	31

表3　法国女装标准尺寸表　　　　　　　　　　　单位:cm

尺码 部位	36	38	40	42	44	46	48
胸围	80	84	88	92	96	100	104
腰围	61	64	67	70	73	76	79
臀围	88	92	96	100	102	106	110
颈围	32	32	33	34	35	36	37
袖隆围	34	34.5	35	36	37	38.5	40
上臂围	25	26	27	28	29	30	31
背长	38	38.5	39	39.5	40	40.5	40.5
袖长	57	58	59	60	61	61	61
小肩宽	12.5	12.75	13	13.25	13.5	13.75	14
胸点间距	19	20	20	20	20.5	20.5	20.5

表4　意大利女装标准尺寸表　　　　　　　　　　　单位:cm

部位 尺码	内衣类				外衣类	
	胸围	胸下围	腰围	臀围	胸围	臀围
38	74～77	60～63	58～61	85～88	74～77	81～89
40	78～81	64～67	62～64	88～91	78～81	84～92
42(1a)	82～85	68～71	65～68	91～94	82～85	87～95
44(2a)	86～89	72～75	69～72	94～97	86～89	90～99
46(3a)	90～93	76～79	73～76	98～101	90～93	93～102
48(4a)	94～98	80～84	77～80	102～105	94～98	96～106
50(5a)	99～103	85～89	81～85	106～109	99～103	100～110
52(6a)	104～108	90～94	86～90	110～113	104～108	104～114
54(7a)	109～113	95～99	91～95	114～117	109～113	108～118
56(8a)	114～119	100～105	96～100	118～122	114～119	112～123
58(9a)	119～125	106～112	101～106	123～127	119～125	116～128
60(10a)	125～132	113～120	107～113	127～133	125～132	120～133

表 5－A　德国女装标准尺寸表
（一般型身高：164cm）　　　　　　　　　单位：cm

部位 尺码	胸　围	腰　围	臀　围	膝　围	袖　长	背　长	裙　长	裤　长	股下长	前身长
32	76	61	83	42	59	39.5	62.5	104	79.5	42.4
34	80	63	87	43.5	59	39.5	63	104	79	42.7
36	84	65	90	45	59	40	63.5	104	78.5	43.5
38	88	67	94	46.5	59	40	64	104	78	43.8
40	92	70	98	48	59	40	64.5	104	77.5	44.1
42	96	74	102	49.5	59	40	65	104	77	44.4
44	100	78	106	51	59	40	65.5	104	76.5	44.7
46	104	82	110	52.5	59	40	66	104	76	45
48	110	89	114	54	59	40	66.5	104	75.3	45.8
50	116	96	120	56	59	40	67	104	74.6	46.6
52	122	103	126	58	59	40	67.5	104	73.9	47.4
54	128	110	132	60	59	40	68	104	73.2	48.2

表 5－B　德国女装标准尺寸表
（少女型）　　　　　　　　　单位：cm

部位 尺码	身　高	胸　围	腰　围	臀　围	裤　长	股下长	袖　长
152	152	76	64	82	96	73.5	54
158	158	80	66	86	100	77.5	56.5
164	164	84	68	90	104	80.5	59
170	170	88	70	94	108	83.5	61.5
176	176	92	72	97	112	86.5	—
182	182	96	74	100	116	89.5	—

表 6－A　日本女装文胸规格
单位：cm

乳 下 围	胸　围	规　格
65	75	A65
	78	B65
	80	C65
70	80	A70
	83	B70
	85	C70

乳 下 围	胸 围	规 格
75	85	A75
	88	B75
	90	C75
80	90	A80
	93	B80
	95	C80
85	95	A85
	98	B85
	100	C85
90	100	A90
	103	B90
	105	C90
95	105	A95
	108	B95
	110	C95
100	110	A100
	113	B100
	115	C100
105	115	A105
	118	B105
110	120	A110

表 6 – B 日本女装乳杯尺寸表示   单位:cm

乳 杯 体 型	说　　明
AA 乳杯	乳下围与胸围的差数为 7.5cm 左右的乳杯
A	差数为 10cm 左右的乳杯
B 乳杯	差数为 12.5cm 左右的乳杯
C	差数为 15cm 左右的乳杯
D	差数为 17.5cm 左右的乳杯
E 乳杯	差数为 20cm 左右的乳杯

表 6－C　日本女装束腰内裤规格　　　　　　　　　　　　　　　　　　单位:cm

腰　围	臀　围	规　格
55～61	79～89	58
61～67	83～93	64
67～73	86～96	70
73～79	89～99	76
79～86	91～103	82
86～94	94～106	90
94～102	97～109	98
102～110	100～112	106

表 6－D　日本女装紧身胸衣规格　　　　　　　　　　　　　　　　　　单位:cm

乳下围	腰　围	臀　围	规　格
70	80	80～88	A70S
	80	85～93	A70M
	83	80～88	B70S
	83	85～93	B70M
75	85	85～93	A75M
	85	90～98	A75L
	88	85～93	B75M
	88	90～98	B75L
80	90	85～93	A80M
	90	90～98	A80L
	93	85～93	B80M
	93	90～98	B80L
85	95	90～98	A85L
	95	95～103	A85LL
	98	90～98	B85L
	98	95～103	B85LL
90	100	90～98	A90L
	100	95～103	A90LL
	103	90～98	B90L
	103	95～103	B90LL
95	105	95～103	A95LL
	108	95～103	B95LL

后 记

在此将本书出版发行的历程和获奖情况作一些记录，或许能解读本书旺盛的生命力之谜。以此方式对为本书作出无私奉献的朋友表示敬意。

1991年12月以《服装结构设计原理与技巧》书名初版，2000年2月第2版更名为《女装纸样设计原理与技巧》。截至现在（不包括男装教材）有五次改变封面，四次再版，30余次印刷，发行20多万册。

1997年《服装结构设计原理与技巧》男装编、女装编作为"纸样设计课程理论体系及其模块化教学研究"项目的主要成果，获国家优秀教学成果二等奖，部委优秀教学成果一等奖，同年获部委科学技术进步三等奖。2000年被中国书刊发行业协会评为全国优秀畅销书。2006年《女装纸样设计原理与技巧》和《男装纸样设计原理与技巧》第2版获部委科学技术进步二等奖。

此前2004年本教材与《男装纸样设计原理与技巧》进行了整合，更名为《服装纸样设计原理与技术》女装编、男装编，作为"北京市高等教育精品教材"建设项目立项，2005年9月如期出版。2006年两部教材同时被评为部委"十五"优秀教材奖。同年以《服装纸样设计原理与应用》女装编、男装编被评荐为普通高等教育"十一五"国家规划教材，并于2008年9月和10月首次以纸质教材和光盘教材捆绑出版成为国内同类教材的执牛耳者，特别在海外行业和服装高等教育中有很强的影响力。2011年被评为"十二五"普通高等教育本科国家级规划教材，此次最大的成果是通过近十年的建设和使用，完善了本教材的对应实训教材部分，最终以主教材、数字教材和实训教材的体系化模式出版，这将是本教材在"十二五"期间里程碑式的事件。

这里特别要对给予本书支持和作出贡献的朋友表示感谢。在文献翻译、描图、绘图、打字、编辑等工作中，刘维和、刘燕茹、马梦兰、刘仁彩、石引弟、王如曦、亦思、王业美、焦帼君、黎晶晶、魏莉、刁杰、张金梅、赵晓玲、刘莉、邵新艳、张宁、王俊霞等都给予了支持和帮助，以及承担秘书工作的刘晓宁同志的无私奉献，在本教材出版之际再次对他（她）们衷表谢忱。

刘瑞璞

2015年8月于北京服装学院